U0645629

智能时代高等学校自动化系列教材

工业机器视觉技术与应用

张辉 梅杰 缪慧司 王耀南◎编著

清华大学出版社

北京

内 容 简 介

本书系统、全面地介绍了工业机器视觉技术的核心概念、发展历程、关键技术及应用领域。全书共分为 9 章,内容涵盖从基本原理到最新技术的多方面:第 1 章概述了工业机器视觉的基本概念、发展历史及应用领域,为读者提供了机器视觉的基础知识框架。第 2 章深入探讨了工业机器视觉硬件系统,重点介绍了相机、镜头及光源等硬件设施的工作原理与应用。第 3~5 章则从异常图像分类、图像分割、目标检测与跟踪等核心技术展开,详细讲解了各种传统与前沿的图像处理方法及其工业应用。第 6 章重点讨论了工业机器视觉中的三维测量与检测技术,介绍了三维成像技术、三维数据处理及其在工业中的应用。第 7 章则专注于光谱图像处理,阐述了光谱成像原理及其在工业检测中的应用。第 8 章讲解了工业机器视觉检测系统的设计与优化,详细描述了系统集成、硬件选型、算法设计等实用知识。最后,第 9 章展望了工业机器视觉技术的前沿发展,探讨了大模型、云边端协同等最新技术对工业机器视觉的影响与应用前景。

本书不仅提供了丰富的理论知识,还通过大量的实际应用案例,帮助读者深入理解机器视觉技术在工业中的具体应用。本书适合从事工业机器视觉研究、开发和应用的工程师、技术人员及相关学者阅读与参考,也为高等院校相关专业的教学提供了系统的教材支持。

图书在版编目(CIP)数据

工业机器视觉技术与应用 / 张辉等编著. -- 北京:清华大学出版社,2025.8.
(智能时代高等学校自动化系列教材). -- ISBN 978-7-302-69836-4

Ⅰ. TP399

中国国家版本馆 CIP 数据核字第 2025YE7637 号

责任编辑:赵　凯
封面设计:杨玉兰
责任校对:郝美丽
责任印制:宋　林

出版发行:清华大学出版社
　　　　网　　　址:https://www.tup.com.cn,https://www.wqxuetang.com
　　　　地　　　址:北京清华大学学研大厦 A 座　　　　邮　　编:100084
　　　　社 总 机:010-83470000　　　　邮　　购:010-62786544
　　　　投稿与读者服务:010-62776969,c-service@tup.tsinghua.edu.cn
　　　　质量反馈:010-62772015,zhiliang@tup.tsinghua.edu.cn
　　　　课件下载:https://www.tup.com.cn,010-83470236
印 装 者:涿州汇美亿浓印刷有限公司
经　　销:全国新华书店
开　　本:185mm×260mm　　　印　　张:18.25　　　字　　数:444 千字
版　　次:2025 年 9 月第 1 版　　　印　　次:2025 年 9 月第 1 次印刷
印　　数:1~1500
定　　价:79.00 元

产品编号:110429-01

智能时代高等学校自动化系列教材
编委会

序

工业机器视觉作为智能制造和自动化技术的重要组成部分,在近年来的发展中呈现出蓬勃的态势。随着工业 4.0 的到来,机器视觉技术已不再仅仅是工业领域的辅助工具,而是深度融入智能制造、自动化检测、机器人控制等核心环节中,推动着传统工业向智能化、数字化、网络化方向转型。在这一背景下,工业机器视觉技术的前沿研究与应用正迎来新的机遇与挑战。

本书深入探讨了工业机器视觉领域中的关键技术,包括异常图像分类、图像分割、目标检测与跟踪、三维测量与检测、光谱图像处理等多个方面,全面呈现了当前工业机器视觉的研究进展与应用成果。从基础硬件设备到算法设计,从传统方法到深度学习技术,本书为读者提供了系统且深入的技术解析,尤其注重将理论知识与实际应用相结合,突出实际操作中的挑战与解决方案。

作者不仅对工业机器视觉的核心技术做了详细梳理,更从产业需求的角度,结合国内外最新的科研成果与应用案例,为读者提供了宝贵的实践经验。本书的出版,不仅对学术研究人员、工程技术人员在工业机器视觉领域的学习和工作提供了理论支持,还能为企业在实施智能制造与自动化检测时提供可操作的技术指导。书中丰富的应用案例和实际解决方案,能够帮助读者更好地理解技术背后的实际意义,并掌握如何在工业环境中部署这些先进技术。

随着大数据、人工智能等前沿技术的持续发展,工业机器视觉的未来前景更加广阔。云边端协同、深度学习、大模型等新兴技术的融合,将进一步提升工业机器视觉的智能化水平与应用场景的多样性,推动智能制造进入新的阶段。本书在这一背景下,提出了对工业机器视觉未来发展的深刻思考,展望了新技术如何助力行业发展,具有重要的理论价值与实践意义。

我相信,本书的出版不仅为从事工业机器视觉研究和应用的人员提供了极为丰富的参考资料,也必将为学术界和产业界的交流合作搭建起更为坚实的桥梁。希望它能为我国在智能制造与工业自动化领域的发展作出积极贡献,并推动这一领域技术的持续创新与进步。

王耀南

中国工程院院士

前 言

随着计算机运算能力的迅猛提升,工业机器视觉技术已然成为智能制造领域的核心驱动力,其应用范围持续拓展至众多新兴与关键领域。工业机器视觉作为一个高度综合的跨学科领域,融合了光学、光电子学、图像处理、模式识别、信号处理、人工智能及计算机技术等多方面的前沿成果,呈现出极为广泛且深入的知识涵盖面。该技术借助先进算法对精准捕捉的生产线上的视觉信息开展高效分析,从而实现生产参数的自主调控、生产流程的优化以及预测性维护;极大程度地提升了生产效率与产品质量;为智能制造赋予了前所未有的智能化与自动化水准,令生产线得以灵活应对复杂多变的场景,实现个性化定制生产并能快速响应市场需求,有力地引领着全球制造业的深度变革。

鉴于此,本书针对工业机器视觉的核心要素与研究走向,进行了精心细致的结构化编排,致力于全面且系统地阐述该领域的基础理论、硬件系统架构、关键技术以及实用算法等内容。本书不仅深入剖析了工业机器视觉的理论与算法体系,还对该领域的关键技术及在工程实践中的具体应用展开了深度探讨。与此同时,本书还融入了最新的技术进展与科研成果,有效确保了内容的时效性和前沿性。

全书共分为9章。第1章作为引言部分,对工业机器视觉的基本概念与发展背景予以概述。第2章详尽地阐述了工业机器视觉硬件系统的构成要素与工作原理。第3章聚焦工业视觉异常图像的分类方法。第4章深入探究了工业视觉图像分割技术。第5章介绍工业机器视觉中的目标检测与跟踪算法。第6章深度剖析了工业机器视觉在三维测量与检测方面的应用。第7章研讨了工业视觉光谱图像处理技术。第8章围绕工业机器视觉检测系统的设计与实现展开了论述。第9章则对工业机器视觉技术的未来发展趋势与前沿探索进行了展望。

本书主要由湖南大学张辉、湖南大学梅杰、湘潭大学缪慧司、湖南大学王耀南编写,同时,湖南大学曹意宏、陈煜嵘、刘立柱、刘嘉轩、李康、苏英剑、杜瑞等一起完成了部分编写工作。本书是笔者在机器视觉领域潜心钻研长达十余载,融合丰富的研究生教学实践经验,并广泛参考与精心筛选国内外大量相关文献以及前沿研究成果的心血结晶。它不仅是笔者所在研究团队过去十多年间在机器视觉研究领域的全面成就汇总,更突显了卓越的基础性、系统性、前沿性与实用性,为读者展现出一幅既具深度又有前沿性的知识画卷。

由于笔者学识有限,书中或许存在一些疏漏或表述不够准确之处。在此,我们由衷地恳请广大读者针对书中可能存在的问题提出宝贵的批评与建议,您的指正将成为我们持续进步的动力源泉。

编 者

2025 年 5 月

目　录

第 1 章

概　述

1.1　工业机器视觉的基本概念

工业机器视觉作为一种融合了光学、电子学、计算机科学和自动化控制技术的跨学科技术,正在深刻影响现代制造业的运作方式。通过模拟人类视觉系统,工业机器视觉利用摄像头、图像传感器和专用图像处理算法,对生产线上的产品进行实时检测、测量和分析,从而实现高效、精确的自动化操作。这种技术不仅大幅提升了生产效率和产品质量,还减少了人为错误和生产成本,为企业带来了显著的经济效益。随着全球制造业向智能化、数字化方向转型,工业机器视觉已经从最初的简单检测工具发展成为智能制造系统中不可或缺的核心技术,广泛应用于各类复杂的工业场景,如产品外观检测、尺寸测量、装配验证和机器人引导等,如图 1.1 所示。正因为如此,掌握和应用工业机器视觉技术,已成为制造业企业在全球竞争中占据领先地位的关键因素。

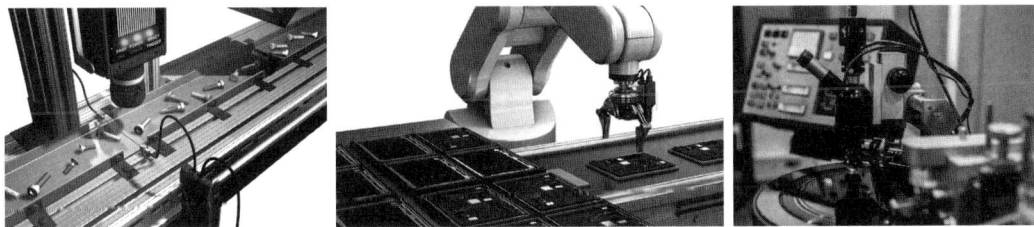

图 1.1　工业机器视觉技术广泛应用于各类复杂的工业场景

首先,本章将系统地介绍工业机器视觉的基本概念和技术背景,帮助读者建立对这一领域的初步认识。探讨工业机器视觉与计算机视觉的区别及其发展历程,从其早期应用到现今智能化、多功能化的发展趋势。接着,本章将深入分析工业机器视觉系统的主要组成部分,涵盖光学组件、成像设备、图像处理软件等核心技术环节。随后,本章将阐述工业机器视觉的研究内容,包括关键技术的研发、算法的优化与创新等。最后,本章还将探讨工业机器视觉在各个行业中的应用领域,展示其在实际生产中的广泛应用与潜在价值。通过这些内容的介绍,将为读者奠定理解工业机器视觉技术及其应用的基础,并为后续章节的深入讨论提供必要的背景知识。

1.1.1　工业机器视觉的定义与基本原理

　　机器视觉是一门多学科交叉的技术领域,旨在通过计算机视觉系统模拟人类视觉功能,以实现对目标物体的检测、定位以及其他复杂的视觉任务。与人类视觉不同,机器视觉不仅捕捉和观看图像,更注重通过算法和计算模型对图像信息进行深入分析和处理。工业机器视觉是一种专门为工业环境设计的技术,利用计算机视觉技术、光学成像设备、图像处理算法和自动化控制系统,来模拟和替代人类视觉在工业生产过程中的作用,图1.2为工业机器视觉系统的示意图。其主要目标是通过对生产过程中的产品和工件进行高效、精确的检测、测量、识别和控制,从而提高生产效率和产品质量,并实现制造过程的自动化和智能化。

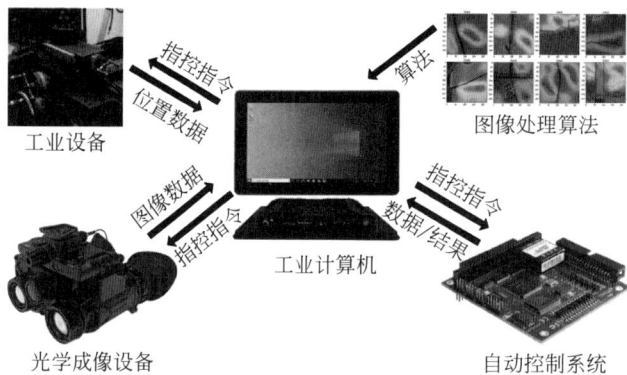

图 1.2　工业机器视觉系统

　　工业机器视觉的基本原理可以概括为:通过对物理世界中目标物体的视觉信息进行获取、处理和分析,最终实现对物体的检测、识别、测量和控制。在工业环境中,这些操作通常是在高速、复杂的生产线上进行的,因此,要求系统具有极高的精度和实时性。首先,系统通过摄像头或其他成像设备获取目标物体的图像。这些图像往往是二维或三维的,通过合适的光源照明来确保图像的清晰度和一致性。获取到的图像需要经过一系列的预处理步骤,如去噪、增强对比度、校正畸变等,以便于后续的分析处理。工业环境中的图像通常会受到噪声、光照变化、反射等因素的影响,因此需要通过预处理来消除图像中的干扰。然后,系统通过算法提取图像中的重要特征,如边缘、形状、颜色、纹理等,这些特征信息对于识别和分析图像中的对象至关重要。特征提取之后,机器视觉系统利用这些信息来进行识别和分类。通过模式识别技术或机器学习算法,系统可以将特定对象与已知模型进行比较,从而识别出对象的类型、位置、尺寸等信息。最终,基于对图像的分析结果,机器视觉系统可以做出控制决策。例如,在制造业中,系统可以根据检测到的缺陷决定是将某产品从生产线上移除还是引导机器人进行精准的装配操作。

1.1.2　工业机器视觉与计算机视觉的区别

　　工业机器视觉和计算机视觉都基于相同的技术基础,依赖摄像头、图像传感器和光学成像原理获取视觉信息,并通过相似的图像处理和分析算法,如边缘检测、形状识别、深度学习等,对图像中的目标进行识别和分类。两者都旨在通过图像数据的处理和理解,实现对物体或场景的感知和分析,应用于自动化控制、智能系统以及人机交互等领域。同时,工业机器视觉和计算机视觉在应用场景、系统设计、性能要求等方面有着显著的区别,以下是两者之间的详细对比。

1. 应用场景

工业机器视觉主要应用于工业生产环境中的自动化检测、质量控制、精密测量、机器人引导等任务。这些应用场景通常要求系统在高强度、高速、复杂的生产线上运行,并且需要在恶劣的环境条件下保持长期稳定的性能。例如,在电子制造、汽车生产、食品加工等行业中,工业机器视觉系统用于检测产品的外观缺陷、测量零件的几何尺寸、识别和定位部件等。计算机视觉的应用范围更加广泛,涵盖了从消费级应用到研究领域的各个方面,如人脸识别、自动驾驶、增强现实、图像搜索等。计算机视觉更多地应用在非工业领域,侧重于处理和分析自然场景中的图像和视频,常见于智能手机应用、安防监控、社交媒体、医疗影像分析等场景。它的应用场景通常对实时性要求不如工业机器视觉高,更关注算法的普适性和多样性。

2. 系统设计

工业机器视觉系统的设计通常是高度定制化的,针对特定的工业任务和环境进行优化,其硬件设计强调高耐久性和稳定性。系统中的摄像头、镜头、光源等组件都是为了在恶劣的工业环境中长期可靠运行而设计的。工业机器视觉系统还经常集成在自动化生产线中,与 PLC、机器人、SCADA 系统紧密结合,形成完整的自动化控制系统。计算机视觉系统设计相对灵活,硬件选择多样,通常使用消费级摄像头和通用计算平台,如 PC、GPU、甚至移动设备。计算机视觉系统的设计更关注算法的灵活性和扩展性,可以适应多种应用场景的需求,实际应用中更注重算法的复杂性和创新性,而不是硬件的工业级耐用性。

3. 性能要求

工业机器视觉对性能有极高的要求,特别是在精度、速度和稳定性方面。系统必须在极短的时间内完成复杂的图像处理任务,以保证生产线的连续运行,且必须在长时间、高负荷下保持稳定性能。例如,在高速生产线上,工业机器视觉系统需要在毫秒级的时间内完成对每一个产品的检测,以确保不会影响整个生产流程。除此之外,系统的鲁棒性和抗干扰能力也是关键,因为工业环境中可能存在强振动、粉尘、高温等不利条件。计算机视觉的性能要求通常取决于具体应用。例如,在图像分类或人脸识别等任务中,精度和算法的创新性可能更为重要,而在视频处理或实时监控中,实时性则成为关键。但是,与工业机器视觉相比,计算机视觉在整体系统稳定性和硬件耐用性方面的要求相对较低。计算机视觉中的很多应用可以容忍一定程度的延迟或错误,这在工业场景中是难以接受的。

4. 算法复杂性

工业机器视觉中的算法设计通常以效率和鲁棒性为主,追求在特定环境下的最优解。虽然近年来深度学习技术逐渐引入工业机器视觉中,但许多应用仍然依赖于传统的图像处理技术,如边缘检测、形状匹配、颜色分析等。这些算法经过长期验证,能够在工业环境中提供高精度和高可靠性。计算机视觉的算法设计往往更加复杂和多样化,涉及广泛的技术领域,包括深度学习、强化学习、三维重建、图像生成等。由于应用场景多样,计算机视觉系统需要具备更高的算法灵活性,以应对自然场景中可能出现的各种变化和挑战。尤其是随着人工智能技术的发展,计算机视觉算法在精度、通用性和智能化方面有了显著提升,适应了更多元化的应用需求。

5．成本与部署

工业机器视觉系统通常需要定制化设计和部署,硬件设备多为工业级别,价格较高;此外,系统的安装调试也需要专业技术人员进行,部署周期较长,成本较高。但这些投入换来了系统的高精度、高可靠性和长寿命,符合工业生产的高标准要求。计算机视觉系统的成本通常较低,尤其是在消费级应用中,硬件和软件的获取成本都更低;系统的部署也相对简单,许多应用可以在通用硬件平台上运行,用户无须复杂的安装和调试过程。这使得计算机视觉技术在消费市场和中小型应用中得到了广泛的应用。

总结而言,工业机器视觉和计算机视觉虽然都涉及图像获取、处理和分析,但两者在应用领域、系统设计、性能要求、算法复杂性、成本与部署、实时性等方面存在显著区别。工业机器视觉专注于工业环境中的高精度、高可靠性应用,系统设计和部署以稳定性和效率为核心;而计算机视觉则覆盖更广泛的应用领域,强调算法的多样性和灵活性,适应更加多变的场景和需求。

1.2　工业机器视觉的发展历程

1.2.1　早期的发展与起源

工业机器视觉的发展可以追溯到 20 世纪中期,其起源与早期计算机和图像处理技术的进步密不可分。最初,工业机器视觉的概念源于对生产过程中人工检测的替代需求。在 20 世纪 50 年代末至 60 年代初,随着计算机技术的逐步成熟,研究人员开始探索如何利用电子设备模拟人类视觉,以提高生产线上的检测效率和准确性。工业机器视觉的早期发展阶段,主要集中在如何将图像信息转化为计算机可以理解和处理的数据。早期的图像处理系统相对简单,通常只处理黑白图像,且计算能力有限。这一时期,图像处理的主要任务是实现简单的图像增强、边缘检测和形状识别等基础功能。虽然技术有限,但这些早期的探索为后续更复杂的机器视觉系统奠定了基础。例如,福特汽车公司在 20 世纪 60 年代初期尝试使用简单的光学系统来检测车身零部件的形状和尺寸,以确保装配过程中各零件能够精确匹配。这种早期的工业机器视觉检测系统虽然功能较为有限,但已经能够在一定程度上代替人工检测,减少了人为误差,提高了生产效率。

1．光学识别系统的出现

在 20 世纪 50 年代末至 60 年代初,随着计算机技术的发展,光学字符识别(Optical Character Recognition,OCR)技术逐渐开始形成(如图 1.3 所示),并成为工业机器视觉发展的一个重要里程碑。IBM 公司是最早开发 OCR 产品的公司之一,1965 年在纽约世界博览会上,IBM 展示了其首款 OCR 产品——IBM 1287。这款产品能够识别印刷体的数字、英文字母以及部分符号,但仅限于指定的字体。随着 OCR 技术的发展,20 世纪 60 年代末,日立公司和富士通公司也相继推出了各自的 OCR 产品。在这一领域的突破中,日本企业也作出了重要贡献。全世界第一个实现手写体邮政编码识别的信函自动分拣系统是由日本东芝公司研制的。两年后,NEC 公司也推出了类似的系统。这些系统的应用显著提高了邮政处理的效率。到了 1974 年,信函的自动分拣率已达到约 92%,并广泛应用于邮政系统,发挥了重要作用。1983 年,日本东芝公司发布了其识别印刷体日文汉字的 OCR 系统——OCR V595,该系统能够以每秒 70 至 100 个汉字的速度进行识别,识别率高达 99.5%。在此基础上,东芝公司还开始研究手写体日文汉字的识别技术,不断推动 OCR 技术的发展与应用。

图 1.3　OCR 技术示意图

中国在 OCR 技术方面的研究相对起步较晚。直到 20 世纪 70 年代,中国才开始研究数字、英文字母及符号的识别技术,并在 70 年代末开始汉字识别的研究。1986 年,在国家863 计划信息领域课题的支持下,清华大学、北京信息工程学院和沈阳自动化研究所联合开展了中文 OCR 软件的开发工作。经过几年的努力,1989 年,清华大学率先推出了国内第一套中文 OCR 软件——清华文通 TH-OCR 1.0 版,这标志着中文 OCR 技术正式从实验室走向市场。随后,清华大学继续推进 OCR 技术的发展,推出了 TH-OCR 92 高性能实用简繁体、多字体、多功能印刷汉字识别系统,使印刷体汉字识别技术取得了显著进展。1994 年,清华大学推出了 TH-OCR 94 高性能汉英混排印刷文本识别系统,该系统被专家鉴定为"国内外较早推出的汉英混排印刷文本识别系统,总体上居国际领先水平"。进入 90 年代中后期,清华大学电子工程系提出并进行了汉字识别的综合研究,使汉字识别技术在印刷体文本、联机手写汉字识别、脱机手写汉字识别和脱机手写数字符号识别等领域取得了重要突破。具有代表性的成果是 TH-OCR 97 综合集成汉字识别系统,该系统能够识别多种语言的印刷文本(包括汉、英、日)、联机手写汉字、脱机手写汉字及手写数字。随着中文 OCR 技术的发展,除了清华文通 TH-OCR 外,其他如尚书 SH-OCR 等具有独特风格的 OCR 软件也相继问世,中文 OCR 市场逐步扩大,用户遍布全球。

2. 影像处理算法的起源与早期发展

随着数字计算机技术在 20 世纪 60 年代的普及,图像处理逐渐从模拟技术过渡到数字技术,这标志着数字图像处理的开端。1964 年,美国喷气推进实验室(Jet Propulsion Laboratory,JPL)首次使用数字计算机处理从月球探测器传回的图像,以消除噪声和图像失真,从而提高清晰度。这一应用不仅展示了数字图像处理的潜力,还激发了进一步研究的热情。在这一时期,傅里叶变换(Fourier Transform)被引入图像处理领域,使得研究人员能够在频域上分析和处理图像。傅里叶变换允许图像处理算法从不同频率成分的角度分析图像结构,并通过频域滤波来去除特定类型的噪声或增强特定的图像特征。例如,在天文学中,研究人员利用频域滤波技术来提高从望远镜获得的图像的质量,去除来自大气湍流的噪声。

20 世纪 70 年代,随着计算机硬件性能的提升,图像处理技术逐渐从科研领域向工业应用过渡。这个时期开发的许多基础图像处理算法至今仍被广泛使用,其中包括边缘检测、形态学处理和直方图均衡化等。边缘检测是图像处理中的核心任务之一,用于识别图像中物体的边界。约翰・坎尼(John Canny)在 1986 年提出的 Canny 边缘检测算法,以其良好的噪声抑制能力和精确的边缘定位能力,成为经典算法。Canny 算法的核心思想是通过寻找图像梯度的局部最大值来检测边缘,并利用非最大值抑制技术精确定位边缘位置。这一算法被广泛应用于医学成像、计算机视觉和自动驾驶等领域。形态学图像处理技术源自集合论,最早由法国科学家乔治·马瑟拉(Georges Matheron)和让·塞拉(Jean Serra)在 20 世纪 60 年代末提出,并在 70 年代得到广泛发展。形态学图像处理主要用于二值图像的几何结构分析,如图像中的形状分析、噪声去除和图像分割。形态学操作包括膨胀、腐蚀、开运算和闭运算,这些操作通过处理图像的形态结构来达到增强或分割的目的,广泛应用于材料科学、医学图像分析和遥感图像处理等领域。直方图均衡化是一种用于图像增强的技术,通过重新分配图像的灰度值,使图像的灰度分布更加均匀,从而提高图像的对比度。这种技术特别适合处理对比度较低的图像,如医学成像中的 X 光片和计算机断层扫描(Computed Tomography,CT)图像(图 1.4)。通过直方图均衡化,图像中的细节被增强,从而更容易识别和分析。这一技术在 70 年代得到了广泛应用,成为图像处理中的标准方法之一。

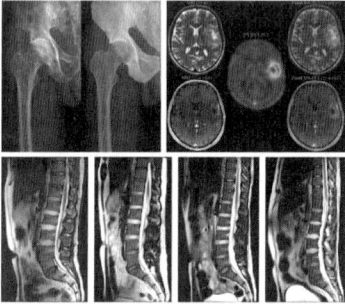

图 1.4　图像处理技术在医学领域的应用

进入 20 世纪 80 年代,图像处理技术从二维平面图像扩展到三维图像和视频处理。这一时期,新型医学成像技术的出现,如 CT 和磁共振成像(nuclear Magnetic Resonance Imaging,MRI),极大地推动了三维图像处理算法的发展。三维重建、图像分割和图像配准成为这一领域的研究热点。CT 和 MRI 等成像技术能够获取多幅二维切片图像,通过三维重建算法,这些切片图像被组合成完整的三维图像模型。这些算法通常基于傅里叶重建技术或基于投影的重建技术,允许医生在不同角度观察患者的内部结构,大大提高了诊断的准确性和治疗计划的制定。这一时期,视频处理技术也取得了显著进展。运动估计和运动补偿算法被引入视频压缩领域。这些算法通过分析视频帧之间的运动信息,减少视频数据的冗余,从而实现高效的视频压缩。这一技术成为视频编码标准(如 MPEG-1 和 MPEG-2)的基础,推动了视频存储和传输技术的发展,促进了多媒体产业的兴起。

20 世纪 90 年代,人工智能技术的进步推动了智能化图像处理算法的兴起。基于统计学的模式识别技术和机器学习算法开始在图像处理领域得到广泛应用,用于图像分类、识别和理解。支持向量机(Support Vector Machine,SVM)和神经网络等机器学习算法在图像分类和目标检测中表现出色。SVM 通过找到能够最大化分类间距的超平面,实现了高精度的图像分类。神经网络则通过模拟生物神经元的工作方式,逐渐被应用于复杂的图像识别任务。随着计算能力的提高和数据集的增大,机器学习算法在图像处理中的应用越来越广泛。小波变换是一种重要的多尺度图像分析技术,能够有效地提取图像的局部特征。小波变换不同于传统的傅里叶变换,它能够同时提供图像在空间域和频率域的信息,从而实现更精细的图像分析,其在图像压缩、去噪和特征提取等领域得到了广泛应用。

3. 早期发展的技术局限与瓶颈

工业机器视觉作为一项技术,早期的发展虽然为后来的进步奠定了基础,但也面临着诸多技术局限和瓶颈。这些限制不仅阻碍了当时技术的广泛应用,也为研究人员指出了未来发展的方向。以下详细探讨工业机器视觉早期发展中面临的主要技术局限与瓶颈。

1)计算能力的限制

在工业机器视觉早期发展阶段,计算能力是一个重大瓶颈。20 世纪 50 年代到 60 年代的计算机性能远不及今天,其处理速度和存储容量都极为有限。早期的图像处理系统通常只能处理简单的任务,如二值化处理和基本的形状识别。对于更复杂的图像处理需求,如多级灰度处理、复杂形状的识别和实时处理,这些系统往往力不从心。计算能力的不足直接限制了机器视觉系统在工业场景中的应用范围和处理深度。

2)成像设备的性能局限

早期工业机器视觉系统依赖的成像设备,如摄像头和光学镜头,在技术上也存在诸多局限。首先,摄像头的分辨率和感光度较低,导致图像质量不高,在低光照或高对比度环境下,摄像头往往无法捕捉到足够清晰的图像,特别是在工业环境中,光照条件通常是复杂且变化多端的;其次,早期的光学镜头容易产生畸变和像差,影响图像的准确性和稳定性。这些成像设备的性能局限,使得机器视觉系统在早期无法广泛应用于需要高精度和高稳定性的工业场景中,如高精度制造、微电子装配等领域。成像设备的技术瓶颈限制了系统的检测范围和适用性。

3)图像处理算法的局限性

早期的图像处理算法大多相对简单,主要包括基本的滤波、边缘检测和形态学处理。这些算法虽然能够处理一些基础的视觉任务,但面对更复杂的应用场景时表现不佳。例如,在处理具有复杂背景的图像时,简单的边缘检测算法往往无法准确区分目标物体与背景。此外,早期算法通常对噪声敏感,导致在工业环境中应用时,系统容易受到各种干扰因素的影响,如震动、光线变化、粉尘等。早期的图像处理算法大多是手工设计的规则和模型,缺乏自适应能力,这意味着每次应用到新的场景或任务时,算法都需要进行手动调试和调整,增加了系统的复杂性和部署难度。算法的局限性使得工业机器视觉系统在当时难以应对多样化和复杂的工业应用需求。

4)系统集成和实时性挑战

工业机器视觉系统的早期发展还面临系统集成和实时性方面的挑战。工业生产线通常要求高速度和高精度,而早期的机器视觉系统在这方面表现欠佳。由于计算能力和算法效率的限制,系统往往无法在工业生产所需的时间框架内完成图像处理和分析,导致系统在生产线上难以发挥有效作用。此外,工业机器视觉系统需要与其他自动化设备(如 PLC、机械臂、传送带等)进行无缝集成和协调工作。然而,早期的机器视觉系统在与这些设备集成时常常遇到接口兼容性问题和控制响应滞后的问题,这影响了系统的整体性能和可靠性。

5)成本与普及性问题

由于技术的不成熟和设备成本的高昂,早期的工业机器视觉系统难以大规模普及。成像设备、计算硬件和定制化软件的高成本使得这些系统仅能在特定高附加值行业中应用,如航空航天、军事工业和汽车制造。对于一般制造业企业来说,高昂的初期投资和维护成本使得他们对采用工业机器视觉技术持观望态度。这种情况严重限制了机器视觉系统的广泛应用和技术普及,也延缓了技术的进一步发展和成熟。

6）硬件与软件的局限

早期工业机器视觉系统的硬件与软件之间缺乏有效的协同优化。硬件性能的不足，如处理器的计算能力、图像传感器的分辨率和灵敏度，制约了图像处理算法的发挥；同时，软件算法的局限性也限制了硬件性能的充分利用。这种硬件与软件之间的不匹配，使得系统的整体性能难以提升，无法满足工业现场对高精度、高速度的检测需求。

总结来说，工业机器视觉早期发展的技术局限和瓶颈包括计算能力的不足、成像设备的性能限制、图像处理算法的简陋、系统集成的难度、成本的高昂以及硬件与软件的不匹配，这些因素共同限制了机器视觉技术在早期工业应用中的表现，使得其在复杂工业环境中难以发挥预期的作用。然而，这些局限也为后续技术的进步指出了明确的方向，推动了工业机器视觉技术在计算能力、成像质量、算法复杂性和系统集成性等方面的不断突破。

1.2.2　现代工业机器视觉的进展

进入 21 世纪，工业机器视觉经历了从传统的自动化检测工具向智能化、多模态融合系统的转变。随着计算机技术、人工智能、大数据、物联网等前沿技术的快速发展，工业机器视觉在精度、速度、适应性和应用范围上都取得了显著的进步。这一时期，工业机器视觉的发展主要分为以下几个关键阶段。

1. 深度学习与智能化发展

21 世纪初，工业机器视觉受益于计算能力的提升和深度学习技术的兴起，迎来了质的飞跃。2006 年，Hinton 等提出的深度信念网络（Deep Belief Networks，DBN）开启了深度学习的新时代。深度学习，尤其是卷积神经网络（Convolutional Neural Networks，CNN），彻底改变了图像处理的方式，使得工业机器视觉在复杂场景中的应用成为可能。

2012 年，Krizhevsky 等提出的 AlexNet 在 ImageNet 图像分类比赛中取得了突破性成绩，标志着深度学习在图像分类任务中的巨大潜力。这促使工业领域开始大规模采用深度学习技术，用于各种图像识别和分析任务。在工业机器视觉中，深度学习算法被广泛用于缺陷检测、产品分类、零部件识别等任务，显著提高了检测的准确性和速度。传统的基于规则的图像处理方法在处理复杂背景和多样化产品时往往力不从心，而深度学习算法能够通过自动化的特征提取和模型训练，准确识别出产品中的细微缺陷，减少了对人工质检的依赖，提升了生产效率和产品质量。

2. 多模态融合与 3D 视觉技术的兴起

随着工业 4.0 的推进，现代制造业对机器视觉技术提出了更高的要求。在此背景下，多模态融合技术成为工业机器视觉的一个重要发展方向。多模态机器视觉系统不仅依赖传统的二维图像，还开始融合其他传感器数据，如红外成像、激光雷达（LightLaser Detection and Ranging，LiDAR）、超声波等。通过将多种感知数据融合，机器视觉系统能够在复杂的工业环境中实现更高精度的检测和定位。在自动驾驶领域，机器视觉与激光雷达和超声波传感器相结合，可以实现对车辆周围环境的全方位感知；这种多模态融合的机器视觉系统能够在不同天气条件和复杂道路环境下提供更加准确和可靠的感知信息，为自动驾驶的安全性提供了技术保障。此外，3D 视觉技术在这一时期也得到了广泛应用。3D 视觉通过对物体的深度信息进行分析，能够实现更加精确的测量和检测；在汽车制造中，3D 视觉系统可以精确测量车身部件的尺寸和形状，确保零部件的装配精度。这种技术极大地提高了工业机器视觉系统在复杂场景下的适应能力。

3. 边缘计算与工业物联网的融合

随着物联网(IoT)技术的快速发展,工业物联网(Industrial Internet of Things,IIoT)逐渐成为智能制造的重要组成部分。工业机器视觉系统也开始与IIoT技术相结合,通过边缘计算实现更高效的图像处理和数据分析。边缘计算的引入使得机器视觉系统能够在靠近数据源的地方进行实时处理,减少了数据传输的延迟,并提高了系统的实时性和可靠性。这种分布式计算架构使得机器视觉系统能够更好地适应工业现场的高要求,例如,在高速生产线上实时检测产品质量,或在无人仓库中自动识别和分类货物。此外,边缘计算与云计算的结合使得机器视觉系统具备了更加灵活的部署方式。通过云端与边缘端的协同工作,工业机器视觉系统可以实现数据的集中管理与实时处理的平衡,适应不同规模和复杂度的工业应用场景。

4. 大数据与预测性维护

大数据技术的兴起为工业机器视觉系统带来了新的发展机遇。在现代制造业中,机器视觉系统不仅用于实时检测,还能够通过对历史数据的分析,实现预测性维护和故障诊断。通过机器视觉系统采集的海量数据,制造企业可以对生产过程中潜在的问题进行分析和预测,提前发现可能的设备故障或产品缺陷,这种基于数据驱动的预测性维护不仅可以减少停机时间,还可以降低维护成本,提高生产效率。例如,在钢铁制造中,机器视觉系统可以通过分析轧制过程中产生的微小裂纹,预测钢板的质量问题,并在问题变得严重之前采取相应的措施。这种技术的应用显著提高了产品的合格率,减少了浪费。

5. 人工智能与自适应系统

进入21世纪20年代,随着人工智能技术的进一步成熟,工业机器视觉系统开始向自适应和自主化方向发展,现代机器视觉系统不仅能够在预定的任务中表现出色,还可以根据环境的变化进行自我调整和优化。现代工业机器视觉系统能够通过深度学习模型的在线训练和优化,适应生产线上的变化,系统可以在不同的生产批次中自动调整检测参数,确保始终保持高精度和高效率。这种自适应能力大大提高了机器视觉系统在复杂和多变环境中的适用性。此外,随着强化学习和迁移学习的引入,机器视觉系统在未知环境中的学习能力显著增强。例如,在智能工厂中,机器视觉系统可以通过强化学习不断优化生产流程,逐步提高生产效率和质量。

6. 量子计算与下一代智能制造

展望未来,量子计算和神经形态计算等前沿技术有望为工业机器视觉带来新的突破。量子计算凭借其强大的并行计算能力,可以在更短的时间内处理大量复杂的图像数据,特别是在实时性要求极高的工业应用中。此外,神经形态计算通过模拟人脑的工作方式,有望进一步提升机器视觉系统的智能化水平,使其能够在更复杂的工业环境中发挥更大的作用。随着这些新兴技术的应用,工业机器视觉系统将在未来的智能制造中扮演越来越重要的角色,不仅可以推动制造业的数字化转型,还为实现绿色制造、零缺陷生产和可持续发展提供技术支持。

1.3　工业机器视觉系统的组成

工业机器视觉系统的组成可以分为硬件和软件两个主要部分,这两个部分协同工作,共同完成图像获取、处理、分析和控制任务。以下详细介绍工业机器视觉系统的硬件组成和软件组成。

1.3.1 硬件组成

工业机器视觉系统的硬件部分主要负责图像的采集、转换、传输和存储。硬件组成部分包括以下关键组件。

1. 成像设备

工业摄像头：工业摄像头是机器视觉系统中最重要的硬件组件之一，用于捕捉目标物体的图像。根据不同的应用需求，工业摄像头可以分为面阵摄像头和线阵摄像头。面阵摄像头用于获取二维图像，而线阵摄像头则适用于高速运动物体的连续扫描。摄像头的分辨率、帧率和感光度是影响图像质量的重要参数，高分辨率摄像头可以捕捉更多细节，适合精细检测，而高帧率摄像头则适用于高速生产线。

镜头：镜头是摄像头的重要配件，它决定了图像的焦距、视角和成像质量。工业镜头的选择需要根据检测对象的大小、工作距离和需要的视场范围进行调整。高质量的镜头能够减少图像畸变和像差，确保成像的精确性。

2. 光源

光源类型：光源是工业机器视觉系统中确保图像质量的关键因素。常见的光源类型包括 LED、荧光灯、激光器和红外光源。根据不同的检测任务和环境条件，选择合适的光源类型和布置方式非常重要。均匀的照明可以减少阴影和反射，从而提高图像的对比度和清晰度。

光源布置：光源的布置方式会直接影响成像效果。常见的布置方式包括背光照明、环形照明和斜角照明。背光照明适合检测物体的轮廓，而环形照明则用于消除表面反射。斜角照明常用于检测表面缺陷或凹凸不平的表面。

3. 图像采集卡

图像采集卡是连接摄像头和计算机的重要接口设备，它负责将摄像头获取的模拟信号转换为数字信号，并传输到计算机进行处理。采集卡的性能直接影响图像传输的速度和质量。现代工业机器视觉系统通常使用 USB、GigE（千兆以太网）或 Camera Link 接口，以确保高速和高分辨率的图像传输。

4. 图像处理器

计算平台：图像处理器是工业机器视觉系统的"大脑"，负责对采集到的图像进行处理和分析。处理器可以是 PC（个人计算机）、嵌入式系统或图形处理单元（GPU）。高性能的计算平台能够支持复杂的图像处理算法，提供实时的分析结果。

GPU 加速：在深度学习和大数据分析背景下，GPU 因其强大的并行处理能力，广泛用于加速图像处理任务。GPU 可以同时处理成千上万个像素，从而大幅提高处理速度，适用于要求高实时性的应用场景，如自动驾驶和高速度生产线检测。

5. 运动控制系统

机械臂和运动平台：在需要精确定位和操作的应用场景中，运动控制系统至关重要，如机器人装配和精密测量。机械臂或运动平台根据视觉系统的反馈信息进行精确移动，以执行任务。它们与视觉系统的结合，使得自动化检测和操作更为高效和精准。

可编程逻辑控制器(Programmable Logic Controller,PLC)：PLC负责控制整个视觉系统的工作流程,包括触发图像采集、同步控制机械臂动作、信号传输等。PLC的实时控制能力确保了视觉系统与生产线的紧密集成。

1.3.2　软件组成

工业机器视觉系统的软件部分主要负责图像处理、分析、数据管理和系统控制。软件的开发与选择直接关系到系统的性能和灵活性。以下是工业机器视觉系统的主要软件组件。

1. 图像处理软件

图像预处理：在图像处理的初始阶段,图像预处理是必不可少的步骤。预处理包括去噪、灰度转换、直方图均衡化、边缘增强等操作,旨在提高图像的质量,为后续的特征提取和分析打下基础。预处理算法通常是根据应用场景的不同而定制的,例如,工业检测中常用的去噪算法包括高斯滤波和中值滤波。

特征提取：特征提取是从图像中提取与检测任务相关的关键信息,如边缘、形状、纹理、颜色等。这些特征被用作后续分析和分类的输入。

图像分割：图像分割是将图像划分为多个区域或对象的过程,以便进行进一步的分析。分割算法包括阈值分割、区域生长、分水岭变换和基于深度学习的分割网络。准确的图像分割对于目标识别、分类和定位至关重要。

2. 机器学习与深度学习

机器学习模型：现代工业机器视觉系统广泛应用机器学习算法进行图像分类、目标检测和异常检测。支持向量机(SVM)、随机森林和 K 最近邻(KNN)算法等模型被用于分析和预测基于提取的图像特征的数据。这些模型的训练通常需要大量的标注数据集,以确保分类器的准确性和鲁棒性。

深度学习框架：随着深度学习技术的飞速发展,卷积神经网络(CNN)已成为工业机器视觉系统的核心算法之一。常用的深度学习框架包括 TensorFlow、PyTorch 和 Caffe 等,这些框架支持设计和训练复杂的深度学习模型。

3. 系统控制与集成软件

数据采集与监控系统(Supervisory Control And Data Acquisition,SCADA)：SCADA系统用于监控和控制工业机器视觉系统的各个组件。它能够实时采集数据、监控系统运行状态,并将控制命令传送到执行设备,如机械臂或生产线。SCADA系统通常具有高度的可定制性,可以根据不同的应用场景配置不同的监控和控制界面。

人机界面(Human Machine Interface,HMI)：HMI软件为操作员提供了与工业机器视觉系统交互的界面。通过 HMI,操作员可以监控系统状态、调整参数、启动或停止系统运行。HMI的设计应尽量简洁直观,以便操作员能够快速上手并高效操作。

数据库管理：随着工业机器视觉系统处理的数据量不断增加,数据库管理软件变得越发重要。数据库系统用于存储和管理视觉系统生成的图像数据、分析结果和系统日志等。现代工业机器视觉系统通常与关系数据库(如 MySQL、PostgreSQL)或 NoSQL 数据库(如 MongoDB)集成,支持高效的数据查询和存取。

4. 系统开发工具

开发环境与工具包：工业机器视觉系统的开发通常需要使用专用的开发环境和工具包。例如，OpenCV 是一个广泛应用于机器视觉领域的开源库，提供了丰富的图像处理和计算机视觉算法。Matlab 则常用于算法的快速原型开发和验证。对于嵌入式系统开发，开发者可能会使用特定的集成开发环境（IDE）和编译工具，如 Keil、IAR 等。

实时操作系统（Real Time Operate System，RTOS）：在一些对实时性要求极高的工业应用中，工业机器视觉系统可能运行在实时操作系统（RTOS）上。这些操作系统能够在严格的时间约束下调度任务，确保系统的实时响应能力。常用的 RTOS 包括 VxWorks、QNX 和 FreeRTOS。

5. 数据分析与可视化

数据分析工具：工业机器视觉系统生成的数据量巨大，如何有效地分析这些数据对于系统优化和故障诊断至关重要。数据分析工具可以帮助工程师从历史数据中挖掘有价值的信息，优化生产工艺或检测流程。例如，使用 Python 中的 Pandas、NumPy 等库进行数据清洗和分析，或通过 R 语言进行统计分析。

可视化软件：可视化软件用于将图像处理和数据分析的结果直观地展示出来。常用的可视化工具包括 Matplotlib、D3.js 和 Tableau 等。这些工具能够生成实时监控图表、数据趋势图和图像处理结果的可视化，使得操作员和工程师能够更直观地理解系统运行情况。

工业机器视觉系统的组成包括复杂的硬件与软件组件，两者相辅相成，共同构建了一个功能强大且灵活的检测和控制系统。硬件部分负责图像的采集和处理，确保系统能够适应不同的工业环境和需求，而软件部分则通过先进的图像处理、机器学习和系统控制技术，实现对图像的高效分析和实时决策。随着技术的不断进步，工业机器视觉系统将继续在自动化生产和智能制造中发挥关键作用。

1.4 工业机器视觉研究内容

工业机器视觉是一项跨学科的技术，涉及图像处理、计算机视觉、机器学习、人工智能等多个领域，其研究内容广泛且深入，涵盖了从基础算法的开发到具体应用的实现。以下详细探讨工业机器视觉的几个关键研究内容：异常图像分类、图像分割、目标检测与跟踪。

1.4.1 异常图像分类

异常图像分类是工业机器视觉中的关键任务，旨在识别和分类生产过程中出现的各种异常情况，如表面污点、异常物体等，如图 1.5 所示。这一技术广泛应用于质量控制和故障检测，帮助制造业提高产品质量和生产效率。异常图像分类的研究方法主要分为基于统计学习的分类方法和基于深度学习的分类方法。基于统计学习的分类方法主要依赖传统的机器学习算法，对预先提取的图像特征进行分类，从而识别和分类图像中的异常。这类方法通过构建数学模型，利用训练数据中的模式进行学习，以便在新数据上进行预测，主要包括支持向量机（Support Vector Machine，SVM）、随机森林（Random Forest）、K 最近邻（K-Nearest Neighbor，KNN）等方法。SVM 特别适用于高维数据且数据量较小的场景，能够精确划分具有复杂边界的数据；随机森林适合处理大型且复杂的数据集，具有强大的抗噪能力和良好的泛化性能,适用于多样化的工业应用场景;KNN 在小规模、低维数据集上效果良好,但在面对大规模和高维数据时,性能可能受到影响,KNN 的实现简单,但对噪声和数据不平衡较为敏感。

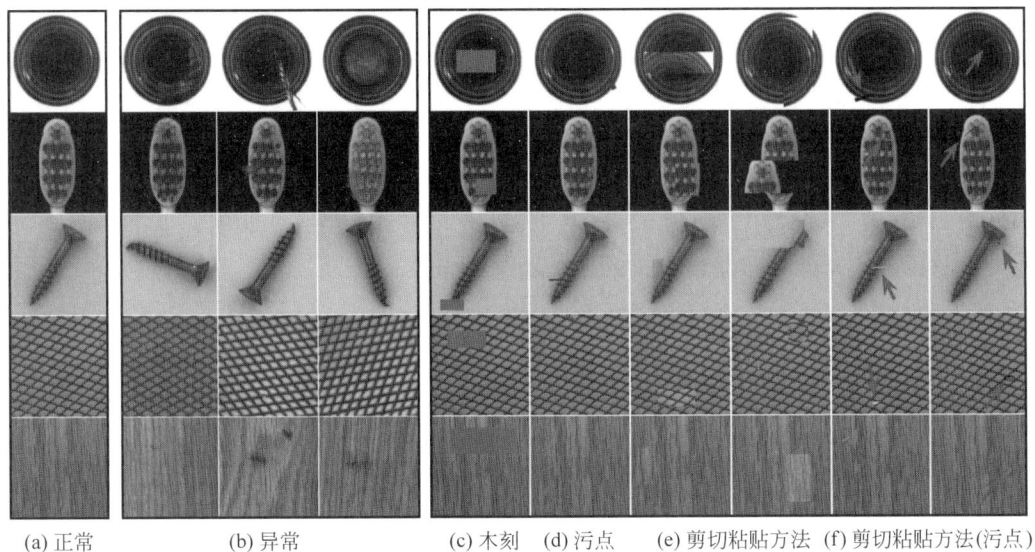

(a) 正常　　　　(b) 异常　　　　(c) 木刻　(d) 污点　(e) 剪切粘贴方法　(f) 剪切粘贴方法(污点)

图 1.5　工业异常图像分类

基于深度学习的分类方法主要包括卷积神经网络(Convolutional Neural Networks,CNN)、生成对抗网络(Generative Adversarial Network,GAN)、变分自编码器(Variational Auto-Encoder,VAE)等。CNN 擅长处理具有清晰边界和丰富特征的图像分类任务,适用于大规模标注数据集;GAN 则在需要生成逼真图像的任务中表现出色,如数据增强、图像修复等,并且在异常检测中也具有独特优势;VAE 适用于需要学习数据潜在分布的场景,尤其在数据稀缺、需生成新样本或进行异常检测时表现良好。总体来说,CNN 适用于标准分类任务,GAN 和 VAE 则更适用于生成任务和异常检测。

1.4.2　图像分割

图像分割旨在将图像划分为若干具有独立含义的区域,从而提取出感兴趣的目标物体,如图 1.6 所示。这一过程在工业应用中至关重要,特别是在精密检测、自动化生产和质量控制等场景中。图像分割的方法可以大致分为传统图像分割方法和基于深度学习的图像分割方法。

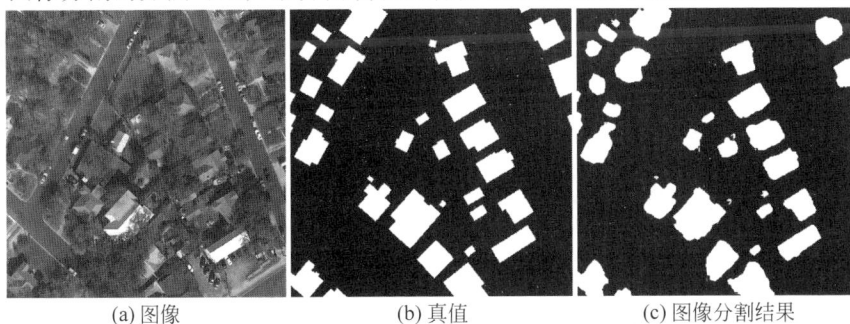

(a) 图像　　　　　　　(b) 真值　　　　　　　(c) 图像分割结果

图 1.6　图像分割

传统图像分割方法基于图像的基本物理特性,如灰度、颜色、纹理和边缘等,通过数学和统计学方法将图像分割成多个具有独立意义的区域。这些方法计算效率高,适用于实时性要求高的场景,但在复杂环境下的分割效果有限,通常包括阈值分割、基于边缘的分割、基于区域的分割等。阈值分割方法适合灰度值差异明显的场景,如二值图像或简单的工业检测任务。基于边缘的分割方法适合处理边界清晰、对比度较高的图像,如机械零件的边界检测。但在复杂的工业环境中,如存在噪声、光照不均匀或背景复杂的场景,这种方法的效果可能会受限。基于区域的分割方法适用于需要识别大面积均匀区域的图像,如检测表面缺陷或均匀涂层的分割任务,但在细节处理和计算效率方面可能不如其他方法。传统方法在处理简单场景时能够提供快速且较为准确的分割结果,但在应对复杂背景、噪声干扰或多目标分割时,其鲁棒性和精度可能不如现代深度学习方法,尤其在多目标和非规则形状的图像分割中,传统方法容易出现分割不准确或边界不连续的问题。

基于深度学习的图像分割方法在处理复杂图像时表现出色,尤其是在多目标分割、边界精细分割等任务中,深度学习方法能够自动从数据中提取多层次的特征,并进行精确的像素级分类。常用的基于深度学习的图像分割方法包括全卷积网络(Fully Convolutional Network,FCN)、U-Net 和 DeepLab 等。FCN 适用于对边缘精度要求较低的场景,如大规模物体的语义分割任务;U-Net 由于跳跃连接的加入,能够有效保留图像中的细节,适用于需要高精度边界分割的任务,如医学图像分割和工业缺陷检测;DeepLab 在处理复杂背景、多目标分割和细节丰富的场景时表现出色,尤其在处理具有丰富上下文信息的图像时,能够同时捕捉到全局和局部信息,适合自动驾驶、城市景观分割等任务。

1.4.3　目标检测与跟踪

目标检测是工业机器视觉中的关键任务,涉及在图像中定位并识别目标物体,如图 1.7 所示。传统的目标检测方法主要基于手工特征提取和分类器的结合,通过识别物体的边缘、形状、颜色等特征来实现目标的检测。常用的传统目标检测方法包括滑动窗口法、基于特征的目标检测、模板匹配等。滑动窗口法适用于检测形状、大小不一的目标,但计算效率较低。基于特征的目标检测方法对复杂背景和光照变化具有较好的鲁棒性,适用于检测具有明显特征的目标物体,如行人检测和物体识别。模板匹配方法适用于简单、纹理一致的目标检测任务,但在面对目标变形、旋转和尺度变化时,效果较差。

图 1.7　目标检测

　　基于深度学习的目标检测方法在精度和速度上均取得了显著突破,这些方法能够自动学习图像中的特征,并通过卷积神经网络(CNN)实现目标的定位和分类。常用的基于深度学习的目标检测方法包括 YOLO(You Only Look Once)、SSD(Single Shot MultiBox Detector)、Faster R-CNN 等。YOLO 因其端到端的架构设计,实现了极高的检测速度,非常适合实时检测应用,如视频监控和自动驾驶,然而,YOLO 在检测小目标和密集目标时精度有所欠缺;SSD 通过在不同尺度的特征图上进行预测,提升了对小目标的检测精度,同时保持了较快的检测速度;Faster R-CNN 尽管在精度上表现出色,但其检测速度较 YOLO 和 SSD 稍慢,主要适用于精度要求更高的任务。

　　工业目标跟踪技术是自动化生产、智能监控和机器人导航中的核心任务之一,如图 1.7 所示。在实际工业应用中,目标跟踪的主要挑战包括目标快速运动、遮挡、多目标干扰、光照变化以及形变等问题。随着图像处理和机器学习技术的不断发展,传统和基于深度学习的目标跟踪方法都取得了显著进展,常见的目标跟踪方法包括光流法、均值漂移(Mean Shift)跟踪、基于相关滤波的跟踪算法、基于孪生网络的目标跟踪等。光流法、均值漂移的计算复杂度较低,适合实时性要求较高的场景,然而,光流法在复杂背景下容易受到干扰,均值漂移在处理目标形变时表现有限;基于相关滤波的跟踪算法(如 KCF)在速度和精度之间取得了良好的平衡,适合工业实时跟踪任务;基于孪生网络的计算复杂度较高,但在处理复杂场景和非线性运动时表现更好。

1.5　工业机器视觉技术的应用领域

1.5.1　智能制造业中的应用

　　工业机器视觉技术在智能制造业中扮演着至关重要的角色,凭借其高精度、高效率和自动化特性,正在推动传统制造业向智能化、自动化转型。智能制造要求生产过程中的各个环节实现精确控制和高度自动化,机器视觉技术为智能制造提供了“视觉感知”的能力,帮助设备和系统获取、处理、分析生产信息,从而实现自动化决策。以下详细介绍工业机器视觉技术在智能制造业中的具体应用。

1. 质量控制与缺陷检测

　　在智能制造中,质量控制是确保产品符合标准、减少不良品率的重要环节。工业机器视觉通过高分辨率相机和图像处理算法,能够自动识别生产过程中产生的各种缺陷,确保产品质量。

　　表面缺陷检测:在金属、塑料、玻璃等产品的制造过程中,表面可能会产生划痕、裂纹、凹坑等瑕疵。工业机器视觉系统可以通过对产品表面进行高清成像,检测出这些细微的缺陷,如图 1.8 所示,通过精确的图像处理技术,如图像分割、边缘检测,系统可以快速识别并定位缺陷区域。

　　尺寸和形状测量:对于某些产品,如电子元件、汽车零部件等,其尺寸和形状的精确度直接影响装配精度和产品性能。工业机器视觉可以通过摄像头与测量软件结合,对产品的几何尺寸进行实时测量,并将测量结果与标准尺寸进行比较,确保产品符合规格要求。

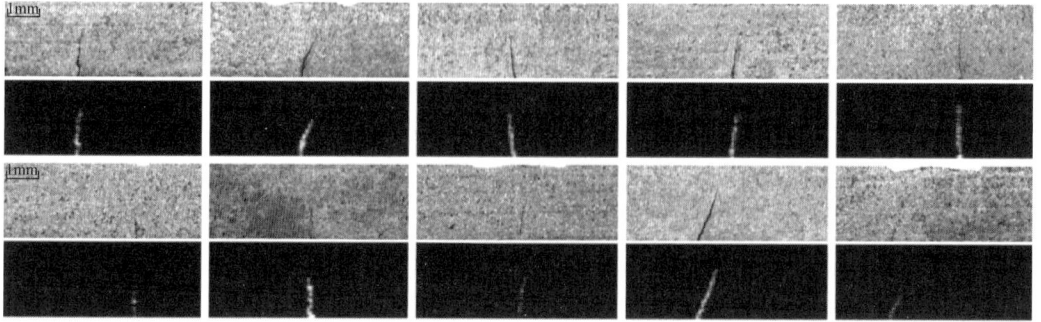

图 1.8　电子换向器中的缺陷检测

色彩和印刷质量检测：在食品、医药、包装等行业，产品包装的颜色、图案和文字印刷质量至关重要。机器视觉系统可以通过色彩分析和模式匹配技术，对包装的色差、印刷模糊等问题进行实时检测，确保包装印刷质量达到标准。

2. 自动化分拣与识别

智能制造中的另一个典型应用是自动化分拣。随着生产线速度的不断提高，传统的人工分拣已无法满足需求。工业机器视觉通过对产品进行实时识别和分类，实现高效、精准的自动化分拣。

条码和二维码识别：在包装和物流行业，条码和二维码被广泛用于产品的追溯与管理。工业机器视觉能够快速读取产品包装上的条码或二维码，实现产品的自动化识别和分类。这在生产线的后续环节（如打包、出库等）中尤为关键，能够提高生产效率并减小错误率。

产品分类和分拣：在食品、饮料、药品等行业，生产线上可能会同时存在多种规格的产品，工业机器视觉系统通过对产品的颜色、形状、标识等特征进行分析，可以自动将不同规格的产品分类并分拣，如图 1.9 所示。例如，饮料瓶的自动分拣系统可以通过识别瓶身上的标签颜色，将不同口味的饮料快速分类，并输送到相应的包装线。

图 1.9　快递包装的自动化分拣与识别

3. 智能监控与安全管理

智能制造需要对生产过程进行实时监控和管理，以确保生产的安全性和效率。工业机器视觉系统能够为智能制造提供实时监控数据，帮助生产管理者及时发现异常，防止潜在问题扩大化。

生产线监控：机器视觉技术可以实时监控生产线的运行状态，对设备故障、工件偏差等问题进行及时预警，如图 1.10 所示。例如，机器视觉系统可以通过分析传送带上的物体流动情况，判断是否有堵塞或产品偏离生产轨道的情况，并及时发出报警信号。

图 1.10 机器视觉技术实时监控生产线的运行状态

安全保障与防护：机器视觉还可以用于工厂环境中的安全监控，通过监控区域内的人员和设备活动情况，判断是否存在安全隐患。该技术常用于检测是否有人员进入危险区域，并通过联动系统自动停止相关设备的运作，确保生产安全。

工业机器视觉技术在智能制造业中的应用不仅提高了生产效率，还极大地提高了产品质量和生产线的自动化程度。从质量控制、分拣识别到智能监控，机器视觉技术已经成为智能制造系统中不可或缺的组成部分。随着工业 4.0 的发展，工业机器视觉技术将进一步与人工智能、物联网等技术融合，推动智能制造向更高效、更精准的方向发展。

1.5.2 工业机器人中的应用

工业机器视觉技术赋予了工业机器人"视觉感知"能力，使得机器人不仅能够执行预定的任务，还能够根据视觉反馈实时调整动作，增强了其灵活性和智能化水平。在工业机器人领域，机器视觉技术为自动化、柔性制造和精准作业提供了技术支撑。以下将详细阐述工业机器视觉技术在工业机器人中的具体应用。

1. 机器人引导与精准定位

工业机器人在执行装配、焊接、搬运等任务时，往往需要对目标物体进行准确的识别、定位和抓取。机器视觉系统通过相机获取目标物体的图像，并使用图像处理算法对目标物体的形状、位置和姿态进行分析，从而为机器人提供精准的引导信息。目标物体定位与识别：在生产线上，工件的形状、位置和姿态往往具有不确定性。机器视觉系统通过拍摄工件图像，利用图像处理和模式识别技术，能够识别工件的类型、轮廓及其在工作空间中的位置和姿态，识别结果被输入到机器人控制系统，帮助机器人准确定位工件的位置并执行抓取、装配或加工等任务。例如，在汽车制造过程中，机器人需要对车身的零部件进行准确安装，机器视觉系统可实时识别零件的位置和角度，确保精确安装。自动校准与柔性制造：传统机器人依赖于固定的轨迹和操作流程，难以应对生产中的变化。而通过机器视觉，机器人能够根据工件的实时位置动态调整操作路径。例如，焊接机器人可以通过视觉系统检测工件的焊缝位置，自动校准焊枪的位置和角度，实现焊缝的精准跟踪。柔性制造中,不同产品的零件形状、大小不尽相同,机器视觉能够帮助机器人快速识别这些变化,调整操作策略,满足多样化生产的需求,如图 1.11 所示。

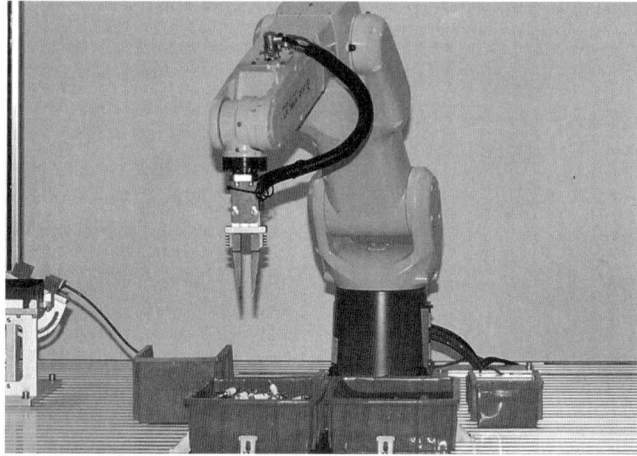

图 1.11　机器人准确定位活塞杆方向并实现精确抓取

2. 机器人装配与装载

机器人装配是工业生产中最重要的应用之一,尤其在汽车、电子和机械制造业中,自动化装配已经成为提高生产效率和精度的关键。工业机器视觉技术极大地提高了机器人的装配能力,尤其是在复杂、多变的环境中。

零件装配与自动化操作:机器视觉系统使机器人具备了自动化装配的能力。通过视觉引导,机器人能够识别零件的形状和位置,将其精确装配到指定的位置。例如,在电子设备装配过程中,机器视觉可以帮助机器人识别微小的元器件并将其精确插入电路板上,从而避免人工操作中的误差和延迟。在汽车制造中,机器人装配车身零部件时,机器视觉可以识别不同型号和大小的零件,并快速调整抓取和装配策略。

智能抓取与堆叠:工业机器视觉使机器人具备了灵活的抓取能力。在货物分拣和包装环节,机器人可以通过视觉系统识别货物的位置和姿态,精准抓取不同尺寸的货物并进行堆叠,这种智能抓取系统广泛应用于物流仓储、生产线装配等领域,大幅提高了搬运和装载的自动化水平,如图 1.12 所示。

图 1.12　机器人装配与装载

3．机器人视觉导航与避障

工业机器人在复杂的生产环境中需要自主导航和避障,机器视觉技术为机器人提供了视觉引导和环境感知能力,使其能够在动态环境中安全、高效地执行任务,如图1.13所示。

视觉导航:机器视觉系统能够实时获取机器人周围的环境图像,通过图像处理算法识别障碍物、路径标记等信息,帮助机器人自主规划路径并实现导航。例如,在物流仓库中,机器人可以通过视觉识别地面上的标记或货架上的条形码,实现自主导航和搬运物品。

避障与路径规划:在复杂的工业环境中,机器人常常需要与其他设备或人员共享工作空间。机器视觉系统能够实时检测工作环境中的动态障碍物,并通过视觉反馈调整机器人的路径,避免与障碍物发生碰撞。该技术被广泛应用于自动导引车(AGV)和智能仓储系统中,确保搬运任务的安全和高效。

图1.13　机器人视觉导航与避障建模

4．机器人维护与远程监控

在工业生产中,机器人的维护和状态监控至关重要。通过机器视觉技术,可以实现对机器人操作状态的实时监控,及时发现潜在的故障并进行预防性维护。

实时监控与故障诊断:机器视觉系统可以监控机器人执行任务的每个步骤,通过分析机器人的操作路径、速度和精度,判断其是否存在潜在问题。例如,视觉系统可以检测焊接机器人焊枪的磨损情况,并在其性能下降前发出警报,提示进行维护和更换。

远程监控与诊断:工业机器视觉技术可以与远程监控系统结合,帮助企业通过网络实时监控远程工厂中的机器人操作状态,如图1.14所示。通过视觉系统获取的图像和视频流,企业的技术人员可以远程诊断机器人的故障,甚至进行远程控制操作,减少维护时间和停机损失。

工业机器视觉技术的应用极大地提升了工业机器人的智能化水平,赋予了机器人从视觉感知、精确操作到实时监控的能力。通过机器视觉系统,机器人可以更好地适应复杂多变的生产环境,执行精度要求高、重复性强的任务,如装配、焊接、检测和导航等。随着智能制造的发展,工业机器视觉与机器人技术的深度融合将进一步推动工业生产的自动化、灵活化和智能化,提升企业生产效率和竞争力。

1.5.3　其他领域的应用

工业机器视觉技术不仅在智能制造和工业机器人中起到了核心作用,还在医疗、交通等多个领域展现出了强大的应用潜力。通过高精度的图像采集和处理技术,机器视觉为这些领域提供了智能化、自动化的解决方案,提升了效率、精度和安全性。以下详细介绍机器

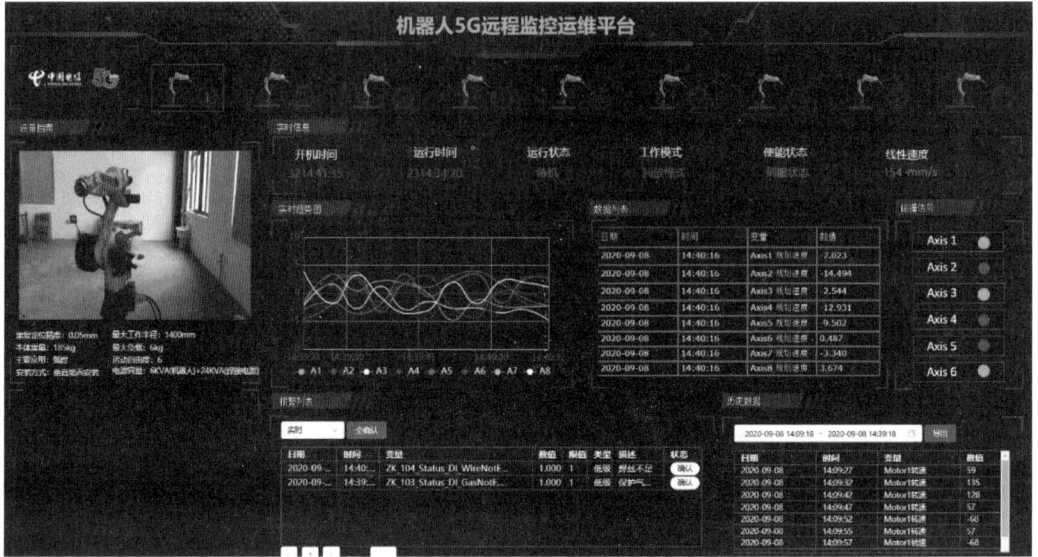

图 1.14　机器人远程监控运维平台

视觉技术在医疗、交通等其他领域的应用。

1. 医疗领域的应用

在医疗领域，机器视觉技术与图像处理技术相结合，极大地提高了医疗诊断和手术操作的精度和效率。机器视觉能够通过处理和分析医学影像，帮助医生进行早期疾病诊断、手术引导以及治疗规划。

医学影像分析：医学成像技术（如 CT、MRI、X 射线等）生成大量的医学影像数据，机器视觉系统可以自动分析这些图像，识别疾病征兆，辅助医生诊断。通过图像分割、特征提取和模式识别，机器视觉能够检测出如肿瘤、血管病变等细微的异常变化。近年来，基于深度学习的机器视觉技术在癌症筛查、肺结节检测、眼底疾病诊断等领域取得了显著的成果。例如，机器视觉系统能够自动识别肺部 CT 中的小结节，并计算其大小和位置，帮助医生做出更精确的诊断，如图 1.15 所示。

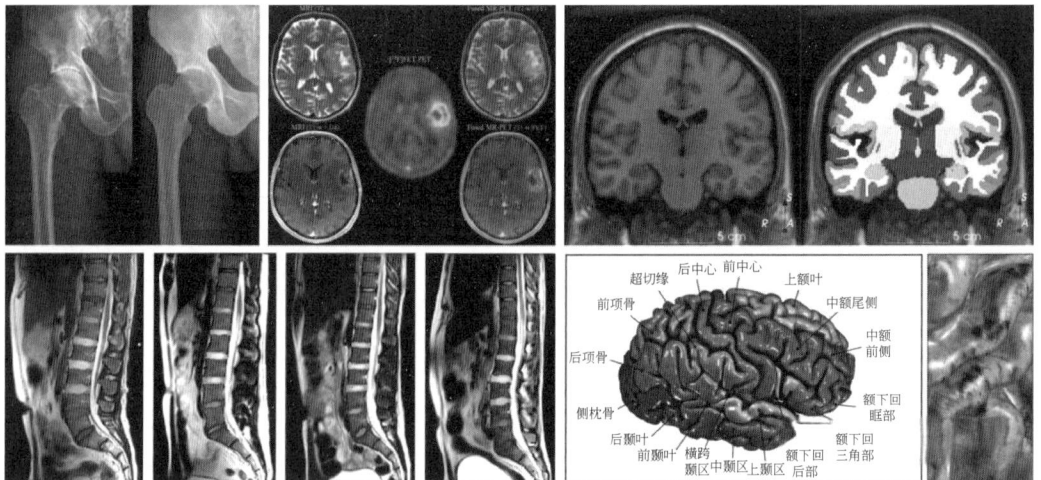

图 1.15　医学影像分析

手术辅助与机器人手术：在外科手术中，精确的手术操作是成功的关键。机器视觉技术被用于手术导航系统，通过对患者体内图像的实时采集和分析，帮助医生准确定位手术部位，减少手术风险。手术机器人系统（如达·芬奇手术机器人）通过视觉反馈来指导机械臂执行精细的手术操作，如图1.16所示。视觉系统能够实时监控手术过程，自动调整手术工具的位置和角度，以确保手术的精确度和安全性。

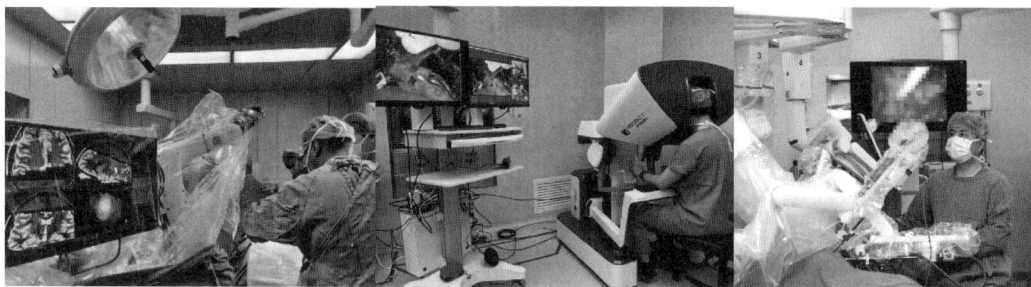

图1.16 手术辅助与机器人手术

病理图像分析：在病理学领域，机器视觉技术广泛应用于病理切片的自动化分析。传统的病理切片分析依赖于病理医生的肉眼观察，易受到主观因素的影响。机器视觉系统可以对病理图像进行高精度的分析，如细胞形态学检测、肿瘤边界识别、癌变组织的自动检测等，大幅提高了病理分析的效率和精度。

2. 交通领域的应用

在交通领域，机器视觉技术被广泛应用于智能交通系统（ITS），通过实时监控和数据分析来提高交通管理效率，增强道路安全，降低事故率；同时，机器视觉也是自动驾驶汽车的重要组成部分，赋予汽车对周围环境的感知能力。

智能交通监控与违章检测：机器视觉系统通过道路摄像头实时采集交通视频，分析车流量、车速、车道占用情况等信息，为交通管理提供数据支持。基于视觉的自动车牌识别系统能够快速识别车辆的车牌信息，广泛应用于违章车辆检测、交通流量监控、电子收费系统等场景。例如，交通管理部门通过机器视觉系统可以自动检测违章停车、超速、闯红灯等行为，提高交通管理的效率和准确性，如图1.17左侧的违章检测系统。

图1.17 违章检测系统及自动驾驶环境感知图

车辆自动识别与分类：在智能交通系统中，车辆识别和分类是重要的任务。机器视觉技术通过分析车辆的外形特征、大小、颜色等信息，可以自动识别车辆类型（如轿车、卡车、公交车等），并进行实时分类。这一技术在停车场管理、道路交通监控和智能收费系统中得到了广泛应用。

自动驾驶与环境感知：在自动驾驶汽车领域，机器视觉技术为车辆提供了对周围环境的感知能力。通过车载摄像头，视觉系统能够识别道路标线、交通信号、行人、其他车辆以及道路障碍物，机器视觉通过对这些信息进行实时处理，为车辆的行驶决策提供数据支持。例如，视觉系统可以检测交通标志、识别红绿灯状态，帮助自动驾驶车辆做出正确的驾驶判断；多摄像头系统与雷达、激光雷达等其他传感器相结合，进一步提升了自动驾驶系统的安全性和可靠性，如图 1.17 右侧的自动驾驶环境感知所示。

3. 电力场景的应用

工业视觉技术在电力场景中的应用，以国家推动智能电网建设的需求为导向，聚焦工业发展的实际挑战，充分利用了分类、目标检测、语义分割和 3D 感知技术，来提升电力系统的智能化水平和运行效率。这些技术不仅应对了电网规模扩大和复杂环境带来的监控、维护难题，也满足了高效、可靠的自动化运维需求。

分类技术在电力场景中主要用于识别电力设备的运行状态，自动分类设备的正常与异常情况。通过对大量图像数据的分析，分类技术能快速分辨如变压器、避雷器等设备的故障状态，为电网设备的预测性维护提供支持，显著降低设备失效的风险。目标检测技术着眼于电力设备中的具体缺陷检测。通过深度学习模型，目标检测能够精准识别电力设备表面缺陷，如绝缘子裂纹、金属锈蚀等。该技术在无人机巡检中应用广泛，极大提升了设备检测的速度与精度，帮助运维人员在设备出现重大故障之前发现潜在隐患。语义分割技术实现了对复杂电力设备的细粒度分析，通过对图像中的不同区域进行分割，语义分割可以精准定位电力设备的故障区域，如高温故障点或线路覆冰区域。这种技术显著减少了人工识别的工作量，确保电力设备故障能被快速定位与处理。3D 感知技术借助激光雷达等传感器，获取电力系统的三维点云数据，全面感知电力设备的空间结构。在电力导线覆冰和杆塔倾斜检测中，3D 感知技术发挥了不可替代的作用，通过对三维数据的分析，系统可以快速识别电力设备的物理状态，确保电网在复杂气候和地形条件下的安全运行。

工业视觉技术通过分类、检测、分割与 3D 感知的结合，有效提升了电网设备的智能监控和自动化运维能力。契合国家智能电网建设的战略需求，在实际应用中大幅提升电力行业的运营效率与安全性，推动了行业的现代化与智能化转型。

1.6　本章小结

本章从多个维度详细介绍了工业机器视觉的基本概念、发展历程、系统组成、研究内容及其应用领域，帮助读者建立起对工业机器视觉全方位的认识。

首先，在工业机器视觉的基本概念部分，本章明确了机器视觉的定义和基本工作原理，强调了工业机器视觉系统在自动化生产中的重要作用。通过将机器视觉与传统的计算机视觉进行对比，突出工业机器视觉在工业环境中特有的需求，如高精度、实时性和稳定性等特性，进一步强化了其在生产线上的独特应用场景和技术要求。

其次，在工业机器视觉的发展历程部分，本章回顾了该技术从早期起源到现代发展的历程。早期的工业机器视觉主要依赖于基本的图像处理算法，随着计算能力的提升和硬件的发展，工业机器视觉逐步进入了深度学习和智能化的时代。在现代工业中，视觉技术已经成为推动智能制造发展的核心动力,显著提高了生产效率和产品质量。

在工业机器视觉系统的组成部分,本章从硬件和软件两个方面详细解构了一个完整的视觉系统。硬件部分包括摄像头、镜头、光源、图像采集卡等,软件部分则涵盖了图像处理算法、机器学习模型、系统控制软件等。硬件和软件的紧密结合,确保了工业机器视觉系统的高效运行和多样化应用。

工业机器视觉的研究内容则涵盖了当前领域中的核心技术,包括异常图像分类、图像分割、目标检测与跟踪等。这些技术通过不同的方法来提升视觉系统的识别和分析能力,解决了工业环境中复杂的视觉检测问题,例如识别不规则物体、检测表面缺陷、实现动态跟踪等。每项技术不仅在工业生产中扮演着重要角色,也推动了机器视觉技术的不断革新与进步。

最后,本章探讨了工业机器视觉的应用领域,深入分析了其在智能制造、工业机器人以及其他行业中的广泛应用。例如,在智能制造业中,机器视觉用于自动化检测、质量控制和装配线管理;在工业机器人领域,机器视觉为机器人提供感知能力,实现精确的物体定位、操作和交互。此外,工业机器视觉还在电力、医疗、交通等多个领域展现出巨大的应用潜力。

通过本章的内容,读者可以对工业机器视觉的技术框架、发展趋势和应用前景有一个全局性的了解,为后续章节中的深入技术讨论奠定了坚实基础。

1.7　思考与习题

1. 请结合本章内容,解释工业机器视觉与计算机视觉的区别。在实际应用中,工业机器视觉为什么要具备更高的实时性和可靠性?

2. 工业机器视觉经历了从传统图像处理方法到现代深度学习的演变过程。请简述工业机器视觉技术发展的关键节点,并讨论现代深度学习技术对工业机器视觉的影响。

3. 结合工业机器视觉系统的硬件和软件组成部分,讨论各部分在系统中的具体功能及相互之间的配合。为什么硬件的选择对于机器视觉系统的性能表现如此重要?

4. 异常图像分类、图像分割、目标检测与跟踪是工业机器视觉的核心研究方向。请分析这些技术在工业环境中的具体应用场景,并讨论各自的技术挑战。

5. 工业机器视觉技术已广泛应用于智能制造和工业机器人领域。请结合智能制造和工业机器人中的应用实例,分析工业机器视觉技术如何提升生产效率和产品质量。

第 2 章

工业机器视觉硬件系统

机器视觉硬件系统在整个机器视觉应用中具有至关重要的地位,其设计和配置直接影响到系统的性能、精度和可靠性。硬件系统主要由成像系统、光源和运动控制系统三部分组成,这些组件的选择和优化决定了图像的质量,从而影响到系统的检测能力。

在本章中,我们将对机器视觉系统中硬件系统组成部分分别进行简单介绍,详细的设计流程和案例将在第 8 章讲解。

2.1 节对相机的主要组成部分——镜头和图像传感器分别进行介绍,并介绍主要的相机类型和其关键参数。

2.2 节对机器视觉中的照明系统进行介绍,介绍照明系统设计的主要原则和常见光源类型。

2.3 节以玻璃盖板检测系统为案例,介绍线扫拍摄系统和面扫拍摄系统的工作过程。

2.1 相机及镜头

相机是机器视觉系统中最为关键的组件之一,其作用是将光信号转为有序的电信号,最终以数字信号的形式生成图像。相机的主要组成部分分为镜头和图像传感器两部分。镜头的选择直接影响图像质量、视角、景深和应用灵活性,从而决定最终成像效果的准确性和可靠性;而传感器的类型和性能直接影响图像的分辨率、动态范围和噪声水平,从而影响成像质量。应该综合考虑镜头和图像传感器的关键参数,选择合适的相机和镜头进行图像采集。接下来我们将分别介绍镜头和图像传感器的关键参数,并介绍主要的相机类型。

2.1.1 镜头的关键参数和类型

1. 基本参数

1) 焦距(Focal Length)

焦距,也称为焦长,是光学系统中衡量光的聚集或发散的度量方式,指从透镜中心到光聚集之焦点的距离,亦是照相机中从镜片光学中心到底片、CCD 或 CMOS 等成像平面的距离。具有短焦距的光学系统比长焦距的光学系统有更佳聚集光的能力。

2) 最大/最小工作距离(Working Distance,WD)

相机的工作距离是指相机与被拍摄物体之间的实际距离。在摄影中,相机工作距离的确定对于拍摄出清晰、准确的成像至关重要,如果相机与被拍摄对象离开了相机的工作距离,就会导致成像模糊、失焦等问题。

3）景深（Depth of Field,DoF）

相机的视野指的是横向的范围,景深 DoF 指的是纵深的范围。在最小工作距离到最大工作距离之间的范围就被称为景深,景深内的物体都可以清晰成像。景深一般可以通过光圈调节,光圈越小,景深越大。

4）视场/视野范围（Field of View,FoV）

视野范围 FoV 指的是镜头能够看到的最大范围,也就是镜头所能够覆盖的有效区域。

对于镜头而言,可观察到的视场跟镜头放大倍率及相机芯片选择有关。因此通常建议根据被观察物体的尺寸,先确定所需的视场,再确定相机芯片尺寸及镜头放大倍率。在实际工程项目中,考虑到机械误差等问题,视场通常要大于待观测物体的实际尺寸,以确保在机械误差的范围内,物体始终位于视觉系统的可视范围内。

以上参数的选择应该遵循式（2.1）,如图 2.1 所示。

$$光学放大倍率 = \frac{视场（FoV）}{工作距离（WD）} \tag{2.1}$$

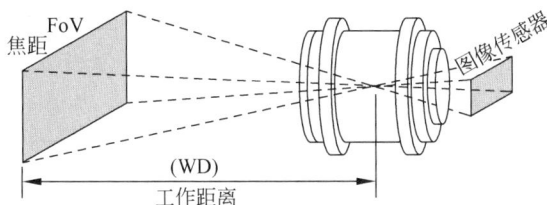

图 2.1　相机参数匹配示意图

2. 不同镜头类型的特点和应用场景

镜头按结构特点可以分为定焦镜头、变焦镜头、远心镜头、广角镜头、长焦镜头、鱼眼镜头、显微镜头、双远心镜头、沙姆镜头等。

1）定焦镜头

拥有固定的焦距和简单的光学结构,能够在低光环境下提供良好的图像质量,适用于固定距离的检测场景,如生产线上的零件检测和条码识别。由于其可靠性高,定焦镜头常用于需要高分辨率和高对比度的工业任务中。

2）变焦镜头

允许用户调整焦距,以适应不同的视角和拍摄距离,虽然光圈通常较小,但其灵活性高,适合需要覆盖多个不同工位的工业检测任务,如生产线的多功能检测和远程监控。

3）远心镜头

在物体移动时保持放大倍率和视场角不变,极小的几何失真使其成为高精度测量和精确对位的理想选择,适用于机器视觉测量和光学检查等高精度要求的场景。

4）广角镜头

提供较宽的视角,适合需要覆盖大视野的工业检测场景,如仓库监控和大型设备的检测。尽管广角镜头在图像边缘可能存在畸变,但其在大面积场景中的应用非常广泛。

5）长焦镜头

通过长焦距放大远处物体,适用于远距离或细小物体的检测任务,如远程监控和交通检测。然而,由于其对震动敏感,长焦镜头通常需要稳定的安装环境。

6) 鱼眼镜头

以其超广角视角捕捉大范围图像,通常用于全景监控系统。虽然图像存在明显的畸变,但鱼眼镜头在覆盖极大视角的应用中表现出色,适合安全监控和空间探测。

7) 显微镜头

通过高放大倍率拍摄微小物体,适用于芯片检查和微电子设备检测等需要高精度显微视觉检测的场景。显微镜头需要精确的对焦机制和稳定的安装环境,以保证图像质量。

8) 双远心镜头

具备物侧和像侧双远心设计,确保在一定范围内放大倍率不变,几乎没有畸变,是高精度尺寸测量和计量的理想选择,适用于需要绝对精度的测量任务。

9) 沙姆镜头

是一种结合了折射和反射的光学系统,具有短焦距和长焦深的特点,通常用于需要在较大视野下观察细节的场景,如精密工业检测和天文观测。沙姆镜头能够在紧凑的结构中实现较高的光学性能,非常适合需要大视野和高分辨率的应用。

定焦镜头以其固定焦距和高图像质量适合固定检测任务;变焦镜头则提供灵活性,适合多工位检测;远心镜头在物体移动时保持精度,适合高精度测量;广角镜头覆盖大视野,但可能存在边缘畸变。长焦镜头适合远距离检测;鱼眼镜头则用于全景监控,尽管畸变明显;显微镜头专注于微小物体的高精度检查;双远心镜头确保放大倍率恒定,适用于精确测量;沙姆镜头结合了折射和反射,适合在大视野下观察细节。这些不同类型的镜头各具特点,满足各种工业应用的需求。

2.1.2　相机图像传感器的关键参数和类型

图像传感器负责将通过镜头的光线转换为电信号。这些电信号随后被处理为数字图像,主要分为 CCD 传感器和 CMOS 传感器。图像传感器的参数决定了相机的关键参数,在相机的实际选型时,需要关注分辨率、像元深度、最大帧率、曝光时间、像元尺寸、靶面大小、光谱响应等参数,以适配实际的应用场景。

1. 图像传感器的关键参数

1) 分辨率

图像传感器的分辨率就是传感器靶面上行列物理像元的个数,如一块传感器的分辨率为 1920×1080,那么这款传感器宽度方向的物理像元个数就是 1920,高度方向的像元个数就是 1080。

传感器的分辨率决定了位图图像细节的细腻程度,一般情况下,图像的分辨率越高,所包含的像素就越多,图像就越清晰,同时占用的存储空间也就越大。

2) 像元的深度

像元的深度是指存储每个像素灰阶值所占用的存储空间位数,最常见的像元位深有 8bit、10bit、12bit、16bit。像元的深度决定着彩色图像每个像元能够表现的颜色数,或者确定灰度图像每个像元可能的灰阶级数。

3) 最大帧率

最大帧率就是相机采集图像的速率,对于面阵相机,一般为每秒采集的帧数,对于线阵相机为每秒采集的行数。

4）曝光方式/快门速度

工业线阵相机采用的都是逐行曝光的方式，可以选择固定行帧和外触发同步的方式，曝光时间与行周期一致，也可以设定一个固定的时间。面阵相机有帧曝光、场曝光和滚动曝光几种常见方式，工业相机一般都提供外触发采图的功能，快门速度一般可到 10ms，高速相机还会更快。

5）像元尺寸

像元尺寸即表示一个像元的大小，像元的大小和像素数（传感器的分辨率）共同决定了靶面的大小。目前工业相机像元尺寸一般为 3～10μm，一般像元尺寸越小，制造难度就越大。

6）传感器的靶面尺寸

传感器的靶面尺寸表示图像传感器感光区域的面积大小，直接决定着整个系统光学放大率，如式(2.2)。

$$光学放大倍率 = \frac{靶面尺寸}{视场} \tag{2.2}$$

7）像元的光谱响应

像元的光谱响应是指芯片对不同波长光线的感应能力，通常通过光谱响应曲线来表示。如图 2.2 所示，相机采集的 RGB 三种颜色的光强与每个像元对不同波段光的感应效率密切相关。其中，RGB 像元的光谱响应曲线在红、绿、蓝三种波长上分别达到峰值，这决定了它们对各自颜色的最佳响应能力。

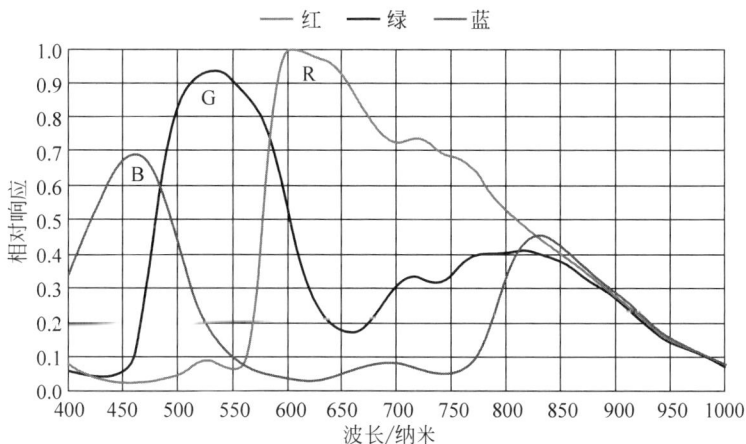

图 2.2 红黄蓝光谱响应曲线

从产品的发展趋势看，图像传感器的体积小型化及高像素化（单位面积传感器像素的个数）仍是业界积极研发的目标，因为像素尺寸小，则图像产品的分辨率越高，清晰度越好，体积越小，其应用面更广泛。

2. 图像传感器的类型

1）电荷耦合元件(Charge Coupled Device,CCD)图像传感器

CCD 图像传感器是一种将光信号转换为电信号的半导体器件，广泛应用于数字相机、医疗成像和科学仪器中。其核心结构包括光电二极管阵列、电荷存储与转移通道、读出节

点以及控制电极。光电二极管阵列负责将入射光转化为电荷,而这些电荷通过电荷转移通道被传输到读出节点,最终形成图像信号。

当光线进入传感器并照射到光电二极管时,光子被吸收并生成与光强度成正比的电荷。这些电荷在每个像素中累积,并存储在潜在的阱中。接下来,CCD 利用电荷转移机制,通过施加脉冲电压,使电荷依次从一个像素转移到相邻的像素,直到电荷被传输到读出节点。在读出节点,电荷被转换为电压信号,然后通过模数转换器(ADC)转换为数字信号,形成图像的像素值。这些像素信号被组合起来,生成完整的图像数据,可以进一步处理或显示。CCD 传感器的这一独特电荷转移机制确保了图像的高质量和稳定性。

CCD 传感器以其低噪声、高灵敏度和良好的色彩还原能力著称,特别适合高精度成像应用。由于电荷转移过程中的统一性,CCD 图像质量非常稳定,广泛应用于需要高分辨率和高质量图像的领域。然而,CCD 传感器也存在一些缺点,如制造成本高、传输速度较慢和功耗较高。这些缺点使其在高帧率应用中表现欠佳,但在需要稳定、高质量成像的场景中,CCD 仍然是一种非常重要的传感器技术。

2)互补金属氧化物半导体(Complementary Metal Oxide Semiconductor,CMOS)图像传感器

CMOS 图像传感器是一种将光信号转换为电信号的半导体器件,广泛应用于数码相机、手机摄像头和监控设备中。CMOS 传感器的核心结构包括光电二极管阵列、读出电路和模数转换器(ADC),与 CCD 不同的是,CMOS 传感器中的每个像素都集成了信号放大和读出电路,这使得 CMOS 能够在像素级别进行信号处理和转换。

CMOS 传感器的工作原理从光电转换开始,光线进入传感器并照射到光电二极管时,光子被光电二极管吸收并生成与入射光强度成正比的电荷。这些电荷在每个像素中累积后,立即被相应的读出电路转换为电压信号。在 CMOS 传感器中,每个像素都包含自己的放大器和读出电路,这使得每个像素可以独立处理信号。经过放大后的电压信号通过像素内的模数转换器(ADC)被直接转换为数字信号,这些数字信号被快速读出,形成图像的像素值。CMOS 传感器通过这种像素级别的信号处理,能够实现更高的帧率,并且能在同一芯片上集成复杂的信号处理功能,提升了图像处理的速度和效率。

CMOS 传感器具有多项优点,包括低功耗、高集成度和高帧率。由于每个像素都可以独立处理和读取信号,CMOS 传感器在快速移动物体的拍摄中表现优异,并且在制造成本上更具优势,这使得其广泛应用于消费电子和实时成像领域。然而,CMOS 传感器也面临一些挑战,如早期的 CMOS 传感器在噪声控制和图像质量上不如 CCD。然而,随着技术的进步,现代 CMOS 传感器在图像质量、噪声控制和色彩还原方面已取得显著进步,成了当前主流的图像传感器技术。

3)CCD 和 CMOS 传感器的对比

总的来说,图像传感器主要分为 CCD(电荷耦合元件)和 CMOS(互补金属氧化物半导体)两种类型。CCD 传感器通过将光信号转换为电信号,具有低噪声、高灵敏度和良好的色彩还原能力的优点,适用于高精度成像任务,但在制造成本、传输速度和功耗方面存在劣势。相对而言,CMOS 传感器在功耗、集成度和帧率上具备显著优势,能够实现快速信号处理,广泛应用于消费电子和实时成像领域。尽管早期 CMOS 传感器在图像质量和噪声控制上不及 CCD,但随着技术的进步,现代 CMOS 传感器已在多个性能指标上取得显著改善,

成为主流图像传感器技术。两者在速度、电源需求和成像质量等方面各有优劣,在实际的选型过程中,需要根据图像传感器的分辨率等关键参数对相机进行选型,以适应不同场景的需求。

2.1.3 相机类型和应用场景

工业相机在机器视觉硬件系统中起着至关重要的作用,它们通过高精度成像捕捉目标物体的详细信息,为后续的图像处理和分析提供基础数据。与消费级相机相比,工业相机具有更高的分辨率、稳定性和耐用性,能够在复杂的工业环境中长期稳定工作。工业相机的高帧率和快速数据传输能力确保了系统能够实时检测和处理生产线上的快速移动物体。此外,工业相机与不同光源、镜头、图像处理算法结合使用,可以应对各种复杂的检测任务,如尺寸测量、缺陷检测和自动化识别。正因如此,我们需要根据不同的应用场景选择合适的相机,提高整个系统的性能和效率。以下我们将从图像传感器的排列方式、成像波段、采集波段数量等方面介绍不同类型的相机的特点,通过深入了解这些分类及其各自的特点,能够更好地选择适合特定应用需求的相机,从而提高图像采集和分析的效率。

1. 相机根据图像传感器上感光元件的排列方式分类

相机的排列方式指的是感光元件在感光芯片上的布局方式。根据传感器上感光元件的排列方式,可见光相机可分为面阵相机和线阵相机两种。

1) 面阵相机

面阵相机采用矩阵排列的方式工作,其中包含多个像素元件组成的阵列。光线通过镜头进入相机后,照射到感光芯片上的每个像素元件。每个像素元件会将光信号转换为电荷,并通过模数转换器转换为数字信号。这些数字信号经过进一步的处理和分析,最终形成完整的图像,面阵相机的工作方式使其能够一次性输出整幅图像,捕捉到全局信息。

2) 线阵相机

线阵相机通过单行排布,一次只能采集一列信号,通过多次采集和拼接来形成完整的图像。线阵相机的成像特性,要求被拍摄的目标处于匀速运动的状态(如传送带上的运输物品),以展现目标的真实状态。线阵相机具有快速的图像捕捉能力,能够捕捉到高速运动物体的细节,还具有较低的图像畸变和较高的灵敏度。根据具体应用场景和需求,选择合适的可见光相机类型和传感器成像原理,以及面阵相机或线阵相机,能够更好地满足图像采集和分析的要求。

2. 相机按成像波段分类

相机的成像波段也是十分重要的参数,当光线通过镜头进入相机时,镜头会对光线进行聚焦和调节,使其在图像传感器上形成清晰的图像。而自然界的光可以分为无线电波、红外光、可见光、紫外线、X 射线和 γ 射线。图 2.3 显示了各个波段的范围和名称。根据传感器对不同波段的感知能力,可以将相机分为可见光相机、红外相机和 X 光相机。

1) 可见光相机

可见光相机是一种使用可见光谱范围内的光来捕捉图像的设备,它是极为常见和广泛使用的相机类型之一。可见光谱包括人眼可以感知的光线范围,大约在 $380 \sim 750 \mathrm{nm}$ 的波长范围内。可见光相机利用透镜将可见光聚焦到感光元件上;光线经过透镜后,形成一个聚焦的图像;感光元件上的像素记录光的强度和颜色信息,生成可见光图像。优点是易于

←频率(v)的增加

| 10^{24} | 10^{22} | 10^{20} | 10^{18} | 10^{16} | 10^{14} | 10^{12} | 10^{10} | 10^{8} | 10^{6} | 10^{4} | 10^{2} | 10^{0} | v/Hz |

| r射线 | X射线 | 紫外线UV | 红外线IR | 微波 | 调频广播 无线电波 | 调幅广播 | 长波无线电 |

| 10^{-16} | 10^{-14} | 10^{-12} | 10^{-10} | 10^{-8} | 10^{-6} | 10^{-4} | 10^{-2} | 10^{0} | 10^{2} | 10^{4} | 10^{6} | 10^{8} | λ/m |

波长(λ)的增长→

可见光波谱

| 380 | 紫 | 450 | 蓝 | 495 | 绿 | 570 | 黄 | 590 | 橙 | 620 | 红 | 750 |

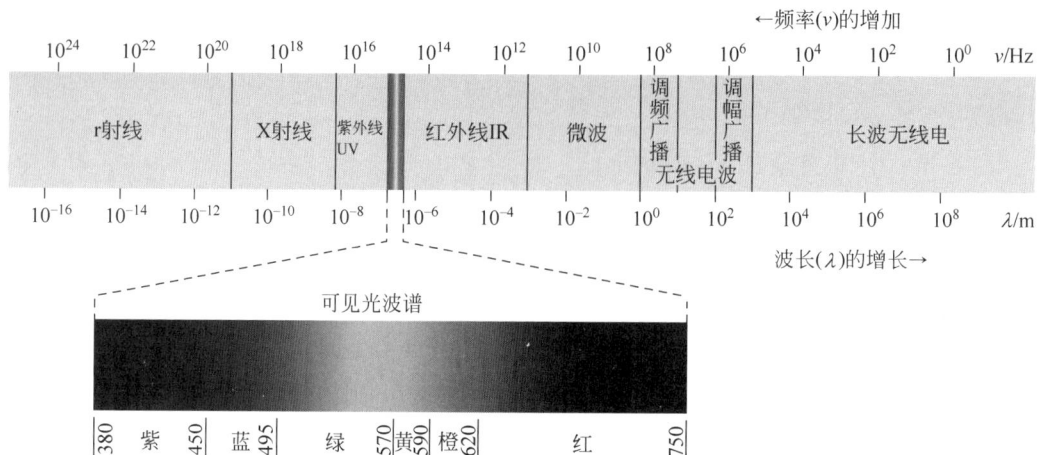

图 2.3　光谱分布图

使用和操作,广泛应用于监控摄像、科学研究等领域,同时价格相对较低,相机选择丰富;缺点是无法穿透密集物质,无法获取物体内部信息。

2)红外相机

红外相机是一种使用红外光谱范围内的光来捕捉图像的设备,它专门设计用于检测和记录物体的热辐射。红外光谱的波长范围通常在 750nm 到 1mm,超出了人眼的感知范围。红外相机通过检测物体发出的红外线,生成一个显示温度差异的图像;红外相机通常由透镜和红外传感器组成;透镜将红外光聚焦到传感器上,传感器记录红外线的强度和分布信息,生成热成像图像;该图像通常以伪彩色显示,其中不同的颜色代表不同的温度区间。优点是能够在黑暗或低光环境中工作,能够检测物体的温度分布,发现热异常和隐藏问题,适用于夜视监控、设备检测、环境监控等领域。红外相机在恶劣天气条件下依然可以有效工作,并且能够穿透烟雾、薄雾等遮挡物质。缺点是红外相机的成本通常较高,并且由于它们依赖红外线,不能呈现出物体的可见光图像细节;此外,红外相机的图像分辨率通常较低,无法与可见光相机媲美;在某些环境中,过高的背景温度可能会影响红外相机的精确度。图 2.4 为近红外相机成像的示例。

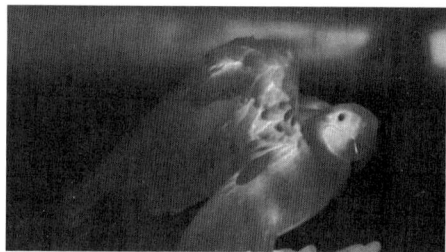

图 2.4　近红外相机成像示例

3)X 光相机

X 射线是一种高能量的电磁辐射,具有较短的波长。当 X 射线照射到物体上时,它会穿透物体的组织和结构。不同组织和材料对 X 射线的吸收程度有所不同,导致 X 射线透过物体后的强度发生变化。X 光相机包含一个 X 射线源和一个检测器;X 射线源产生 X 射线束,并照射到待拍摄的物体上;透过物体后的 X 射线束进入检测器;检测器可以是一种闪烁屏幕或固态传感器,当 X 射线穿透物体并到达检测器时,检测器记录 X 射线的强度。由于物体的吸收特性,X 射线的强度在不同区域会有所差异;通过对检测器上记录的 X 射线强度进行分析和处理,可以生成 X 射线图像;在图像上,X 射线被吸收的区域会呈现较暗的像素,而穿透的区域会呈现较亮的像素。优点是能够穿透物体,可获得内部结构的信息。

可用于安检的行李检查和安全筛查，或者检测人体内骨骼损伤、肿瘤和其他异常情况。需要专业知识和技能来操作和解读 X 射线图像。缺点是 X 射线对人体有潜在的辐射危险，使用时需要采取安全措施；相较于可见光相机，X 光相机成本较高。图 2.5 为 X 光相机成像的示例。

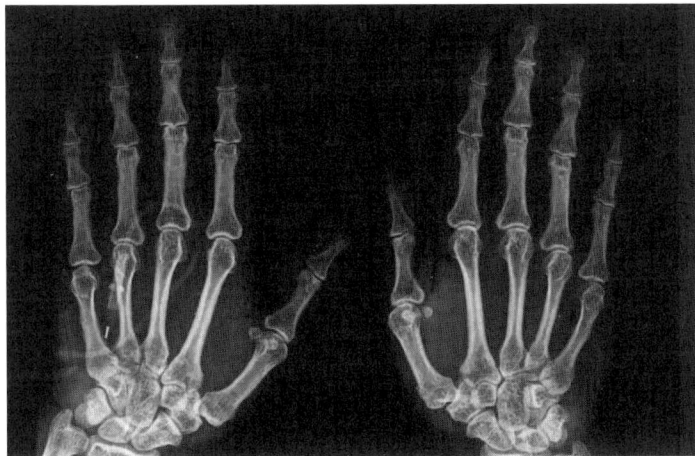

图 2.5　X 光相机成像示例

3. 相机按成像采集波段数量分类

在某些特定场景下，可能需要采集多个波段的信息。然而，波段信息和空间信息的采集之间往往存在互斥关系。根据采集波段数量的不同，相机可以分为灰度相机、多光谱相机和高光谱相机。

1）灰度相机

灰度相机通常采用单色图像传感器，只捕捉光的强度信息，不记录颜色。由于没有颜色滤光片的干扰，灰度相机能更高效地利用光线，在低光条件下表现更优，并提供更高的图像分辨率和对比度。在图像处理方面，灰度相机生成的图像只包含亮度值，不需复杂的颜色处理，因此，数据处理相对简单，常用于模式识别、形状检测和边缘检测等场景。通过处理这些亮度信息，可以精确提取物体的形状、纹理和轮廓。灰度相机的优点在于结构简单、数据处理快速，适合高精度图像分析，广泛应用于工业检测和机器视觉。由于无颜色干扰，灰度相机能更专注于物体的细节和形状，特别是在低光环境下表现出色。然而，其缺点是无法提供颜色信息，在需要颜色识别的应用中局限性明显；此外，灰度相机捕捉的信息量较少，可能不足以满足某些复杂的图像分析需求。

2）多光谱相机

多光谱相机通常由一个标准图像传感器和多波段滤光片阵列组成，可以获取 2～100 个波段的数据。这些滤光片可以选择性地通过不同的波长范围，如红外、紫外或其他特定波长。然后，相机记录每个传感器下获得的光的强度信息，这样，相机就可以获取多个离散波长下的图像数据。在图像处理方面，多光谱相机生成的图像通常是一个带有多个波段的图像数据集，每个波段代表一个特定波长范围下的图像。通过分析和处理这些多波段图像数据，可以提取出特定波长范围下的图像特征，并进行分类、分析和识别。优点是能够获取超出可见光范围的信息，提供更全面的图像数据，数据处理也相对较简单，可以通过离散波长数据的处理来获得结果；缺点是捕捉的波长范围较窄，可能无法提供足够的光谱信息。

3）高光谱相机

高光谱相机一般能采集 100 个以上的波段数，它使用光谱分离的技术，将入射的光按照不同波长进行分解和记录。这种相机包含一个光谱分离器，通常是光栅或色散棱镜。当光通过光谱分离器时，它会根据波长的差异而发生偏折。光谱分离器将光分解成多个波长通道，每个通道对应于一段特定的波长范围。在相机中，针对每个波长通道，都有一个相应的光敏元件来记录光的强度；这样，相机就可以同时获取不同波长下的图像数据。在图像处理方面，高光谱相机生成的图像通常是一个数据立方体，其中的每个像素都包含了在光谱范围内的强度信息；通过分析和处理这个数据立方体，可以提取出目标物体的光谱特征，实现物质的识别和定量分析。优点是它在整个光谱范围内连续地获取数据，因此可以提供详细和丰富的光谱信息；缺点是数据处理较为复杂，需要专门的算法和软件支持。

4. 其他特殊类型相机

1）3D 相机

3D 相机通常由一个标准的图像传感器和一个或多个额外的深度感知组件组成，用于捕捉场景的三维信息。标准的图像传感器负责记录二维图像信息，而深度感知组件（如激光、结构光投影器、多个摄像头）则用于捕捉场景中各点的深度数据。3D 相机通过将这些深度数据与二维图像结合，生成包含三维坐标的图像或点云数据。当光线进入 3D 相机时，镜头会将光线聚焦到图像传感器上，生成标准的二维图像；同时，深度感知组件通过发射光信号或捕捉多个角度的图像，测量光信号返回的时间或角度差异，从而计算出场景中每个像素的深度信息。通过这些深度信息，3D 相机可以准确地重建物体的三维形状和空间位置。

在图像处理方面，3D 相机生成的图像不仅包含标准的二维颜色或灰度信息，还包含深度数据，形成一个三维点云或三维模型。通过分析和处理这些三维数据，可以进行精确的形状识别、姿态估计、体积测量等操作，使其广泛应用于机器人导航、工业检测、虚拟现实（VR）和增强现实（AR）等领域。优点是能够捕捉场景的三维信息，提供比传统二维相机更丰富的空间数据，使得其在需要精确测量或空间理解的应用中表现优异；可以在复杂环境中进行物体检测和识别，特别是在自动化、机器人技术和交互式应用中。缺点是 3D 相机通常比传统相机更为复杂和昂贵，数据处理也更加繁重；由于深度感知组件的引入，3D 相机的工作距离和精度可能受环境光线、反射率和表面特性的影响；此外，3D 相机生成的庞大数据量对存储和计算能力提出了更高的要求。

2）智能相机

智能相机通常由一个标准的图像传感器、处理器和内置算法组成，能够在相机内部直接进行图像分析和处理，而不依赖外部计算机或服务器。标准的图像传感器负责捕捉图像数据，而内置的处理器则运行预设的算法，对这些数据进行实时分析和解读，从而直接输出处理结果，如识别、分类、检测等。当光线进入智能相机时，镜头会将光线聚焦到图像传感器上，生成标准的图像数据；然后，内置处理器立即对这些图像数据进行处理，执行诸如对象检测、图像增强、条码识别、人脸识别等任务。由于所有处理都在相机内部完成，智能相机能够快速响应并直接输出结果，无须通过外部设备进行进一步分析。在图像处理方面，智能相机生成的图像数据通常已经过分析和处理，可以直接用于控制系统、数据记录或触发操作。

通过内置的算法,智能相机能够自动适应不同的应用场景,如工业自动化、安防监控、交通管理和质量检测等。优点是能够独立工作,无须依赖外部计算设备,极大地简化了系统架构和安装成本;能够实时处理和响应,提高了系统的效率和响应速度,非常适合需要快速决策的应用场景;具有高度的灵活性,可以根据具体需求进行编程和定制化。缺点是处理能力通常受限于相机内的硬件资源,可能无法处理非常复杂或大量的数据;此外,由于处理器和算法都集成在相机内部,升级和维护可能相对复杂。智能相机的成本通常也比普通相机高,且其应用范围受限于内置算法的功能和精度。

不同类型的相机,各自具备独特的功能和应用场景。面阵相机和线阵相机在成像方式上的差异,可见光、红外和X光相机在波段感应上的不同,以及灰度、多光谱和高光谱相机在信息采集上的特点,都为各类机器视觉任务提供了丰富的选择。选择合适的相机类型将直接影响到成像质量和数据处理的效果,在科学研究、工业检测及其他领域中至关重要。

2.2　工业视觉照明光源

2.2.1　工业视觉照明的基本原则

工业视觉照明在机器视觉系统中至关重要,因为它直接影响图像的质量和检测的准确性。以下是工业视觉照明的基本原则。

1. 均匀照明

照明应该尽可能均匀,以确保整个视场内的亮度一致性。这有助于避免由于光照不均导致的阴影、热点或反射干扰,从而提高图像的可用性。在检测平整表面或大面积物体时,均匀照明尤为重要,能够减少伪影并增强图像的清晰度和对比度。

2. 高对比度

照明应尽量增加待检测特征与背景之间的对比度。高对比度能帮助机器视觉系统更轻松地识别和分离不同的图像特征。通过调节光源的角度和类型,可以在检测边缘、瑕疵或颜色变化时有效增强这些特征的对比度。

3. 避免反射干扰

选择合适的照明角度和类型以避免在高光泽表面产生不必要的镜面反射,这些反射可能掩盖重要特征并导致检测错误。在检测金属或塑料等高反光材料时,通常使用斜射光、偏振光或漫射光来减少反射干扰。

4. 控制阴影

阴影可能会影响检测精度,因此需要通过调整光源的位置和角度来减少或消除不必要的阴影。对于复杂形状的物体,可以使用环形光源或多点光源,以确保所有特征都能被准确检测到。

5. 选择适当的光源颜色

光源颜色的选择应基于物体的表面特性和待检测的特征。不同颜色的光源可以突出或隐藏某些特征。例如,红色光源可以减少绿色表面的反射,而蓝色光源可以增强对红色物体的检测效果。

6. 光源的方向性要求

光源的方向性决定了如何照射物体以突出其特征。直射光适用于强调物体表面的细节,而漫射光则用于减少表面纹理的影响。在检测细小纹理或表面缺陷时,直射光能够更好地突出这些细节,而在需要整体照明的场景中,漫射光则提供更柔和的效果。

7. 稳定性和鲁棒性

光源应具有高度的稳定性,以确保在不同时间、环境变化或物体位置变化时,照明效果一致。在流水线或自动化检测系统中,稳定的光源能够确保系统在长时间运行中保持一致的检测精度。

如图 2.6 所示可以看出,在 IC 卡缺陷检测任务中,使用红外光源(右)可以有效过滤颜色干扰,为 IC 卡的缺陷检测提供便利。

同理,如图 2.7 所示,通过选用环形无影光源替换直射的面光源,可以有效突出需要检测的文字内容,为后续的文字检测图像处理工作提供很大便利。

图 2.6　红色光源成像效果(左)
和红外光源成像效果(右)

图 2.7　面光源成像效果(左)
和环形光源成像效果(右)

通过选择合适的光源,遵循这些基本原则,工业视觉照明能够为机器视觉系统提供优质的图像输入,从而提高整体检测系统的性能和可靠性。

2.2.2　常用光源类型和应用场景

1. 按形状分类

1)点光源

如图 2.8 所示,点光源通常由大功率 LED 灯珠组装而成,发光强度高,但照明范围小,通常配合远心镜头使用,通常用于微小元器件的检测。

2)条形光源

如图 2.9 所示,条形光源特别适用于大尺寸特征的成像场合,其长度从十几毫米到几米不等,并可根据实际需求选择光源颜色。多个条形光源可自由组合,照射角度也可根据检测需求随意调整,是机器视觉中应用最为广泛的光源之一。常见应用场景有检测包装破损、液晶元件、大面积物体表面划痕等。

图 2.8　点光源

3)平板光源

如图 2.10 所示,平板光源由高密度 LED 灯的阵列排布以及光源表面的光学扩散材料组合而成,可以发出均匀照射的扩散光。同样需要根据检测目标的大小定制光源尺寸。但平板光源与相机配合安装较为困难,有时可能需要定制中心开孔,且平板光源质量较大,至少需要对两边进行固定才能避免由于光源质量过大而造成支撑结构变形的情况发生。通常用于外形轮廓检测、尺寸测量、透明物体表面划痕、污渍或内部异物检测场合。

图 2.9 条形光源

图 2.10 平板光源

4) 环形光源

如图 2.11 所示,环形光源由 LED 经结构优化设计阵列而成,性能稳定安装方便。以不同照射角度、不同颜色组合直接照射在被测物体上,可避免阴影现象,凸显成像特征。可结合漫射板使用,使光线更均匀、柔和;是机器视觉中应用最为广泛的光源之一。

5) 穹顶光源

如图 2.12 所示,穹顶光源是利用光源的漫反射得到均匀光源照射检测目标的结构。穹顶光源的 LED 呈环形安装在光源底部,通过向上打光,球形穹顶反射完成打光操作。使用这类光源也可以消除对角照射阴影,但缺点是照射范围有限,中心打光较亮,越靠近光源边缘,光线越弱,较大的检测目标需要匹配更大的穹顶光源,对于小目标,如螺纹打光效果较好。常用于检测反光、不平整的表面,如 IC 表面的字符、电容器表面破损、电路板上高低不平的电容极性等。

图 2.11 环形光源

图 2.12 穹顶光源

2. 按拍摄角度分类

1) 斜射光源

如图 2.13 所示,斜射光源从物体表面的侧面以一定角度斜射而来,能够突出物体表面的纹理和细节,特别是凸起或凹陷的部分。这种光源适用于表面缺陷检测、边缘检测和纹理分析。

2）低角度环形光源

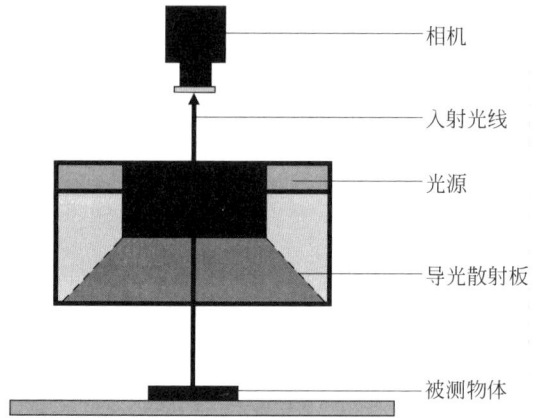

如图 2.14 所示，低角度环形光源以非常低的角度环绕照射物体表面，光线几乎平行于物体表面，它能增强物体表面的微小凸起和凹陷特征。常用于检测平整表面的划痕和微小的表面缺陷。

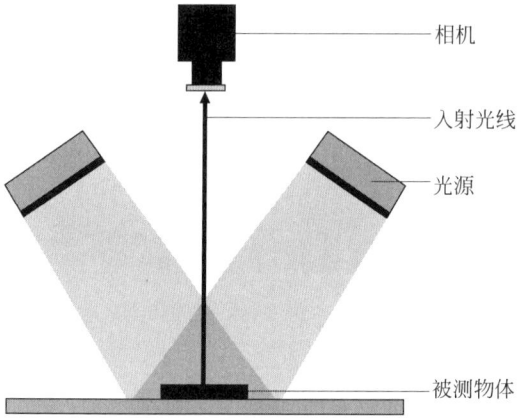

图 2.13   斜射光源   图 2.14   低角度环形光源

3）远心光源

如图 2.15 所示，远心光源通过远心镜头内部发出的平行光照射物体，确保物体各部分在视场中以相同的放大倍率成像，减少畸变。常用于高精度测量、尺寸检测和对焦要求严格的场景。

4）散射光源（漫射光源）

如图 2.16 所示，散射光源经过散射材料后，从多个角度均匀照射到物体表面，提供柔和、无阴影的照明效果，减少反射和高亮点。适用于检测表面光泽度高的物体或需要均匀、无阴影照明的场景。

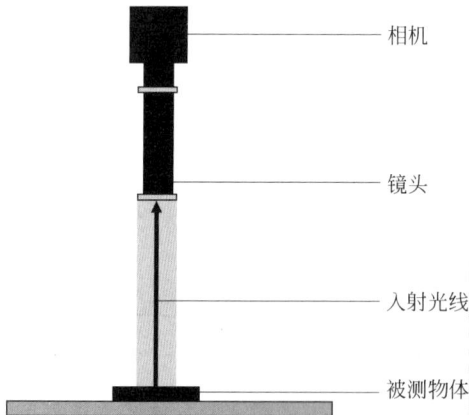

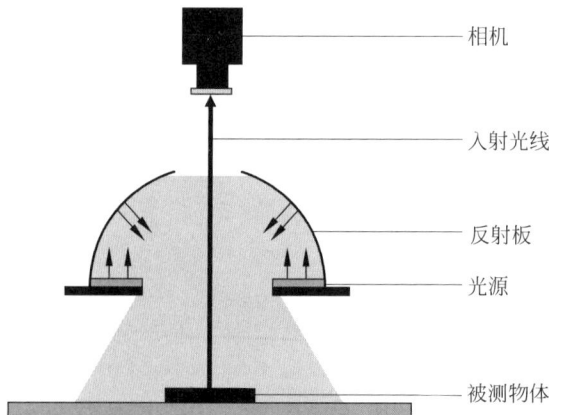

图 2.15   远心光源   图 2.16   散射光源（漫射光源）

5）同轴光源

如图 2.17 所示，同轴光源与相机镜头同轴排列，光线通过半透镜或棱镜直接垂直照射在物体表面，并沿同一轴线返回到相机；这种光源可以减少高光泽物体表面的反射干扰，提供一致的垂直照明。适合用于检测反射率较高的物体表面或需要高对比度的场景。

6）背光源

如图 2.18 所示,背光源位于物体的背面,产生均匀的透射光,使物体的轮廓清晰地呈现在图像中。背光源用于物体的轮廓检测或透射特征的分析,尤其适合透明物体的检测、边缘轮廓识别和精确尺寸测量。

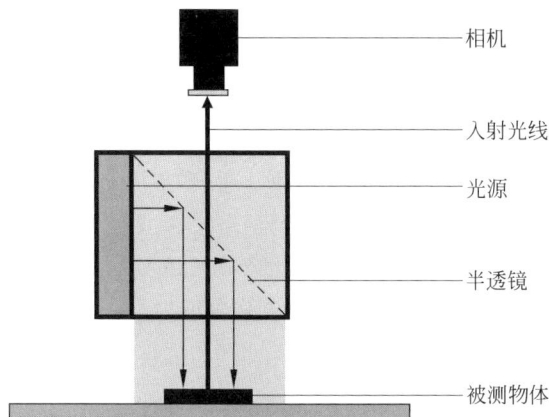

图 2.17　同轴光源

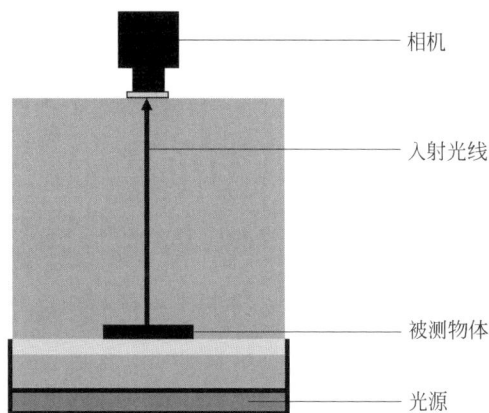

图 2.18　背光源

3. 按波长分类

针对不同的具体检测对象的特性,需要选择合适的波长进行检测。**红外光源**波长较长,穿透性强,常用于检测材料内部缺陷或透过半透明物体进行检测,特别是在高反射率和低对比度环境中。**紫外光源**波长较短,可以激发物体表面发出荧光,从而检测表面涂层、裂纹或其他微小缺陷,广泛用于电子元件、印刷品和化工产品的检测。**可见光源**涵盖红、绿、蓝(RGB)等波长,是最常见的光源类型,适用于大多数常规检测,如颜色识别、物体分类和表面检查。不同波长的光源选择需要根据物体材料、表面特性及具体检测需求来确定,以实现最佳的成像效果和检测精度。

2.3　机器视觉成像平台

在机器视觉成像平台的设计与应用中,核心目标是通过高效、精准的图像获取和处理,满足各类工业检测和自动化需求。这些平台集成了先进的相机、镜头、光源以及图像处理软件,构成了一个完整的视觉系统。接下来我们将以手机盖板检测系统为例,介绍一个机器视觉成像平台是如何组成的。

盖板玻璃(Cover Glass,CG)常用于与 LCD、OLED 液晶显示面板的贴合,能够保护显示面板和提升显示面板环境适应能力。液态光学胶(Optical Clear Adhesive,OCA)是一种全贴合的介质,主要应用在盖板、液晶显示模块、触摸屏贴合。在盖板玻璃与液态光学胶的贴合工艺中要求两者的角度和位置无偏差,同时液态光学胶无异物,如果含夹层异物的贴合后产品未在与显示屏贴合工艺之前被成功筛除,则会造成成品显示屏幕暗点、黑点等显示异常。因此,必须在盖板玻璃贴合到屏体之前检出含盖板玻璃与液态光学胶夹层异物和液态光学胶贴合精度未达到要求的产品并筛除,提高产线良率和降低生产成本。

手机盖板检测系统主要完成夹层异物检测和贴合精度检测,设有两套独立的光学成像系统,也是最常见的两种光学成像系统:面阵式成像系统和线扫式成像系统。

2.3.1 基于面阵拍摄平台的夹层异物检测

如图 2.19 所示,在手机盖板玻璃贴合工艺流程中,产品的制程和结构决定了待检产品中可能存在两类异物:一类是原料来料异物,产生于显示面板生产线中贴合工艺的上游,包含环境落尘造成的盖板玻璃保护膜表面异物、液态光学胶重离型保护膜(重膜)表面异物和盖板玻璃保护膜与盖板玻璃的夹层异物,会在后续的工艺中被去除,所以含原料来料异物的产品可以在生产线继续后流;另一类是贴合制程异物,产生于软贴硬工艺中,是环境异物造成的盖板玻璃与液态光学胶夹层异物,属于制程不良品,它会导致显示屏成品成像暗点、黑点等显示异常,如果能够及时检出抛料并返工处理将有效减少制程损失,降低生产成本。因此,需要实现对盖板玻璃保护膜和液态光学胶贴合后产品进行异物的拍照分层识别,能够将贴合制程异物与原料来料异物准确分类,并决定待检产品是否继续后流。

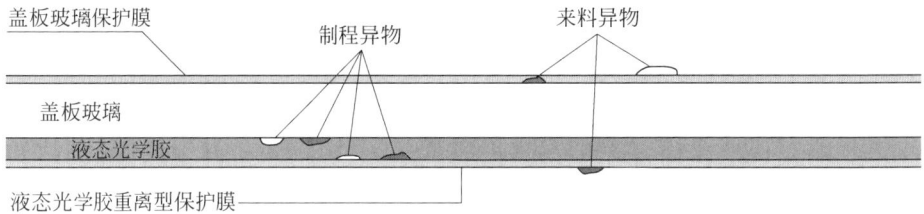

图 2.19　含夹层异物待检产品侧面示意图

由于待检产品的四层结构均具有较高透光性,为了算法能够准确检测出不同种类的夹层异物,硬件平台的搭建需要对设备合适选型,特别是对相机、光源、镜头和计算机等成像平台进行选型,以满足检测的成像需求,提高整个系统对夹层异物识别的准确率。光源对整个夹层异物检测来说是非常重要的,本节设计的夹层异物检测系统对产品图像进行处理和识别,所有的异物定位和分类依据均来自采集到的原始图像,因此产品图像的质量是系统功能实现的关键所在。在夹层异物检测系统中,光源选择的正确与否严重影响到相机拍摄到的产品原始图像的质量。如果选用的光源不合适或者光照方式不正确,就会造成盖板玻璃图像上存在倒影、反光,目标异物成像不清晰甚至不成像;而合适型号的光源和合理的打光方式可以让各层间异物,尤其是盖板玻璃与液态光学胶夹层异物清晰成像,并且产品原始图像中能够包含将原料来料异物和制程异物精准分类的特征信息。在光源的选型上,我们期待能够获得图像背景干扰少的产品图像,同时产品中异物尤其是制程异物的成像对比度明显,为后续的检出与分类提供可靠的基础,提高整个系统对夹层异物识别的准确率。

常见的 LED 光源有点光源、环形光源、条形光源和碗形光源等,同轴光源能够提供比传统光源更均匀的光线,更能使异物在成像上与背景产生差异并且消除镜面反射干扰,有利于目标夹层异物检出。

如图 2.20(左)所示,同轴光源从侧面反射光线,光线经一层半反射镜反射至待检产品上,再经过待检产品反射至相机成像,因为产品为玻璃制品,光线可以通过镜面反射到达工业相机传感器上完成成像。如果各层间存在异物,则异物凹凸不平的表面和边缘会产生漫反射,这就导致了异物区域成像与无异物区域形成差异;另外,待检产品离同轴光源越远,漫反射被抑制的部分越大,此时异物图像的对比度和清晰度越高。

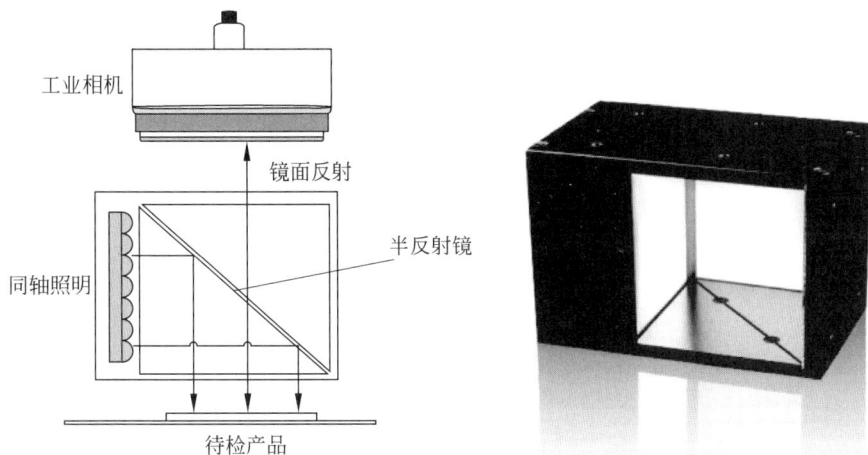

图 2.20　同轴光源照射原理图(左)和实物图(右)

　　光源型号和照射角度确定的同时,也需要对光源颜色进行选择,考虑短波长的蓝色光粒子性更强,更适合捕捉产品微小的瑕疵划伤,而红色光更适合需要穿透表面薄膜检测内部的应用,而本系统的主要任务就是检出位于盖板玻璃与液态光学胶夹层的制程异物,穿透性更强的红光保证了目标异物的成像,所以选择红色光源。

　　在手机屏体异物检测等工业生产中的机器视觉任务,常使用工业相机进行图像采集,工业相机较普通相机拥有更长的工作时间,性能更稳定。根据客户给定的技术规格书,与相机相关的指标主要是解析度,要求至少达到 $20\mu m/pixel$,即图像上 1 像素对应产品 $20\mu m$。已知产品宽度在 $40\sim 87mm$,假设成像短边视野最长为 $90mm$,根据式(2.3)可求出相机在短边上的分辨率至少达到 4500 像素。

$$分辨率 = \frac{视野}{检测精度} = \frac{90mm}{0.02mm/pixel} = 4500pixel \tag{2.3}$$

　　在本设备中相机选用海康的 3100 万像素 CMOS 千兆以太网工业面阵相机,型号是 MV-CH310-10TM-M58S-NN,CCD 靶面尺寸为 $24.9mm \times 16.6mm$,像元尺寸为 $3.45\mu m \times 3.45\mu m$,分辨率是 6464×4852,曝光时间范围 $3\mu s \sim 10s$,工作距离为 $630mm$,全精度拍摄最大帧率可达($3.7fps@6464 \times 4852$),相机通过千兆以太网与计算机数据连接,输出单通道黑白图像,有 8、10 和 12 位数据可选。

　　据式(2.4)计算所选相机视野长边为 $119mm$,产品长度范围为 $65\sim 213mm$。如图 2.21所示,为了将产品完整成像,本系统图像采集使用双机位静止拍照,即实际工作流程中单工位沿产品长边方向设两个拍照位,待检产品可随盖板玻璃支撑平台移动到两个拍照位采图,因此系统拍图单工位长边最大视野可达 $238mm$,能够满足客户需求。

$$相机长边视野 = 相机短边视野 \times \frac{长边分辨率}{短边分辨率} = 90mm \times \frac{6464pixel}{4852pixel} = 119mm \tag{2.4}$$

　　已知相机靶面尺寸大小,同时假定产品短边最大为 $90mm$,通过式(2.5)求出镜头的放大倍率推荐值为 0.184,可选放大倍率等于或偏小于该值的镜头。实验采用的 DTCM175-170-M58-AL 高精度双远心镜头,物方工作距离是 $318mm$,物方视场 FoV 为 $170mm$,放大倍率是 0.171,最大像方畸变小于 0.1%,能够满足本系统图像采集平台低畸变的成像需求。

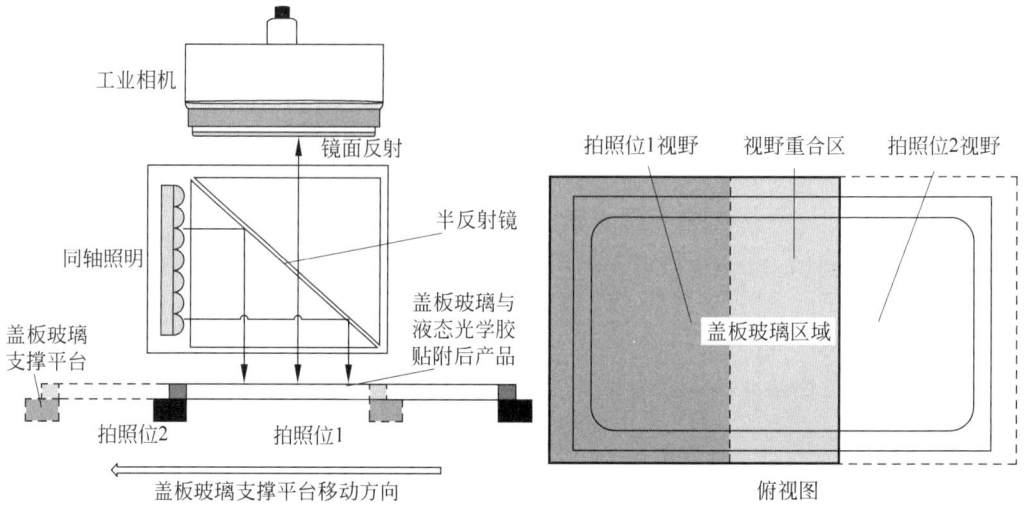

图 2.21 夹层异物检测模块双拍照位图(左)和相机视野图(右)

$$放大倍率 = \frac{靶面尺寸}{视场} = \frac{16.6\text{mm}}{90\text{mm}} = 0.184 \tag{2.5}$$

图 2.22 表示本系统最终的光学结构图。同轴光源的照射原理决定光源、相机和待检产品必须位于同一轴线上,而待检产品异物存在的层间位置有四种情况,单一的打光方式无法确定异物的层间位置,因此另增加一侧的相机和光源,最终一个工位安装了两个工业相机和两个同轴光源,相机和光源的组合可以拥有正面相机背面同轴光、正面相机正面同轴光、背面相机正面同轴光和背面相机背面同轴光四种模式。

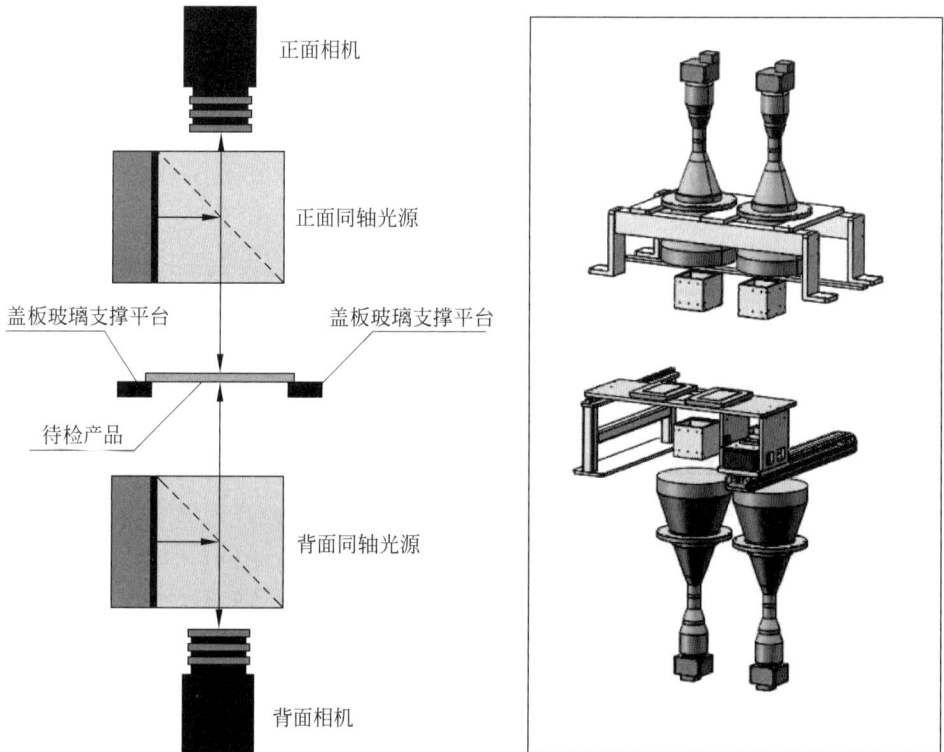

图 2.22 主要光学结构图(左)和设计图(右)

如图 2.23 所示,盖板玻璃与液态光学胶夹层异物检测部分需要对产品拍照三张不同相机与光源组合的图像,分别是正面相机背面光源图像、正面相机正面光源图像和背面相机背面光源图像。正面相机背面光源图像中所有异物能够清晰成像,且对比度强,可用作所有异物的边缘和连通域信息提取,同时该图像屏体区域与其他区域成像差异明显,也被用作感兴趣区域提取,如图 2.23(a)所示。正面相机正面光源图像中的信息能够将盖板玻璃保护膜上和盖板玻璃保护膜下异物与其他异物分类,如图 2.23(b)所示。背面相机背面光源图像中的信息能够将重膜表面异物与其他异物分类,如图 2.23(c)所示。

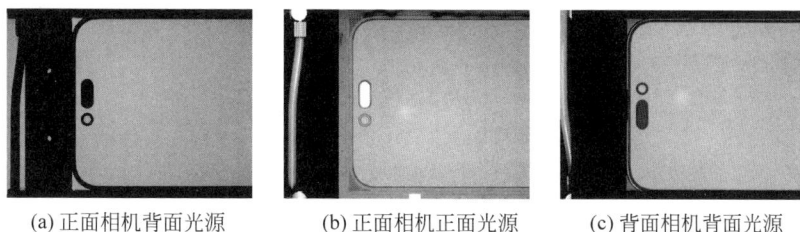

| (a) 正面相机背面光源 | (b) 正面相机正面光源 | (c) 背面相机背面光源 |

图 2.23　夹层异物检测拍摄图例

2.3.2　基于线扫拍摄平台的贴合精度检测

在异物检测以后需要进行贴合精度检测,贴合精度是指液态光学胶与盖板玻璃的对位精度,在贴合过程中,如果盖板玻璃与液态光学胶的对位未达到标准,或者使用不达标的液态光学胶导致边缘处胶物溢出超过标准距离,就会导致成品显示屏显示异常,而在生产产线的下游没法对贴合精度进行有效复判,如果在生产过程中未能准确测量贴合精度,将会导致大量的不合格产品迅速流入后端继续生产进而造成巨大损失。

如图 2.24(a)所示,待贴合的盖板玻璃产品边缘会涂有一圈固定宽度的油墨,液态光学胶大小略小于盖板玻璃大小,需要在盖板玻璃边缘合适的位置设置 8 个检测框才能对贴合精度准确测量。当液态光学胶贴合至盖板玻璃上时,液态光学胶边缘会覆盖一部分的盖板玻璃边缘处的油墨,在图像上表示为油墨区可见宽度的缩减。如图 2.24(b)为某个检测框的局部放大示意图,可视盖板玻璃区域的上边缘即为液态光学胶边缘,油墨的上边缘即为盖板玻璃边缘,贴合精度被转化成两个边缘的距离。当 8 个检测框内所测的贴合精度值均在标准范围内时,该贴合后产品才算贴合精度合格,允许流入下游产线。

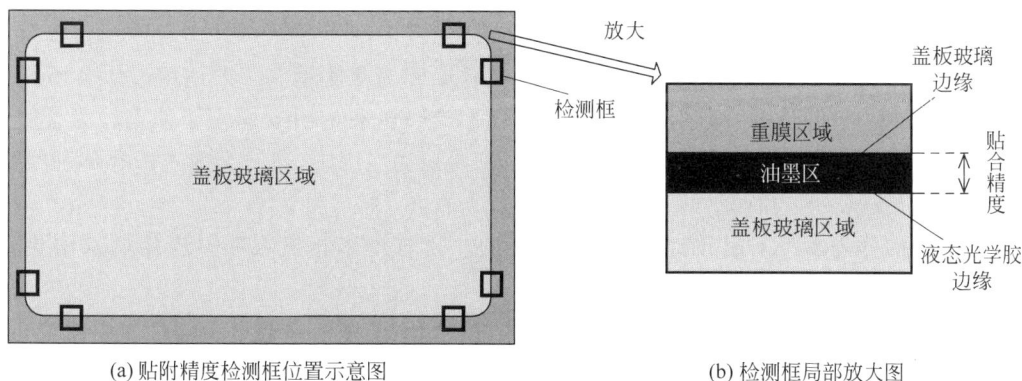

(a) 贴附精度检测框位置示意图　　　　　　　(b) 检测框局部放大图

图 2.24　贴合精度检测框位置及局部放大示意图

　　盖板玻璃与液态光学胶贴合精准时,液态光学胶 4 条边应该与盖板玻璃 4 条边平行且距离适中,以盖板玻璃四种的黑色油墨区为参考对位线,想要测量液态光学胶的贴合精度,只需计算液态光学胶 4 条边与油墨边缘对应的参考线之间的位置偏移值就可以得到产品的贴合精度,这对相机的拍摄精度提出了很高的要求。

　　由于线扫相机较面阵相机在一维像素可以做得更高,在扫描方向上的精度可以高于面阵相机,因此,本系统确定了线扫相机与同轴光源正面打光的组合,如图 2.25 所示。

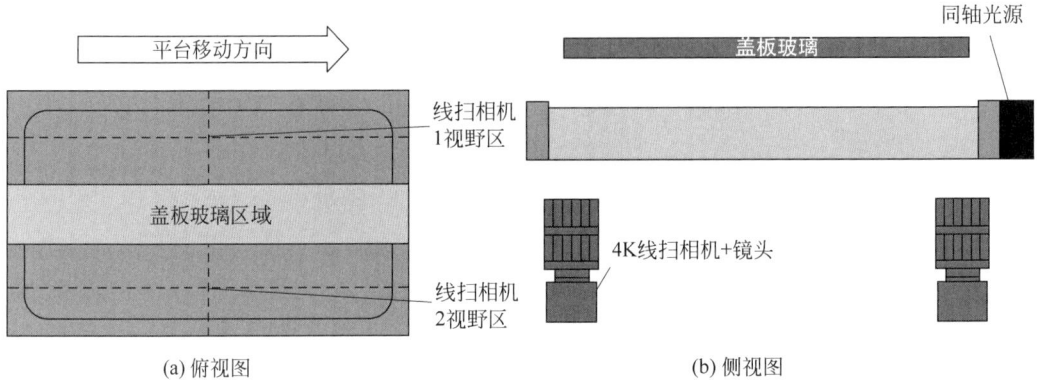

(a) 俯视图   (b) 侧视图

图 2.25　贴合精度测量主要光学结构图

2.4　本章小结

　　本章对机器视觉系统中硬件组成部分进行了简要介绍,为后续深入设计打下基础。在 2.1 节中,我们首先分析了相机的主要组成部分,包括镜头、图像传感器和信号处理电路,并进一步讨论了不同类型的相机及其关键参数,如分辨率、帧率和快门类型。2.2 节则重点介绍了机器视觉中的照明系统,探讨了如何根据具体应用需求选择合适的光源,重点关注光源的类型和应用场景。最后,在 2.3 节中,以盖板玻璃检测系统为案例,详细介绍了线扫拍摄系统和面扫拍摄系统的工作过程,强调了两者在不同应用场景中的优势和局限性。详细的设计案例和选型指导将在第 8 章中进一步探讨。

2.5　思考与习题

　　1. 焦距(Focal Length)对镜头视角的影响是什么? 短焦距镜头一般适用于什么场景?

　　2. 光圈(Aperture)如何影响成像亮度和景深? 较大光圈在什么情况下使用较为合适?

　　3. 定焦镜头和变焦镜头的区别是什么? 在机器视觉应用中,通常会优先选择哪种类型的镜头? 为什么?

　　4. 相机的分辨率(Resolution)是如何定义的? 高分辨率相机在哪些应用场景中更具优势?

　　5. 相机的帧率(Frame Rate)和曝光时间之间有什么关系? 在高速运动目标检测中,如何调整帧率与曝光参数?

　　6. 全局快门(Global Shutter)和滚动快门(Rolling Shutter)有什么区别? 在高速成像

时,为什么全局快门通常是更好的选择?

7. 光源的色温(Color Temperature)对图像质量有什么影响? 在何种场景下需要使用高色温光源?

8. 光源的均匀性(Uniformity)为什么在机器视觉中至关重要? 如何选择能够提供均匀照明的光源类型?

9. 常见的直射光和散射光有什么区别? 在高反光表面检测时,为什么通常选择散射光源?

10. 在选择机器视觉光源时,为什么需要考虑光源的亮度(Intensity)? 在弱光或高反光环境下,应如何调整光源的亮度?

第 3 章

工业视觉异常图像分类

本章将主要介绍工业视觉异常图像分类过程中的常见技术。首先,讲解使用图像预处理技术对图像变换改善图像的质量;接着,使用特征提取技术,对关键的图像特征进行提取,便于后续使用分类和异常检测算法对工业图像进行监测;最后,介绍常见的异常监测算法以及相关的工业异常检测实例来加强读者对该类技术的理解。

3.1 图像预处理技术

工业图像预处理技术是指在工业应用中对采集到的图像进行预处理和优化的过程。它包括一系列图像处理算法和技术,旨在改善图像的质量、增强特定信息、减少噪声和干扰,并为后续的分析、检测、识别和决策提供更可靠的图像数据。下面将介绍几种常见的工业图像预处理技术。

3.1.1 灰度变换与二值化

1. 灰度变换

灰度变换是图像处理中的一种基本操作,其核心思想是通过改变图像像素的灰度值来实现特定的图像增强或处理目的。灰度变换的作用主要包括调整图像的对比度、亮度,突出特定的图像特征,压缩或扩展图像的动态范围,以及校正由于设备特性导致的图像失真等。

从数学角度来定义,灰度变换可以表示为一个函数映射:$g(x,y)=T[f(x,y)]$,其中 $f(x,y)$ 是原始图像在坐标 (x,y) 处的灰度值,T 是变换函数,$g(x,y)$ 是变换后图像相应位置的灰度值。这个变换函数 T 可以是线性的,也可以是非线性的,根据具体需求而定。

灰度变换包括多种不同的方法,主要有以下几种。

线性变换:最简单的灰度变换方法,通过线性函数来调整图像的对比度和亮度。其一般形式为 $g(x,y)=af(x,y)+b$,其中 a 控制对比度,b 控制整体亮度。当 $a>1$ 时,图像对比度增强;当 $a<1$ 时,对比度减弱。线性变换操作简单,计算速度快,但可能会导致某些细节的丢失。

分段线性变换:线性变换的扩展,在不同的灰度范围内应用不同的线性变换。通过合理设置分段点和变换参数,可以有选择地增强图像中感兴趣区域的对比度。这种方法比单一的线性变换更加灵活,能够针对性地处理图像的不同部分。

对数变换:利用对数函数的非线性特性来压缩图像的动态范围。其一般形式为 $g(x,y)=c\log(1+f(x,y))$,其中 c 是常数。对数变换能够增强图像中的低灰度细节,常用于处理具有大动态范围的图像,如频谱图像。

幂律(伽马)变换:这是一种非线性灰度变换,其一般形式为 $g(x,y)=cf(x,y)^{\gamma}$。通过调整 γ 值,可以非线性地改变图像的亮度分布。当 $\gamma<1$ 时,变换会增强图像暗部的细节;当 $\gamma>1$ 时,则会增强亮部细节。这种方法常用于校正显示设备的非线性响应特性。

直方图均衡:一种自动调整图像对比度的方法,其目标是使输出图像的灰度直方图接近均匀分布。直方图均衡化能够有效地增强图像的整体对比度,尤其是当图像的灰度值集中在某个范围内时。

每种灰度变换方法都有其特定的应用场景和优缺点。我们以一张工业的电子元器件图像来展示各种方法的变换效果,如图 3.1 前两行所示。在所变换的结果中,使用分段线性变换的方法取得了较好的结果,针对性地突出了金属部分的纹理结构,便于后续的异常特征提取。

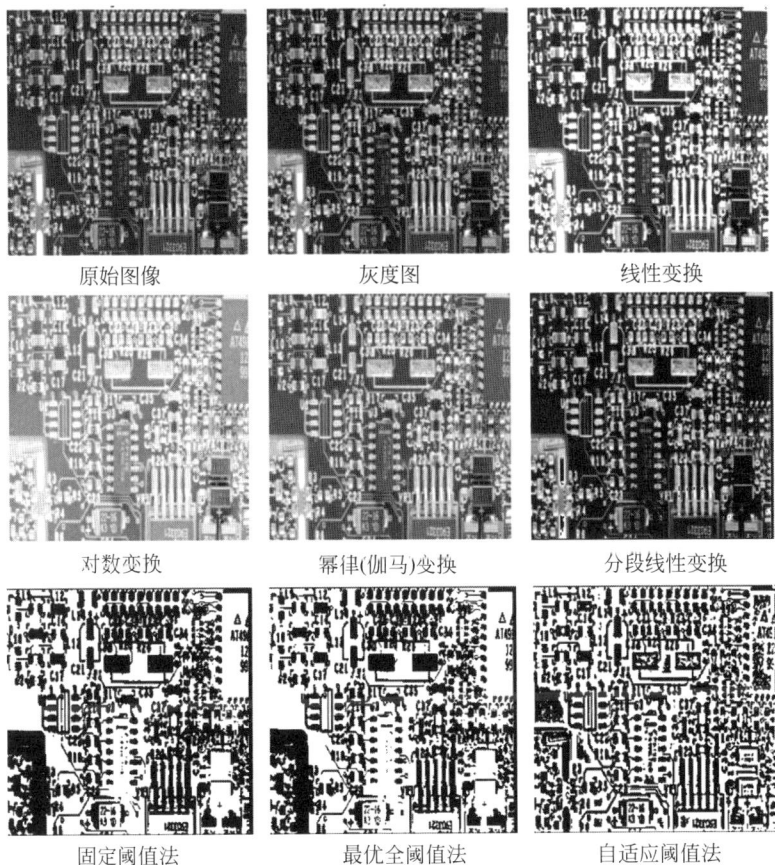

原始图像	灰度图	线性变换
对数变换	幂律(伽马)变换	分段线性变换
固定阈值法	最优全阈值法	自适应阈值法

图 3.1 常见的灰度值和二值化方法

2. 二值化

二值化是图像处理中的一种重要技术,其核心思想是将灰度图像转换为仅包含黑白两种颜色的二值图像。二值化的主要作用包括简化图像信息、减少数据存储量、突出目标与背景的区别、为后续的图像分析和模式识别提供基础等。在文字识别、目标检测、工业检测等领域,二值化常常作为预处理步骤,为后续的处理提供清晰的轮廓和边界信息。

从数学角度定义,二值化可以表示为一个判断函数:

$$
\begin{cases}
g(x,y)=255, & f(x,y)>T \\
0 & f(x,y)\leqslant T
\end{cases}
\tag{3.1}
$$

其中,$f(x,y)$ 是原始图像在坐标 (x,y) 处的灰度值,T 是阈值,$g(x,y)$ 是二值化后图像相应位置的值。值 255 通常表示白色(前景),0 表示黑色(背景)。

二值化包括多种不同的方法,主要有以下几种。

固定阈值法:最简单的二值化方法,选择一个固定的全局阈值 T,将所有灰度值高于 T 的像素设为白色(255),低于或等于 T 的像素设为黑色(0)。这种方法计算速度快,适用于背景和目标对比明显、光照均匀的简单图像。然而,它对噪声敏感,且不适合处理背景不均匀或光照变化的复杂图像。

Otsu(Otsu's thresholding method)阈值法:一种自动选择最优全局阈值的方法,通过最大化类间方差来确定阈值。Otsu 方法假设图像包含前景和背景两个类别,并寻找一个阈值使得这两个类别的类间方差最大。这种方法特别适用于具有双峰直方图的图像,可以有效地分离前景和背景,无须人为干预;然而,对于直方图不呈现明显双峰结构的图像,其效果可能不理想。

自适应阈值法:根据像素邻域的灰度分布动态地确定每个像素的阈值。常见的实现包括均值法和高斯加权法。在均值法中,阈值通常设置为邻域平均灰度值减去一个常数;在高斯加权法中,则使用高斯加权的邻域平均值。自适应阈值法可以有效处理背景不均匀或光照变化的图像,能够适应局部图像特性,但计算量较大。

我们在图 3.1 最后一行展示了常见的三种阈值变换方法,可以看到使用固定阈值法和 Otsu 阈值法,对元件和背景进行了较好的分割,但损失了金属不同的纹理结构特征。使用自适应阈值法保留了部分纹理信息,同时对元器件的边缘进行了较好的分割。在实际的检测场景中应当根据所选择的检测场景进行所用方法的更换与选择。

3.1.2 图像去噪与滤波技术

图像去噪是一种常见的图像处理任务,旨在降低图像中的噪声水平,提高图像质量和清晰度。工业环境中常常存在噪声和干扰,这些干扰源导致图像质量降低和后续分析的准确性受到影响。其中,传感器噪声是由传感器内部元件的随机电子波动或热噪声引起的,环境噪声则来自电磁干扰、电源波动、光照不均匀或强烈光源等因素。压缩和传输过程中的压缩噪声也会影响图像质量;此外,光子噪声在低光条件下产生,热噪声在高温环境下产生,而信号放大过程中的放大器噪声也会影响图像清晰度。为了提高图像质量,可以采用去噪和滤波技术来降低图像中的噪声水平。常用的评估去噪效果的指标是信噪比(Signal-to-Noise Ratio,SNR),它衡量了信号与噪声的强度比例。信噪比的计算公式为

$$
\text{SNR}=10\log_{10}\left(\frac{\text{PS}}{\text{PN}}\right)
\tag{3.2}
$$

其中,PS 是去噪后图像的信号能量,可以使用去噪后图像的像素值计算平均值、总和或其他

统计量作为信号能量。PN 是去噪后图像中的噪声能量,可以通过去噪前后图像的差异计算噪声能量。计算得到的 SNR 通常以分贝(dB)为单位。较高的信噪比值表示噪声较小、信号较强,表明去噪算法取得了良好的效果,图像质量得到了明显的提升。

为了避免噪声干扰后续的检测任务,需要对图像进行去噪,下面介绍几种较为典型的去噪算法:

1) 均值滤波

均值滤波(Mean Filter)是一种常用的图像处理技术,用于平滑图像并减少噪声的影响,它用计算得到的像素周围邻域的平均值替代每个像素的原始值。均值滤波器是一种线性滤波器,可以应用于灰度图像和彩色图像,并且简单易实现。

在进行均值滤波时,首先需要定义滤波器的大小。均值滤波器使用一个固定大小的窗口或卷积核在图像上进行遍历。通常情况下,窗口是一个正方形或矩形的邻域;然后,对于图像中的每个像素,将滤波器的中心位置置于该像素的位置;接下来,计算滤波器窗口覆盖的像素的灰度值或颜色值的平均值;最后,将计算得到的平均值作为该像素的新值。这一过程可以用以下公式表示:

$$I_{\text{filtered}}(x,y) = \frac{1}{n}\sum_{i=1}^{n} I(x_i, y_i) \tag{3.3}$$

其中,$I_{\text{filtered}}(x,y)$ 是均值滤波后得到的像素值;$I(x_i,y_i)$ 是滤波器窗口内的每个像素的原始值;n 是滤波器窗口内的像素数量。

对于彩色图像,可以将均值滤波应用于每个颜色通道(如红、绿、蓝通道),然后将三个通道的结果合并,得到最终的滤波结果。

均值滤波对于平滑图像和降低噪声非常有效,特别是对于均值接近的噪声类型,如高斯噪声,它可以消除离群像素值,使图像更加平滑和一致。然而,均值滤波也存在一些局限性。由于它仅使用局部邻域的平均值来替代像素值,因此可能导致图像细节的模糊化。在面对较大的噪声或特定的图像结构时,均值滤波可能无法提供足够的去噪效果。

2) 中值滤波

中值滤波(Median Filtering)是一种常用的非线性滤波方法,用于去除图像中的噪声。与均值滤波器不同,中值滤波器使用像素邻域内的中值来替代每个像素的原始值,在处理图像中的椒盐噪声等突发性噪声时具有较好的效果,并能保留图像细节。

中值滤波器的使用方法与均值滤波器类似,不同之处在于滤波器的参数不一致,中值滤波的公式如下:

$$I_{\text{filtered}}(x,y) = \text{Median}(I(x_i,y_i)) \tag{3.4}$$

其中,$I_{\text{filtered}}(x,y)$ 是中值滤波后得到的像素值;$I(x_i,y_i)$ 是滤波器窗口内的每个像素的原始值;Median()表示对一组值进行排序并选择中间值的操作。

中值滤波的核心思想是通过选择中间值来替代邻域内的异常像素,从而减少噪声的影响。特别是对于椒盐噪声这类突发性噪声,中值滤波表现出较好的去噪效果。椒盐噪声是一种随机出现的亮或暗像素点的噪声,类似于盐和胡椒粉的颗粒。中值滤波通过选择中间值替代这些异常值,从而减少了噪声的影响。

相对于线性滤波方法(如均值滤波),中值滤波具有一个主要优点,即能够在去噪的同时保留图像的边缘和细节。这是因为中值滤波不依赖平均值,而是通过选择中间值来更新像素值,因此,它可以有效地去除图像中的噪声,并在保持图像细节方面具有优势。

然而,中值滤波也存在一些限制。首先,它对于均值较接近的噪声(如高斯噪声)效果不理想;其次,在处理具有细线条或细节的图像时,中值滤波可能引入一些模糊效果;此外,中值滤波的计算复杂度较高,特别是在较大的窗口大小和高分辨率图像上。

3)频率域滤波

频率域滤波是一种图像增强技术,通过将图像从空域转换到频域,对图像的频率成分进行滤波操作,然后将图像从频域转换回空域,以实现图像的增强效果。频率域滤波通常包括低通滤波和高通滤波两种常见的操作。

低通滤波器可用于去除图像中的高频成分,保留图像的低频细节,其频率响应通常具有平滑的衰减特性,削弱高频成分。而高通滤波器可用于增强图像的边缘和高频特征,去除图像中的低频成分,高通滤波器的频率响应通常保留高频成分,抑制低频信息。下面主要介绍一种常见的低通滤波器——高斯滤波器。

高斯滤波(Gaussian Filtering)是一种常用的线性滤波方法,用于平滑图像并降低噪声的影响。它基于高斯函数的卷积操作,可以有效地模糊图像,并在保持图像细节的同时减少噪声。

进行高斯滤波前,除了要定义滤波器的大小,还要指定高斯函数的标准差(也称为高斯核的标准差),用于控制滤波器的平滑程度,然后根据指定的标准差,生成一个高斯核对图像进行滤波,高斯滤波可以用以下公式表示:

$$I_{\text{filtered}}(x,y) = \frac{1}{2\pi\sigma^2} \sum_{i=-k}^{k} \sum_{j=-k}^{k} I(x+i, y+j) \cdot \exp\left(-\frac{i^2+j^2}{2\sigma^2}\right) \tag{3.5}$$

其中,$I_{\text{filtered}}(x,y)$是高斯滤波后得到的像素值;$I(x+i,y+j)$是滤波器窗口内的每个像素的原始值;σ是高斯核的标准差;k是滤波器窗口的半径,用于控制滤波器的大小。

高斯滤波的核心思想是通过将像素与高斯核进行加权平均来实现平滑效果。高斯核对中心像素施加更高的权重,而对离中心远的像素施加较低的权重。这样,高斯滤波器可以减少噪声的影响,同时保持图像的整体结构。

高斯滤波器具有一些优点。首先,它能够有效地减少噪声,并且在平滑图像时保留边缘和细节;其次,高斯滤波器是线性滤波器,计算速度较快;此外,通过调整标准差参数,可以控制滤波器的平滑程度,以适应不同的图像和去噪需求。

然而,高斯滤波器也有一些限制。由于高斯滤波器是基于局部像素的平均值,因此它对图像中的尖锐边缘或细节可能会引入模糊效果;此外,较大的标准差值会导致较强的平滑效果,可能会导致图像细节的损失。因此,在应用高斯滤波器时需要权衡平滑和细节保留之间的平衡。可以根据具体的图像特点和去噪需求,选择合适的标准差值来控制平滑程度;对于要保留边缘和细节的图像,可能需要使用较小的标准差值或考虑其他更高级的去噪方法。

4)双边滤波

双边滤波(Bilateral Filtering)是一种常用的非线性滤波方法,用于平滑图像并保持边缘细节。它结合了空间域和灰度值域的信息,能够在降低噪声的同时保留图像的边缘和纹理细节。相比线性滤波方法,双边滤波能够更好地处理图像中的噪声。

使用双边滤波时需要定义两个参数:空间域的标准差(空间参数)和灰度值域的标准差

（灰度参数）。空间域的标准差控制着滤波器在空间的范围，即滤波器窗口内像素之间的距离；灰度值域的标准差控制着滤波器在灰度值上的敏感度，即滤波器窗口内像素的灰度值差异。较大的灰度值域标准差表示较大的权重差异，对于灰度差异较大的像素给予较低的权重，这样可以保留图像的细节。较小的灰度值域标准差表示较小的权重差异，对于灰度差异较小的像素给予更均匀的权重，这样可以更好地去除噪声。双边滤波可以用以下公式表示：

$$I_{\text{filtered}}(x,y) = \frac{1}{W} \sum_{i=-k}^{k} \sum_{j=-k}^{k} w_{ij} \cdot I(x+i, y+j) \tag{3.6}$$

其中，$I_{\text{filtered}}(x,y)$ 是双边滤波后得到的像素值；$I(x+i,y+j)$ 是滤波器窗口内的每个像素的原始值；w_{ij} 是像素 $I(x+i,y+j)$ 的权重，由空间域和灰度值域的相似性决定；W 是归一化因子，用于保证权重的总和为1。

双边滤波器在计算像素权重时，综合考虑了空间距离和灰度值的差异。距离越近且灰度值越相似的像素，权重越高，这样可以保留图像中的边缘和纹理细节。通过调整空间参数和灰度参数，可以控制滤波器的平滑程度和边缘保留程度。

双边滤波的优点是能够有效地减少噪声，并且在平滑图像时保持边缘和纹理细节；双边滤波是一种自适应滤波方法，可以根据图像的特性进行调整，适应不同的噪声和图像结构。

然而，双边滤波也有一些缺点。由于它需要对每个像素计算权重并进行加权平均，因此在处理大尺寸图像时计算复杂度较高，可能导致处理时间较长；此外，调整参数需要一定的经验和实践，以获得最佳的滤波效果。

5）深度学习滤波

深度学习滤波（Deep Learning Filtering）是一种基于深度学习技术的图像滤波方法。与传统的线性或非线性滤波方法不同，深度学习滤波使用神经网络模型来学习图像滤波器的参数，以实现更精确的图像处理和增强。

深度学习滤波的优点在于它可以学习到更复杂和抽象的特征，从而能够更精确地处理图像。与传统滤波方法相比，具有更高的自适应性和泛化能力，能够处理各种噪声类型和图像特征；此外，深度学习滤波还能够通过大规模数据集和强大的计算能力来提高滤波效果。但是它需要大量的训练数据和计算资源来训练和优化深度学习模型；其次，模型的设计和训练过程相对复杂，需要有一定的深度学习知识和经验；此外，深度学习滤波的计算成本较高，特别是在实时应用和嵌入式系统中可能存在性能限制。

由于深度学习去噪算法较多，本小节举例介绍一个经典的深度学习去噪算法——DnCNN（Denoising Convolutional Neural Network，去噪卷积神经网络）。

DnCNN 是一篇经典的图像降噪领域的论文，被广泛用作对比算法。它的模型结构采用了简单而高效的设计，为了提取图像的深度信息，作者级联了多个卷积层、批归一化层和ReLU 激活函数。在模型训练过程中，使用均方差（SME）损失函数来衡量降噪输出与真实图像之间的差异，并通过 SDG 或 Adam 优化算法更新模型参数。在预测过程，将待降噪的图像输入到已经训练好的 DnCNN 模型中，网络通过前向传播计算模型的输出，从而得到降噪后的图像。

论文中展示了 DnCNN 在多个数据集上的测试结果，其性能表现非常优异，达到了图像降噪领域的 SOTA 水平。该论文对图像去噪的贡献主要有以下三个方面。

（1）首次使用端到端的神经网络模型进行加性高斯白噪声（AWGN）的降噪任务，并引入残差学习进行降噪。在图像重建领域，残差学习已被广泛应用，但在降噪领域中是首次尝试，取得了显著效果。

（2）结合残差学习和批归一化（Batch Normalization，BN），可以显著提高和加速降噪模型的训练过程。在某一特定的噪声水平下，DnCNN 在视觉效果和数值上都能达到当前最先进的水平（SOTA）。

（3）DnCNN 不仅局限于特定噪声水平，而是具有通用性。通过训练一个针对盲高斯噪声的 DnCNN 模型，其优于针对特定噪声水平的方法；此外，DnCNN 的方法也能推广应用于其他通用降噪任务，如盲高斯去噪、单图超分和 JPEG 去块任务。

图 3.2 展示了滤波算法的滤波结果对比，均值和中值滤波在一定程度上减小了噪声，但对噪声的抑制效果有限，并且使图像变得模糊；高斯滤波的结果较为清晰，但是仍然残留了一些噪声；双边滤波在去除噪声的同时保持图像的边缘信息，具有较好的去噪效果。

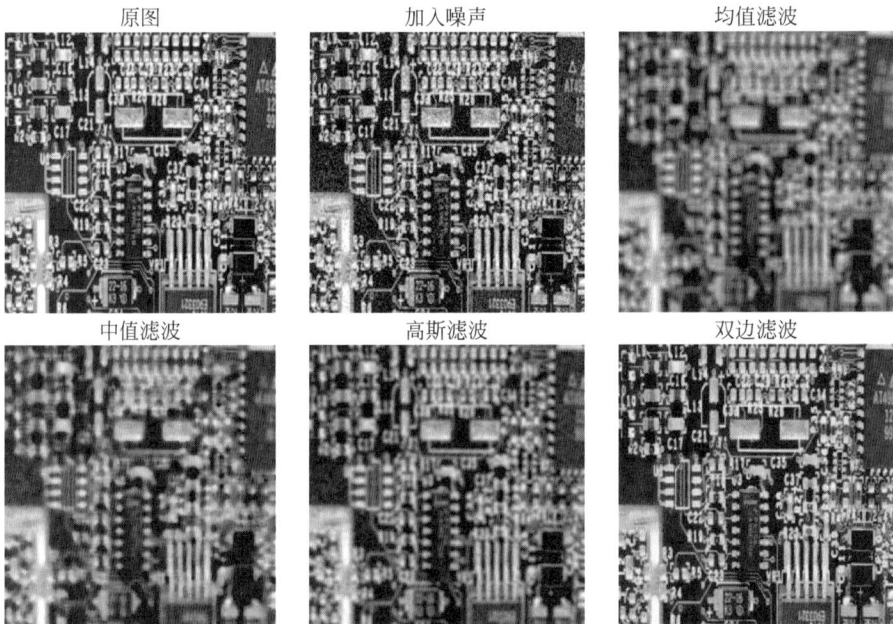

图 3.2　各种滤波算法的结果对比

3.1.3　图像增强

图像增强（Image Enhancement）是一种用于改善图像质量、增强视觉感知和提升图像细节的技术。它通过一系列的算法和处理步骤来改变图像的特征，使其更加清晰、鲜明和易于分析。在工业视觉检测中，可能出现光照不足或不均匀的情况，导致图像中的目标物体不清晰或出现阴影，从而影响目标物体的细节和对比度；此外，当拍摄对象或摄像机本身发生运动时，图像可能会出现模糊，运动模糊会导致目标物体的边缘不清晰；另外，低分辨率的图像可能缺乏细节和清晰度，导致目标物体难以辨认；某些目标物体的表面可能会反射光线，造成图像中的光斑或光晕，进一步影响目标物体的清晰度。因此，工业检测需要图

像增强来提高图像质量、降低误判率,并提高自动化水平。下面介绍几种较为典型的图像增强算法:

1. 直方图均衡化

直方图均衡化(Histogram Equalization)是一种常用的图像增强技术,用于调整图像的灰度级别分布,以增强图像的对比度和细节。直方图均衡化的原理是通过重新分布图像的灰度级别,使得图像的直方图在整个灰度范围内均匀分布。这可以通过以下步骤实现。

(1)计算图像的灰度直方图:遍历图像的每个像素,统计各个灰度级别的像素数量,得到灰度直方图。

(2)计算累积分布函数(Cumulative Distribution Function,CDF):根据灰度直方图,计算累积分布函数。累积分布函数表示每个灰度级别在图像中出现的累积概率。

(3)计算映射函数:根据累积分布函数,计算映射函数,将原始图像的灰度级别映射到新的灰度级别。映射函数的目标是将灰度级别映射到 0 到 255 的范围内,以便保持图像的灰度范围不变。

(4)应用映射函数:对原始图像的每个像素,根据映射函数将其灰度级别替换为新的灰度级别。

直方图均衡化的结果是使图像的直方图在整个灰度范围内均匀分布,从而增强了图像的对比度和细节。通过拉伸图像的灰度级别分布,暗部和亮部的细节都可以得到增强,使得图像在视觉上更加鲜明、清晰。然而,直方图均衡化也存在一些限制。它忽略了像素之间的空间信息,可能导致图像出现过度增强或失真的情况;此外,对于具有局部对比度变化较大的图像,直方图均衡化可能导致过度增强背景或细节的问题。为了克服这些问题,可以使用自适应直方图均衡化(Adaptive Histogram Equalization,AHE)或其他变体方法。自适应直方图均衡化将图像分成多个小区域,并对每个区域进行独立的直方图均衡化,以保持图像的局部对比度和细节。

值得一提的是,直方图均衡化可以应用于灰度图像和彩色图像,但对于彩色图像,需要将 RGB 颜色空间转换为其他颜色空间(如 Hue,Saturation,Value,HSV),对亮度分量进行直方图均衡化,最后将增强后的亮度与原始颜色分量重新组合得到最终的增强彩色图像。

2. 对比度拉伸

对比度拉伸(Contrast Stretching)是一种常见的图像增强技术,通过线性变换来扩展图像的像素值范围,以增强图像的对比度。

对比度拉伸的基本原理是通过重新映射图像的灰度级范围,将原始图像的最暗像素值映射到较低的像素值,将最亮的像素值映射到较高的像素值。这种重新映射操作可以通过简单的线性变换来实现。

下面是对比度拉伸的基本步骤。

(1)确定原始图像的最暗像素值(min)和最亮像素值(max)。

(2)定义新的最暗像素值($\text{new}_{\min}$)和最亮像素值($\text{new}_{\max}$),通常分别设置为 0 和 255。

(3)对原始图像中的每个像素值进行线性映射,计算公式如下:

$$\text{new}_{\text{pixel}} = \frac{(\text{pixel} - \min) \times (\text{new}_{\max} - \text{new}_{\min})}{\max - \min} + \text{new}_{\min} \tag{3.7}$$

其中,pixel 为原始图像的像素值,$\text{new}_{\text{pixel}}$ 为拉伸后的像素值。

（4）重复步骤（3），对原始图像中的每个像素进行处理，得到拉伸后的图像。

通过对比度拉伸，较低的像素值将被映射到较低的范围内，而较高的像素值将被映射到较高的范围内。这样可以扩展图像的像素值范围，增加图像的动态范围，使得图像的对比度得到增强。拉伸后的图像将显示更丰富的细节和更明显的差异。

对比度拉伸是一种简单而有效的图像增强方法，适用于各种类型的图像；然而，需要注意的是，过度的对比度拉伸可能导致图像的过度增强，从而使细节损失或产生伪影。因此，在应用对比度拉伸时，需要根据图像的特性和需求进行适当的参数选择，以获得理想的增强效果。

3. 傅里叶谱增强

傅里叶谱增强（Fourier Spectrum Enhancement）是一种图像增强技术，通过调整图像在频域中的傅里叶谱来增强或抑制特定的频率成分，从而改善图像的对比度、清晰度和细节。

傅里叶谱增强的主要思想是在频域对图像进行操作，通过增强或抑制傅里叶谱中的频率成分来实现图像的增强。傅里叶谱是图像在频域中的表示，由正弦和余弦函数的振幅和相位组成。傅里叶谱可以通过对图像进行二维离散傅里叶变换（DFT）得到。

下面介绍傅里叶谱增强的基本步骤：

（1）将原始图像进行二维离散傅里叶变换（Discrete Fourier Transform，DFT）：将原始图像转换到频域，得到图像的傅里叶谱表示。可以使用快速傅里叶变换（Fast Fourier Transform，FFT）算法来高效地计算离散傅里叶变换。

（2）对傅里叶谱进行增强：根据图像增强的需求，对傅里叶谱进行增强或抑制操作。傅里叶谱增强的公式如下：

$$G(u,v) = H(u,v) \times F(u,v) \tag{3.8}$$

其中，$G(u,v)$表示增强后的傅里叶谱；$H(u,v)$表示傅里叶谱增强函数，可以根据需求设计不同的增强方式，增强函数可以是一个具有不同形状和参数的滤波器，用于调整傅里叶谱中特定频率成分的振幅；$F(u,v)$表示图像经二维离散傅里叶变换的表示。

（3）进行傅里叶逆变换（Inverse Discrete Fourier Transform，IDFT）：将调整后的傅里叶谱转换回空域，得到增强后的图像。可以使用逆快速傅里叶变换（Inverse Fast Fourier Transform，IFFT）算法来高效地计算逆变换。

通过上述步骤，可以对图像的频率成分进行调整，实现对图像的增强。傅里叶谱增强通过在频域对图像进行操作，提供对图像频率成分的详细控制。这种频域分析能力使其可以有选择性地增强或抑制图像的特定频率范围，以实现对比度增强、细节增加等效果，并能突出和增强图像的边缘和细节，使图像更清晰、更锐利。还可以通过调整增强函数和参数，根据具体需求定制增强效果。傅里叶谱增强具有较高的灵活性，适用于不同类型的图像和不同的增强目标。然而，不正确的参数选择或过度增强可能会引入伪影或其他不良效果；增强后的图像可能出现过度锐化、振铃等伪影现象，影响图像质量；同时，傅里叶谱增强涉及频域变换和逆变换操作，计算复杂度较高；特别是对于大尺寸图像，可能需要较长的计算时间和更高的计算资源。因此，在进行傅里叶谱增强时需要综合考虑处理效果和图像质量，避免过度增强和伪影的产生。

总的来说，傅里叶谱增强是一种强大的图像增强技术，通过频域操作实现对图像频率成分的控制。它能够提供灵活的增强效果,但需要合理选择参数,避免不良效果的产生,并需要注意计算复杂度和资源消耗的问题。

4. Retinex 算法增强

Retinex 算法是一种用于图像增强的经典算法,旨在模拟人眼对光照和色彩的感知。它通过对图像的亮度和颜色进行分离和调整,实现对图像的动态范围和对比度的增强。

Retinex 算法的基本原理是基于对图像中的光照成分和反射成分进行分解。光照成分表示图像中来自光源的全局光照信息,而反射成分则表示图像中物体的本地颜色和纹理信息。Retinex 算法的目标是将图像的光照成分和反射成分进行分离,然后对它们进行调整和合成,以增强图像的视觉效果。

Retinex 算法具有显著增强图像对比度和细节的优点。通过对图像进行亮度和颜色的分离和调整,Retinex 算法能够提高图像的动态范围,使得图像细节更加清晰可见。此外,Retinex 算法适用于多种不同的场景和光照条件,能够保持图像的色彩准确性,避免色彩失真或色偏的问题。然而,Retinex 算法也存在一些缺点。首先,它的计算复杂度较高,需要进行多次图像处理和计算,特别是在处理大规模图像时可能面临较大的计算负担;其次,Retinex 算法对参数的选择比较敏感,需要仔细调整参数以获得最佳的增强效果;不正确的参数选择可能导致增强后的图像出现伪影或噪点,需要经过一定的实验和调试来优化参数;此外,Retinex 算法对图像中的噪声比较敏感,如果图像中存在较多的噪声,可能会在增强过程中引入噪点或伪影,需要采取额外的噪声处理措施来改善图像质量。

图 3.3 展示了将原图进行模糊后,各图像增强方法的结果对比图,直方图均衡化提取出了图像的细节,但是仍然有点模糊;对比度拉伸一定程度上提高了清晰度,但是效果有限;傅里叶谱提高了图像的高频细节和低频成分,但是遗漏了部分器件;而 Retinex 算法极大地增强图像细节和对比度。

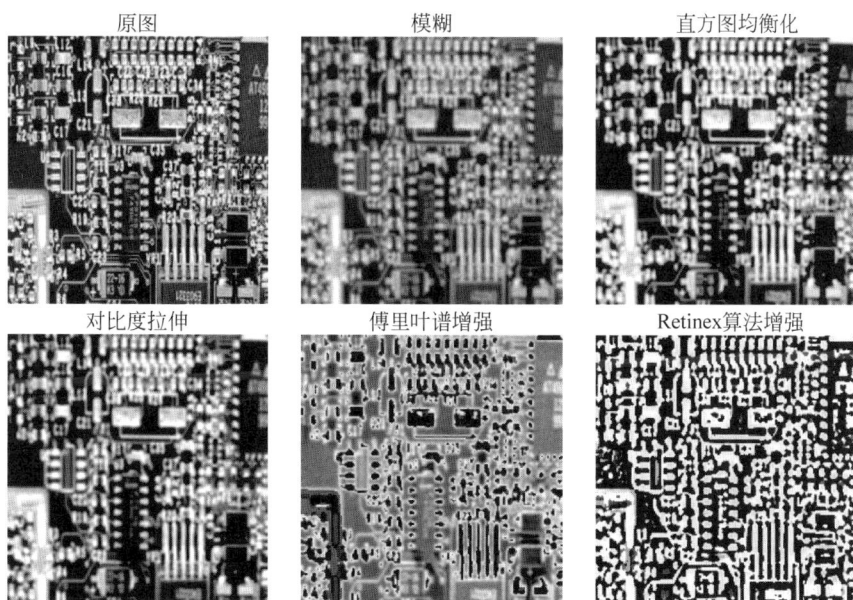

图 3.3　图像增强算法的结果对比

3.2 图像特征提取

本节将主要介绍一些常见的图像特征提取技术,主要包括对图像的边缘和角点,颜色和纹理等基本特征的提取方法。同时,将介绍目前使用深度学习对大量图片进行拟合与泛化来提取有效特征的方法。

3.2.1 边缘检测与角点检测

边缘和角点是图像中最基本也是最重要的特征之一,它们为描述图像结构和内容提供了基础。

边缘是图像中亮度或颜色急剧变化的区域,通常对应物体的轮廓或表面的不连续性。边缘检测的目标是识别这些变化剧烈的区域。常用的边缘检测方法包括以下几种。

1)Sobel 方法

Sobel 方法使用两个 3×3 的卷积核分别计算水平和垂直方向的梯。它对噪声具有一定的平滑作用,但可能会导致边缘位置的轻微偏移。

下面列出 Sobel 算子的数学表达式。

水平方向:

$$\begin{bmatrix} -1 & 0 & 1 \\ -2 & 0 & 2 \\ -1 & 0 & 1 \end{bmatrix}$$

垂直方向:

$$\begin{bmatrix} -1 & -2 & -1 \\ 0 & 0 & 0 \\ 1 & 2 & 1 \end{bmatrix}$$

2)Canny 边缘检测方法

Canny 边缘检测方法是 John F. Canny 于 1986 年提出的一种采用多阶段边缘检测方法,被广泛认为是最优的边缘检测方法之一,它有三个优势:低错误率,良好的定位,响应时间小。Canny 边缘检测方法的步骤:首先使用高斯滤波器平滑图像,去除噪声;其次计算图像梯度的幅值和方向;然后对梯度幅值进行非最大抑制,细化边缘;最后使用双阈值法检测和连接边缘。

3)Laplacian of Gaussian(LoG)边缘检测方法

LoG 算子结合了高斯平滑和拉普拉斯边缘检测。它首先使用高斯滤波器平滑图像,然后应用拉普拉斯算子检测边缘。LoG 对噪声比较敏感,但能够检测边缘的位置和方向。

LoG 算子的二维表达式为

$$\mathrm{LoG}(x,y) = -\frac{1}{\pi\sigma^4}\left(1 - \frac{x^2+y^2}{2\sigma^2}\right)\mathrm{e}^{-\frac{x^2+y^2}{2\sigma^2}} \tag{3.9}$$

其中,σ 是高斯函数的标准差。

图 3.4 显示了三种常见的边缘检测方法在检测电子元器件应用上的结果,可以看到

Sobel 方法达到了较好的边缘检测效果；Canny 边缘检测方法在边缘过于平滑，出现了部分图形检测失败的结果；LoG 边缘检测方法由于对噪声比较敏感，在图像的检测效果最差。

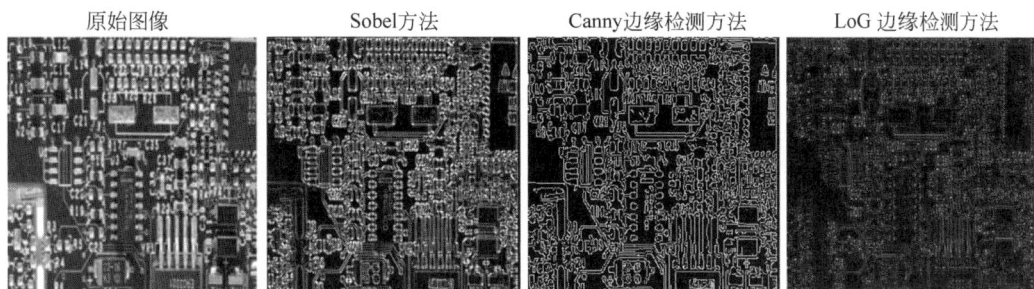

| 原始图像 | Sobel方法 | Canny边缘检测方法 | LoG 边缘检测方法 |

图 3.4　常见的边缘检测方法

4）角点检测方法

角点是图像中两个或多个边缘相交的点，它们在图像匹配、目标跟踪等任务中起着重要作用。

Harris 和 Stephens 在 1988 年提出了这种经典的角点检测方法。它的基本思想是：如果在图像的一个小窗口内，沿着任何方向移动这个窗口都会导致图像灰度的显著变化，那么这个窗口的中心可能是一个角点。Harris 角点检测的步骤，首先，计算图像在 x 和 y 方向的梯度；其次，对每个像素，构造自相关矩阵 M；再计算角点响应函数 $R = \det(M) - k(\text{trace}(M))^2$，后进行非最大抑制，选择局部最大值点作为角点。

5）加速段测试特征（Features from Accelerated Segment Test，FAST）方法

FAST 方法由 Rosten 和 Drummond 在 2006 年提出，它是一种计算效率非常高的角点检测方法。FAST 通过比较像素周围一个圆环上的像素值来快速判断其是否为角点。FAST 方法步骤：首先，选择图像中的一个像素 p，其强度为 I_p，选择一个合适的阈值 t；其次，考虑以 p 为中心的半径为 3 个像素的离散圆环（通常有 16 个像素），如果圆环上有 n 个连续像素的强度都大于 I_{p+t} 或都小于 I_{p-t}，则 p 被认为是一个角点；最后，进行非最大抑制，去除相邻的重复角点。

6）尺度不变特征变换（Scale-Invariant Feature Transform，SIFT）方法

SIFT 是由 Lowe 在 1999 年首次提出、2004 年完善的一种检测方法。它不仅可以检测角点，还可以提取局部特征描述符，具有尺度和旋转不变性。SIFT 方法的主要步骤如下。①尺度空间极值检测：搜索所有尺度上的图像位置。通过高斯差分函数来识别潜在的对尺度和旋转不变的兴趣点。②关键点定位：在每个候选的位置上，通过一个拟合精细的模型来确定位置和尺度。关键点的选择依据于它们的稳定性。方向确定：基于图像局部的梯度方向，分配给每个关键点位置一个或多个方向。③所有后面的对图像数据的操作都相对于关键点的方向、尺度和位置进行变换，从而提供对这些变换的不变性。关键点描述：在每个关键点周围的邻域内，在选定的尺度上测量图像局部梯度。这些梯度被变换成一种表示，这种表示允许比较大的局部形状变形和光照变化。

使用三种角点检测方法的结果如图 3.5 所示，使用 SIFT 方法在小型电子元器件的角点检测的效果中较好，但仍然存在对平滑器件部分的误检。其他两类方法也可以检测出部分角点特征，但存在多数的漏检。

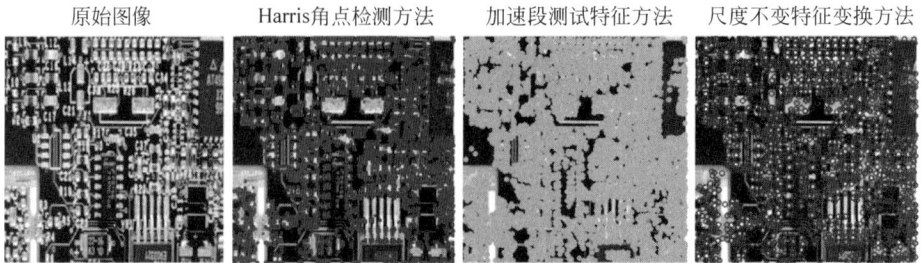

原始图像　　　　Harris角点检测方法　　　加速段测试特征方法　　尺度不变特征变换方法

图 3.5　常见的角点检测方法

3.2.2　纹理特征与颜色特征

纹理和颜色是描述图像内容的重要中级特征,它们为图像分类、分割和检索等任务提供了重要的信息。

纹理描述了图像中像素的空间排列模式,它反映了物体表面的结构特性。纹理分析在材料识别、地表分类等领域有广泛应用。

常用的纹理特征提取方法如下。

1. 统计方法

统计方法通过计算图像局部区域的统计量来描述纹理。常用的统计方法之一是灰度共生矩阵(Gray-Level Co-occurrence Matrix,GLCM)。GLCM 由 Haralick 等在 1973 年提出,它通过计算图像中像素对的出现频率来描述纹理。GLCM 考虑了像素之间的空间关系,可以有效地描述纹理的方向性、粗糙度等特性。GLCM 的构建步骤:① 确定距离 d 和方向 θ(通常为 $0°,45°,90°,135°$)。②统计满足距离和方向条件的像素对的灰度值出现频率。③将统计结果归一化,得到概率矩阵。从 GLCM 中可以提取多种统计量:对比度,反映图像的清晰度和纹理的沟纹深浅;相关性,反映图像的局部灰度相关性;能量,反映图像灰度分布的均匀性和纹理的粗细;同质性,反映图像纹理的局部变化情况。

2. 结构方法

结构方法将纹理看作由一些基本的纹理元素(纹素)按照某种规则排列而成。这种方法适合描述规则性很强的纹理。Tuceryan 和 Jain 在 1998 年的综述中详细讨论了结构方法。结构方法的基本步骤包括:(1)定义和提取纹素;(2)推断纹素的放置规则;(3)描述纹素的几何和灰度属性。

3. 频谱方法

频谱方法将图像变换到频域,利用频域的特性来描述纹理。小波变换是一种常用的频谱方法。波变换提供了图像的多尺度表示,可以有效地捕捉纹理的局部和全局特性。小波变换的基本步骤:(1)选择合适的小波基函数。(2)对图像进行多尺度分解,得到不同尺度和方向的子带。(3)从各个子带中提取统计特征,如能量、标准差等。小波变换的优点是可以同时提供空间和频率信息,适合分析非平稳信号,如具有突变特性的纹理。

4. 颜色特征

颜色是人类感知和识别物体的重要视觉特征,在图像检索、目标识别等任务中起着关键作用。常用的颜色特征有以下几点。

1) 颜色直方图

颜色直方图是最简单和最常用的颜色特征。它统计了图像中各种颜色的出现频率,但不包含颜色的空间信息。

构建步骤:选择合适的颜色空间(如 RGB、HSV),将颜色空间量化为若干个区间,统计每个区间中像素的数量,归一化直方图。

2) 颜色矩

颜色矩是对颜色分布的紧凑表示,它不仅包含了颜色的统计信息,还保留了部分空间信息。

常用的颜色矩包括:一阶矩(平均值),表示颜色的平均强度;二阶矩(标准差),表示颜色的分散程度;三阶矩(偏斜度),表示颜色分布的不对称性。

颜色矩的计算公式如下:

$$\text{一阶矩(平均值):} \mu_i = \frac{1}{N} \sum_{j=1}^{N} p_{ij}$$

$$\text{二阶矩(标准差):} \sigma_i = \sqrt{\frac{1}{N} \sum_{j=1}^{N} (p_{ij} - \mu_i)^2}$$

$$\text{三阶矩(偏斜度):} s_i = \sqrt[3]{\frac{1}{N} \sum_{j=1}^{N} (p_{ij} - \mu_i)^3}$$

其中,i 表示颜色通道,j 表示像素,N 是像素总数。

3) 颜色相关图

颜色相关图(Color Correlogram)由 Huang 等在 1997 年提出,它不仅描述了颜色的全局分布,还包含了颜色的空间相关信息。

颜色相关图的定义:对于颜色对(i, j),其相关图 $\gamma_k(i, j)$ 表示在图像中,与颜色 i 的像素距离为 k 的像素是颜色 j 的概率。

构建步骤:选择颜色空间并量化;选择一组距离值 $d_1, d_2, \cdots, d_m$;对每个颜色对(i, j)和每个距离 d_k,计算 $\gamma_k(i, j)$。

颜色直方图的优点是计算简单,对图像的旋转和平移不敏感;缺点是没有包含颜色的空间分布信息。使用颜色矩来描述图像的特征能同时提取空间和颜色的统计特征,实现二者的平衡。颜色相关图能够捕捉颜色的空间分布信息,对图像的局部和全局变化都比较鲁棒,但计算复杂度较高。

3.2.3　高阶特征的提取方法

深度学习,尤其是卷积神经网络(Convolutional Neural Network,CNN),已经成为提取高阶图像特征的主要方法。这些方法能够自动学习复杂的特征表示,大大超越了传统的手工设计特征。

1. 卷积神经网络

CNN 通过多层卷积和池化操作自动学习图像的层次化特征表示。这种层次化结构使得 CNN 能够捕捉从简单到复杂的特征,非常适合处理图像数据。CNN 的基本组成部分如下。

1）卷积层

使用不同的滤波器（卷积核）提取局部特征。每个滤波器在整个输入图像上滑动，执行卷积操作。

数学表达式

$$(f * g)[n] = \sum_{m=-\infty}^{\infty} f[m]g[n-m] \tag{3.10}$$

卷积操作能够检测边缘、纹理等低级特征，在深度特征层能检测到更复杂的模式。

2）激活函数

通常在卷积层后应用非线性激活函数，如 ReLU（Rectified Linear Unit）。它的作用是引入非线性，增强网络的表达能力。ReLU 函数通常可以表述为

$$f(x) = \max(0, x) \tag{3.11}$$

3）池化层

池化层降低了特征图的空间维度，提高了模型的平移不变性，减少了参数数量，控制过拟合。常用的池化操作包括最大池化和平均池化。

最大池化操作

$$y_{ij} = \max_{(a,b) \in R_{ij}} x_{ab} \tag{3.12}$$

4）全连接层

综合学习到的特征，用于最终的分类或回归任务。全连接层的操作可以表示为

$$y = f(\boldsymbol{W}x + \boldsymbol{b}) \tag{3.13}$$

其中，$\boldsymbol{W}$ 是权重矩阵，$\boldsymbol{b}$ 是偏置向量，f 是激活函数。

2. 迁移学习

迁移学习是一种有效利用预训练 CNN 模型的方法。它允许我们将在大规模数据集（如 ImageNet）上学到的知识迁移到新的、可能较小的数据集上。

迁移学习的主要步骤包括。

选择预训练模型：通常选择在大规模数据集（如 ImageNet）上训练的模型。常用的预训练模型包括 VGG、ResNet、Inception 等。

冻结预训练层，保持预训练模型的前几层参数不变。这些层通常包含通用的低级特征，如边缘检测器、纹理检测器等。

添加新层：在预训练模型的顶部添加新的层（通常是全连接层）。这些新层将学习特定于新任务的特征。

微调：使用新的数据集训练模型，只更新新添加的层。可以选择性地"解冻"一些预训练层，使用较小的学习率进行微调。

迁移学习的优势在于，包括减少训练数据需求，利用预训练模型的知识，可以在较小的数据集上取得好结果；加快训练速度，从一个好的初始点开始，可以更快地收敛到最优解；提高泛化能力，预训练模型已经学习了丰富的特征表示，有助于提高模型在新任务上的泛化能力。

假设原任务的模型为 $f_s(x; \theta_s)$，目标任务的模型为 $f_t(x; \theta_t)$，其中 θ_s 和 θ_t 分别是源任务和目标任务的参数。迁移学习的目标是找到一个映射函数 ϕ，使得

$$\theta_t = \phi(\theta_s)$$

这个映射函数 ϕ 可能包括参数的直接复制、微调或者更复杂的适应过程。

3.3　工业图像异常分类方法

工业图像异常分类任务是指对于工业生产中的图像数据,通过机器学习和深度学习等技术,对其中的异常情况进行分类和识别。在工业生产中,异常情况的出现可能会导致生产线停滞、产品质量下降、设备损坏等问题,因此对于工业图像异常分类任务的研究具有重要意义。工业图像异常分类任务的实现需要借助于各种异常图像分类方法,其主要包括基于统计学习的分类方法以及深度学习两大类。

3.3.1　基于统计学的分类方法

基于统计学的机器学习方法是一种常用的异常图像分类方法。该方法通过对异常样本的统计分析,来学习和识别异常图像,从而实现对工业生产中出现的异常情况的自动检测和分类。

1. 贝叶斯分类器

该算法基于贝叶斯定理,通过统计样本的特征分布来计算样本属于某个类别的概率。贝叶斯分类器可以处理多变量和非线性关系的数据,因此在工业异常图像分类中应用广泛。基于贝叶斯分类器的工业图像分类方法是一种常用的异常图像分类方法,其主要步骤包括特征提取和模型构建两个阶段。

在特征提取阶段,该方法会从异常图像中提取出一些代表性的特征,如图像的灰度、颜色、边缘等,这些特征会被用作后续分类模型的输入。常用的特征提取方法包括灰度直方图、SIFT 特征等,这些特征可以有效地描述图像的纹理、形状和颜色等基本特征,从而提高分类模型的准确性。

在模型构建阶段,该方法会利用训练数据构建出一个贝叶斯分类器模型。

在特征提取完成后,需要利用训练数据来构建贝叶斯分类器模型。该模型可以通过以下步骤实现。

(1) 计算每个特征对于异常图像分类的贡献值;

(2) 将贡献值转化为概率值;

(3) 根据先验概率,计算每个异常分类的后验概率,并以此来进行分类判定。

假设给定一个由 M 个类组成的训练数据集 D,$\omega_j = 1, 2, \cdots, M$,表示标签,需给定特征向量 $\boldsymbol{x}$,根据式(3.14)

$$\omega_j = \arg\max P(\omega_j \mid \boldsymbol{x}), \quad j = 1, 2, \cdots, M \tag{3.14}$$

$P(\omega_j \mid \boldsymbol{x})$ 是后验概率,即估计导致这个结果的所有原因的概率,在这个例子里就是求 $\boldsymbol{x}$ 属于所有的类 ω_j 的概率;统计学里面通常会写成 $P(\theta \mid \boldsymbol{x})$,也就是对于给定的 $\boldsymbol{x}$,由参数 θ 给出概率 $P(\omega_j)$ 是先验概率,即一个数据集的分布,统计学通常会写成 $P(\theta)$,在训练分类器时一般假定一个初始化的模型,且知道样本标签分布、学习规则等一些预设知识。式(3.14)用贝叶斯定理如式(3.15)所示

$$P(\omega_j \mid \boldsymbol{x}) = \frac{P(\boldsymbol{x};\omega_j)}{p(\boldsymbol{x})} = \frac{P(\boldsymbol{x} \mid \omega_j)P(\omega_j)}{p(\boldsymbol{x})}, \quad j = 1, 2, \cdots, M \tag{3.15}$$

$p(\boldsymbol{x}|\omega_j)$ 为似然,通俗讲为用给定观测数据,检验假定的数据分布的可能性;本例中指假设已知每个类的标签分布情况,用数据集来检验这个类分布是否正确;统计学里一般写成 $P(D|\theta)$、$P(D|\theta=\hat{\theta})$ 或者 $L(\theta|D)$。$p(\boldsymbol{x})$ 是边缘概率,它需要应用全概率公式来求,即对所有的类发生的情况下 $\boldsymbol{x}$ 发生的条件概率求积分,也就是在已知类概率分布的情况下 $\boldsymbol{x}$ 的可能性。

基于贝叶斯分类器的工业图像分类方法还需要对训练数据进行有效的组织和分类,常用的组织方式包括多分类、二分类等。在组织训练数据时,需要将数据划分为训练集和验证集,以确保分类模型的准确性和稳定性。

$$p(\boldsymbol{x}) = \sum_{i=1}^{M} p(\boldsymbol{x} \mid \omega_j)p(\omega_j) \tag{3.16}$$

其是一个已知的正值,不会影响最后的分类,一般省略掉,上式就变成

$$P(\omega_j \mid \boldsymbol{x}) = p(\boldsymbol{x} \mid \omega_j)p(\omega_j), \quad j = 1, 2, \cdots, M \tag{3.17}$$

则分类任务变为

$$\omega_j = \arg\max P(\omega_j \mid \boldsymbol{x}), \quad j = 1, 2, \cdots, M \tag{3.18}$$

分类的目的就是把输入特征向量分到对应的"类空间"里面,拿二分类来举个例子 R_1、$R_2 \in \mathbf{R}^l$ 表示两个分类区域,ω_1、ω_2 表示两个类,则贝叶斯中分类损失为

$$P_e = P(x \in R_1, x \in \omega_2) + P(x \in R_2, x \in \omega_1) \tag{3.19}$$

$$P_e = P(\omega_2)\int_{R_1} p(x \mid \omega_2)\mathrm{d}x + P(\omega_1)\int_{R_2} p(x \mid \omega_1)\mathrm{d}x \tag{3.20}$$

在样本 x 的标签是 ω_1、分类器输出为 R_2 的情况下,为分类错误概率,即已知先验和似然的情况下分错的概率,分类损失最小,则分类最优,此时为最大似然估计的情况。

2. 支持向量机（SVM）

支持向量机(Support Vector Machine,SVM)是一种强大的监督学习算法,主要用于分类和回归分析任务。它的核心思想是在特征空间中找到一个最优的超平面,将不同类别的数据点分开。这个超平面不仅能够正确分类训练数据,还能够最大化类别之间的间隔,从而提高模型对新数据的泛化能力。SVM 特别擅长处理高维数据,并且通过使用核技巧,能够有效地解决非线性分类问题。

SVM 的基本原理是在特征空间中寻找一个最优的决策边界(超平面),使得不同类别的样本之间的间隔最大化。对于线性可分的情况,SVM 会找到一个超平面,使得所有数据点都被正确分类,并且超平面到最近数据点的距离(称为间隔)最大,如图 3.6 所示。这些最接近超平面的数据点被称为"支持向量"。对于非线性可分的情况,SVM 引入了软间隔的概念,允许一些数据点被错误分类,同时使用核技巧将数据映射到高维空间,使其在高维空间中线性可分。这种方法让 SVM 能够处理复杂的非线性分类问题。

SVM 的数学表达涉及一个优化问题。给定训练数据 $(\boldsymbol{x}_i, y_i)$,其中 $\boldsymbol{x}_i$ 是特征向量,y_i 是类别标签(± 1)。SVM 的目标函数可以表示为 $\min(\boldsymbol{w}, b)(1/2)\|\boldsymbol{w}\|^2 + C\sum\max(0, 1 - y_i(\boldsymbol{w}^{\mathrm{T}}\boldsymbol{x}_i + b))$ 这里,$\boldsymbol{w}$ 是权重向量,b 是偏置项,C 是正则化参数。第一

项 $\|w\|^2$ 是为了最大化间隔,第二项是损失函数,用于惩罚错误分类。C 参数控制了这两项之间的平衡,较大的 C 值会更注重正确分类每个训练样本,而较小的 C 值会更注重寻找最大间隔超平面。这个优化问题通常通过拉格朗日对偶性转化为更容易求解的形式。

SVM 的主要优点包括:在高维空间中效果好,即使在数据维度大于样本数量时也能有效工作;可以通过核函数处理非线性问题;决策函数只由少量的支持向量决定,计算复杂度不高。然而,SVM 也有一些缺点:对特征缩放敏感,需要仔细进行数据预处理;对参数选择敏感,如正则化参数 C 和核函数参数,需要通过交叉验证等方法进行调优;不直接提供概率估计,需要额外的计算;对大规模数据集的训练时间可能较长。尽管如此,SVM 仍然是许多分类和回归任务的强大工具,特别是在中等规模的数据集上表现出色。

3. K 最近邻(K-Nearest Neighbors,KNN)

该算法是著名的模式识别统计学方法,既是最简单的机器学习算法之一,也是基于实例的学习方法中最基本的方法。其通过计算待分类样本与每个已知类别样本之间的距离,来确定待分类样本的类别。KNN 算法在处理小规模数据时表现出色,因此在工业异常图像分类中应用广泛。

KNN 算法假定所有的实例对应于 N 维欧氏空间 $Ân$ 中的点。通过计算一个点与其他所有点之间的距离,取出与该点最近的 K 个点,然后统计这 K 个点中所属分类比例最大的,则这个点属于该分类。KNN 算法中,所选择的邻居都是已经正确分类的对象。该方法在定类决策上只依据最邻近的一个或者几个样本的类别来决定待分样本所属的类别。该算法涉及 3 个主要因素:实例集、距离或相似的衡量 K 的大小。

如图 3.6 所示,图中有两种类型的样本数据,一类是正方形,另一类是三角形。中间的圆形点是待分类数据。

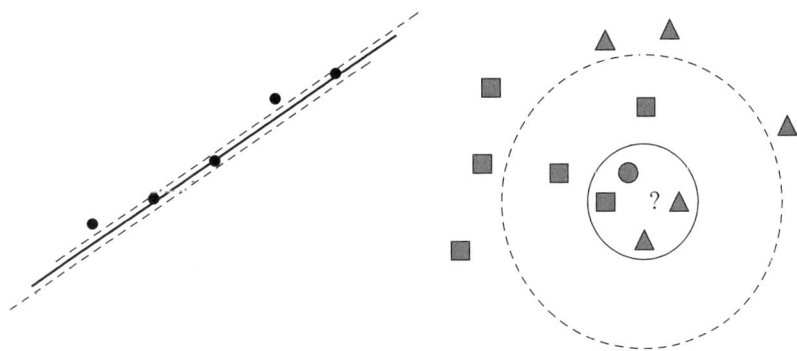

图 3.6　SVM 和 KNN 算法的决策过程

如果 $K=3$,那么离圆形点最近的有 2 个三角形和 1 个正方形,这 3 个点进行投票,于是待分类点就属于三角形。而如果 $K=5$,那么离圆形点最近的有 2 个三角形和 3 个正方形,这 5 个点进行投票,于是待分类点就属于正方形。其原理的流程图及具体算法步骤如下。

(1) 收集、准备数据,提取特征;可从各数据库获取。

(2) 将数据集中大部分数据作为训练数据集,并构建训练样本集合 X,$x_i \in X \in \mathbf{R}^n$,其中,$\mathbf{R}^n$ 为 n 维空间,x_i 为第 i 个样本,$i=1,2,\cdots,N$,余下少部分数据作为测试样本,用于验证训练好的模型。

（3）设定 K 最近邻算法中 K 的初值，K 值的确定目前没有一个统一的方法，一般 K 取奇数。

（4）通过计算距离（一般用欧氏距离公式），在训练样本集 X 中找出与待测样本 x 最邻近的 K 个样本，该 K 个样本点记为 $N_k(x)$。设 x_l^i 表示第 i 个样本的第 1 个特征属性值，$x_i(x_1^i,x_2^i,\cdots,x_n^i)\in \mathbf{R}^n$，则两个样本 x_i 和 x_j 之间的欧氏距离为

$$d(x_i,x_j)=\Big(\sum_{l=1}^n (x_l^i-x_l^j)^2\Big)^{\frac{1}{2}} \qquad (3.21)$$

（5）设 y_i 为 x_i 的类别标签，且 $y_i\in Y=\{c_1,c_2,\cdots,c_k\}$，其中，$c_i$ 为第 i 个类别标签，$x_i\in N_K(x)$，在 $N_K(x)$ 中根据分类规则，确定 x 的类别 y：

$$y=\arg\max_{c_j}\sum_{y_i}I(y_i=c_j),\quad i=1,2,\cdots,N;j=1,2,\cdots,K \qquad (3.22)$$

式中，I 为特征函数，即当 $y_i=c_j$ 时 I 为 1，否则 I 为 0。

（6）改变 K 值后转到步骤（4），计算分类准确率，直到分类准确度较高的 K 值或达到指定循环次数后停止循环。

（7）最后选取误差率最小的 K 值的一次分类结果。

KNN 算法容易受到取值的影响。如果当 K 的取值过小时，一旦有噪声的成分存在将会对预测产生比较大影响，如取 K 值为 1 时，一旦最近的一个点是噪声，那么就会出现偏差，K 值的减小就意味着整体模型变得复杂，容易发生过拟合；如果 K 的值取的过大时，就相当于用较大邻域中的训练实例进行预测，学习的近似误差会增大。这时与输入目标点较远实例也会对预测起作用，使预测发生错误。K 值的增大就意味着整体的模型变得简单；如 $K=N$ 的时候，那么就是取全部的实例，即为取实例中某分类下最多的点，就对预测没有什么实际的意义了；K 的取值尽量要取奇数，以保证在计算结果最后会产生一个较多的类别，如果取偶数可能会产生相等的情况，不利于预测。常用的方法是从 $K=1$ 开始，使用检验集估计分类器的误差率。重复该过程，每次 K 增值 1，允许增加一个近邻以选取产生最小误差率的 K。

3.3.2 基于深度学习的分类方法

随着时代的发展，许多高精尖的制造技术被广泛应用于工业，从而形成了众多种类繁多、特点迥异的工厂生产方式。这便使得工业异常变得更为复杂多样，从而导致针对特定异常的检测方法对未知异常无能为力。同时，与正常数据的频率相比，出现异常的频率较低。

以往基于深度学习的工业异常检测方法多是采用有监督的学习方式，异常样本被视作训练目标；然而，这种常规的有监督深度学习算法不可避免地需要大量手动标记的数据，极大限制了该类方法在实际工业场景中的适用性，且与工业异常情况不可预知、难于归纳的实际问题相悖。工业异常检测与异常检测的主要差别归纳如下。

（1）异常检测这个概念更为宽泛和抽象，工业图像异常检测的重点是检测输入图像中是否存在异常的例子，而工业异常检测则更加注重在像素层面上进行检出的任务。

（2）随着异常像素尺寸的变化，异常和正常样本之间的差异变得越来越小，这使得检测变得更加困难；然而，在异常检测任务中，大多数缺陷的类型都是通过专业的统计和归纳得

出的。

（3）随着技术的进步，具备全监督的深度学习技术已被广泛地运用到许多复杂的视觉任务中，其通过分析缺陷的特性，可以构建出十分准确的异常检测算法，但需要通过收集和标记相关的数据集，进一步提升模型的性能；而在实际情况中，含有缺陷的样本极难获取，因此，在深度学习领域中，无监督及弱监督的设置引起了广泛重视。此类方法大多是对正常样本及少许具备简易标签的异常样本进行建模。

在深度学习的异常检测算法中，我们重点介绍两种异常检测方法：基于无监督的生成式的异常检测模型和基于监督学习的异常分类模型。

1. 基于无监督的生成式的异常检测模型

现有的诸多异常检测方法都是基于生成式模型，最典型的模型之一是自动编码器。该模型包含编码及解码两个模块，编码层将输入的高维数据降维成低维特征，通过映射到潜在空间分布，提取到最有效的特征，而解码器则是将低维特征进行图像重构还原。在异常检测任务中，仅利用正常样本训练得到的自编码器，在测试阶段能够良好地重构正常图像。而对于存在异常的图像，在图像编码以及后续的重构过程中都会与正常图像产生较大的差异，差异的大小即为衡量待测样本异常程度的指标。

自编码器的结构如图 3.7 所示，一般由一个编码器和一个解码器组成，且两者的网络结构一般是对称的。其中，编码器在网络前向传播过程中不断缩小特征图的尺寸，以此来删除冗余的信息。而解码器负责对特征进行解码，得到与输入图像相同大小的图像，通过计算重构前后图像之间的差异来训练网络。在此过程中较为常用的损失函数就是均方误差（Mean Square Error，MSE），MSE 用重构前后图像中所有像素点上的像素值之差的平方均值来衡量图像重构的质量。训练结束后，由于瓶颈结构的存在，对于一些异常区域面积较小的样本，自编码器能够在图像编解码的过程中消除异常区域的影响，重构出一张正常图像作为参考，随后可以通过逐像素比较的方式得到异常区域。下面介绍几种改进的自编码器。

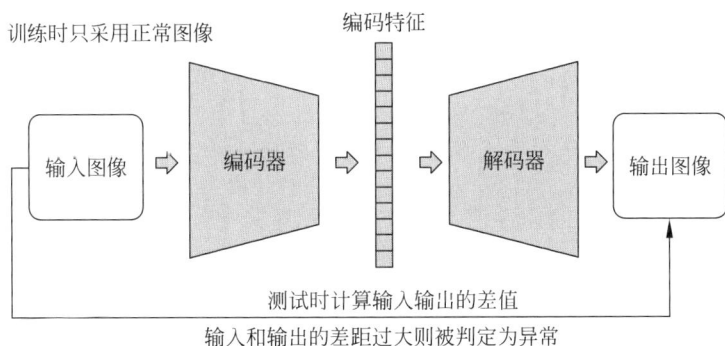

图 3.7　自编码器的一般结构

1）降噪自编码器

降噪自编码器的主要目标是隐层表达对被局部损坏的输入信号的鲁棒性。也就是说，如果一个模型具有足够的鲁棒性，那么，被局部损坏的输入在隐层上的表达应该与没有被破坏的干净输入几乎相同，利用这个隐层表达就完全可以重建干净的输入信号。因此，降噪自编码器通过对干净输入信号加入一些噪声，使干净信号受到局部损坏，产生与

它对应的一个损坏信号,然后将这个损坏信号送入传统自编码器,使其尽量重建一个与干净输入相同的输出,其中损坏输入信号 $\tilde{x}$ 通过一个随机映射从干净输入 x 获得:$\tilde{x} \sim q_D(\tilde{x}|x)$。为了使重建信号与干净信号的误差尽可能小,降噪自编码器的目标就是最小化损失函数

$$J_{\text{DAE}}(\boldsymbol{W}) = \sum E_{\tilde{x} \sim q_D}(\tilde{x} \mid x)[L(\boldsymbol{x}, \boldsymbol{y})] \tag{3.23}$$

综上所述,降噪自编码器通过对输入信号进行损坏,主要是为了达到两个目的:首先是避免使隐层单元学习一个传统自编码器中没有实际意义的恒等函数;其次就是使隐层单元可以学习到一个更加具有鲁棒性的特征表达。因此降噪自编码器最大的优点在于重建信号对输入中的噪声具有一定的鲁棒性;而最大的缺陷在于每次进行网络训练之前,都需要对干净输入信号人为地添加噪声,以获得它的损坏信号,这无形中就增加了该模型的处理时间。

2)稀疏自编码器

自编码器最初提出是基于降维的思想,但是当隐层节点比输入节点多时,自编码器就会失去自动学习样本特征的能力,此时就需要对隐层节点进行一定的约束。与降噪自编码器的出发点一样,高维而稀疏的表达是好的,因此提出对隐层节点进行一些稀疏性的限制。稀疏自编码器就是在传统自编码器的基础上通过增加一些稀疏性约束得到的,这个稀疏性是针对自编码器的隐层神经元而言,通过对隐层神经元的大部分输出进行抑制使网络达到一个稀疏的效果。根据所选激活函数的不同,神经元被抑制的概念有些许区别。如果激活函数为 sigmoid,输出接近 0 表示被抑制;如果激活函数为 tanh,那么神经元被抑制是其输出在 −1 附近。为了实现抑制效果,稀疏自编码器通过对隐层神经元输出的平均激活值进行约束,利用 KL 散度(KL Divergence)迫使其与一个给定的稀疏值相近,并将其作为惩罚项添加到损失函数中,因此,稀疏自编码器的损失函数可表示为

$$J_{\text{SAE}}(W) = \sum (L(\boldsymbol{x}, \boldsymbol{y})) + \beta \sum_{j=1}^{h} \text{KL}(\rho \parallel \hat{\rho}_j) \tag{3.24}$$

其中,$\hat{\rho}_j = \dfrac{1}{m}\sum_{i=1}^{m}(a_j(x_i))$,代表所有训练样本在隐层神经元 j 上的平均激活值,a_j 为隐层神经元 j 上的激活值;$\sum_{j=1}^{h}\text{KL}(\rho \parallel \hat{\rho}_j) = \sum_{j=1}^{h}\left(\rho \log \dfrac{\rho}{\hat{\rho}_j} + (1-\rho)\log \dfrac{1-\rho}{1-\hat{\rho}_j}\right)$;$\beta$ 用于控制稀疏惩罚项的权重,可取 0~1 的任意值;为了达到大部分神经元都被抑制的效果,ρ 一般取接近 0 的值;如果 ρ 取值 0.02,那么通过这个约束,自编码器的每个隐层神经元 j 的平均激活值都会接近 0.02。

使用 KL 散度可以很好地度量两个不同分布之间的差异。当 $\hat{\rho}_j = \rho$ 时,$\text{KL}(\rho \parallel \hat{\rho}_j) = 0$;而当 $\hat{\rho}_j$ 与 ρ 差异较大时,KL 散度会呈现单调增加的规律;因此,为了使 $\hat{\rho}_j$ 与给定的 ρ 尽量相同,采用两者之间 KL 散度作为惩罚项。

如果通过隐层神经元的稀疏表达可以完美重建输入信号,那么说明这些稀疏表达已经包含了输入信号大部分主要特征,可以看作对输入数据的一种简单表示,这样就在保证模型重建精度的基础上,极大地降低了数据的维度,使模型的性能得到了很大的提升。

3) 变分自编码器

介绍变分自编码器原理之前,先介绍两个变量:z 和 x。z 称为隐变量,与传统自编码器的隐层输出非常类似,x 是最后想要生成的数据。假设有一组函数 $f(z;\theta)$ 用于由 z 产生 x,每个函数由 θ 唯一的确定;而变分自编码器的目标就是通过优化 θ,使得在采样为 z 的前提下,最大化 x 最后产生的概率 $P(x)$,利用 $P(x|z;\theta)$ 替代 $f(z;\theta)$,使 x 对 z 的依赖更加明确。根据贝叶斯公式,$P(x)$ 可表示为:

$$P(x) = \int P(x \mid z;\theta)P(z)\mathrm{d}z \tag{3.25}$$

使用优化算法使 $P(x|z;\theta)$ 在某些采样 z 的情况下尽量接近 x,进而最大化 x 的产生概率 $P(x)$。在变分自编码器中,一般选择输出的分布为高斯分布,即 $P(x|z;\theta) = \mathcal{N}(x \mid f(z;\theta),\sigma^2 \times I)$。当然如果训练样本是二值的,也可以选择伯努利分布作为输出分布。

然而想要最大化 $P(x)$ 的前提是必须知道隐变量 z 的分布,这通常是未知的,并且还可能是一个复杂的分布;但是,任何复杂的分布都可以通过对简单分布,比如 $\mathcal{N}(0,I)$,进行一个映射获得,而这个映射可以通过一个神经网络来实现。假设 $f(z;\theta)$ 是一个多层神经网络,那么,该神经网络前几层所要完成的工作就是将一个简单分布映射为隐变量的分布,而后几层则作为生成模型,将隐变量作为输入用来生成数据。基于此思想,为了简化问题,直接令 $P(z) = \mathcal{N}(0,I)$。

变分自编码器关键的问题在于尝试采样可能生成 x 的 z,同时计算 $P(x)$。因此,如果想要实现变分自编码器,首先需要解决的问题就是怎样定义隐变量 z,其次是如何处理隐变量 z 的积分。显然随机选择一个隐变量肯定是行不通的,一个可行的方法就是前面所说的多层神经网络,通过在生成模型前添加一个编码网络,训练一些样本来获得隐变量的分布。因此这里需要引入一个新的函数 $P(z|x)$ 来完成编码网络的功能,通过该函数,模型可以在一个给定的 x 的前提下,获得一个能使最终输出为 x 的关于 z 的分布。

通过 KL 散度使 $Q(z|x)$ 与理想的 $P(z|x)$ 尽量接近,即要最小化式(3.26)

$$\mathcal{D}[Q(z \mid x) \parallel P(z \mid x)] = E_{z \sim Q}[\log Q(z \mid x) - \log P(z \mid x)] \tag{3.26}$$

使用贝叶斯公式将 $P(z|x)$ 展开,进一步推导出变分自编码器的核心公式

$$\log P(x) - \mathcal{D}[Q(z \mid x) \parallel P(z \mid x)] = $$
$$E_{z \sim Q}[\log(P(x \mid z)] - \mathcal{D}[Q(z \mid x) \parallel P(z)] \tag{3.27}$$

由于变分自编码器最终的目标是最大化 $P(x)$ 以及最小化 $\mathcal{D}[Q(z|x) \parallel P(z|x)]$,因此变分自编码器的目标函数为

$$J_{\mathrm{VAE}} = E_{z \sim Q}[\log P(x \mid z)] - \mathcal{D}[Q(z \mid x) \parallel P(z)] \tag{3.28}$$

最后,通过反向传播算法快速训练,生成与训练数据相似的输出。

2. 基于监督学习的异常分类模型

在异常检测的广阔领域中,基于分类的方法占据了重要的地位。这些方法的核心思想是通过学习正常样本和异常样本之间的决策边界来识别异常。随着深度学习技术的迅速发展,这些方法获得了新的生命力,能够处理更复杂、高维的数据,并在各种实际应用中展现出优异的性能。本章将深入探讨几种主要的基于深度学习的分类异常检测技术。通过本章的学习,读者将能够理解这些技术的内在机制,并能够在面对具体的异常检测问题时,选择最适合的方法。

1）基本的异常分类流程

异常分类方法和普通分类算法一致，都可以通过基本的分类模型进行训练来达到分类的效果，如常见的 ResNet、VGG 等方法。但实际上大部分的异常检测并不需要详细地对异常的种类进行分类，因此通常进行二分类即可，即区分输入的图像是否存在异常，具体流程如图 3.8 所示。当然，在这种模式下，也可以直接用训练好的特征提取器进行提取，并直接训练分类器来节省训练额外数据的时间。另外一种异常的分类方法则是通过对异常进行定位后，再对异常区域的图像进行分类，这种情况与目标检测任务较为相似。总之，异常检测通常是只需要进行二分类，因此分类流程则基本包括特征提取和分类两个流程。下面我们将介绍一些常见的异常分类方法。

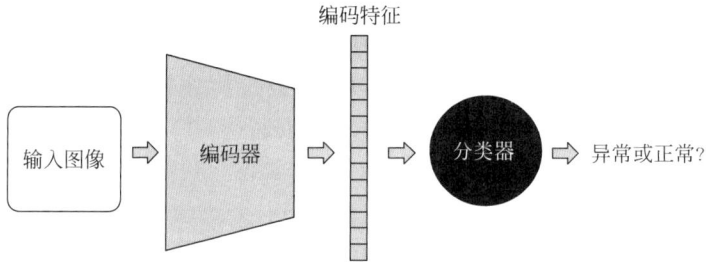

图 3.8　异常图像分类模式

2）基于特征提取的异常分类方法

One-Class Support Vector Machine（One-Class SVM）是一种经典的异常检测算法，它的基本原理是在特征空间中找到一个超平面，将大多数正常样本与原点分开。传统的 One-Class SVM 在处理低维数据时表现良好，但在面对高维、复杂的数据时通常会遇到困难。为了克服这一限制，研究者提出了将 One-Class SVM 与深度学习技术结合的方法。这种结合利用了深度神经网络强大的特征提取能力，为 One-Class SVM 提供了更有意义的特征表示。具体来说，我们可以使用预训练的深度网络（如 VGG 或 ResNet）来提取特征，然后将这些特征输入 One-Class SVM 中进行异常检测。更进一步，研究者们还提出了端到端可训练的深度 One-Class SVM 模型。这种模型将特征提取和 One-Class SVM 的决策过程整合到一个统一的框架中，允许整个模型通过反向传播进行联合优化，这种方法不仅提高了模型的性能，还增强了其适应性，使其能够针对特定的异常检测任务学习最优的特征表示。当然，将 SVM 替换为可训练的分类器同样可以完成异常检测的分类。具体来说这类分类技术仍然需要使用特征提取，但分类的类别只需要真对是否正常；因此采用特征编码器对特征进行映射后，可以通过分类边界来对图像进行针对分类。而分类器的选择较为多样，可以利用传统的 SVM 以及其他分类器进行分类，可以实现异常类别的剔除，另外采用深度学习的深度分类技术则可以变为端对端的训练模式，这类模式和常见的分类一致。

3）两阶段异常检测：定位与分类

两阶段异常检测方法是一种强大而灵活的框架，如图 3.9 所示，它将异常检测任务分解为两个连续的步骤：异常定位和异常分类。

（1）第一阶段：异常定位第一阶段的目标是快速找出可能的异常，这个阶段通常使用无监督或半监督的方法，因为在实际情况中，我们往往有大量的正常数据，但异常数据可能很少或根本没有。

基于重构的方法：想象你有一台神奇的照相机，它只能拍摄正常的景象。当你用这台相机去拍摄一个场景时，如果拍出来的照片和实际场景差别很大，那么这个场景可能就是异常的。在机器学习中，我们使用"自编码器"来实现这个想法。自编码器学习如何"压缩"正常数据，然后再"还原"。这种模式与自动编码器的异常检测方式较为一致，通过对比重构图像，我们可以快速定位异常的位置，从而可以进行下一步的异常分类。

基于密度估计的方法：这就像是画一张地图，标记出正常数据经常出现的"地方"。如果

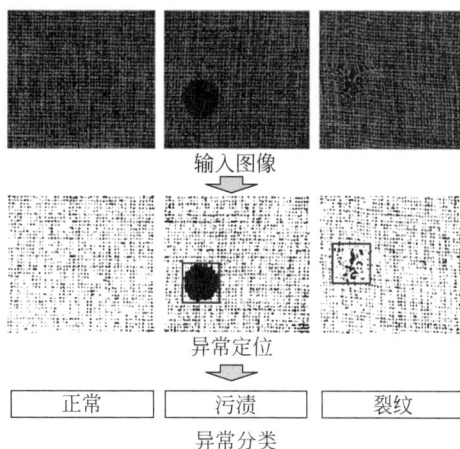

图 3.9　两阶段异常检测方法

新的数据点落在地图上很少有数据的地方，那它可能就是异常的。在技术上，我们可能会使用高斯混合模型（Gaussian Mixture Model，GMM）或核密度估计（Kernel Density Estimation，KDE）来实现这个想法。

基于 One-Class 的方法：这种方法试图给所有正常数据画一个"包围圈"。任何落在这个圈外的数据都被视为异常。一个典型的方法是 Deep SVDD（深度支持向量数据描述），它学习将正常数据映射到特征空间中的一个紧凑球体内。在实际应用中，选择哪种方法往往取决于具体问题和数据的特性。例如，对于图像数据，基于重构的方法可能更有效；而对于多维数值数据，基于密度估计的方法可能更合适。

（2）第二阶段：异常分类一旦在第一阶段发现了可能的异常，下一步就是要判断这是什么类型的异常。这个阶段通常使用监督学习方法，因为我们需要对不同类型的异常进行区分。以下是几种常用的方法。

深度神经网络分类器：通过观察异常的各种特征来判断具体是什么问题。根据数据的不同，我们可能会选择不同的网络结构：对于图像数据，我们可能会使用卷积神经网络（CNN），CNN 很擅长捕捉图像中的空间特征；对于时间序列数据，如传感器数据，我们可能会选择循环神经网络（Recurrent Neural Network，RNN）或长短期记忆网络（Long Short-Term Memory，LSTM）。这些网络善于处理序列数据，能够捕捉时间上的依赖关系。

少样本学习方法：在某些情况下，某些类型的异常可能只有很少的样本，这时我们可以使用少样本学习方法。这就像是根据几个例子就能快速理解一个新概念的能力。在技术上，我们可能会使用原型网络或关系网络等方法。

选择哪种方法同样取决于具体问题。例如，如果有大量的标记数据，深度神经网络分类器可能会表现得很好；如果某些异常类型的样本很少，少样本学习可能会更合适。

3.3.3　异常检测与分类模型的评价指标

在评价异常图像分类技术时，通常会考虑以下几个指标。

（1）精确度（Accuracy）：分类器对于所有样本的分类正确率。计算公式如下：

$$Accuracy = \frac{TP + TN}{TP + TN + FP + FN} \tag{3.29}$$

其中,TP 表示真正例,FN 表示假反例,FP 表示假正例,TN 表示真反例。

（2）召回率（Recall）：分类器对于所有正例样本的分类正确率。计算公式如下：

$$Recall = \frac{TP}{TP + FN} \tag{3.30}$$

其中,TP 表示真正例,FN 表示假反例。

（3）精确度（Precision）：分类器对于所有被分类为正例的样本中,真正的正例样本的比例。计算公式如下：

$$Precision = \frac{TP}{TP + FP} \tag{3.31}$$

其中,TP 表示真正例,FP 表示假正例。

（4）F1 分数（F1 Score）：召回率和精确度的综合分数,被用于量化分类器的整体表现。计算公式如下：

$$F1 \ Score = 2 \times \frac{Precision \times Recall}{Precision + Recall} \tag{3.32}$$

除此之外,还有一些额外的指标,如 ROC 曲线、AUC 等,用于衡量分类器的性能。在实际应用中,还会关注误检率（False Positive Rate,FPR）与漏检率（False Negatives Rate,FNR）,它们用来衡量方法的不足之处,以帮助后续的改进,计算式如式（3.33）。

$$FPR = \frac{FP}{FP + TN}, \quad FNR = \frac{FN}{FN + TP} \tag{3.33}$$

使用式（3.33）需要事先设置分类阈值。如果阈值的设置偏差较大,评估的结果将与实际性能差异较大。与阈值无关的指标不仅可以避免因阈值设置不当而导致评价偏差,而且可以更加全面地评价模型,帮助找到最优的工作点。这类方法设置一系列阈值,评价两个指标在不同阈值下的关系变化曲线。在工业异常图像的分类任务中,常用的曲线有两种：PR 曲线（Precision-Recall Curve）描述了精确率和召回率的关系；ROC 曲线（Receiver Operator Characteristic Curve）描述了 TPR 与 FPR 的关系；通常采用曲线下面积（Area Under Curve,AUC）来度量相应曲线指标所描述的性能。

3.4 工业异常图像分类的应用案例

电子元器件是现代工业和消费电子产品的核心组成部分。随着电子设备日益小型化和复杂化,对元器件质量的要求也越来越高。传统的人工检测方法已经难以满足现代生产的需求,因此,基于机器学习和深度学习的自动异常检测技术应运而生。这些技术不仅能够提高检测效率和准确性,还能够识别人眼难以察觉的微小缺陷。在此我们介绍一种关于玻璃基板异常缺陷检测的实际应用。

3.4.1 手机盖板玻璃异常检测应用

1. 手机盖板玻璃异常检测概述

盖板玻璃是一层经特殊加强处理的玻璃,被黏附在显示屏面板表面起保护作用。固态光学胶是显示屏行业应用最广泛的胶粘剂,具有高透光性(透光率>99%)、抗紫外线、高黏性和厚度易控制等优点。在模组液态光学胶(Optically Clear Adhesive,OCA)贴合工艺中,首先将OCA贴合至盖板玻璃(Cover Glass,CG)上,俗称"软贴硬",再将半成品带胶的一面贴至液晶面板(Thin-Film Transistor Liquid Crystal Display,TFT-LCD)上,俗称"硬贴硬",最终产品流入后段产线,等待与其他模组进行贴合,全贴合的屏幕成品内部黏合紧密,不易进入异物,镜面反射量更少,在强光下显示对比度更高,同时具有更薄的厚度,但技术难度较大,良品率较使用半贴合方式低。

在贴合工艺流程中,产品的制程和结构决定了待检产品中可能存在两类异物。一类是原料来料异物,产生于显示面板生产线中贴合工艺的上游,包含环境落尘造成的CG保护膜表面异物、重膜表面异物和CG保护膜与CG的夹层异物;另一类是贴合制程异物,产生于软贴硬工艺中,是环境异物造成的CG与OCA夹层异物。OCA贴合工艺流程如图3.10所示。

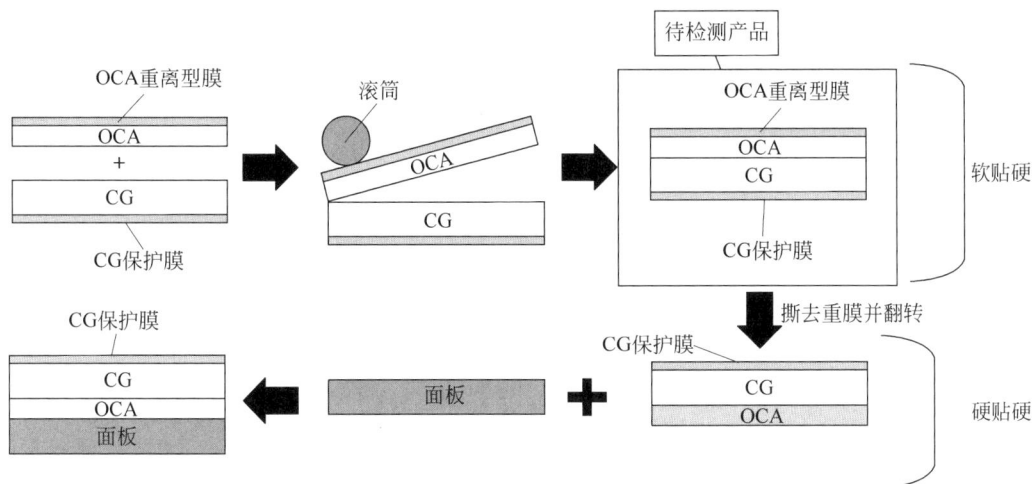

图3.10　模组OCA贴合工艺流程

原料来料异物存在于CG保护膜或重膜上,如图3.11所示,两者均属于制程膜。因为重膜在后续的"硬贴硬"工艺之前会被撕去,CG保护膜处的异物也可由手机用户连同保护膜去除,所以含原料来料异物的产品可以在生产线继续后流。含贴合制程异物属于制程不良品,会导致显示屏成品成像暗点、黑点等显示异常,如果能够及时检出抛料并返工处理将有效减少制程损失,降低生产成本。因此本设备需要实现对CG和OCA贴合后产品进行异物的拍照分层识别,能够将贴合制程异物与原料来料异物准确分类。

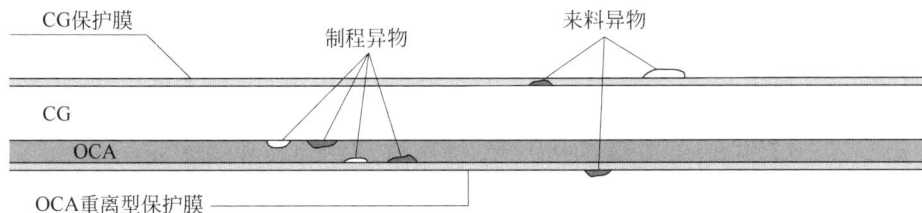

图3.11　含夹层异物待检产品侧面示意图

2. 夹层异物检测硬件选型

由于待检产品的四层结构均具有较高透光性,为了算法能够准确检测出不同种类的夹层异物,硬件平台的搭建需要对设备合适选型,特别是对相机、光源、镜头和计算机等成像平台进行选型,以满足检测的成像需求,提高整个系统对夹层异物识别的准确率。如图 3.12 为相机成像原理图。

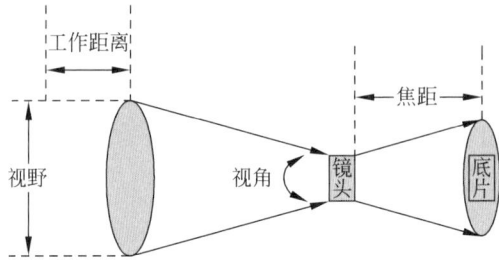

图 3.12   相机成像原理图

光源对整个夹层异物检测来说是非常重要的,本文设计的夹层异物检测系统对产品图像进行处理和识别,所有的异物定位和分类依据均来自采集到的原始图像,因此,产品图像的质量是系统功能实现的关键所在。在夹层异物检测系统中,光源选择的正确与否严重影响到相机拍摄到的产品原始图像的质量。如果选用的光源不合适或者光照方式不正确,就会造成盖板玻璃图像上存在倒影、反光,目标异物成像不清晰甚至不成像;而合适型号的光源和合理的打光方式可以让各层间异物尤其是 CG 与 OCA 夹层异物清晰成像,并且产品原始图像中能够包含将原料来料异物和制程异物精准分类的特征信息。在光源的选型上,我们期待能够获得图像背景干扰少的产品图像,同时,产品中异物尤其是制程异物的成像对比度明显,为后续的检出与分类提供可靠的基础,提升整个系统对夹层异物识别的准确率。

1)硬件设备工作流程

如图 3.13 所示,左图为设备三维设计图,右图为实物图,与设计图双工位不同的是,demo 机实物图暂时只安装了单工位设备。

整个系统的流程主要分为相机标定、CG 与 OCA 夹层异物检测和 CG 与 OCA 贴合精度检测 3 个部分。工作流程图如图 3.14 所示。

相机标定部分主要完成对工业相机的畸变参数与位姿参数标定,获取畸变参数可以减少相机畸变,获取相机位姿参数后通过相机顶部设有的 X、Y、θ 三轴运动机构让同一工位上下两个相机达到取图一致性。标定完成后同一工位的两个相机对产品的拍图无畸变,且任一个相机所拍图像经水平翻转后能够与另一相机所拍图像在像素级上重合,即产品同一位置的正反两面在两个相机所拍图像上的 15 像素坐标相同。与每一次产品的检测过程中都需要进入夹层异物检测和贴合精度检测程序不同的是,只需在开机、设备遭震动和硬件调校后,等相机既定标定定位被干扰,进而影响后续检出时,进入相机标定程序。

CG 与 OCA 夹层异物检测部分需要对产品拍照 3 张不同相机与光源组合的图像,分别是正面相机背面光源图像 $I0$、正面相机正面光源图像 $I1$ 和背面相机背面光源图像 $I2$。图像 $I0$ 中所有异物能够清晰成像,且对比度强,可用做所有异物的边缘和连通域信息提取,同时该图像屏体区域与其他区域成像差异明显,也被用做感兴趣区域提取。图像 $I1$ 中的信息能够将 CG 保护膜上和 CG 保护膜下异物与其他异物分类。图像 $I2$ 中的信息能够将重膜表面异物与其他异物分类。以区域的思想看待图像,将系统需要检出的 CG 与夹层异物在图像上的区域定义成 S,将待检产品在图像 $I0$ 中显示所有异物存在的区域定义为 D,

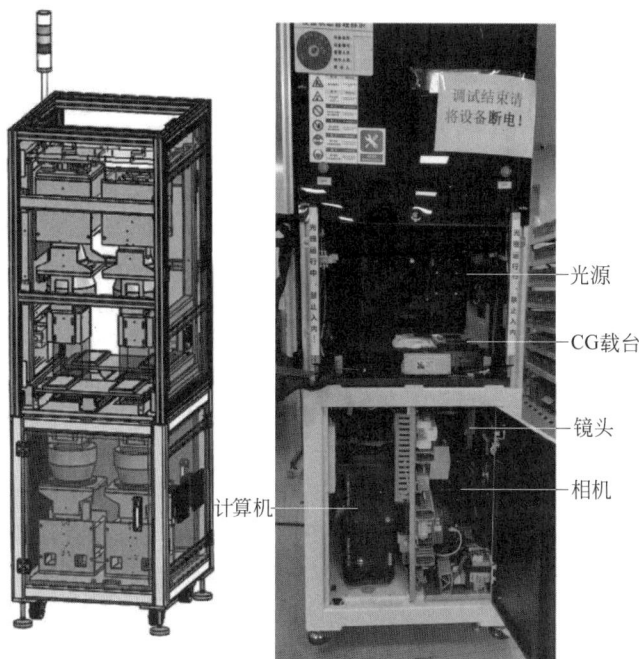

图 3.13　设备设计图(左)和实物图(右)

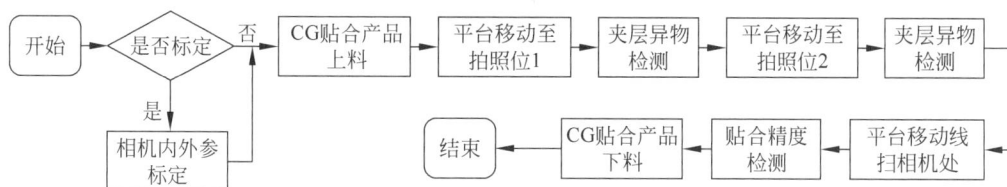

图 3.14　异常检测工作流程图

图像 $I1$ 中区分出膜上、膜下异物的区域 $D0$、$D1$,图像 $I2$ 中区分出重膜异物区域 $D2$,则本文的夹层异物检测算法流程可以通过 $S=D-D0-D1-D2$ 来描述。

2) 异物区域的背景估计

在一张灰度图像中,相比较图像的绝对灰度值,人眼视觉系统对区域灰度的局部变化更加关注和敏感,对比度变化也更容易引起人眼视觉系统的响应。在过去的研究中有学者提出了背景重建的方法,将原图与重构后的背景图相减获取缺陷图像,这样能够有效消除图像上局部变换缓慢的不均匀性,从而提高缺陷分割的准确率。

在本节中我们设计了一种改进的快速异物区域背景重建算法。同一时刻只有一个光源打开时所有相机拍照,这样有一张正面光图像和一张背面光图像,其中背面光图像中背景区域与异物区域有较大的差异所以被用来异物区域分割。异物区域已知后,为一步减少区域边缘元素对背景重建的影响,将图 3.15(d)中异物区域膨胀成图 3.15(e)后再求取子块内其他区域像素值均值,最后将子块内异物区域中所有像素的像素值新设为求取的均值。在图 3.15(f)和图 3.15(g)中,为了验证该算法背景重建的精度,测试阶段将子块内其他区域的像素值都设为均值,通过获取实际背景区域中的背景重建效果就能推测出异物区域中的背景重建效果,验证结果如图 3.16、图 3.17 和图 3.18 所示。

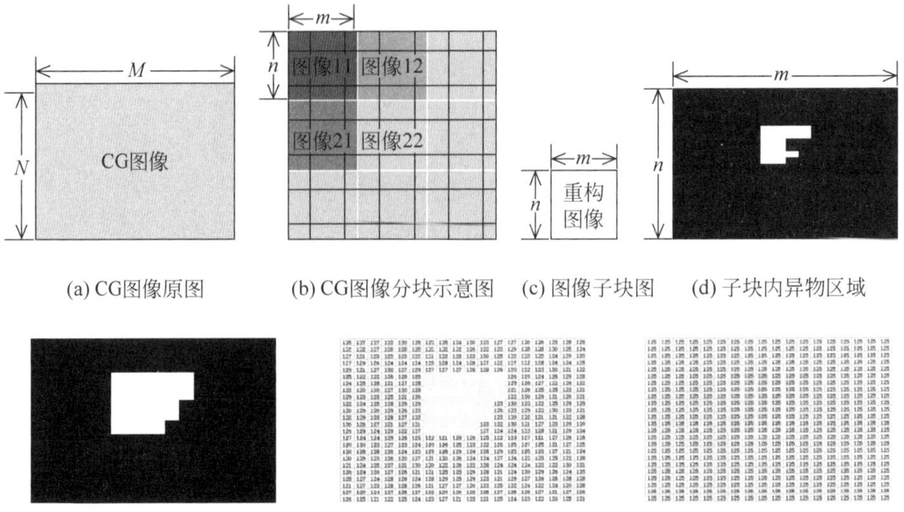

(a) CG图像原图　(b) CG图像分块示意图　(c) 图像子块图　(d) 子块内异物区域

(e) 子块内异物区域经膨胀图　(f) 子块内非异物区域灰度值图　(g) 子块内背景重构图

图 3.15　异物区域背景重建示意图

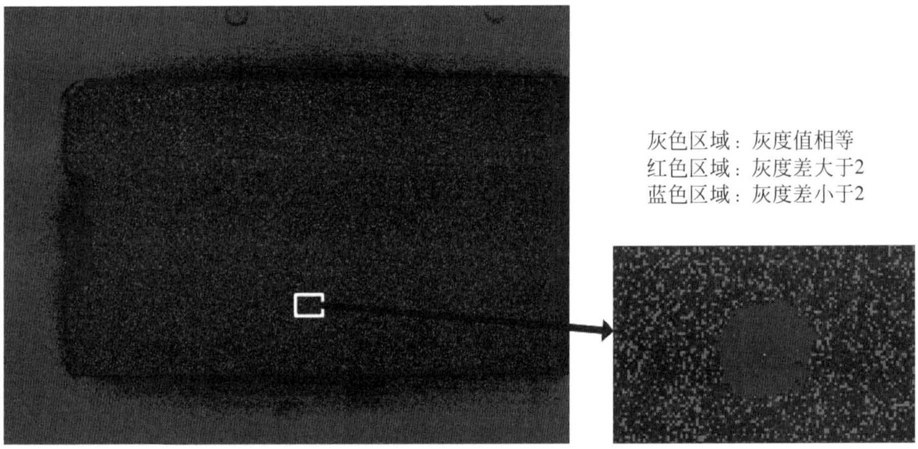

灰色区域：灰度值相等
红色区域：灰度差大于2
蓝色区域：灰度差小于2

图 3.16　重建背景图与原图灰度差大于 2 的区域

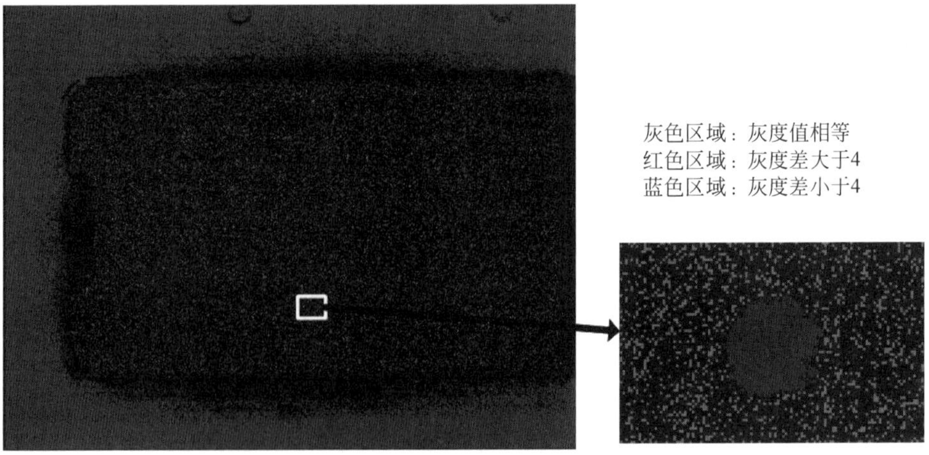

灰色区域：灰度值相等
红色区域：灰度差大于4
蓝色区域：灰度差小于4

图 3.17　重建背景图与原图灰度差大于 4 的区域

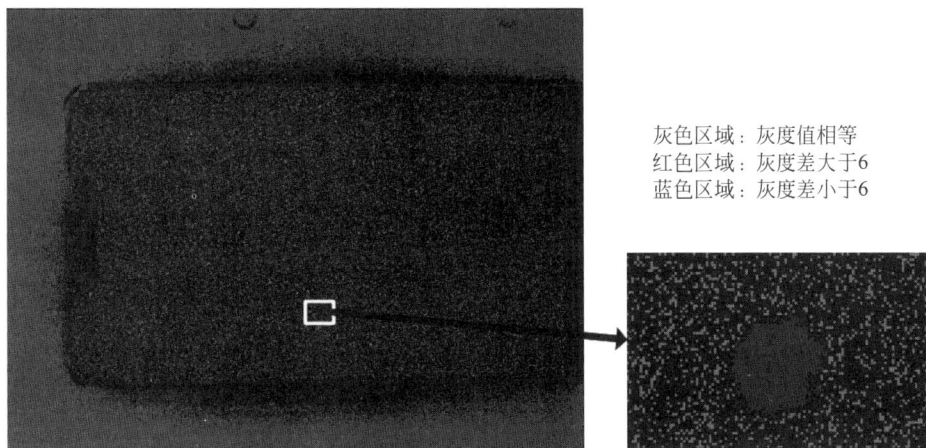

灰色区域：灰度值相等
红色区域：灰度差大于6
蓝色区域：灰度差小于6

图 3.18　重建背景图与原图灰度差大于 6 的区域

对应图中结果，计算全图中重建背景图像与原始背景区域图像像素差等于 0、小于 2、小于 4 和小于 6 的部分在 ROI 区域中分别占比 10.39％、48.11％、75.40％和 91.62％，重建背景全图与原图像之间像素值差值的均方误差为 2.96，重建背景图像在背景区域处基本接近原始图像，可以说明异物区域处背景图像重建误差较小，能够用于统计后续异物所处层间位置判定的信息。

3）基于背景重构的夹层异物检测算法

获取异物区域位置和重建出异物区域内背景图像后，还需要对异物进行分类，便于产品的后续流出决策。为了实现对不同类型的异物准确分类，首先要对异物信息进行特征量化，再根据特征区分异物种类和层间位置；统计完异物区域的各特征信息后，需要进一步判定异物的种类和层间位置，本书认为先确定异物种类有助于层间位置的判定，所以两者的判定具有先后顺序。本书采用支持向量机（Support Vector Machine，SVM）对待检产品中所有异物进行分类。SVM 是一种基于统计学习的二分类方法，该方法会获取一个超平面作为分类面使得两类特征点与分类面的最小距离之和最大，此时认为分类面的可信度是最大的。SVM 对非线性分类问题和多维度问题解决效果好，很符合本系统分类需求，所以被用来对 CG 产品中异物种类和层间位置分类。

图 3.19 是异物种类和层间位置判断流程图。本文采用决策树的方式对异物进行多分类，建立了 8 个 SVM 分类器，SVM1、SVM5 至 SVM8 共 5 个分类器对异物的层间位置进行判定，另外的 SVM2 到 SVM4 共 3 个分类器对异物种类进行分类。本系统首先通过 SVM1 分类器对异物重心和环形特征分析判定是否为 CG 上保护膜下表面处异物，因为只有 CG 上保护膜与 CG 之间的异物才会产生环形气泡，所以该分类器可以判定异物是否是存在于当层结构中；SVM2 分类器通过分析异物面积特征将异物分为面积小的点状异物和面积大的线状、块状异物；SVM3 分类器通过分析异物区域内对比度均值特征将点状异物分类成对比度大、成像特别明显的油墨类异物和对比度较小、成像较明显的碎屑类异物两类；SVM4 分类器通过分析长宽比特征将面积较大的异物分为线状异物和块状脏污两类；SVM5 到 SVM8 都是通过分析在两张正面光图像中异物的对比度均值、对比度最小值和最大值、对比度方差获取异物的层间位置，前面的工作已经将异物种类分成了环状气泡类（即

CG 上保护膜与 CG 夹层间异物)、油墨类、碎屑类、线状类和沾污类 5 种,后 4 种异物的判断依据均是异物自身特性而不是所处层间位置,故需对这 4 种分别各设一个分类器进行异物所处层间位置判断。

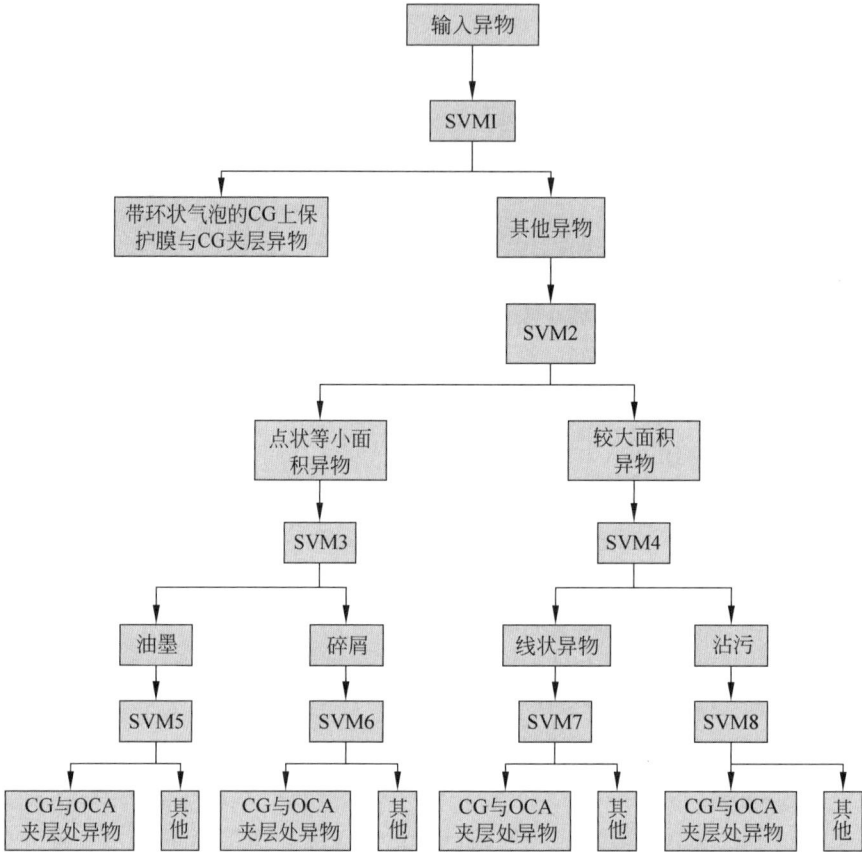

图 3.19　基于 SVM 的 CG 内异物种类与层间位置判断流程图

本节介绍了 CG 内异物层间位置判定,提出了一种改进的基于背景重建的夹层异物检测算法,经验证该算法背景重建效果良好,满足后续检测需求。同时结合连通域信息量化每个异物的特征信息,选择 SVM 和决策树对异物种类与层间位置进行判断,在实际检测产线中实现了精确的异物检测,漏检率仅为 0.3%。

3.4.2　电力场景应用

随着电力系统的复杂性增加,电力设备的智能监测和故障诊断成为保障电网安全运行的重要手段。工业视觉异常图像分类技术在这一领域得到了广泛应用,通过分析电力设备的图像数据,可以有效识别设备的状态和潜在故障。本节将介绍工业视觉异常图像分类技术在电力场景中的具体应用,重点分析其在实际应用中的方法和技术改进。

在电力场景中,图像分类的应用涵盖了电力设备的故障检测、输电线路的状态监测和电力施工现场的安全监控。由于电力环境的复杂性,这些应用面临诸多挑战,如背景复杂、目标多样性和数据分布不均衡等。因此,研究者们针对这些挑战,开发了多种改进方法,以提高图像分类的准确性和效率。

1. 电力设备红外图像分类

红外热像检测是目前电力设备故障诊断的主要手段,通过对电力设备的热感成像,可以直观地反映电力设备温度分布情况。在对一个变电站进行红外测温时,会获得数以万张红外图像。由于不同类别的电力设备温度特性不同,收集的红外图像需要分类,以便针对不同电力设备进行温度分析,判断是否存在过热等异常情况。

1）数据采集

在电力设备红外图像分类中,数据采集是至关重要的第一步。通过使用无人机或地面设备搭载的红外热像仪,对变电站或输电线路的关键电力设备进行扫描,获取大量的红外图像。无人机常被用于大范围的采集,而地面手持设备则适合细致检查。为确保设备的运行安全,采集频率通常根据设备的工作状态和外部环境调整,通常会安排定期巡检,尤其是在负荷较大的夏冬季节或恶劣天气前后。

2）模型选择

由于故障诊断的实时性要求,电力设备红外图像分类通常基于一些轻量级网络,如改进了经典的轻量级网络 MobileNetV2。轻量级网络通过轻量化的结构高效、快速地提取目标图像的特征,利用构建的损失函数训练分类网络,在固定的训练轮次或者手动终止训练后保存的权重,用于电力设备红外图像的精准分类。

3）分类的电力设备

如图 3.20 所示,在电力系统的红外图像分类中,识别不同类型的电力设备并进行分类,不仅可以帮助发现设备的温度异常,还能根据设备的特性和功能,针对性地进行维护和检修。以下是常见的电力设备分类及其作用的详细说明。

110kV 避雷器:110kV 避雷器通常用于中压变电站和输电线路中,确保电力系统的稳定运行。对避雷器的温度监测可以及时发现其内部是否有过热现象,防止性能下降或失效,如图 3.20(a)所示。

220kV 避雷器:220kV 避雷器用于更高电压的输电系统。由于承受更大的电压负荷,其温度监控尤为重要,能够及时发现是否存在内部过热或绝缘老化问题,从而避免因避雷器故障导致的大范围停电,如图 3.20(b)所示。

110kV 电流互感器:电流互感器将高压线路中的电流按比例缩小,使电流测量仪表能够安全地测量实际电流值。110 kV 电流互感器广泛应用于中压电网,对其进行红外温度监测,能够帮助发现设备是否因负荷过大或内部故障引起过热。

220kV 电流互感器:220kV 电流互感器用于高压输电系统,适用于更高的电流。其红外温度监测可以帮助检测设备是否承受了过大的电流,或是否存在绝缘失效、内部线圈短路等故障,如图 3.20(c)所示。

(a) 110kV避雷器　　　　(b) 220kV避雷器　　　　(c) 220kV电流互感器

图 3.20　变电站常见电力设备红外图像

分类这些设备不仅能够帮助监控每个设备的运行状态,还能根据其不同的功能,采用针对性的维护策略。例如,避雷器主要监控其内部过热,电流互感器监控电流过载,隔离开关则侧重于监控接触状态。通过分类和监控这些关键设备,能够及时发现潜在的故障隐患,确保电力系统的安全稳定运行。

2. 输电线路覆冰图像分类

复杂的地理环境和恶劣的气候条件(如冰雪天气)对电网的安全运行构成威胁。而无人机巡检在国内外电网中广泛应用,具备高效、安全、灵活的优势,通过无人机采集电力线路图像数据,对覆冰状态进行分类,成为现代电网维护的重要手段。

1) 数据采集

无人机搭载全景相机、激光雷达等数据采集传感器,可以快速覆盖广泛区域,显著减少数据采集时间。高效的覆冰检测根据所采集的数据迅速做出是否需要除冰处理的判断预警,如图 3.21 所示,如若覆冰厚度需要立即处理,则进一步利用无人机悬挂除冰棒通过敲击碰撞覆冰的电力线来去除过厚的覆冰,避免供电中断,甚至电力系统瘫痪。

(a) 覆冰导致电线断裂　　　　　　　(b) 覆冰导致杆塔倒塌

图 3.21　覆冰导致的电力故障

2) 图像特征分析

覆冰图像的特点主要包括:背景复杂多变,因输电线路架设环境多样且背景植被颜色随季节变化;光照不均,由于光源变化和摄像机安装角度不同,导致光线复杂;透视变换,由于拍摄角度不固定,覆冰图像存在透视畸变。一般情况下,输电线路覆冰图像分类往往基于是否覆冰、覆冰类型等因素进行。例如,雪和霜凇由于密度较小且易受风力影响,不易在线路上堆积,因而对线路的影响较小;例如,常见的几种图像分类类别包括:雨凇、混合凇、雾凇、裸线路和无线路等。

3) 覆冰类型分类

通过区分覆冰图像的类型(如雨凇、混合凇、雾凇等),如图 3.22 所示,可以准确评估覆冰的严重程度,从而为检修人员提供科学的决策依据。不同类型的覆冰具有不同的物理特性和对电力线路的影响,例如雨凇密度大且附着力强,可能导致线路负载过重并引发安全隐患;而混合凇和雾凇的影响则相对较小。通过覆冰分类,能够快速判断线路是否需要立即进行除冰处理,避免因覆冰导致的供电中断或电力系统瘫痪。这种精确的分类与判断大大提高了电力系统的稳定性和可靠性,确保了电网的安全运行。

3. 电力施工现场安全状态分类

电力施工现场由于其复杂的作业环境和高风险的操作要求,对施工人员的安全状态提出了严格的要求。为了有效预防安全事故的发生,对施工人员的图像进行分类,识别他们的安全状态成为了一个重要的研究方向。基于图像的安全状态分类可以为安全管理人员

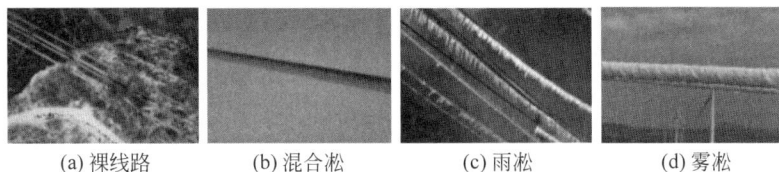

| (a) 裸线路 | (b) 混合凇 | (c) 雨凇 | (d) 雾凇 |

图 3.22　覆冰图像分类

提供及时有效的预警,确保施工现场的安全运行。

1)面临的挑战

电力施工现场的图像分类面临多种挑战。首先,施工现场环境复杂多变,不同的施工场地和天气条件会导致背景变化多样,增加了图像分类的难度;其次,光照条件的不均一性也会影响图像的质量和分类的准确性;此外,施工人员在操作过程中会有各种姿态和动作,导致图像中存在较大的透视变换,给分类模型带来一定的挑战,如图 3.23 所示;最后,不同类别之间的差异可能较小,尤其是在异常行为和合规施工之间的区分上,需要更加精确的特征提取和分类算法。

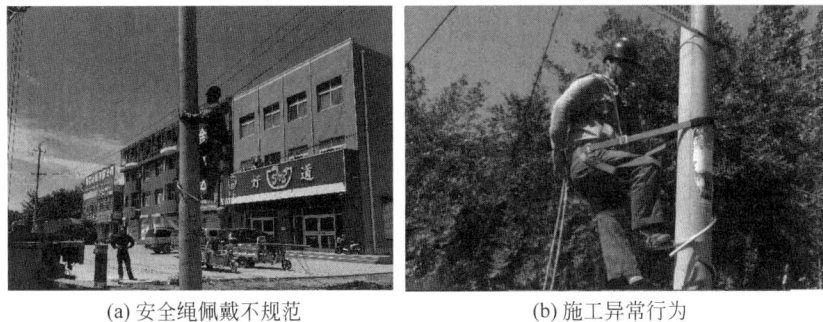

| (a) 安全绳佩戴不规范 | (b) 施工异常行为 |

图 3.23　电力施工场景图像分类

2)图像分类技术

针对电力施工现场的图像分类,通常采用深度学习技术,特别是卷积神经网络(CNN)来进行自动化的安全状态检测。通过训练大量的施工人员图像数据,分类模型可以识别未佩戴安全帽和未正确佩戴安全绳、异常行为和合规施工等不同的安全状态。此外,结合其他传感器数据,如深度传感器和红外成像,可以进一步提高分类的准确性和鲁棒性。实时监控系统可以将分类结果与安全管理系统对接,及时发出警报并记录违规行为。

3)分类意义

通过对电力施工现场安全状态的图像分类,可以大幅提升施工现场的安全管理水平。准确识别施工人员的不安全行为,如未佩戴安全帽或未正确佩戴安全绳,可以及时预防潜在的安全事故,减少人员伤亡和财产损失。同时,分类结果还可以作为施工管理的依据,为制定更加严格和规范的安全管理措施提供数据支持。此外,自动化的图像分类系统可以减少人工监控的负担,提高安全管理的效率,确保电力施工现场的安全与稳定。

3.5　本章小结

　　本章全面系统地探讨了工业视觉异常图像分类的关键技术和方法,涵盖了从基础图像处理到高级机器学习算法的整个技术谱系。首先,在图像预处理方面,详细介绍了灰度变换、二值化、图像去噪与滤波等基础关键的技术。这些技术为后续的特征提取和分类奠定了重要基础,包括线性变换、自适应阈值法、均值滤波、中值滤波、高斯滤波等多种方法,每种方法都有其特定的应用场景和优势。

　　在图像增强技术方面,本章深入探讨了直方图均衡化、对比度拉伸、傅里叶谱增强和Retinex算法等先进方法,这些技术能够有效提升图像质量,为异常检测提供更可靠的输入数据。特征提取部分涵盖了传统方法和现代深度学习方法。传统方法包括边缘检测(如Sobel、Canny、LoG算子)、角点检测(如Harris、FAST、SIFT)、纹理特征(如GLCM)和颜色特征(如颜色直方图、颜色矩)等。深度学习方法则主要聚焦于卷积神经网络(CNN)和迁移学习,这些方法能够自动学习复杂的特征表示,大大提高了特征提取的效率和效果。

　　本章还详细讨论了工业异常图像分类的核心算法,包括基于统计学习的方法(如贝叶斯分类器、SVM、KNN)和基于深度学习的方法(如自编码器、GAN)。这些方法各有特点,适用于不同的应用场景和数据条件。最后本章列举了一个实际工业检测中的实例来方便读者进行技术实现和应用上的理解,详细介绍了一些异常检测在实际应用中的关键步骤。

　　总的来说,本章内容结合实际应用,探讨了最新的深度学习技术。通过系统性地讨论工业视觉异常检测的各个环节,提供了一个全面、深入且实用的技术概览,同时也指出了未来研究的重要方向,如提高模型可解释性、增强小样本学习能力、提高计算效率等。

3.6　思考与习题

　　1. 思考异常检测关于理论的关键技术,为什么异常检测可以通过对关键的正常数据进行建模就可以完成对未知异常的检测。

　　2. 思考关于异常特征的提取在异常检测中的重要性,异常定位的原理是什么?

　　3. 思考异常分类和正常分类技术的异同。

　　4. 实现本章中所提到的传统特征提取方法,并思考如何利用传统的特征提取技术实现异常样本的分类与检测。

　　5. 实现一个简单的基于深度学习的异常检测算法,并对比采用不同编码器得到不同结构的差异性。

第 **4** 章

工业视觉图像分割

本章主要围绕图像分割技术展开,重点介绍了图像分割的基本概念、传统图像分割方法、基于机器学习的图像分割技术、以及深度学习驱动的前沿分割模型。通过回顾图像分割技术的发展历程,我们可以深入了解该领域从简单的阈值法到复杂的深度学习模型的演变过程,并认识到其在工业检测、自动化生产以及其他应用场景中的广泛应用及发展趋势。

本章结构如下。

4.1 图像分割的基本知识,本节介绍了图像分割的定义与意义、技术发展历程、难点与挑战,以及图像分割的评价指标。通过定义和背景知识,读者可以初步了解图像分割技术在各类应用场景中的作用及重要性;此外,针对不同图像分割方法的评价指标(如像素准确度、交并比等),给出了详细的计算方法和应用场景说明。

4.2 传统图像分割方法,本节探讨了几种经典的传统图像分割方法,包括阈值分割法、边缘检测分割法、区域生长法和分水岭算法;这些方法是图像分割领域的基础技术,但在处理复杂工业图像时具有一定的局限性;具体内容对每种方法的工作原理、优缺点及适用场景进行了详细描述,并辅以相应的可视化实验结果进行说明。

4.3 基于机器学习的图像分割方法,本节引入了支持向量机(Support Vector Machine,SVM)、聚类分割法(如 K-means 聚类)以及高斯混合模型(Gaussian Mixture Model,GMM)分割法。相比于传统方法,基于机器学习的图像分割技术能够更好地处理复杂的工业场景,但仍然面临着对标注数据依赖较强、计算复杂度较高的问题;通过实验和对比分析,本节探讨了这些方法在实际工业检测任务中的应用情况。

4.4 基于深度学习的图像分割方法,本节详细讨论了几种主流的深度学习分割模型,包括全卷积神经网络(Fully Convolutional Network,FCN)、U-Net、DeepLab、Vision Transformer(ViT)、Contrastive Language-Image Pre-training(CLIP)模型和 Segment Anything Model(SAM)。这些深度学习模型在分割性能和精度上均有显著提升,能够应对复杂、多样的图像分割任务;本节重点分析了每种模型的网络结构、损失函数设计、优缺点及其在工业场景中的应用潜力。

4.5 工业图像分割应用案例,本节通过一个具体的工业应用案例——罐头盖的实时监测流水线自动缺陷分割系统,详细讲解了图像分割技术在工业视觉检测中的实际应用。项目基于多检测区域提取和分区域检测方法,有效实现了对罐头盖表面及结构缺陷的精准识别和分割,极大提高了检测效率和产品质量的稳定性。

4.6 本章小结,本节总结了图像分割技术的基本概念和应用场景,从传统图像分割方法到基于机器学习和深度学习的前沿模型,探讨了技术的优缺点及其在工业应用中的表现。总结内容帮助读者全面理解图像分割技术的演变与应用。

4.7 思考与习题,本节提出了一系列针对图像分割方法、技术发展、实际应用场景中问题的讨论题目,引导读者深入思考图像分割技术在工业环境中的选型、优化、挑战与解决方案。

本章首先从图像分割的基本概念出发,逐步引入了传统图像分割方法、基于机器学习的图像分割方法以及深度学习分割模型,并通过分析它们在工业图像中的实际应用情况,全面展现了图像分割技术在工业领域的广泛应用潜力。尤其是在自动化生产和质量检测中,图像分割技术能够有效提高检测精度和效率,减少人工参与和主观误判,提高工业生产的自动化和智能化水平。

4.1 图像分割的基本知识

4.1.1 图像分割的定义与意义

1. 图像分割的定义与意义

图像分割是将图像划分为若干互不重叠的区域或像素集合的过程。分割的目标是将图像中具有相似特征的像素或区域聚集到一起,并将不同目标或感兴趣区域之间的边界清晰地划分出来。图像分割旨在提取出图像中的关键信息,为后续的分析、识别和理解提供基础。图像分割广泛应用于许多领域,包括医学影像、自动驾驶、工业检测等;在工业图像中,分割技术的应用尤为重要。

在制造业的质量检测过程中,传感器可以采集大量的图像数据,如工业相机拍摄的高分辨率图像或 X 射线检测图像。图像分割技术能够将目标物体与背景分离,并对产品中的缺陷、异物进行识别和分割;例如,通过分割工业产品图像中的裂纹、破损、变形等异常区域,可以及时检测产品问题并进行处理,从而提高生产线的质量控制能力。在自动化生产中,图像分割被广泛用于机器人操作系统,通过对产品部件的精准分割,自动化设备能够准确识别目标,从而进行抓取、装配等操作;在工业机器人视觉导航中,图像分割技术能够帮助区分工作台、机械臂、障碍物等不同物体,确保机器人在复杂环境下的安全操作。这些例子展示了图像分割技术在工业领域的广泛应用及其重要性,通过将图像分割应用于不同的工业场景,可以极大地提升自动化和智能化水平,提高生产效率和产品质量。

2. 图像分割技术的发展历程

图像分割的早期阶段(大约在 20 世纪 60 年代到 20 世纪 70 年代)主要侧重于开发基于阈值、边缘检测和区域生长等基本图像处理技术的方法。这些方法的关键思想通常是根据像素强度(在灰度图像中)或颜色(在彩色图像中)的不同来区分图像中的对象和背景。虽然说这个阶段的研究并不是由特定的人或团队进行的,但是世界各地的许多研究者都共同推进了图像分割的研究与发展;研究者的工作各具特色,体现了当时的研究趋势,即寻求利用图像的基本属性(如亮度或颜色)来识别和分割图像中的结构。在这个阶段,有一些重要的工作和里程碑式的研究。例如,阈值分割方法是早期图像分割研究的一个关键组成部分。它通过设定一个阈值来区分像素强度,从而将图像分割为前景和背景。此外,边缘检测和区域生长也是这个阶段的重要研究方法。边缘检测通常使用诸如 Sobel、Prewitt、Roberts 和 Canny 等算子来检测图像中的边缘,而区域生长则是一种基于像素邻域的分割方法,它通过逐步"生长"相似区域来实现图像分割。然而,虽然这些方法为图像分割研究的发展奠定了基础,但它们对图像的质量和噪声非常敏感,对复杂图像的处理能力有限;因此,在后续的研究中,人们开始探索更复杂、更强大的图像分割方法。

图像分割的特征基础阶段(20 世纪 80 年代到 20 世纪 90 年代),图像分割研究开始进入特征基础的阶段。研究者开始寻找更复杂的图像特征,如纹理、颜色、形状等,并尝试利用这些特征进行图像分割。此外,一些统计方法和模式识别技术,如聚类和贝叶斯决策理论,也开始被用来处理图像分割问题。这个阶段的代表性研究者是加州大学伯克利分校的教授 Jitendra Malik,也是计算机视觉领域的重要人物。Malik 和他的团队的研究工作集中在使用更复杂的特征和更复杂的模型来理解和处理图像,特别是在图像分割和对象识别方面。Jitendra Malik 的一个重要工作是在 1999 年提出的手稿"Normalized Cuts and Image Segmentation",这篇论文主要是基于图论的图像分割方法。这个方法的主要思想是将图像看作一个图,其中每个像素都是一个节点,每个节点之间的边的权重代表了这两个像素的相似性。然后,这个图被分割为几个子图,每个子图代表了图像中的一个区域或一个对象。此外,他们还提出了一种基于纹理的图像分割方法;这种方法使用 Gabor 滤波器来提取图像的纹理特征,然后使用这些特征来进行图像分割。这个阶段的研究推动了图像分割方法的发展,使得人们能够处理更复杂的图像内容,并在一定程度上提高了图像分割的准确性和鲁棒性;但同时,由于这些方法通常需要大量的计算,并且由于需要根据特定的任务去调整算法的参数,该阶段的方法泛化性较差,无法简单的调整分割对象,同时在计算效率上仍存在一些挑战。在图像分割的模型驱动阶段(2000 年到 2010 年初),研究者开始利用更复杂的数学模型来进行图像分割。这些模型包括但不限于图切割模型(Graph Cut)、水平集方法(Level Set)以及马尔可夫随机场(Markov Random Field,MRF)。这些模型能够更好地考虑图像的全局信息,提高分割的准确性和稳定性。这个阶段的代表性人物是加州大学洛杉矶分校的 Stanley Osher,他在数值计算、图像处理和科学计算等领域作出了重要的贡献;Osher 教授也是水平集方法的主要发明者之一。具体来说,水平集方法是一种强大的计算机视觉和图像处理工具,它可以处理复杂的拓扑变化,并且可以进行精确的数值计算;水平集方法的基本思想是用一个高维(通常是两维或三维)的函数来描述并跟踪图像中的目标物体的边界。通过对这个函数进行演化,我们可以得到物体边界的运动和形状变化;这种方法可以处理图像中的复杂物体,包括那些具有复杂拓扑结构(如多个孔洞或多个连通部分)的物体。然而,水平集方法和其他模型驱动的方法通常需要大量的计算资源,这在一定程度上限制了它们的应用。在这个阶段,研究者开始寻求更有效的算法和更复杂的模型,这直接促成了后来的深度学习阶段的来临。

深度学习阶段(大约从 2010 年代中期至今),深度学习开始在图像分割领域显示出其强大的潜力,并且逐渐开始成为图像分割方法的主流方法。深度学习方法具有高度的灵活性和强大的表示学习能力,能够自动从数据中学习到复杂的图像特征,这使它们在图像分割任务上取得了前所未有的性能。深度学习的广泛应用是由多方面因素促成的。首先,由于硬件技术的进步,尤其是图像加速卡 GPU 的广泛应用,使得大规模的深度神经网络训练成为可能；其次，大规模的标注图像数据集（如 ImageNet 数据集和 COCO 数据集等）的出现，为深度学习提供了训练所需的数据；此外，神经网络模型和算法的研究进步，如卷积神经网络（Convolutional Neural Network，CNN）、长短期记忆网络（Long Short-Term Memory，LSTM）和生成对抗网络（Generative Adversarial Network，GAN）等，也为深度学习的应用提供了强大的工具。在深度学习阶段的图像分割研究中，一项著名的工作是由 Olaf Ronneberger 等在 2015 年提出的 U-Net。U-Net 是一种全卷积神经网络，它采用了一种对称的 U 形结构，能够精确地将输入图像映射到像素级别的分割结果；U-Net 的提出大大提高了图像分割的性能，并在其他图像分割任务上也取得了优秀的效果。之后，许多其他的深度学习图像分割模型也被提出，如 Mask R-CNN、DeepLab、HRNet 等，这些模型在一定程度上进一步提高了图像分割的性能，丰富了图像分割的方法论。然而，虽然深度学习在图像分割上取得了显著的成果，但它也带来了一些新的挑战，类似于如何处理小样本和不均衡样本问题，如何提高模型的解释性，以及如何减少对大量标注数据的依赖等，这些问题是当前和未来图像分割研究的重要方向。

4.1.2　图像分割的难点与挑战

近年来，随着计算机视觉技术的快速发展，该技术广泛应用于工业图像分析和检测领域；然而，相较于自然图像，工业图像分割在实际应用中面临着一些特殊的挑战。主要难点包括以下几点。①复杂的背景干扰：工业图像中的背景通常比自然图像更复杂，往往包含各种工厂设备、生产线组件和杂乱的环境元素。这些背景干扰会模糊目标物体的边界，增加分割的难度。②低对比度问题：工业图像中的目标物体与背景之间的灰度值或颜色差异通常较小，导致目标边界不够清晰，从而影响分割算法的定位精度。③不规则的目标形状：工业场景中的目标物体形状通常复杂且不规则，可能具有多个连通区域或复杂的几何结构。这对分割算法的鲁棒性和泛化能力提出了较高的要求。

针对这些通用难点，不同的工业应用场景又有各自独特的挑战。例如，在汽车制造过程中，图像通常包含各种机械设备、工人和其他车辆等复杂背景；当需要对汽车零件进行分割时，背景中的这些干扰物会使目标物体的边界变得模糊，增加了分割的难度；因此，在分割过程中，需要重点考虑如何识别并消除这些复杂背景的影响，以准确地提取目标物体。而在电子制造业中，如半导体芯片的生产过程中，需要对微小的电子元件进行分割和检测；由于电子元件与芯片表面之间的颜色或灰度差异很小，目标物体的边界常常不够清晰；这种低对比度问题使得分割算法难以准确地定位和分割目标元件，从而影响检测效果。在钢铁生产场景中，分割算法需要处理熔融金属的分割和缺陷检测任务；由于熔融金属形状不规则，具有流动性，可能包含多个连通部分，待测目标物体的形状通常极为复杂；这对分割算法的鲁棒性和泛化性带来了更高的挑战，需要算法能够适应多变的目标形态和复杂的连接关系。

面对上述挑战，我们需要采用具有较强适应性、能够处理不确定性和变化的图像分割方法。因此，在算法设计和实现过程中，必须充分考虑实际工业应用的特性和需求。例如，设计能够处理不同类型和级别噪声的分割算法，或应对图像质量和可用信息受限的情况。所有这些问题都是在工业图像分割中需要面对的重要挑战，也是我们在接下来的章节中将要深入探讨的内容。

4.1.3　图像分割的评价指标

在旅行探索工业图像分割的世界时,必须提及那些引导我们的"指南针"——评价指标。如同在茫茫大海中航行,我们需要精准的仪器来指明方向,评价指标就是我们在图像分割领域的关键工具。语义分割任务的评价指标主要有像素准确度(Pixel Accuracy,PA)、平均像素准确度(Mean Pixel Accuracy,MPA)、交并比(Intersection over Union,IoU)、平均交并比(Mean Intersection over Union,MIoU)、频率加权交并比(Frequency Weighted Intersection over Union,FWIoU)。

语义分割任务中,评价指标的计算通常需要借助混淆矩阵作为辅助工具,混淆矩阵又被称为错误矩阵;混淆矩阵负责统计模型的分类结果,统计归错类别和归对类别的样本个数,在语义分割中为统计每个像素归类的结果。混淆矩阵共分 4 类,TP(True Positive)为真正例,模型预测为正例,实际也为正例;FP(False Positive)为假正例,模型预测为正例,实际为负例;FN(False Negative)为假负例,模型预测为负例,实际为正例;TN(True Negative)为真负例,模型预测为负例,实际也为负例。

具体地,假设一共有 $K+1$ 类,其中 K 为目标类别,1 为背景类别,以第 i 类为正确预测,P_{ii} 表示将属于第 i 类预测为第 i 类的像素点总数,即 TP;p_{ij} 表示将属于第 i 类预测为第 j 类的像素点总数,即 FP;p_{ji} 表示将属于第 j 类预测为第 i 类的像素点总数,即 FN。像素准确度 PA:分类正确的像素点数和所有的像素点数的比例,计算公式为

$$PA = \frac{\sum_{i=0}^{k} p_{ii}}{\sum_{i=0}^{k} \sum_{j=0}^{k} p_{ij}} \tag{4.1}$$

平均像素准确度 MPA:计算每一类分类正确的像素点数和该类的所有像素点数的比例,然后求平均,其计算公式为

$$MPA = \frac{1}{k+1} \sum_{i=0}^{k} \frac{p_{ii}}{\sum_{j=0}^{k} p_{ij}} \tag{4.2}$$

交并比 IoU:目标掩膜与预测掩膜的公共区域的像素个数,与两者总的像素个数的比值,即该类别下预测正确的数量,与该类别预测为其他类别和其他类别预测为该类别的总和的比值,其计算公式为

$$IoU = \frac{\sum_{i=0}^{k} p_{ii}}{\sum_{i=0}^{k} \sum_{j=0}^{k} (p_{ij} + p_{ji}) - \sum_{i=0}^{k} p_{ii}} \tag{4.3}$$

平均交并比 MIoU:对所有预测类别求交并比,然后对所有类别的交并比求平均

$$MIoU = \frac{1}{k+1} \sum_{i=0}^{k} \frac{p_{ii}}{\sum_{j=0}^{k} p_{ij} + \sum_{j=0}^{k} p_{ji} - p_{ii}} \tag{4.4}$$

频率加权交并比 FWIoU：是采用每个类别的类别数量作为加权权重，对所有类别的交并比求加权平均

$$\text{FWIoU} = \frac{1}{\sum\limits_{i=0}^{k}\sum\limits_{j=0}^{k}p_{ij}} \sum\limits_{i=0}^{k} \frac{\sum\limits_{j=0}^{k}p_{ij}p_{ii}}{\sum\limits_{j=0}^{k}p_{ij} + \sum\limits_{j=0}^{k}p_{ji} - p_{ii}} \tag{4.5}$$

4.2　传统图像分割方法

本节介绍了几种传统图像分割方法，包括阈值分割法、边缘检测分割法、区域生长法和分水岭算法，并分别对其在实际应用中的优缺点进行了分析。

阈值分割法通过设定灰度阈值将图像分割为前景和背景，适用于前景与背景具有显著灰度差异的图像，但在光照不均或前景与背景差异不明显时表现较差。边缘检测分割法则通过计算像素灰度梯度来提取图像中灰度变化剧烈的边缘，能有效分割出物体轮廓，但在处理噪声较多或边缘模糊的图像时可能出现边界不完整的问题。区域生长法通过设定种子点并根据相邻像素的相似性进行扩展，适合分割灰度值连续的目标区域。其分割效果依赖于种子点的选择，当种子点选择不合理时可能导致区域分割不完整或分割精度下降。分水岭算法基于图像梯度，将梯度图视作地形高度，通过模拟水流蔓延过程实现图像分割。分水岭算法能够处理复杂区域的分割任务，但容易出现过分割现象，因此梯度图的质量和预处理策略对其分割效果至关重要。

整体而言，这些传统分割方法在单一或特定场景下能够实现良好的分割效果，但在应对复杂工业图像、光照不均、噪声干扰以及目标与背景对比度不明显时，表现出一定的局限性。因此，在实际应用中，通常需要结合图像的具体特点进行方法优化，或与其他分割方法结合，以提升整体分割效果和稳定性。

4.2.1　阈值分割法

阈值分割法（Thresholding）是图像分割中一种基础且常用的方法，尤其适用于目标与背景在灰度值上有明显差异的场景。在工业视觉等应用中，阈值分割法常用于从图像中提取感兴趣的对象（如缺陷检测中的瑕疵区域）。它的基本思想是通过选择一个适当的灰度阈值，将图像分为前景和背景，基于阈值分割法的基本思路如图 4.1 所示。

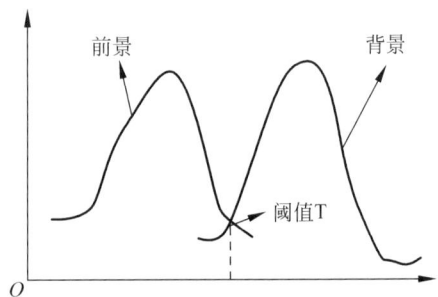

图 4.1　基于阈值分割法

在灰度图像中，像素值 $f(x,y)$ 通常表示亮度信息。对于阈值分割法，关键在于设定一个阈值 T，然后根据该阈值对图像中的每个像素进行分类。具体来说，假设原始图像中的某个像素值 $f(x,y)$，如果该值大于或等于预设的阈值 T，则将该像素归为前景（目标），否则归为背景。这种简单的二值化过程可以用以下公式表示

$$g(x,y)=\begin{cases}1, & f(x,y)\geqslant T\\0, & f(x,y)<T\end{cases} \qquad (4.6)$$

这里，$g(x,y)$ 是经过分割处理后生成的二值图像，值为1的像素代表前景区域，值为0的像素代表背景。

一般来说，阈值 t 是影响分割质量的核心因素。不同的图像应用场景需要不同的阈值选择策略。①固定阈值：最简单的方式，手动设定一个固定阈值，通常通过观察图像的灰度分布或者经验法则来选取。这种方法适合目标与背景对比非常明显的图像，对复杂的图像表现欠佳。②直方图分析：一种更常见的方法，根据图像的灰度直方图选择阈值。在理想情况下，图像的灰度直方图会表现为两个峰值，分别代表前景和背景的灰度分布，阈值通常选择在这两个峰值之间的低谷处。这种方法能够较为直观地反映图像的整体灰度分布情况，但在前景和背景重叠较多时，效果会有所下降。③Otsu 方法：一种自动化的阈值选择方法，通过最大化类间方差来确定最佳阈值。Otsu 方法的核心思想是将图像的灰度值分成前景和背景两类，找到使得类间方差（前景与背景灰度分布的方差）最大的阈值。类间方差 σ_b^2 计算如下：

$$\sigma_b^2=\omega_1(t)\omega_2(t)(\mu_1(t)-\mu_2(t))^2$$

其中，$\omega_1(t)$ 和 $\omega_2(t)$ 分别是阈值 t 划分下前景和背景的像素比例，$\mu_1(t)$ 和 $\mu_2(t)$ 是前景和背景的平均灰度值。通过计算可以找到使类间方差最大的阈值，确保前景和背景的灰度差异最大化。

本节使用 MVTecAD 数据集中的'bottle'、'cable'、'capsule'、'grid'、'hazelnut'、'leather'、'metal_nut'、'pill'、'screw'等数据进行可视化分析。基于阈值分割法的可视化结果如图4.2所示。其中，第一排图片为 MVTecAD 数据的原始数据，分别为'bottle'、'cable'、'capsule'、'grid'、'hazelnut'、'leather'、'metal_nut'、'pill'和'screw'类别的原始图片；第二排为基于全局阈值分割结果，根据可视化结果不难看出，基于全局阈值的分割方法不仅会考虑 MVTecAD 数据集的局部纹理结构，同时会考虑全局信息，因此在'bottle'、'capsule'和'pill'等图片中可以表现出较好的结果；第三排为基于自适应阈值的分割结果，通过在图像的局部区域中动态计算阈值来区分前景和背景，尤其适用于存在光照不均匀的图像。根据可视化结果不难看出，分割结果在所有的图片中均可以找到清晰的边界，并且在存在阴影的图片例如'capsule'、'grid'和'pill'均能分割出清晰边界。

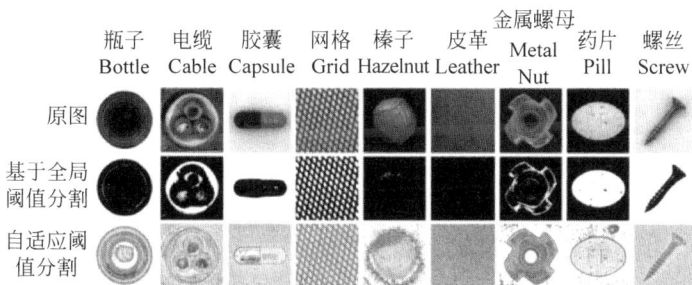

图4.2　基于阈值分割法的可视化结果

4.2.2　边缘检测分割法

边缘检测是一种基于图像灰度变化的重要工具，用于提取物体轮廓和结构信息。图像

图像　　　剖面　　　一阶导数

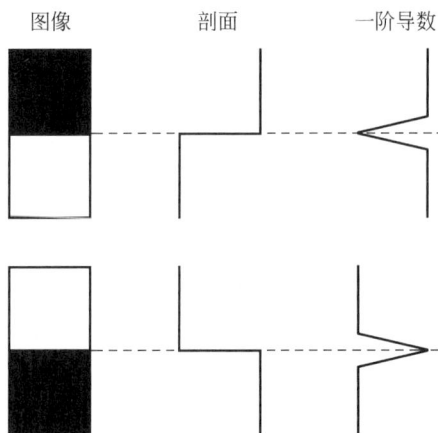

图 4.3　基于边缘检测分割法

中的边缘通常指的是灰度值发生急剧变化的地方,也就是目标与背景的边界。通过检测图像中的这些边缘,可以将不同物体分割出来,基于边缘检测分割的基本思路如图 4.3 所示。边缘检测分割法是一种通过寻找图像中灰度变化较大的区域来实现分割的技术。

边缘检测的基本思想是通过计算图像中像素的局部梯度值来识别灰度变化显著的区域。灰度变化越大,梯度值越大,表明该像素处于边缘位置。边缘检测器通过计算梯度值确定边缘像素位置,并将这些边缘连接起来,形成物体的轮廓,从而实现图像分割。

边缘检测的数学基础是图像的梯度。假设一幅图像 $f(x,y)$ 是灰度图像,梯度是灰度在水平方向和垂直方向上的变化率。梯度向量可以表示为

$$\nabla f = (\partial f/\partial x, \partial f/\partial y) \tag{4.7}$$

其中,$\partial f/\partial x$ 和 $\partial f/\partial y$ 分别表示图像在水平方向和垂直方向的变化率。梯度的大小 $|\nabla f|$ 则表示该位置上灰度变化的强度:

$$|\nabla f| = \sqrt{\left(\frac{\partial f}{\partial x}\right)^2 + \left(\frac{\partial f}{\partial y}\right)^2} \tag{4.8}$$

边缘通常位于梯度值最大的地方。因此,通过计算图像中每个像素的梯度并检测梯度较大的像素位置,可以提取出图像中的边缘。

边缘检测法用于图像分割的基本流程可以概括为以下几步。第一步,预处理:为了减少噪声对边缘检测的影响,通常需要对图像进行平滑处理;常用的平滑滤波器包括高斯滤波器和均值滤波器。高斯滤波器可以有效去除图像中的高频噪声,但不会过多模糊图像边缘。第二步,计算梯度:根据选择的边缘检测算子(如 Sobel、Prewitt 或 Canny),计算图像的局部梯度;梯度的大小和方向用于确定图像中的边缘像素。第三步,提取边缘:根据梯度大小选择合适的阈值,将梯度值较大的像素标记为边缘;对于 Canny 算子,这一步通常通过双阈值法进行。第四步,后处理:对于检测到的边缘,有时需要进行一些后处理,如连接断裂的边缘线段、去除孤立的噪声点等,以得到连续的目标边界。边缘检测分割法广泛应用于工业视觉、医学影像、遥感影像等领域;例如,在工业产品检测中,边缘检测可以用于提取产品的轮廓,以检查其外观是否符合要求。为了提高边缘检测分割的鲁棒性,近年来的研究提出了结合梯度信息和区域信息的分割方法。此外,结合机器学习与深度学习的边缘检测技术正在快速发展,它们可以自动学习图像的边缘特征,并在更复杂的图像分割任务中表现出色。

基于边缘检测分割法的可视化结果如图 4.4 所示。其中,第一排图片为 MVTecAD 数据的原始数据,分别为'bottle'、'cable'、'capsule'、'grid'、'hazelnut'、'leather'、'metal_nut'、'pill'和'screw'类别的原始图片;第二排为基于边缘检测分割的结果,根据可视化结果不难看出,基于边缘检测的分割方法特别关注图像中强度变化大的部分,即图像的边缘。这些边缘通常表示物体的轮廓或不同区域之间的分界线。根据可视化结果不难看出,图片均能分割出清晰边界。

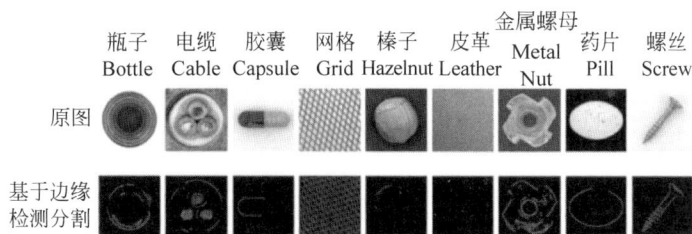

图 4.4　基于边缘检测分割法的可视化结果

4.2.3　区域生长法与分水岭算法

1. 区域生长法

区域生长法(Region Growing)是一种基于像素相似性的图像分割技术,其核心思想是从种子点开始,通过扩展相邻的像素,形成更大的区域,直到这些像素不满足一定的相似性条件为止,如图 4.5 所示。与边缘检测不同,区域生长法主要用于分割灰度值连续的目标区域,其优势在于能够很好地处理目标与背景灰度差异较小的图像。

图 4.5　基于区域生长分割法

区域生长法的过程可以概括为以下几个步骤。第一步,种子点选择:首先选择一个或多个种子点,这些种子点通常位于目标区域的内部;种子点可以由用户手动选择,也可以通过自动算法生成。第二步,相似性度量:定义一个相似性准则,通常基于像素的灰度值、颜色或者纹理特征;生长过程中,种子点与相邻像素的相似性被计算,如果满足相似性条件,则将相邻像素纳入区域。第三步,区域扩展:从种子点开始,向 4 个或 8 个方向的相邻像素扩展;如果相邻像素满足相似性条件,则继续扩展,直到所有满足条件的像素都被纳入该区域。区域生长法的数学表达式可以写作:$S=\{(x,y)\parallel f(x,y)-f(x_0,y_0)|\leqslant T\}$,其中,$(x_0,y_0)$ 为种子点,$f(x,y)$ 为图像中(x,y)处的像素值,T 为预设的相似性阈值;如果相邻像素与种子点的灰度差异小于阈值 T,则该像素被纳入区域 S。

基于区域生长分割法的可视化结果如图 4.6 所示。其中,第一排图片为 MVTecAD 数据集的原始数据,分别为 'bottlc'、'cable'、'capsule'、'grid'、'hazelnut'、'leather'、'metal_nut'、'pill' 和 'screw' 等类别的原始图片;第二排为基于区域生长分割法的可视化结果。区域生长的核心在于从种子点开始生长,种子点可以是手动或自动选定的单个像素或多个像素。生长的起始位置非常关键,选择合适的种子点可以提高分割的准确性。如果种子点选择不

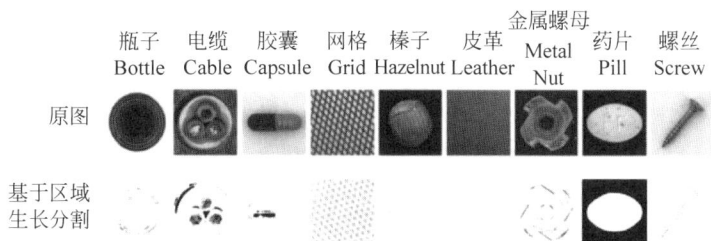

图 4.6　基于区域生长分割法的可视化结果

当,可能导致分割错误或无法完整分割整个区域。根据可视化结果可以看出,由于'bottle'、'cable'、'capsule' 和 'grid' 类别的图片未进行特征值调优,种子点选择不合理,因而无法完整分割整个区域。

2. 分水岭算法

分水岭算法(Watershed Algorithm)是一种基于拓扑形态的图像分割技术,广泛用于图像中的复杂区域分割,如图 4.7 所示。分水岭算法的核心思想来源于地理学中的"分水岭"概念:在地形图中,水流会沿着山谷汇集,最终在某些高地处形成边界,分水岭就是这些高地之间的分界线。在图像处理中,分水岭算法将图像灰度值

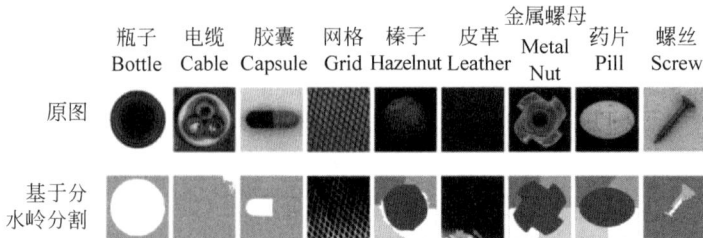

图 4.7 基于分水岭分割法

视为地形的高度,通过识别低灰度值区域和高灰度值区域之间的边界,实现图像的分割。

分水岭算法通常基于图像的梯度图进行处理,图像中的梯度值代表灰度变化的程度。分水岭算法的具体步骤如下。第一步,梯度图计算:首先计算图像的梯度图;梯度较大的区域通常位于物体边缘,而梯度较小的区域位于目标的内部。第二步,标记种子点:选择图像中的局部极小值点作为初始种子点;种子点可以通过手动标记或者自动化算法生成。第三步,逐步"淹没"图像:想象每个极小值点为一个水源,随着时间推移,水逐渐从这些水源扩展,并向梯度较小的方向蔓延,逐步填满整个图像;当两片水域相遇时,就形成了边界,这个边界即为目标与背景的分界线。第四步,分割完成:当整个图像都被"水"淹没后,最终的分界线就是图像中各个区域的分割结果。

分水岭算法通常可以看作是对图像灰度值的形态学处理,设 $I(x,y)$ 为图像的梯度,具体来说,分水岭算法的总的过程可以用这个公式进行表示:

$$\text{Region}(S) = \{(x,y) \in \Omega \mid \text{WaterLevel}(x,y)\}$$

其中,Ω 表示整个图像空间,S 表示初始的种子点或局部极小值。随着水的逐渐蔓延,不同区域在分水岭处汇合形成边界。

基于分水岭分割算法的可视化结果如图 4.8 所示。其中,第一排图片为 MVTecAD 数据集的原始数据,分别为 'bottle'、'cable'、'capsule'、'grid'、'hazelnut'、'leather'、'metal_nut'、'pill' 和 'screw' 类别的原始图片;第二排为基于分水岭分割算法的可视化结果。分水岭算法通常应用于梯度图像,而不是直接对灰度图像进行操作。梯度图像表示了像素强度变化的幅度,其中边界处的梯度值较大,非边界处的梯度值较小;因此,梯度图像的质量对分水岭分割的效果至

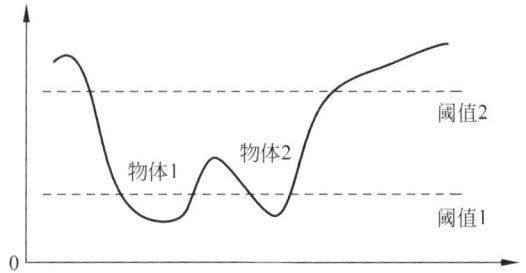

图 4.8 基于分水岭分割算法的可视化结果

关重要,良好的梯度图可以显著减少过分割的问题。根据可视化结果可以看出,在梯度质量较好的图像(如 'bottle'、'grid'、'hazelnut'、'metal_nut'、'pill' 和 'screw')中,分割结果能够完整地检测出缺陷,而在 'cable'、'capsule' 和 'leather' 图片中,由于噪声较多,未能成功分割出图像前景。

4.3　基于机器学习的图像分割方法

　　本节介绍了 3 种基于机器学习的图像分割方法:支持向量机(SVM)分割、聚类分割和高斯混合模型(GMM)分割,并分别讨论了它们的工作原理及优缺点。SVM 分割是一种典型的监督学习方法,适合于基于像素特征的分类任务。它通过构建最优分类超平面来区分前景与背景或不同物体区域;然而,SVM 分割对训练数据的质量和数量高度依赖,在实际应用中需要大量标注数据来提升模型的性能。聚类分割(如 K-means 聚类)是一种无监督学习方法,通过对像素特征(如颜色、纹理等)进行分组来实现分割。聚类分割的优势在于无须预先标注数据,能够自适应地将图像划分为多个区域;但由于其对噪声和离群点较为敏感,在处理存在阴影或光照不均匀的图像时,容易导致分割结果不稳定;此外,聚类分割的效果很大程度上取决于初始聚类中心的选择,并可能出现局部最优解的问题。高斯混合模型(GMM)分割作为一种软聚类方法,能够计算像素属于不同类别的概率,因此在处理模糊边界和过渡区域时相比硬聚类方法更加灵活和精确;GMM 通过期望最大化(EM)算法来迭代估计像素的分布参数,并最终将像素分配给最可能的类别;然而,GMM 对噪声和复杂背景的建模能力较弱,容易受到图像噪声的干扰,导致分割结果不理想;尽管如此,GMM 分割在处理颜色特征显著、边界模糊的图像时仍具有优势。

　　总体而言,三种机器学习分割方法各具特色,SVM 擅长处理有标签数据的分类任务,聚类算法适合无监督学习场景,而 GMM 则能够处理模糊区域分割问题。它们在实际应用中各有优劣,具体使用时应根据图像特点和分割需求选择合适的方法,并结合多种分割策略来提升分割效果和鲁棒性。

4.3.1　支持向量机方法

　　支持向量机(SVM)是一种强大的分类和回归方法,它主要被用于监督学习任务。在过去的几十年中,研究者们已经将 SVM 成功地应用于各种任务,包括图像分割;Vapnik 等在 20 世纪末设计了最初的支持向量机 SVM 用于处理二分类问题。更详细来说,用两类样本训练的支持向量机是最大边界超平面和边界,而边缘上的样本称为支持向量,如图 4.9 所示。

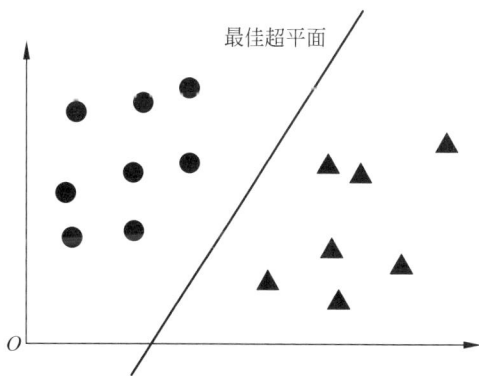

图 4.9　向量机 SVM 用于处理二分类问题

　　在图像分割的背景中,SVM 可以被用来根据图像特征(比如颜色、纹理、形状等)将像素分类到不同的分割区域。例如,我们可能希望将一张图片分割成前景和背景,或者分割成多个物体。SVM 是有监督学习模型,一般需要对应的标签进行训练,为此基于

SVM 的图像分割过程大致可以分为以下几步。第一步特征提取：对于每一个像素，需要提取一组特征，这些特征可以是颜色、纹理、形状等信息。第二步训练 SVM：然后我们可以使用这些特征和对应的标签（像素属于哪个区域）来训练一个 SVM；训练的目标是找到一个可以最大化间隔的超平面，该超平面能将不同类别的像素分开。第三步应用 SVM：一旦训练好了 SVM，就可以将它应用到同一图片的其他像素，或者其他图片的像素上，以进行图像分割。

具体来说，SVM 的目标是找到一个数据点的正确分类并且间隔最大化超平面。以二分类语义分割为背景，以下是线性二分类 SVM 的数学公式和推导。

第一步，定义分类超平面：在二维空间中，可以用一条线将两类数据分隔开，而在更高维的空间中，使用一个超平面来分隔数据。对于一个线性可分的二分类问题，超平面可以定义为

$$\boldsymbol{w}^\mathrm{T}\boldsymbol{x} + b = 0 \tag{4.9}$$

其中，$\boldsymbol{w}$ 是法向量（决定超平面的方向），b 是偏置项（决定超平面的位置），$\boldsymbol{x}$ 是数据点。

第二步，分类决策函数：对于任意点 $\boldsymbol{x}$，可以使用以下函数来判断它的类别

$$y(x) = \mathrm{Sign}(\boldsymbol{w}^\mathrm{T}\boldsymbol{x} + b) \tag{4.10}$$

如果 $y(x) > 0$，认为 x 属于正类；否则，认为 x 属于负类。

第三步，定义间隔：对于分类正确的数据点，希望它离分隔超平面的距离（间隔）尽可能大。对于正类和负类的支持向量（即距离超平面最近的点），这个距离可以分别定义为

$$\boldsymbol{w}^\mathrm{T}\boldsymbol{x}_+ + b = 1 \tag{4.11}$$

$$\boldsymbol{w}^\mathrm{T}\boldsymbol{x}_- + b = -1 \tag{4.12}$$

所以，间隔为 $(\boldsymbol{x}_+ - \boldsymbol{x}_-) \cdot \left(\dfrac{\boldsymbol{w}}{\|\boldsymbol{w}\|}\right) = \dfrac{2}{\|\boldsymbol{w}\|}$，我们希望最大化这个间隔。

第四步，求解最优化问题：所以，SVM 的任务就变成了求解以下优化问题

$$\mathrm{minimize}\ \frac{1}{2}\|\boldsymbol{w}\|^2 \tag{4.13}$$

$$\mathrm{subject\ to}\quad y_i \cdot (\boldsymbol{w}^\mathrm{T}\boldsymbol{x}_i + b) \geqslant 1 \tag{4.14}$$

这是一个带有约束的凸二次优化问题，一般通过拉格朗日乘子法和 KKT 条件来求解。

第五步，对偶问题和核技巧：对上面的最优化问题进行拉格朗日对偶化，可以得到对偶问题，这将问题从原始的特征空间转换到样本空间，并允许我们应用核技巧，使得 SVM 能够处理线性不可分的情况。上面式子的表达式，再一次完美的对应了 SVM 用来根据图像特征（比如颜色、纹理、形状等）将像素分类到不同的分割区域，从而完成图像分割。

基于 SVM 分割的可视化结果如图 4.10 所示。其中，第一排图片为 MVTecAD 数据集的原始数据，分别为 'bottle'、'cable'、'capsule'、'grid'、'hazelnut'、'leather'、'metal_nut'、'pill' 和 'screw'类别的原始图片；第二排为基于 SVM 分割算法的可视化结果。基于 SVM 的分割属于监督学习，需要标注好的训练数据。SVM 模型通过训练样本来学习像素或区域的分类规则，然后将这些规则应用到新图像的像素或区域上进行分割；因此，模型的性能很大程度上依赖于训练集的质量和数量。案例中使用自适应二值化来作为伪标签（0 为背景，1 为前景），实际中应使用真实标签。

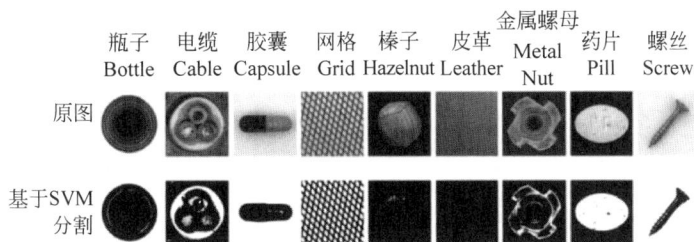

图 4.10　基于 SVM 分割的可视化结果

4.3.2　基于聚类的分割方法

James MacQueen 等人在论文"Some Methods for Classification and Analysis of Multivariate Observations"中提出并命名了 K-means 聚类算法；随着研究人员持续研究，K-means 聚类算法在图像处理和计算机视觉领域的应用则是在后来逐渐发展起来；K-means 聚类算法是一种广泛应用于图像分割的传统机器学习方法。该算法旨在将 n 个像素划分为 k 个聚类，其中每个像素属于离

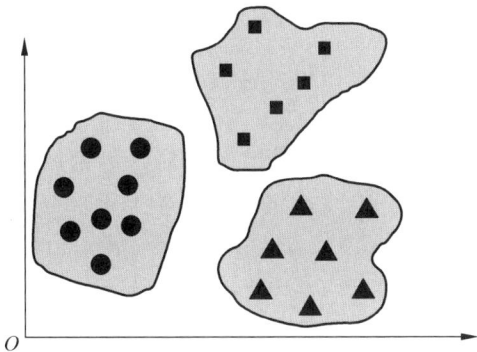

图 4.11　K-means 聚类的结构

它最近的平均值对应的聚类，K-means 聚类的结构如图 4.11 所示。

K-means 聚类的操作步骤通常由 4 个部分构成，这与前面介绍的工业图像分类任务的对应关系基本一致。第一步，初始化：随机选取 k 个像素点作为初始聚类中心（Centroid）。第二步，分配像素：将每个像素点分配给最近的聚类中心；这里的"最近"是通过计算像素点与聚类中心之间的欧氏距离来定义的。第三步，计算新的聚类中心：对于每个聚类，计算其所有像素点的平均值，得到新的聚类中心。第四步，迭代求解：重复步骤 2 和步骤 3，直到聚类中心的变化小于某个预设的阈值，或者达到预设的最大迭代次数。

K-means 聚类算法主要依赖两个步骤：首先分配数据点到最近的聚类中心，然后重新计算每个聚类的中心。算法的目标是最小化所有数据点到其所属聚类中心的距离之和。具体来说：假设有 n 个数据点 $\{x_1, x_2, \cdots, x_n\}$，K-means 聚类算法试图找到 k 个聚类中心 $\{\mu_1, \mu_2, \cdots, \mu_k\}$，以最小化以下目标函数 $J \cdot= \Sigma_k \Sigma_i \in C_k \parallel x_i - \mu_k \parallel^2$，其中：$x_i$ 是第 i 个数据点；μ_k 是第 k 个聚类的中心；C_k 是第 k 个聚类中所有数据点的集合；$\parallel x_i - \mu_k \parallel^2$ 是数据点 x_i 到其所属聚类中心 μ_k 的欧氏距离的平方。算法通过迭代分配数据点到最近的聚类中心（E 步骤）和重新计算每个聚类的中心（M 步骤）来最小化这个目标函数。

基于聚类分割的可视化结果如图 4.12 所示。其中，第一排图片为 MVTecAD 数据集的原始数据，分别为 'bottle'、'cable'、'capsule'、'grid'、'hazelnut'、'leather'、'metal_nut'、'pill' 和 'screw' 类别的原始图片；第二排为基于聚类分割的可视化结果图。聚类算法可以处理多种类型的特征，如颜色、纹理、梯度等。例如，在彩色图像中，可以将每个像素的 RGB 值作为特征向量，输入聚类算法进行分割。聚类分割对图像中的噪声和离群点较为敏感，可能导致分割结果不稳定，根据可视化结果不难看出，'cable'、'capsule'图像由于阴影以及噪声的干扰，导致边界无法准确分割。

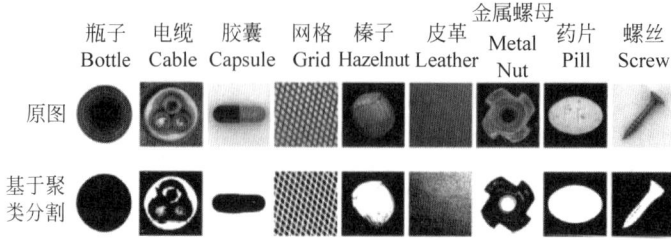

图 4.12　基于聚类分割的可视化结果

4.3.3　基于高斯混合模型的图像分割

在机器学习中,基于高斯混合模型(Gaussian Mixture Model,GMM)的图像分割是一种强大且常用的技术。首先,我们先简单介绍高斯混合模型技术,GMM 是一个包含多个高斯分布的概率密度模型,GMM 的基本思想是假设数据集中的每个样本点都是从多个高斯分布中的一个生成的,每个高斯分布称为一个分量。每个分量由 3 个参数定义:均值(Mean)、方差(Variance)和权重(Weight)。一个简单的高斯混合模型如图 4.13 所示。

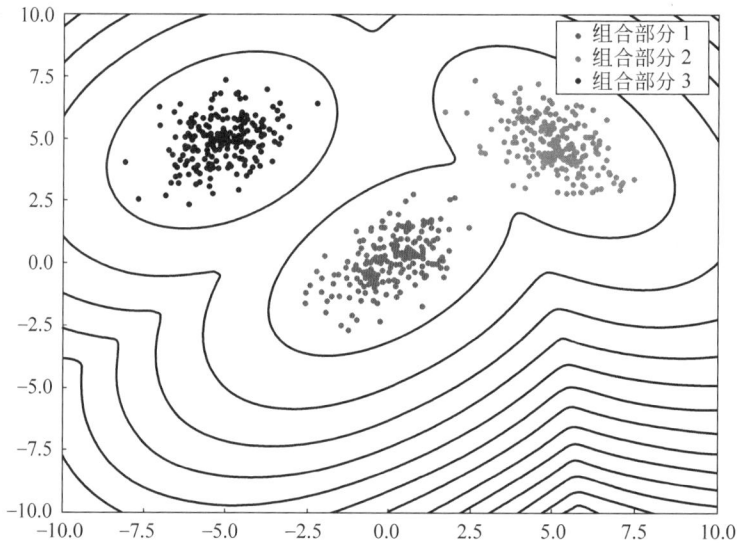

图 4.13　高斯混合模型

在图像处理中,GMM 可以被用于对像素值(通常是颜色)进行建模。每个高斯分布可以被视为对应一个特定的颜色或颜色群体;GMM 的一个关键特性是,它能够表示不同的颜色,因此在颜色空间中可以覆盖更广的范围。一般来说,基于 GMM 的图像分割由两个部分所组成:首先,每个像素的颜色被认为是来自一个或多个高斯分布的样本;其次,可以使用 EM(期望最大化)算法来估计这些高斯分布的参数(即均值和方差)。一旦有了这些参数,就可以将每个像素分配给最有可能生成它的高斯分布;这样,就将原始图像分割成了多个区域,每个区域对应一个高斯分布,也就是一种颜色或一组颜色。

高斯混合模型是 K 个高斯分布的线性组合,对于一维数据,其概率密度函数可以表示为

$$p(x) = \sum_{i=1}^{K} (\pi_i \cdot N(x; \mu_i, \sigma_i^2)) \tag{4.15}$$

其中，$N(x; \mu_i, \sigma_i^2)$ 表示具有均值 μ_i 和方差 σ_i^2 的高斯分布，π_i 是第 i 个高斯分布的权重，且 $\sum_{i=1}^{K} \pi_i = 1$，同时，$N(x; \mu_i, \sigma_i^2)$ 的表达式是

$$N(x; \mu_i, \sigma_i^2) = \frac{1}{\sqrt{2\pi\sigma_i^2}} \Big/ \exp\left(-\frac{(x - \mu_i)^2}{2\sigma_i^2}\right) \tag{4.16}$$

在图像分割的场景中，我们的目标是根据给定的像素值找出最有可能的颜色或颜色组（由一个或多个高斯分布表示），可以通过 EM（期望最大化）算法来实现这一点；其基本思想是通过迭代优化来求解对数似然函数的最大值。其中，每一次迭代包括两步：期望步（Expectation Step，E-step）和最大化步（Maximization Step，M-step）。具体来说，EM 算法求解 GMM 模型的参数由 4 步组成：第一步，初始化：选择参数的初始值，这些参数包括混合系数、均值和协方差。第二步，E-step：使用当前参数值计算每个像素属于每个高斯分布的后验概率分布，记为 $\gamma(n, k)$，公式如下

$$\gamma(n, k) = \frac{\pi_k \cdot N(x_n \mid \mu_k, \Sigma_k)}{\sum_{j=1}^{K} [\pi_j \cdot N(x_n \mid \mu_j, \Sigma_j)]} \tag{4.17}$$

其中，x_n 是像素 n 的颜色值，$N(x_n \mid \mu_k, \Sigma_k)$ 是像素颜色值的高斯概率密度，π_k 是混合系数。第三步，M-step：然后，根据 E-step 得到的后验概率更新高斯分布的参数（均值、协方差和混合系数），根据如下公式进行 M-step，其中，N 是像素总数：

$$N_k = \sum_{n=1}^{N} \gamma(n, k) \tag{4.18}$$

$$\mu_{k_{\text{new}}} = \frac{1}{N_k} \sum_{n=1}^{N} \gamma(n, k) \cdot x_n \tag{4.19}$$

$$\Sigma_{k_{\text{new}}} = \frac{1}{N_k} \sum_{n=1}^{N} \gamma(n, k) \cdot (x_n - \mu_{k_{\text{new}}})(x_n - \mu_{k_{\text{new}}})^{\text{T}} \tag{4.20}$$

$$\pi_{k_{\text{new}}} = \frac{N_k}{N} \tag{4.21}$$

第四步，迭代：重复执行 E-step 和 M-step，直到参数的变化足够小（即收敛），或者达到预设的最大迭代次数。上面式子的表达式，再一次完美地对应了 GMM 算法这个过程的结果是一组高斯分布的参数，可以用来将像素分配给最有可能产生其颜色的分布，从而完成图像分割。

基于高斯混合模型（GMM）分割的可视化结果如图 4.14 所示。其中，第一排图片为 MVTecAD 数据集的原始数据，分别为 'bottle'、'cable'、'capsule'、'grid'、'hazelnut'、'leather'、'metal_nut'、'pill' 和 'screw' 类别的原始图片；第二排为基于高斯混合模型分割的可视化结果。由于高斯混合模型是一种软聚类方法，它不会直接将像素分配到某个固定类别，而是计算每个像素属于不同类别的概率。每个像素可以部分归类于多个类别，最终根据最高概率或其他规则进行分类；这使得 GMM 在处理模糊边界和过渡区域时相比硬聚类方法更加

灵活和精确。然而,噪声会严重影响 GMM 对像素分布的建模。根据可视化结果可以看出,'cable'、'capsule' 和 'screw' 图片的边界划分不佳。

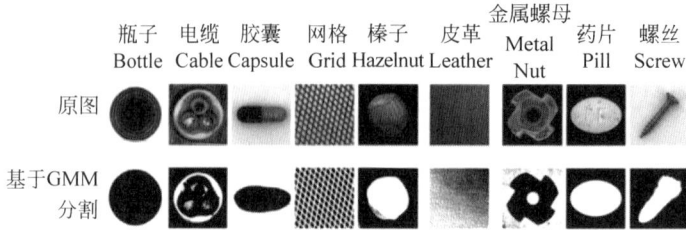

图 4.14   基于高斯混合模型(GMM)分割的可视化结果

4.4   基于深度学习的图像分割方法

本节介绍了几种经典的基于深度学习的图像分割模型,包括全卷积网络(FCN)、U-Net 系列、DeepLab 系列、Vision Transformer(ViT)分割模型、CLIP 分割模型和 Segment Anything Model(SAM)等;这些模型在网络结构、训练方法和分割效果上均有显著创新和提升。

全卷积神经网络(FCN):FCN 是一种将传统全连接层替换为卷积层的网络结构,它能够处理任意尺寸的输入图像,并生成与输入尺寸相同的分割结果。FCN 通过引入跳跃连接和反卷积操作,在保留图像全局信息的同时,能够精确地分割每个像素;它的特点在于易于实现,并且可以处理不同大小的图像,但在处理需要精细边界分割的任务时可能表现不佳。

U-Net 系列:U-Net 最初被设计用于医学图像分割。它采用"U"型网络结构,通过编码器和解码器相结合,并引入跳跃连接来保留空间信息,使其在处理细致的图像分割任务时表现优秀。U-Net 模型对数据的高效利用和在医疗图像中的良好表现,使其成为经典的图像分割模型之一;然而,由于其较复杂的网络结构,U-Net 在计算资源和训练数据上存在一定的要求。

DeepLab 系列:DeepLab 模型引入了空洞卷积(Atrous Convolution)和空洞空间金字塔池化(ASPP)模块,以提升模型的感受野,从而在不损失分辨率的情况下捕捉不同尺度的特征信息。通过结合全连接条件随机场(CRF),DeepLab 在复杂图像的细致分割和边界优化上具有出色的表现。最新的 DeepLabv3+版本进一步引入了编码器—解码器结构,实现了更优异的分割效果。

Vision Transformer(ViT)分割模型:ViT 通过将 Transformer 架构引入计算机视觉任务中,打破了传统卷积网络对局部特征的依赖。ViT 使用全局的自注意力机制捕捉图像的全局特征,并在语义分割任务中表现出色;ViT 分割模型还引入了位置编码、图像分块等技术,并结合了多尺度特征融合,使其能够在多种分割任务中展现强大的适应性和全局信息捕捉能力。

CLIP 分割模型:CLIP 模型通过联合训练图像和文本的特征表示,实现了跨模态对齐,并能够通过自然语言提示进行图像分割。它在分割任务中结合了图像编码器和文本编码器,能够根据用户的文本描述生成精确的分割结果;这种方法在需要利用语言描述进行分割的场景中表现尤为出色,但对文本提示的设计和跨模态对齐的效果依赖较大。

SAM：SAM(Segment Anything Model)是一种通用的分割模型，能够在任意提示下完成各种类型的分割任务。通过强大的视觉感知能力和灵活的提示机制，SAM 在语义分割、实例分割以及交互式分割任务中均表现优异。其通用性和鲁棒性使其能够处理不同复杂度的分割场景，并通过编码器、提示机制与动态掩码生成模块实现高效、准确的分割。

总体而言，基于深度学习的图像分割模型在网络结构和分割性能上都有显著提升。不同模型适用于不同的分割场景，FCN 和 U-Net 适用于一般的图像分割任务，而 DeepLab、ViT、CLIP 和 SAM 则针对特定场景和需求提供了更加灵活、鲁棒的分割解决方案。

4.4.1　全卷积神经网络

全卷积神经网络(FCN)是一种经典的深度学习图像分割模型。它最早由 University of California，Berkeley 大学的研究人员在 2015 年提出。FCN 的主要创新之处在于它将传统的全连接层替换为卷积层，这使得网络能够接受任意大小的输入图像，并输出相同大小的分割图像；此外，FCN 引入了跳跃连接和上采样操作，以保留图像的空间信息，这对于精确的分割十分重要。图 4.15 简单表示了 FCN 网络的基本结构。

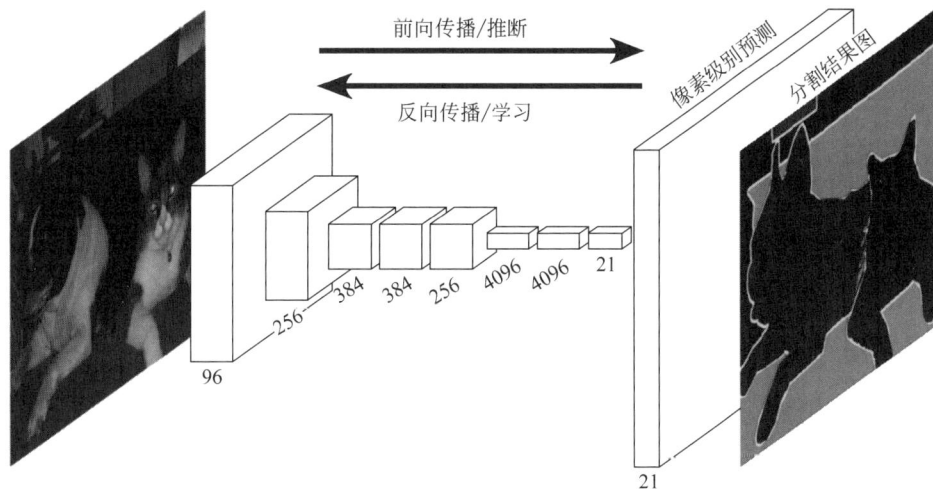

图 4.15　FCN 网络结构示意图

具体而言，FCN 的结构主要由两个部分组成：卷积层和反卷积层。卷积层部分用于提取图像特征，反卷积层部分用于预测每个像素的类别。FCN 模型会逐层对输入图像进行卷积操作，这一过程中图像的尺寸会逐渐缩小，同时特征图的深度会逐渐增加；这个过程可以看作对图像进行压缩编码，提取出图像的抽象特征。接下来，FCN 会通过反卷积操作，将压缩后的特征图逐渐放大，恢复到与原图相同的尺寸；这一过程可以看作对图像特征进行解码，得到像素级别的分割结果。FCN 的另一个重要特点是跳跃结构。在模型的反卷积阶段，不仅使用最后一层卷积的输出，也会引入之前的卷积层的输出。这种设计使得模型在预测每个像素的类别时，能同时考虑到全局和局部的信息。通过这种方式，FCN 实现了对图像的精细分割。

FCN(全卷积网络)的目标函数通常是一个分类损失函数，最常见的是交叉熵损失(Cross-entropy Loss)。在图像分割任务中，每个像素点被视为一个独立的分类问题，每个像素点的类别包括所有可能的物体类别和背景类别。具体来说，假设训练样本为(x,y)，其

中 x 为输入图像，y 为与 x 对应的分割图像，y 的每个像素点对应一个类别标签。假设模型的输出为 $f(x)$，$f(x)$ 的每个像素点对应一个类别预测；对于每个像素点 i，模型的预测可以写作 $f_i(x)$，真实的标签可以写作 y_i。交叉熵损失可以定义如下

$$L = -\sum_i y_i \log(f_i(x)) \qquad (4.22)$$

其中，$\sum$ 表示对所有像素点进行求和。交叉熵损失衡量了模型预测的类别概率分布和真实的类别概率分布之间的差异。

在训练 FCN 时，FCN 的优势是可以接受任意尺寸的输入图像，并输出与输入图像尺寸相同的分割结果。这种性质使得 FCN 模型在处理不同尺寸的图像时，无须进行复杂的预处理或后处理操作。另一方面，FCN 的局限在于它是一种全局优化模型，对于需要精细分割的任务（如实例分割）可能无法提供最佳结果；此外，由于 FCN 模型的训练通常需要大量的标记数据，因此在标记数据有限的情况下，其性能可能会受到限制。

4.4.2　U-Net 系列

U-Net 是一种特别设计用于医疗图像分割的深度学习模型。由德国的弗莱堡大学的研究人员在 2015 年提出。图 4.16 简单表示了 U-Net 网络的基本结构。

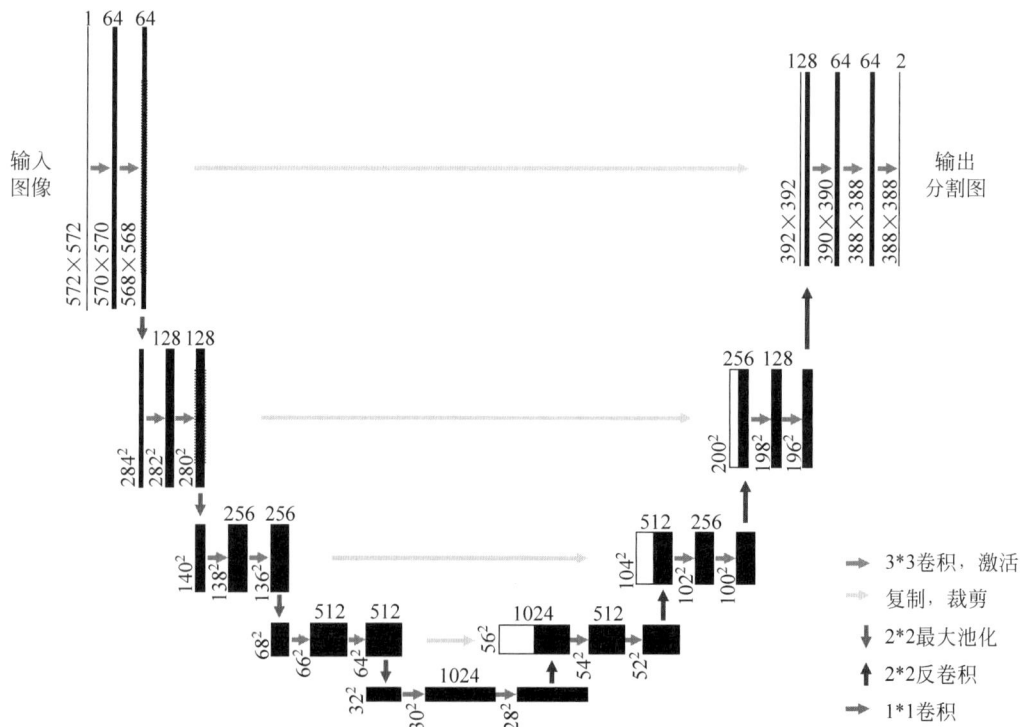

图 4.16　U-Net 网络结构示意图

U-Net 的结构可以看作一个"U"型，这也是其名称的由来。U-Net 的网络结构由两部分组成：收缩路径（编码器）和扩展路径（解码器）。在收缩路径中，每个阶段包含两个 3×3 的卷积操作，每个卷积操作后接一个 ReLU 激活函数，然后进行 2×2 的最大池化操作以减小特征图的尺寸。这种设计允许网络提取并学习图像的抽象特征。在扩展路径中，每

个阶段首先进行 2×2 的上采样操作以增大特征图的尺寸,然后将上采样的特征图与收缩路径中对应阶段的特征图进行拼接,接着进行两个 3×3 的卷积操作。这种设计允许网络恢复图像的详细空间信息。U-Net 的一个重要特点是在扩展路径中引入了跳跃连接;跳跃连接将收缩路径中的特征图直接传递到扩展路径中的对应阶段。这种设计使得网络在生成分割结果时,能同时利用图像的抽象特征和详细空间信息,从而实现精细的图像分割。

U-Net 的损失函数通常选择为二分类交叉熵损失函数(Binary Cross-Entropy Loss)或者 Dice 损失函数。二分类交叉熵损失函数适用于像素级别的二分类问题,即每个像素只有两种可能的类别(如对象和背景)。对于每个像素点,模型需要预测它属于对象类别的概率。损失函数的计算公式如下

$$L = -\sum_i \left[y_i \log(p_i) + (1 - y_i) \log(1 - p_i) \right] \tag{4.23}$$

其中, $\sum$ 表示对所有像素点进行求和, y_i 是像素点 i 的真实标签(0 表示背景,1 表示对象), p_i 是模型预测像素点 i 属于对象类别的概率。

Dice 损失函数:Dice 损失函数基于 Dice 系数,Dice 系数是一种用于衡量两个样本相似度的指标。在图像分割任务中,可以用 Dice 系数来衡量预测的分割区域和真实的分割区域之间的相似度。Dice 损失函数的计算公式如下

$$L = 1 - \frac{2\sum_i y_i \cdot p_i + \text{smooth}}{\sum_i y_i + \sum_i p_i + \text{smooth}} \tag{4.24}$$

式中,参数 smooth 是一个平滑项,用于防止分母为 0。通常取一个小的常数,例如 $1e-5$。

U-Net 的主要优势在于其对标记数据的高效利用。相比其他深度学习模型,U-Net 在训练时需要的标记数据较少;这主要归因于 U-Net 的数据扩增策略,通过对训练数据进行随机的弹性变换,U-Net 可以从少量的训练样本中学习到丰富的特征。此外,U-Net 的另一个优势是其在处理医疗图像时的优秀性能;通过引入跳跃连接和使用上采样操作,U-Net 能够生成精细的分割结果,这对于医疗图像分割任务来说非常重要。然而,U-Net 也存在一些局限。首先,U-Net 的网络结构相对复杂,需要大量的计算资源。此外,虽然 U-Net 在处理二维图像时表现出色,但对于三维图像,需要对 U-Net 进行修改才能得到满意的结果。

4.4.3　DeepLab 系列

DeepLab 是由谷歌研究团队提出的一个经典的深度学习图像分割模型,专为解决语义分割任务而设计。语义分割的任务是将图像中的每个像素点归类到特定的类别中,这对精确区分物体和背景提出了高要求。然而,传统的卷积神经网络(CNN)在处理高分辨率图像时通常会出现信息丢失的问题,尤其是在下采样和上采样过程中,目标的细节信息可能丢失或模糊。DeepLab 模型通过多种技术(如空洞卷积和全连接条件随机场)来克服这些问题,提高了分割结果的精度。

DeepLab 的核心结构围绕卷积神经网络(CNN)展开,但其特别之处在于引入了一系列创新性的模块,旨在保留高层次语义信息的同时,也能捕捉到局部的细节特征,如图 4.17 所示。DeepLab 模型的演化版本包括 DeepLabv1、DeepLabv2、DeepLabv3 和 DeepLabv3+,它们在模型架构上不断改进。

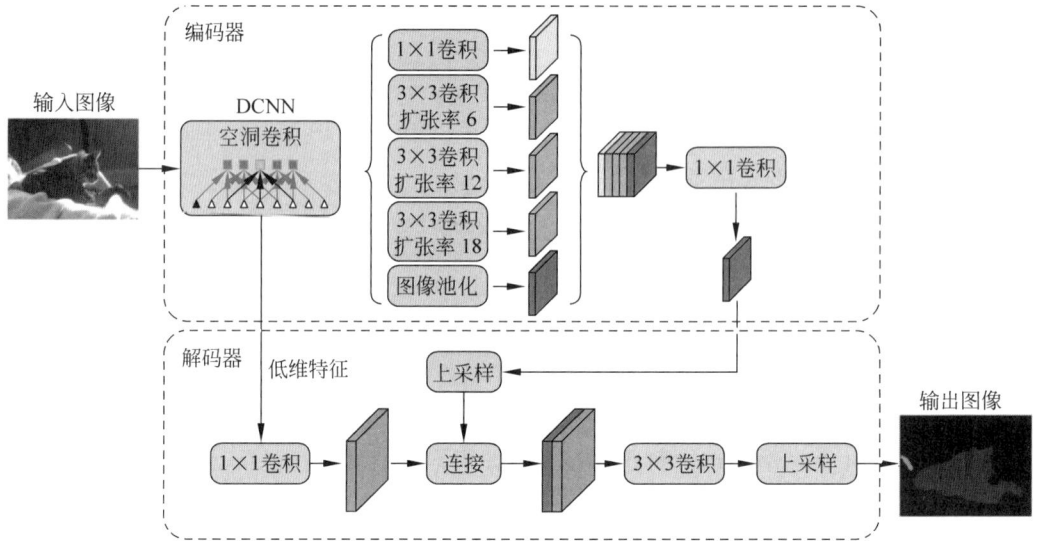

图 4.17 DeepLab 网络结构示意图

空洞卷积(Atrous Convolution):DeepLab 模型的重要创新之一是使用空洞卷积,空洞卷积能够在不增加参数量或计算量的前提下,扩大卷积核的感受野(Receptive Field)。通过调整空洞率,模型可以在不同尺度上捕捉图像特征,这有助于解决传统卷积在语义分割任务中因池化操作导致的空间分辨率损失问题。

空洞空间金字塔池化(Atrous Spatial Pyramid Pooling,ASPP):ASPP 模块是 DeepLabv2 及其后续版本的关键组成部分。ASPP 通过并行地应用多个空洞卷积层,并在这些卷积层中使用不同的空洞率,从而获得不同尺度的图像上下文信息;这样,模型既可以捕捉到全局特征,又能保持局部细节,从而增强语义分割效果。

全连接条件随机场(Fully Connected CRF,FCCRF):DeepLabv1 和 DeepLabv2 通过全连接条件随机场(FCCRF)进一步优化分割结果的边界。FCCRF 可以细化分割结果,尤其是在不同类别边界处,提高模型对目标物体的精细识别能力。

DeepLabv3+:在 DeepLabv3+中,引入了编码器—解码器结构。编码器使用主干网络提取特征,解码器则用于恢复高分辨率的分割结果;这种结构结合了卷积特征提取和高效的特征解码,有效提升了分割边界的细节保留能力。

DeepLab 模型采用的损失函数主要是交叉熵损失(Cross Entropy Loss),它是分类任务中常用的损失函数。对于语义分割,每个像素都视为一个分类任务,因此交叉熵损失用于度量模型输出的每个像素的分类准确度。此外,DeepLabv3+中的编码器—解码器结构会对输出的特征图进行上采样和下采样,这些过程中的中间特征也可能参与损失的计算,以便更好地优化模型。

对于 DeepLab 系列模型,也是用了以下技术细节进一步来提升模型的性能:主干网络(Backbone Network):DeepLab 使用 ResNet、Xception 等深度卷积神经网络作为其主干网络,负责从输入图像中提取高级语义特征。多尺度特征融合:通过 ASPP 模块,模型能处理来自不同尺度的上下文信息,进一步提升分割的准确性。边界优化:FCCRF 用于优化边界,防止物体边界模糊的问题,这对于需要精细边界的分割任务非常重要。训练与推理:模型在训练时使用标准的反向传播算法进行优化,通常使用大规模数据集(如 Pascal VOC、COCO)进行训练。在推理阶段,模型可以通过对不同尺度的输入图像进行多尺度预测,从而增强分割结果的鲁棒性。

4.4.4　其他前沿分割模型

1. ViT 分割模型

ViT 是一种基于 Transformer 架构的视觉模型,最初由 Google 团队提出,用于解决图像分类任务,如图 4.18 所示。ViT 借鉴了在自然语言处理(NLP)中 Transformer 模型的优势,应用到计算机视觉任务中;ViT 的最大特点是打破了传统卷积神经网络(CNN)对于局部特征的依赖,通过全局的自注意力机制,能够在更大范围内捕捉图像的全局信息。随着 ViT 的成功,它也逐渐被应用到图像分割任务中,并演变成了诸如 Segmenter、SETR 等 ViT 分割模型。ViT 的全局特性在分割任务中具有天然优势,因为分割任务需要同时捕捉图像中的局部细节与全局上下文信息。

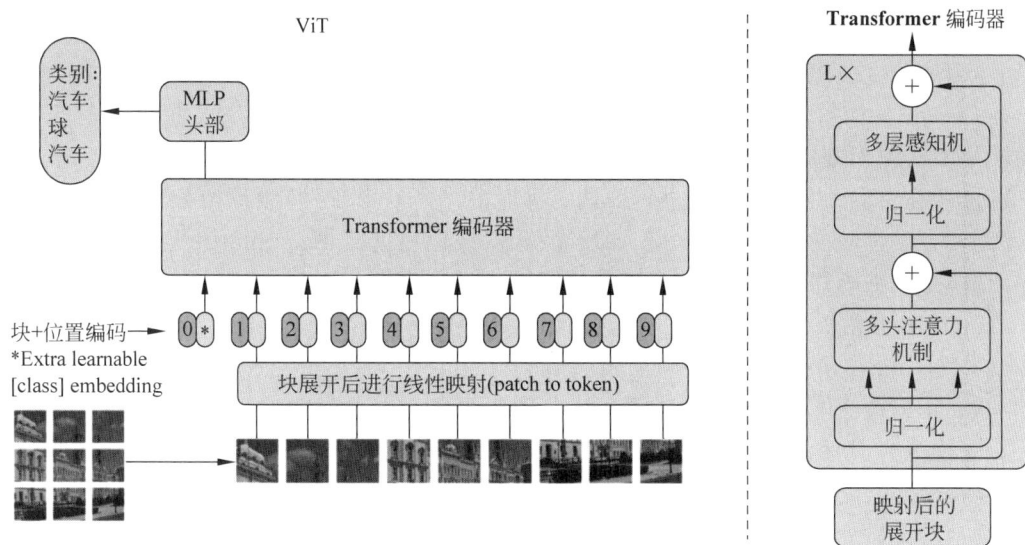

图 4.18　ViT 网络结构示意图

ViT 分割模型的结构大体可以分为 3 个部分:图像分块、Transformer 编码器和特征解码器。第一,图像分块(Patch Embedding):ViT 的输入与传统的卷积网络不同,它首先将输入的二维图像划分为固定大小的图像块(Patch),然后将每个块展平为一维向量;通过线性变换,这些向量被映射到高维空间,形成了图像块的嵌入表示。每个图像块被视作 Transformer 中的一个"词",这些词在后续的 Transformer 编码器中进行处理。第二,Transformer 编码器:ViT 的核心是基于多头自注意力(Multi-Head Self-Attention,MHSA)的 Transformer 编码器。Transformer 编码器使用自注意力机制来捕捉图像块之间的全局依赖关系;自注意力机制允许模型在全局范围内关注各个图像块,帮助模型理解复杂的全局特征,而不仅仅局限于局部信息。每个编码器层包括自注意力和前馈神经网络(Feedforward Network,FFN),通过多层堆叠,ViT 能够逐步构建图像的全局表征。第三,特征解码器:为了将高维特征转换回分割任务需要的像素级标签,ViT 模型通常结合一个解码器结构。常见的解码器设计包括 U-Net 式解码器和 MLP 解码器,这些结构用于将编码器的输出映射回到原始图像的分辨率,并生成每个像素的预测标签。例如,在 SETR(Semantic Segmentation Transformer)模型中,编码后的特征被通过逐步上采样来恢复空间分辨率,从而获得分割结果。最后,位置编码(Positional Encoding):由于 Transformer 架构本身无法捕捉序列中元素的位置信息,ViT 通过为每个图像块添加位置编码,确保模型能够捕捉图像块的位置信息。这种位置编码在分割任务中非常关键,因为空间位置信息在图像分割中具有决定性作用。

ViT 分割模型的损失函数与传统的语义分割模型类似,通常使用交叉熵损失(Cross Entropy Loss)来进行像素级分类;此外,Dice 损失也常被用来处理类别不平衡的问题,特别是在工业图像分割任务中表现良好。在 ViT 分割模型的实现过程中,以下细节对模型的性能起到关键作用。①多尺度特征融合:尽管 ViT 能够很好地捕捉全局信息,但在分割任务中,也需要融合多尺度的特征表示来处理不同大小的目标。这可以通过引入特征金字塔(FPN)或多尺度分块等技术实现。②位置编码的设计:由于 ViT 需要将图像分块并在自注意力机制中处理,这意味着位置信息的准确性非常重要。ViT 通常使用固定的位置编码或可学习的位置编码来确保模型能够识别图像块的空间位置。③预训练模型的使用:由于 Transformer 架构的自由度较高,训练 ViT 模型通常需要大量数据。为了提高分割任务的性能,ViT 分割模型通常会使用在大型数据集(如 ImageNet)上预训练的 ViT 模型作为初始化,然后在特定的分割任务上进行微调。④上采样技术:为了恢复原始分辨率,ViT 分割模型通常在解码阶段使用上采样层,如反卷积、双线性插值或 PixelShuffle 层。这些技术可以帮助模型从编码器输出的低分辨率特征图中生成高分辨率的分割结果。

2. CLIP 分割模型

CLIP(Contrastive Language-Image Pre-training)是由 OpenAI 提出的一种结合图像和文本预训练的跨模态模型。CLIP 通过从大量的图像—文本对中学习,不仅能够理解视觉信息,还能通过自然语言进行表达和查询,如图 4.19 所示。CLIP 模型的核心思想是通过对比学习(Contrastive Learning)来联合训练图像和文本的嵌入,使得相似的图像—文本对在特征空间中靠近。基于 CLIP 的分割模型结合了 CLIP 强大的跨模态表示能力,可以通过语言描述生成高质量的分割结果,这种方法为图像分割任务开辟了新的路径。

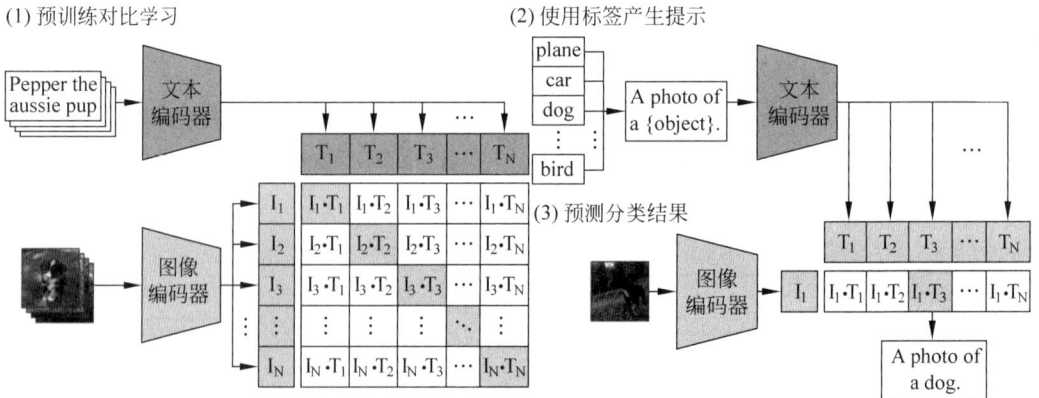

图 4.19　CLIP 分割模型网络结构示意图

CLIP 分割模型主要由以下几个关键模块组成：图像编码器、文本编码器、跨模态对齐机制以及分割头(Segmentation Head)。通过这些模块，模型能够从自然语言提示中获取目标信息，并在图像中进行精确分割。①图像编码器(Image Encoder)：基于 CLIP 的分割模型使用一个视觉主干网络(通常是 ViT 或 ResNet)作为图像编码器，用于从输入图像中提取深层视觉特征；CLIP 的图像编码器已经通过大量的图像—文本对进行了预训练，能够捕捉丰富的语义和上下文信息。②文本编码器(Text Encoder)：CLIP 的文本编码器基于 Transformer 架构，它能够将输入的自然语言提示(如"天空""猫"或"建筑")编码为一个向量表示；文本编码器的任务是将文本描述与图像中的目标对象联系起来，使得模型能够理解用户输入的分割目标。③跨模态对齐机制(Cross-modal Alignment)：CLIP 通过对比学习实现图像和文本的跨模态对齐。图像编码器和文本编码器分别生成图像和文本的特征表示，然后通过对比损失(Contrastive Loss)来确保相似的图像—文本对在嵌入空间中距离更近。对于分割任务，模型根据自然语言提示生成的特征来指导图像中的分割。④分割头(Segmentation Head)：在得到图像的全局特征后，分割头负责将这些特征映射回像素级别的预测结果；典型的分割头通常包括上采样层(如反卷积或双线性插值)和卷积层，用于恢复图像的空间分辨率，并生成每个像素的类别标签；基于 CLIP 的分割模型的分割头不仅需要利用图像编码器提取的视觉信息，还要结合文本编码器的语义提示信息，确保生成的掩码能够匹配用户描述的目标对象。

基于 CLIP 的分割模型的损失函数设计与传统语义分割类似，同时结合了对比损失(Contrastive Loss)，以强化跨模态的特征对齐。主要使用的损失函数有交叉熵损失(Cross Entropy Loss)、Dice 损失(Dice Loss)和对比损失。对比损失(Contrastive Loss)：对比损失是 CLIP 的核心训练目标，用于拉近正确的图像—文本对之间的特征距离。对于分割任务，模型在推理过程中使用预训练的 CLIP 模型，使图像和文本的特征在高维空间中保持对齐，从而确保模型能够根据自然语言提示对图像进行分割。对比损失的计算公式如下

$$L_{\text{Contrastive}} = -\log \frac{\exp(\text{sim}(z_i, z_t)/\tau)}{\sum_j \exp(\text{sim}(z_i, z_t)/\tau)} \tag{4.25}$$

其中，z_i、z_t 分别表示图像和文本的特征表示，sim() 表示相似度函数(如余弦相似度)，τ 是温度参数。通过对比学习，模型可以更好地将图像和文本特征对齐，从而实现跨模态的精确分割。

在基于 CLIP 的分割模型实现中，以下几个细节起到了关键作用。

(1) 自然语言提示的多样性：CLIP 的一个关键优势是它能够理解多种语言表达。用户可以通过多种方式描述需要分割的对象，例如，使用具体的物体名称(如"汽车")、颜色描述(如"蓝色的汽车")或抽象的概念(如"远处的建筑")；这种灵活的提示机制使得 CLIP 模型能够在许多不同的场景下进行精确分割。

(2) 跨模态对齐与推理：在分割过程中，CLIP 模型通过对比损失保持图像和文本的跨模态对齐；分割任务的推理阶段使用了 CLIP 的预训练模型，输入的文本描述直接影响分割结果，这种方式使得模型能够根据语义信息进行目标分割，而不需要精细化的物体标注。

(3) 多尺度特征提取：由于图像中的物体可能具有不同的尺度，基于 CLIP 的分割模型通常结合多尺度特征提取技术，以确保能够处理不同大小的对象；通过图像编码器中多层

Transformer 的堆叠,模型能够捕捉到从局部到全局的多尺度信息。

(4) 上采样与掩码生成:在推理阶段,CLIP 分割模型通过上采样层恢复原始图像分辨率,并结合用户的提示生成像素级的掩码;上采样通常通过反卷积或插值技术实现,并配合卷积层以细化分割边界。

(5) 预训练与微调:CLIP 分割模型通常使用在大规模数据集上预训练的 CLIP 模型,并根据特定的分割任务进行微调;预训练的目的是让模型学习通用的视觉和语义特征,而微调则能让模型适应特定任务的分割需求。

3. SAM 分割模型

Segment Anything Model(SAM)是 Meta AI 团队提出的一种强大的图像分割模型,旨在实现通用的、可扩展的分割任务,如图 4.20 所示。与传统的分割模型不同,SAM 的目标是能够分割任意对象,而不需要为每种特定任务重新训练;通过将强大的视觉感知与高级语义理解相结合,SAM 能够处理不同类型的分割任务,从语义分割到实例分割,再到更复杂的场景分割。SAM 的出现标志着图像分割模型进入了更通用、更具鲁棒性的时代,使其在广泛的视觉任务中表现出色。

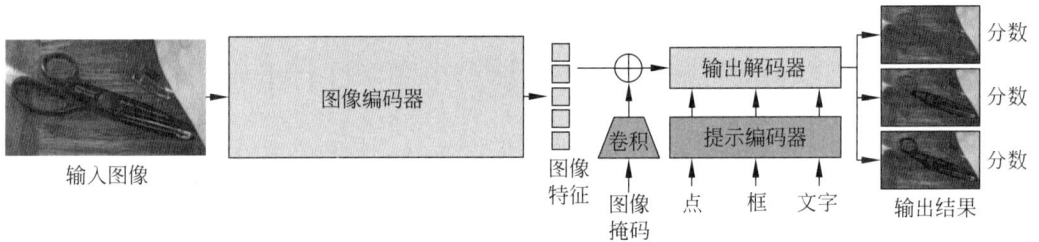

图 4.20 SAM 分割模型网络结构示意图

SAM 的核心设计结合了提示(Prompt)机制与强大的分割模型架构,使其能够在输入特定提示的情况下,对任意图像对象进行分割。SAM 模型结构主要由以下几个部分组成:编码器、提示机制以及动态掩码生成。

(1) 编码器(Encoder):SAM 使用一个强大的视觉主干网络(通常是基于 ViT 的架构)来对输入图像进行编码。编码器将原始图像转换为高维特征表示,捕捉图像的全局和局部特征信息;通过深度 Transformer 网络,SAM 能够提取多尺度、多层次的特征,这对于不同类型的对象分割任务非常重要。

(2) 提示机制(Prompt Mechanism):SAM 的一个关键创新是引入了提示机制,用户可以通过多种方式为模型提供分割提示,例如,通过点击对象的某些像素、绘制边界框,或者通过粗略的掩码来告诉模型需要分割的区域。提示机制能够灵活适应不同的分割场景,使得 SAM 不仅可以在标准的语义分割任务中使用,还可以应用于需要交互式分割的任务。

(3) 动态掩码生成(Dynamic Mask Generation):根据编码器提取的图像特征和提示信息,SAM 生成目标对象的精确掩码;通过结合提示和全局特征,SAM 能够对图像中的任意对象进行分割,并在对象的边界上保持较高的精度;SAM 的掩码生成过程是动态的,这意味着即使输入的提示信息不同,模型也能快速调整分割结果,从而适应多样化的需求。

SAM 的损失函数与传统的语义分割模型类似,主要采用交叉熵损失(Cross Entropy Loss)和 Dice 损失(Dice Loss),以确保生成的掩码与目标区域高度匹配。考虑 SAM 需要对多种对象进行分割,它在不同场景下的损失函数设计可能会有所变化,以适应实例分割和语义分割的不同需求。

SAM 的实现具有以下几个重要特性,这些特性使其成为一种高度灵活且性能强大的分割模型。首先,可扩展性:SAM 的提示机制使其能够扩展到多种图像分割任务,包括语义分割、实例分割和交互式分割;无论任务的复杂性如何,SAM 都可以通过用户提供的提示快速适应。其次,实时交互:SAM 的设计允许实时响应用户的提示,通过输入简单的点或框提示,用户可以快速获得分割结果;这使得 SAM 非常适合用于需要高交互性的场景,如医疗图像分析、物体跟踪等。同时,多尺度特征融合:SAM 在编码器阶段通过 Transformer 网络实现了多尺度特征的融合,确保模型能够同时捕捉局部细节和全局上下文信息;这种多尺度特征对于精确分割尤其重要,特别是在处理复杂的对象形状或背景时。此外,预训练与微调:为了确保通用性,SAM 通常先在大规模数据集上进行预训练,然后根据特定任务进行微调;预训练的目的是让模型学习到丰富的通用视觉特征,从而在后续的微调过程中能够快速适应各种特定的分割任务。最后,可解释性:通过结合提示机制,SAM 的分割结果具有较高的可解释性;用户可以通过调整提示信息(如增加更多点或框)直接影响分割结果,这种透明的反馈机制提升了模型在实际应用中的可操作性。

4.5 工业图像分割应用案例

针对罐头盖的实时监测和自动缺陷分割提出了一套完整的检测系统解决方案。系统专门为罐头盖这一复杂结构的工业产品设计,通过多检测区域提取和分区域检测方法,能够有效地识别罐盖表面的多种常见缺陷(如污染、擦伤、压痕等)以及与工艺相关的特殊缺陷(如胶水飞溅、缺胶等)。该检测系统由多模块组成,包括工装流动线体、自动测量工位和数据处理模块。通过将待测罐头自动输送至检测位置,使用工业相机和边缘检测算法进行全面扫描,并结合几何信息对各区域的缺陷进行精准识别和分类,从而实现高效的缺陷检测和产品质量监控。

4.5.1 项目需求

随着工业自动化水平的不断提升,制造业对产品的质量要求越来越高;罐盖作为工业制造中常见的产品,其表面和结构的完整性对整体产品的性能起着至关重要的作用。本项目主要选取罐盖作为研究对象,该研究对象既存在各种常见的表面缺陷,如污染、擦伤、压痕、形变等;也存在与工艺相关的各种特殊缺陷,如胶水飞溅、缺胶等。此外,罐盖的检测对象具有非平面和复杂的三维结构,其整体被划分为 4 个检测区域:内表面区域、嵌环区域、胶水区和卷缘区,每个区域的缺陷类型各不相同。针对这些复杂的缺陷分布和形态差异,本项目的主要目标是开发并实施一套高效的自动检测系统,确保罐盖产品的表面和结构无缺陷,提高产品质量的稳定性,降低生产过程中的次品率。

4.5.2 方案介绍

为了满足项目需求,本方案提出了一种多检测区域提取和分区域检测方法,如图 4.21 所示。

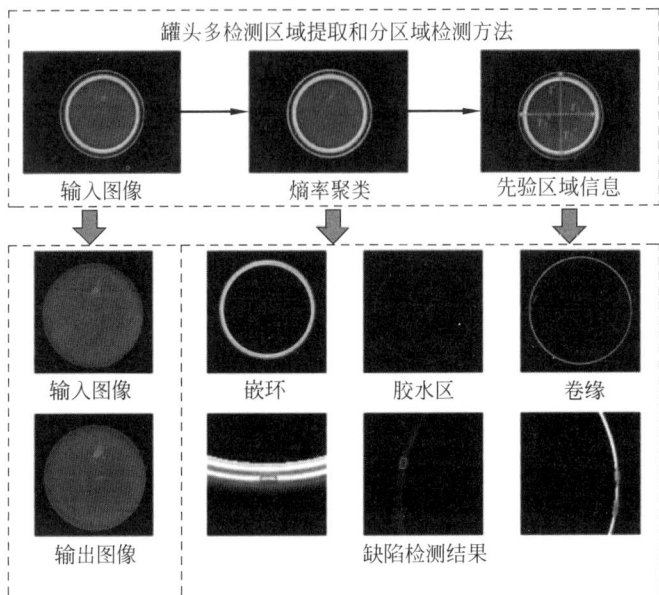

图 4.21　多检测区域提取和分区域检测方法

在提出的多区域提取方法中,首先,对在线获取的目标图像进行处理,采用熵率聚类方法将目标图像分割为多个区域,并结合目标的几何结构特征,实现检测对象的精确分割和识别;接着,通过边缘检测算法提取出各个检测区域的边缘轮廓,并采用形状拟合方法确定目标的圆心位置和外径尺寸;最后,利用预先获取的各检测区域的内径、外径等几何信息,对各个检测区域内的缺陷进行进一步分割与识别,以实现复杂结构中缺陷的精准检测。在提出的多区域缺陷检测过程中,根据不同检测区域的特性,采用不同的缺陷检测方法进行识别分析。分割出的 4 个检测区域可分为两种类型,圆形区域(主要指内表面区域)和环形区域(包括嵌环、胶水区和卷缘等)。针对圆形区域,采用基于纹理和灰度特征的检测方法,识别表面缺陷;而对于环形区域,则结合形状特征与边缘检测的方法,针对其复杂的结构特性进行缺陷定位和分类,从而实现各类型区域内缺陷的精准检测。

本系统主要由以下几个模块组成。

(1) **工装流动线体**:该流水线系统包括上升电梯、下降电梯、上料工作台以及信息显示屏。整个线体采用上下层结构设计,充分利用了占地空间,并通过在两侧布置自动测量工位,有效提升了整体检测效率。

(2) **自动测量工位**:包括电机、光电触发器、光源、工业相机以及传送系统等设备。该测量工位通过传送带将待检测零件送至工业相机下方,工业相机利用传送系统对待测罐头进行检测。扫描完成后,工业计算机使用算法分析图片,并将拍摄图片与标准图片进行对比,判断罐头零件是否合格。

4.5.3　系统的工作流程

如图 4.22 所示,系统的工作流程如下。

(1) 罐头上料:待检测的罐头通过上升电梯被送至上料工作台,等待被机械臂取走;

(2) 自动检测:机械臂将零件送至传送带,传送带移动,相机对罐头进行全方位扫描;

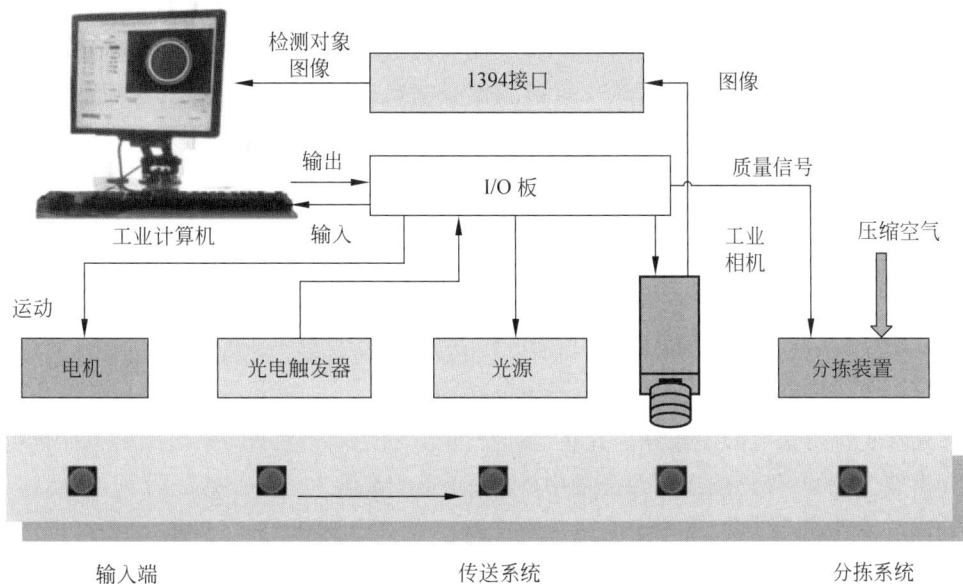

图 4.22 机器视觉表面缺陷检测控制系统

随后相机将图像输入至 1394 接口；

（3）数据分析处理：待检测图像由 1394 接口输入工业计算机，检测异常区域；

（4）结果显示与处理：检测结果通过信息显示屏展示，操作人员根据显示结果，决定是否需要对零件进行返工或重新加工；

（5）零件下料：检测完成的零件通过下降电梯送至已检缓存区，等待后续处理或包装。

4.5.4 应用案例总结

本项目提出的检测方法在定位精度、检测精度和分割精度等方面表现出显著优势。经过一年多的实际应用，其检测精度达到 99.9% 以上，同时该方法具有良好的适应性和鲁棒性，能够满足复杂和严苛的工业环境需求，并能够完全替代人工检测，有效提升了检测效率，确保了产品质量的稳定性。

4.6 本章小结

本章深入探讨了工业视觉图像分割技术的基本概念、传统方法、基于机器学习的分割方法以及基于深度学习的前沿模型，并结合实际工业应用分析了这些技术的优缺点及其适用场景。通过回顾图像分割技术的发展历程，可以看出，从早期的简单阈值分割、边缘检测到现代的深度学习模型，图像分割技术在准确性、鲁棒性和适应性方面都取得了显著的进步。

在图像分割的基本概念中，首先明确了图像分割的定义与目的。图像分割是将图像划分为若干区域或对象的过程，目的是在图像中提取出有意义的部分，为后续的分析或决策提供依据。无论是在医学影像分析、自动驾驶，还是工业质量检测等领域，图像分割都发挥着不可替代的作用；它为信息提取和智能化决策提供了基础，在工业生产环境中尤为重要。

正如在质量检测、自动化生产、工业机器人导航等场景中所展示的,通过图像分割技术可以实现对目标物体的精确定位、检测和分类,从而大大提升生产线的智能化水平和效率。接下来,我们介绍了传统图像分割方法,包括阈值分割法、边缘检测分割法、区域生长法和分水岭算法。阈值分割法是一种简单且高效的分割方法,适用于图像中前景和背景灰度差异显著的场景;然而,它对噪声和复杂背景的处理能力有限。边缘检测方法通过计算像素间的灰度变化来识别图像中的边缘,是另一种常用的分割技术;边缘检测方法虽然在提取目标轮廓方面表现出色,但在处理复杂背景或灰度差异较小的图像时,效果往往不佳。区域生长法和分水岭算法则侧重于图像的局部和全局信息,通过扩展相似像素或模拟水流淹没过程来分割图像。这些方法为图像分割奠定了基础,但其对噪声的敏感性和对复杂场景的处理能力有限,促使研究者不断探索更先进的分割技术。

进入基于机器学习的图像分割方法,我们讨论了支持向量机(SVM)、K-means 聚类、高斯混合模型(GMM)等方法在图像分割中的应用。SVM 作为一种监督学习算法,能够通过图像特征对像素进行分类,适用于前景和背景的二分类分割任务;K-means 聚类作为一种无监督学习方法,能够将像素划分为多个聚类,适用于复杂背景下的多类别分割任务;而GMM 通过混合高斯分布模型,对图像中的像素进行建模与分割,能够处理颜色复杂的场景。这些基于机器学习的方法有效提升了图像分割的鲁棒性,尤其是在特征选择和数据不均衡处理方面具有优势。但其不足之处在于对大量标注数据的依赖以及计算开销较大。在基于深度学习的图像分割方法部分,着重介绍了全卷积神经网络(FCN)、U-Net、DeepLab、Vision Transformer(ViT)、CLIP 和 Segment Anything Model(SAM)等前沿模型。深度学习方法凭借其强大的特征学习能力,能够自动从数据中学习图像的复杂特征,极大地提升了分割任务的精度和效率。FCN 通过全卷积结构,使得网络可以接受任意大小的输入图像,并输出相同大小的分割图像;U-Net 则通过对称的 U 型结构和跳跃连接,在医学影像分割中表现出色;DeepLab 通过空洞卷积和条件随机场等技术,在处理高分辨率图像时减少了信息丢失,并显著提高了语义分割的准确性;ViT 引入了 Transformer 的自注意力机制,能够在分割任务中捕捉全局特征;CLIP 结合了图像和文本的跨模态预训练模型,能够通过自然语言提示生成分割结果;而 SAM 则通过其强大的提示机制,实现了通用的、可扩展的分割任务。这些深度学习模型在处理复杂场景、识别多类别目标以及提升分割精度方面表现突出,并逐渐成为图像分割领域的主流方法。

在本章最后,通过对这些图像分割方法的介绍,我们不仅了解了其背后的理论基础和算法实现,还认识到它们在实际工业场景中的广泛应用。无论是传统方法中的阈值分割和边缘检测,还是基于深度学习的 U-Net、DeepLab 等模型,图像分割技术都在不断演进,以适应更复杂、更高精度的分割需求。特别是在工业生产中,分割技术可以有效提升产品质量检测、自动化生产线控制、机器人导航等领域的效率和准确性。总的来说,图像分割技术是计算机视觉领域中一项关键任务,其发展历程反映了计算机视觉技术的进步。本章为接下来的章节打下了坚实的基础,后续将进一步深入探讨如何将这些图像分割技术应用于具体的工业场景中,探索更多实际问题的解决方案。

4.7　思考与习题

1. 图像分割方法的演变与对工业应用的影响，基于对图像分割从传统方法（如阈值分割、边缘检测等）到深度学习方法的理解。谈谈这些技术演变对工业视觉系统检测精度和效率的影响；为什么传统方法难以应对复杂的工业图像分割任务，而深度学习方法能够带来性能提升？

2. 自动化生产中的图像分割技术选型，在工业自动化生产中，图像分割用于检测产品的缺陷和异物。结合实际应用场景，比较支持向量机（SVM）和深度学习模型（如 U-Net、DeepLab）在处理不同类型的工业检测任务（如表面缺陷检测、焊接线分割等）时的优势和局限性；如何选择合适的分割模型？

3. 分水岭算法在工业环境中的应用，分水岭算法是一种基于图像梯度的分割方法。请结合工业检测场景，讨论分水岭算法如何处理目标形状复杂的工业产品分割任务；面对噪声和复杂背景，如何通过后处理步骤（如形态学操作）提高分割结果的准确性？

4. 深度学习与图像分割模型的计算复杂性，深度学习分割模型（如 FCN、U-Net、DeepLab）在工业视觉中的应用往往要求较高的计算资源。请详细分析深度学习分割模型的计算复杂性对实际工业环境的影响；如何在保证分割精度的同时优化计算效率，以满足工业实时检测需求？

5. 空洞卷积在工业缺陷检测中的应用，DeepLab 模型中的空洞卷积（Atrous Convolution）能够扩大感受野而不增加计算量。结合工业视觉中小尺寸缺陷检测的需求，分析空洞卷积如何帮助分割模型在不损失分辨率的情况下识别精细的工业缺陷；请提供具体的工业应用案例来支持你的论点。

6. 小样本问题与迁移学习在工业图像分割中的应用，工业图像数据集常常样本数量有限。请讨论如何通过迁移学习或数据扩充技术来提升深度学习分割模型在小样本情况下的分割性能；你会如何在工业场景中设计一个基于迁移学习的分割模型？

7. CLIP 模型在工业视觉中的应用潜力，CLIP 通过结合图像和自然语言提示进行分割。请结合工业检测场景，探讨如何利用 CLIP 模型的跨模态能力来实现更加灵活的工业图像分割任务；你认为在复杂的工业检测任务中，如何设计文本提示来辅助分割目标？

8. 复杂工业场景中的噪声处理与边界优化，在工业场景中，复杂背景和噪声常常干扰图像分割任务。请结合深度学习和传统分割方法，分析如何通过 CRF（条件随机场）或其他边界优化技术来改善复杂场景下的分割结果；请举例说明这些方法如何提升分割结果的边界清晰度。

9. 实时工业分割模型的设计与优化，实时处理是许多工业视觉分割任务的关键要求。请讨论如何设计和优化实时工业图像分割模型，特别是在处理高分辨率图像时，如何在模型的计算复杂性与性能之间进行平衡？你会选择哪些模型结构或策略（如模型剪枝、轻量化网络等）来提升实时性？

第 **5** 章

工业机器视觉目标检测与跟踪

本章深入探讨了工业机器视觉中的目标检测与跟踪技术,旨在为读者提供一个全面理解这些技术如何在现代工业生产中应用的基础。目标检测作为计算机视觉的关键领域,其核心在于准确地识别和定位图像或视频中的特定物体。在工业应用中,这一技术不仅提升了生产效率和质量控制水平,还增强了工业安全性和稳定性,促进了智能制造的发展。

本章围绕以下内容展开。

5.1 介绍了目标检测的定义,以及其在工业中的重要性和应用价值。

5.2 概述了传统的目标检测方法,包括基于模板匹配、基于特征点的方法和其他经典算法。

5.3 探讨了基于深度学习的目标检测方法,重点介绍了 YOLO 系列、R-CNN 系列和其他目标检测方法。

5.4 介绍了目标跟踪的基本概念和技术方法,包括传统方法、基于相关滤波的跟踪算法、基于孪生网络的跟踪方法以及其他前沿模型。

5.5 通过具体案例展示了上述技术在工业中的应用,如医药自动化生产线中的药液微弱异物检测、可见光与红外图像融合的电力热故障判别、电力自动化巡检中的异物检测等。

5.6 总结了本章的主要内容,回顾了目标检测与跟踪的基本概念、技术方法和工业应用。

5.7 提供了思考题,帮助读者巩固和思考所学知识的实际应用与未来趋势。

5.1 目标检测的基本概念

5.1.1 目标检测的定义与意义

目标检测是计算机视觉的核心领域之一,其目的是在图像或视频中准确地识别并定位一个或多个特定类别的物体。从技术角度来说,目标检测任务通常包括两个基本子任务:分类和回归。如图 5.1 所示,分类是指确定图像中是否存在特定类别的物体;而回归则要求精确地标出这些物体在图像中的位置,通常使用边界框来表示。

目标检测在工业领域中具有广泛而深远的意义,涵盖了从提高生产效率到推动产业智能化转型的多方面如图 5.1 所示。

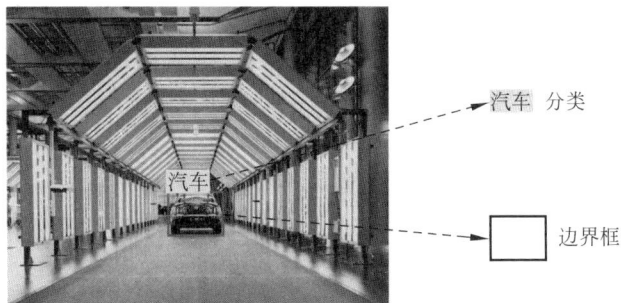

图 5.1　目标检测的定义

1. 显著提升生产效率与质量控制水平

目标检测技术在工业生产中的应用,如同为生产线上的产品质检工作注入了"智慧之眼";它能够实时、精准地识别生产线上的产品,并对产品的外观质量进行快速检测。相比传统的人工质检方式,目标检测技术不仅速度更快,而且检测精度更高,能够识别出人工难以察觉的微小缺陷。在高度自动化的工业生产环境中,目标检测技术能够与生产线上的其他自动化设备实现无缝对接,形成完整的自动化生产流程。例如,在汽车制造业中,目标检测技术可以应用于车身焊装线的质量检测环节,对车身的各个部位进行精确检测,确保焊接质量符合标准。同时,它还能够实时监测生产线的运行状态,及时发现并解决潜在的质量问题,从而避免了因产品质量不合格而导致的返工和材料浪费。此外,目标检测技术还能够通过数据分析和挖掘,为生产者提供有价值的生产信息。例如,在半导体制造业中,目标检测技术可以收集并分析生产过程中的各种数据,帮助生产者了解生产线的运行状态、产品质量的分布情况等信息,从而为生产优化提供决策支持。

2. 增强工业安全性与稳定性

目标检测技术在工业安全领域的应用,对于保障工业生产的安全性和稳定性具有重要意义;它能够实时识别操作环境中的障碍物和目标物体,为工业机器人等自动化设备提供精准的导航和避障信息,从而避免了因设备碰撞而导致的安全事故。在涉及重型机械或危险作业的工业场景中,目标检测技术的应用更是不可或缺。例如,在石油化工厂中,目标检测技术可以实时监测生产过程中的异常情况,如泄漏、火灾等,及时发出警报并采取措施,有效防止事故的发生。同时,它还能够对生产环境中的各种安全隐患进行预警和监控,为生产者提供可靠的安全保障。此外,目标检测技术还能够与工业互联网等先进技术相结合,构建智能化的安全生产管理系统。通过实时监测和分析生产数据,系统能够及时发现潜在的安全隐患,并采取相应的措施进行防范和应对。这种智能化的安全管理方式不仅提高了工业生产的安全性,还降低了因安全事故而导致的经济损失和社会影响。

3. 推动智能制造与工业转型升级

目标检测技术是实现智能制造的重要技术支撑之一;它能够提供精确的物体识别与定位信息,为工业系统实现自动化的检测、分拣、装配等任务提供有力的技术支持。随着工业4.0的推进和智能制造的兴起,目标检测技术在工业领域的应用越来越广泛。在智能工厂中,目标检测技术可以应用于生产线的智能化改造和升级。通过实时监测生产线的运行状态和产品质量信息,系统能够自动调整生产参数和工艺流程,从而实现了生产过程的智能化控制。同时,目标检测技术还能够与其他智能设备实现互联互通,形成智能化的生产网络。这种智能化的生产方式不仅提高了生产效率和质量水平,还降低了人力成本和能耗水平。此外,目标检测技术还能够推动制造业向更高层次、更高水平的智能化、自动化方向发展。通过与大数据、云计算等先进技术相结合,目标检测技术能够实现对生产数据的深度挖掘和分析,为生产者提供精准的决策支持和预测服务。这种智能化的生产模式不仅提高了制造业的竞争力水平,还推动了整个产业链的协同发展。

总的来说,目标检测技术作为工业机器视觉的重要组成部分,正在不断推动工业生产向智能化、自动化方向发展。它不仅提高了生产效率和产品质量,还为实现更高水平的工业自动化和智能化奠定了坚实的技术基础。随着技术的进一步发展,目标检测将在更多工业场景中发挥关键作用,成为未来智能制造的核心驱动力之一。

5.1.2 目标检测的挑战与技术难点

尽管目标检测技术在工业领域已取得了显著的进展,但在实际应用中,仍面临着诸多挑战和技术难点。这些问题不仅影响了检测的准确性和效率,也决定了目标检测技术在复杂工业环境中的适用性。

1. 多样化的目标物体

在工业检测领域,目标物体的多样化是目标检测算法面临的一大挑战。这种多样化不仅体现在物体的形态、尺寸、颜色、材质等物理特性上,还体现在物体的种类、功能、用途等方面。首先,从物理特性上看,工业环境中的目标物体往往具有高度的多样性。例如,在汽车制造过程中,不同型号的零部件外观差异巨大,即使是同一类零部件,也可能因产品型号不同而存在差异,如图5.2所示。这种差异可能导致传统的目标检测算法难以准确识别和定位这些物体。为了应对这一挑战,算法需要采用更复杂的特征提取方法和更强大的模型结构,以学习到目标物体的本质特征。其次,从种类、功能、用途等方面看,工业环境中的目标物体也呈现出多样化的特点。例如,在电子制造行业中,需要检测的目标物体可能包括电路板、芯片、电容器等多种不同类型的元器件。这些元器件在形态、尺寸、颜色等方面都存在差异,且每种元器件都有其特定的检测要求和标准。因此,算法需要具备高度的灵活性和可扩展性,以适应不同种类、功能、用途的目标物体的检测需求。为了应对多样化的目标物体带来的挑战,目标检测算法需要不断优化和改进。例如,可以采用深度学习中的卷积神经网络(CNN)等先进技术来提取更丰富的特征信息;同时,结合领域知识和专家经验来构建更高效的检测模型和算法。此外,还可以采用数据增强等技术手段来提高模型的泛化能力,以应对不同批次和型号的零部件检测任务。

图5.2 多样化的目标物体

2. 复杂背景与环境干扰

在工业检测中,复杂背景与环境干扰是另一个重要的挑战。工业场景中的背景往往复杂多变,包含多种颜色、纹理、反光表面等干扰因素;此外,工厂内的光照条件也可能随时变化,如自然光与人工照明的切换,以及遮挡现象等条件变化。这些干扰因素都会严重影响目标检测的稳定性和准确性。首先,复杂背景中的颜色、纹理等特征可能与目标物体相似,导致算法难以准确区分目标和背景。为了解决这个问题,算法需要采用更精细的特征提取方法和更强大的分类器来区分目标和背景。例如,可以利用深度学习中的注意力机制等技术手段来使算法更准确地聚焦于目标物体本身,而忽略背景中的干扰因素。其次,环境干扰如光照变化、反光表面等也会对目标检测造成严重影响。光照变化可能导致图像中的目标物体明暗不均,反光表面则可能产生强烈的反射光,这些都会使目标物体的特征变得模糊或难以识别。为了应对这些挑战,算法需要采用自适应阈值、图像增强、去噪等预处理技术来降低背景干扰;同时,结合深度学习中的鲁棒性训练等技术手段来提高模型对光照变化和反光表面的鲁棒性;为了进一步提高目标检测算法在复杂背景与环境干扰下的性能表现,还可以采用多模态融合等技术手段。例如,可以结合视觉和雷达等多种传感器信息来构建更全面的检测系统;同时,利用深度学习中的多模态学习等技术手段来融合不同模态的信息,以提高检测的准确性和稳定性。

3. 多场景的跨域适应性

在实际应用中,目标检测模型往往需要在不同的工业场景中使用,而每个场景可能存在不同的光照条件、背景噪声、相机参数等。这种跨域应用的需求要求目标检测模型具备良好的适应性,能够在新的环境下仍然保持高效的检测性能。首先,不同工业场景中的光照条件可能存在显著差异。例如,在室外环境中进行目标检测时,可能会受到阳光直射或阴影的影响;而在室内环境中,则可能受到人工照明或自然光的影响。这些光照条件的变化可能导致图像中的目标物体明暗不均或产生反光现象,从而影响检测的准确性。为了应对这一挑战,算法需要采用自适应光照调整等技术手段来降低光照变化对检测的影响。其次,不同工业场景中的背景噪声也可能存在差异。例如,在自动化生产线上进行目标检测时,可能会受到机械振动、电磁干扰等噪声的影响;而在仓储系统中进行目标检测时,则可能受到灰尘、污渍等噪声的干扰。这些噪声可能导致图像数据的质量下降,进而影响目标检测的准确性。为了应对这些挑战,算法需要采用去噪、图像增强等预处理技术来提高图像质量;同时,结合深度学习中的鲁棒性训练等技术手段来提高模型对背景噪声的鲁棒性。为了进一步提高目标检测模型在不同工业场景中的适应性,可以采用域适应技术和迁移学习方法。域适应技术旨在使模型能够适应不同域的数据分布,从而提高模型在新环境下的性能表现。迁移学习方法则可以利用已有的相关任务数据来提高模型在新场景下的性能表现。例如,可以利用对抗性训练等技术来使模型对不同的光照条件和背景噪声具有更强的鲁棒性;同时,结合迁移学习方法利用已有的相关任务数据来提高模型在新场景下的泛化能力。通过这些技术手段的应用,可以进一步提高目标检测模型在不同工业场景中的适应性和性能表现。

总之,目标检测技术在工业环境中的应用面临多重挑战,从目标的多样性、复杂的背景干扰,到实时性的严格要求以及硬件的协同优化,每一个环节都对技术提出了新的要求。尽管如此,随着技术的发展和不断的创新,这些挑战正在逐步被克服,目标检测在工业领域的应用将越来越广泛和深入。

5.2 传统目标检测方法

传统目标检测方法是在深度学习普及之前广泛应用的技术手段,这些方法通过基于特征和模型的方式来识别和定位图像中的目标。虽然在某些复杂场景下,这些方法可能不及现代深度学习方法的表现,但它们在特定应用中仍然具有独特的优势,特别是在计算资源有限或实时性要求较高的工业环境中。

5.2.1 基于模板匹配的目标检测

基于模板匹配的目标检测是计算机视觉领域中一种简单直观的方法,广泛应用于各种目标定位和识别任务中;该方法的核心思想是在原始图像中寻找与预设模板相匹配的区域,通过相似度度量来确定目标的存在与否。

1. 算法原理

1) 基本假设

模板匹配算法的基本假设包括以下几点。

(1)目标形状固定:假设目标在图像中的形状、大小和方向是固定的或变化很小,可以通过一个特定的模板来表示目标;

(2)背景相对简单:目标周围的背景应尽量简单,以减少误检的可能性;

(3)光照条件一致:目标区域与模板之间的光照条件应尽可能一致,以保证匹配的准确性。

2) 模板匹配过程

(1)模板准备。

从已知包含目标的图像中提取出一个或多个模板;这些模板通常选择目标清晰、特征明显的部分;模板的选择对最终的检测结果至关重要,一个好的模板应该能够反映目标的主要特征,同时尽量减少背景干扰。

(2)滑动窗口搜索。

在待检测图像上使用一个与模板大小相同的窗口进行滑动搜索;这个窗口在图像上的每一个可能的位置上都会停下来,与模板进行比较;滑动步长可以根据需要调整,较小的步长可以提高精度,但会增加计算量;较大的步长可以加快搜索速度,但可能会错过某些潜在的匹配位置。

(3)相似度度量。

在每个停下的位置,计算窗口内的子图像与模板之间的相似度。根据相似度的高低来判断该位置是否为目标所在;常用的相似度度量方法包括平方差之和(Sum of Squared Differences,SSD)和归一化交叉相关(Normalized Cross-Correlation,NCC),示例计算结果如图 5.3 所示。

平方差之和:SSD 是一种简单的度量方式,用于计算模板与图像局部区域之间的差异。计算公式为

$$M_{\text{SSD}} = \sum_{x,y} (I(x,y) - T(x,y))^2 \qquad (5.1)$$

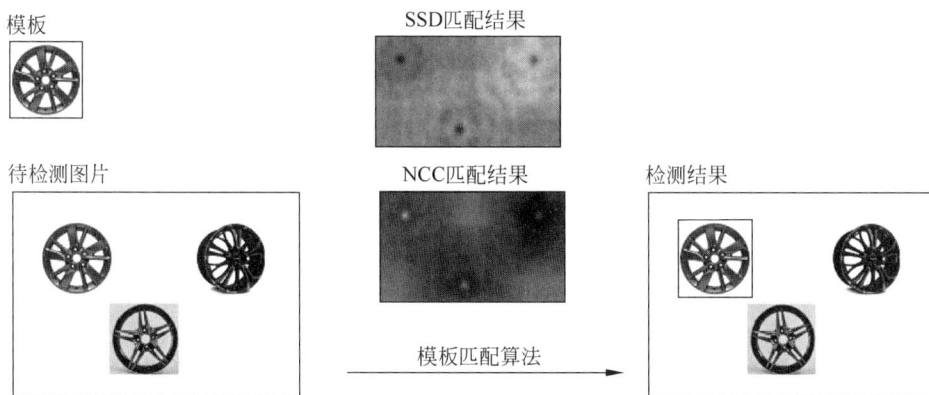

图 5.3　基于模板匹配的目标检测

其中，$I(x,y)$ 表示图像在位置 (x,y) 处的像素值，$T(x,y)$ 表示模板图像在相同位置的像素值；SSD 值越小，表明匹配度越高。

归一化交叉相关：NCC 是一种更为复杂的度量方法，它考虑了模板和图像局部区域之间的线性相关性。计算公式为

$$M_{\mathrm{NCC}} = \frac{\sum\limits_{x,y}(I(x,y)-\bar{I})(T(x,y)-\bar{T})}{\sqrt{\sum\limits_{x,y}(I(x,y)-\bar{I})^2 \sum\limits_{x,y}(T(x,y)-\bar{T})^2}} \tag{5.2}$$

其中，$\bar{I}$ 和 $\bar{T}$ 分别为图像窗口和模板的平均灰度值。M_{NCC} 的取值在 $-1\sim1$，值越接近 1，表示匹配度越高。

（4）结果分析。

在所有位置计算完相似度后，可以选择具有最高相似度（对于 NCC 而言）或最低差异（对于 SSD 而言）的位置作为目标的最佳匹配位置；通常，可以设置一个阈值来过滤掉那些相似度较低的候选位置，以减少误检。

2. 优点与缺点

模板匹配一般不需要复杂的模型训练过程，算法逻辑简单，易于编程实现；此外，在模板和图像较小的情况下，计算速度较快，适用于对实时性要求较高的应用。然而，模板匹配对光照、遮挡和噪声敏感，这些因素可能严重影响匹配结果。常规模板匹配算法通常难以处理目标的姿态变化和尺度变化，需要对每种可能的变化都预备一个模板。基于上述优缺点，基于模板匹配的目标检测算法适合在印制电路板制造的视觉检查系统、条形码或 QR 码识别和机器人姿态估计和对齐等场景应用。

5.2.2　基于特征点的目标检测

基于特征点的目标检测方法利用图像中的显著特征点，如角点、边缘和兴趣点来识别和定位目标。这些特征点是局部图像区域中具有显著变化的点，通常对旋转、尺度变化和光照变化具有一定的鲁棒性。

1. 算法原理

特征点检测方法的核心思想是在图像中寻找具有特殊属性的点，这些属性可以是局部

最大梯度、特定形状的边缘交叉点或者是某种特殊的纹理模式。通过提取这些特征点及其描述符,可以在不同图像之间进行匹配,从而识别出目标物体,示例检测效果如图5.4所示。算法步骤如下。

参考图像

待检测图片   SIFT特征匹配结果   检测结果

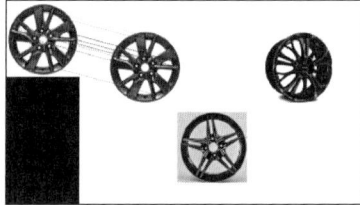 

图 5.4   基于 SIFT 特征点的目标检测

1)特征点检测

使用前文提到的 Harris 角点检测器、SIFT(尺度不变特征变换)、SURF(加速稳健特征)等特征算法来自动检测图像中的特征点;这些算法通常通过计算局部梯度、二阶导数或局部对比度来识别特征点。

2)描述符计算

为每个检测到的特征点计算一个描述符,该描述符编码了特征点周围的局部图像结构信息。例如,SIFT 描述符使用梯度直方图来描述特征点的邻域,而 SURF 描述符则使用 Haar 小波响应来编码特征点周围的局部信息。描述符的设计目的是使特征点在不同的视角、尺度和光照条件下仍然保持一致性和可识别性。

3)特征点匹配

在参考图像和待检测图像之间进行特征点的匹配,通常使用欧几里得距离或其他相似度度量(如余弦相似度)来确定潜在的匹配对;为了提高匹配的准确性,可以使用双向匹配策略,即不仅要求参考图像中的特征点与待检测图像中的特征点匹配,还要求待检测图像中的特征点也能反向匹配到参考图像中的特征点。

4)匹配对筛选

应用 RANSAC(随机抽样一致性)或其他鲁棒性方法来剔除错误匹配,确保只有正确的匹配对被用于后续处理;其中 RANSAC 通过随机选择一组匹配对,计算一个变换模型(如单应性矩阵),然后评估该模型对所有匹配对的适用性。多次迭代后,选择最符合大多数匹配对的模型。

5)目标定位与识别

根据匹配的特征点计算单应性矩阵或其他变换模型,实现目标的精确定位和识别。单应性矩阵的计算满足式(5.3)关系:

$$\begin{bmatrix} x' \\ y' \\ 1 \end{bmatrix} = \boldsymbol{H} \begin{bmatrix} x \\ y \\ 1 \end{bmatrix} \tag{5.3}$$

其中,(x,y)和(x',y')分别为原图像和变换后图像中对应点的坐标,**H**为单应性矩阵。单应性矩阵描述了两个平面之间的几何变换关系,可以用于校正图像的透视变形,从而实现目标的精确定位。

2. 优点与缺点

基于特征点的方法对图像的旋转、尺度变化和一定程度的视角变化具有较好的鲁棒性。特征点描述符能够捕获丰富的局部结构信息,有助于区分不同的目标物体;此外,该方法适用于多种不同的目标检测任务,特别是在无法获得大量标注数据的情况下。

值得注意的是,特征点的检测和描述符计算可能较为耗时,尤其是在高分辨率图像中。在低纹理或重复纹理的区域,特征点的匹配可能变得不可靠。这种算法的性能在很大程度上依赖参数的选择和优化。

5.2.3 其他经典目标检测算法

除了模板匹配和基于特征点的目标检测方法外,传统目标检测领域还有许多经典的算法。这些方法主要依赖于人工设计的特征和统计模型,在特定应用场景中具有独特的优势。以下介绍几种具有代表性的经典目标检测算法。

1. 基于边缘检测的目标检测

边缘检测是图像处理中的基本方法之一,通过识别图像中像素值变化剧烈的区域来检测目标的边缘。边缘通常是图像中灰度值发生剧烈变化的区域,代表了物体的轮廓和形状特征。这种方法适用于具有明确边界和对比度较高的目标物体的检测。

常用算法有以下两种。

(1) Canny边缘检测:Canny算法是一种经典的边缘检测方法,它通过对图像进行高斯平滑、计算梯度、非极大值抑制和双阈值处理,最终提取出图像中的边缘,检测效果如图5.5所示。

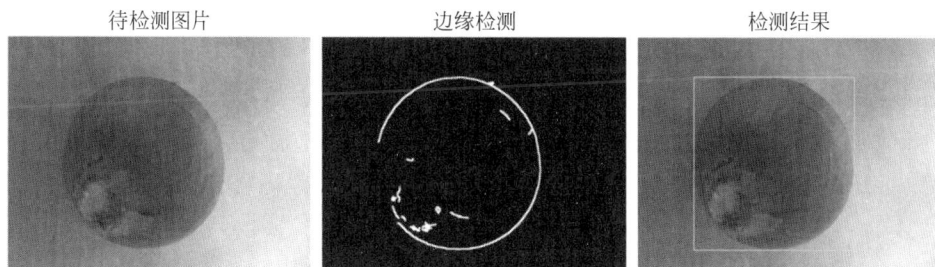

待检测图片 边缘检测 检测结果

图 5.5 使用 Canny 算法做目标检测

(2) Sobel算子:Sobel算子是一种简单的边缘检测方法,通过在水平方向和垂直方向上对图像进行卷积操作,计算出图像梯度,进而提取边缘信息。

基于边缘检测的目标检测算法实现简单,计算量相对较小,特别适合实时处理和资源有限的应用场景;此外,边缘检测方法具有较强的普适性,能在多种视觉任务中使用,如物体轮廓检测、形状分析等;然而,边缘检测方法对噪声敏感,容易受光照变化和物体表面纹理的影响,导致误检或漏检。因此,在实际应用中,通常会结合其他特征(如颜色、纹理)或进行多尺度检测,以增强算法的鲁棒性和精度。在工业领域,基于边缘检测的目标检测广泛应用于产品质量检测、零部件识别和装配检测等任务。通过准确提取物体的边缘信息,可以实现高精度的目标定位和尺寸测量,从而提高生产过程的自动化和精确度。

2. 基于颜色特征的目标检测

基于颜色特征的目标检测方法利用图像中物体的颜色信息来识别和定位目标。这种方法常用于颜色分明、光照条件稳定的场景。

常用算法有以下两种。

(1) 颜色直方图:基于颜色特征的目标检测中常用的工具,通过统计图像中各个颜色通道的像素分布,形成一个直方图来表示图像的颜色特征。目标检测时,将待检测区域的颜色直方图与模板的颜色直方图进行比较,以判断目标是否存在。

(2) 颜色阈值分割:通过设定颜色的上下阈值,将图像中符合特定颜色范围的像素提取出来,形成二值图像,以此进行目标检测和定位;这种方法在背景单一、目标颜色明显的场景中效果显著,如图 5.6 所示,通过胡萝卜的显著颜色特征进行检测。

待检测图片　　　　　　　颜色掩膜　　　　　　　检测结果

图 5.6　基于颜色阈值分割的胡萝卜检测

基于颜色特征的检测算法实现简单,计算量较小,适合实时处理,因此在工业环境中得到了广泛应用;然而,颜色特征易受到光照变化的影响,导致检测精度下降。因此,在实际应用中,通常需要在光照稳定的环境中使用该类算法,或结合其他特征(如形状、纹理)来增强鲁棒性。例如,在自动化生产线中,基于颜色的检测算法常用于产品分类和分拣,如根据颜色分拣不同类型的果蔬或商品。这种方法不仅能提高分拣效率,还能保证分类结果的一致性。

3. 基于形状模型的目标检测

基于形状模型的目标检测方法依赖于目标的几何形状信息,通过匹配图像中检测到的形状与预定义的模型来识别目标。这类方法特别适用于具有明显几何形状特征的目标物体。

常用算法有以下两种。

(1) 霍夫变换(Hough Transform):霍夫变换是一种用于检测特定几何形状(如直线、圆形、椭圆等)的经典算法。通过在参数空间中对图像中的边缘点进行投票,霍夫变换可以有效地检测图像中的直线、圆形和其他规则形状。图 5.7 所示为通过圆形检测洋葱目标。

(2) 主动轮廓模型(Active Contour Models):也称为 Snake 模型,通过让轮廓线在图像中沿着目标物体的边缘收缩或扩展,最终与目标物体的边缘对齐,从而实现目标检测。

基于形状模型的方法可以准确检测出具有特定几何形状的目标,适合于结构明确的物体检测,它在一定程度上应对噪声和部分遮挡,具有较好的鲁棒性;但霍夫变换等方法在高维参数空间中的计算复杂度较高,可能影响实时性。此外,基于形状模型的方法对目标的几何形状有较强的依赖性,不适合形状变化大或形状不规则的目标。

待检测图片　　　　　　　边缘检测　　　　　　　检测结果

图 5.7　基于圆形的目标检测

在制造业中,基于形状模型的方法可用于检测特定形状的零件或装配件的完整性,如检测圆形零件的缺损;也可用于检测产品是否符合预定的形状规格,如瓶盖是否密封、产品表面是否光滑。

虽然传统目标检测算法在特定任务和应用中表现出色,但它们通常依赖手工设计的特征和启发式规则。随着深度学习技术的发展,基于数据驱动的方法因其自适应性和强大的表征能力,在许多复杂场景中逐渐取代了传统方法;然而,传统算法由于其简洁性、可解释性和在某些特定任务中的高效性,仍然值得学习和研究,尤其是在资源受限或实时性要求高的应用中。

5.3　基于深度学习的目标检测

随着深度学习技术的发展,基于深度学习的目标检测方法已成为计算机视觉领域的主流技术。相比传统的目标检测方法,深度学习算法能够自动学习图像中的复杂特征,实现更加准确和鲁棒的目标检测。基于深度学习的目标检测方法不仅在精度上有了显著提高,还在处理多类目标、复杂背景和尺度变化等挑战上表现出了极大的优势。

深度学习目标检测算法通常基于 CNN,通过端到端的方式进行训练和预测。这类算法可以分为两大类:单阶段检测器(如 YOLO 系列)和两阶段检测器(如 R-CNN 系列)。单阶段检测器以速度见长,适用于实时检测任务;而两阶段检测器则在精度上有优势,适用于要求高精度的场景。此外,随着研究的深入,许多改进的深度学习模型不断涌现,如 DETR、Swin Transformer 等,进一步提升了目标检测的性能。

在工业应用中,基于深度学习的目标检测方法已被广泛应用于产品缺陷检测、智能制造、自动驾驶等领域。例如,在产品质量检测中,深度学习模型可以有效识别细微的缺陷,并对多种类型的缺陷进行分类;在自动驾驶中,目标检测算法用于识别和跟踪行人、车辆、交通标志等,保证行车安全。深度学习的强大特征提取能力使其在处理复杂场景时尤为有效,特别是在应对光照变化、视角变换和遮挡等挑战时表现出色。

接下来将详细介绍几种经典的深度学习目标检测算法系列。

5.3.1　YOLO 系列介绍

YOLO(You Only Look Once)系列是近年来目标检测领域中的一项突破性进展,实现了高效的实时目标检测,并在准确性和速度之间取得了极佳的平衡。YOLO 的出现改变了传统目标检测算法的检测思路,使得基于深度学习的目标检测技术得到了广泛应用。

1. YOLO 的基本结构

YOLO 的核心思想是将目标检测问题视为一个单一的回归问题。与传统的滑动窗口或区域建议方法不同,YOLO 将整个图像一次性输入神经网络中,直接输出图像中各目标的位置和类别。具体来说,如图 5.8 所示,YOLO 的检测流程可以分为以下几个步骤。

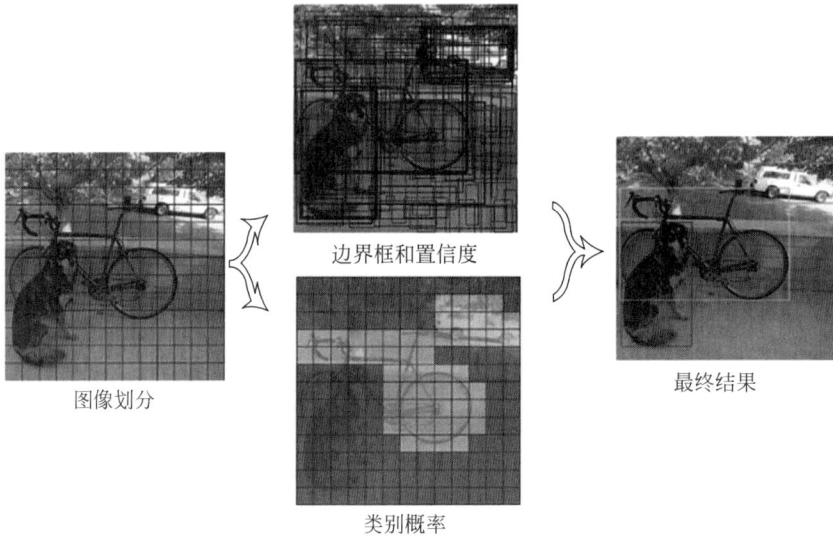

图 5.8　YOLO 的检测流程

1) 图像划分

YOLO 将输入图像划分为 $S \times S$ 的网格,每个网格负责检测其中心落在该网格中的目标;常见的网格大小有 13×13、26×26 和 52×52。这种划分使每个网格能够专注于检测其内部的目标,并减少背景干扰。

2) 边界框预测

(1) 边界框坐标:对于每个网格,YOLO 预测一个或多个边界框的坐标,包括边界框的中心位置 (x, y)、宽度 w 和高度 h。这些坐标是相对于整个网格进行归一化处理的,以提高模型的泛化能力。式(5.4)~式(5.7)为具体预测公式

$$b_x = \sigma(t_x) + c_x \tag{5.4}$$

$$b_y = \sigma(t_y) + c_y \tag{5.5}$$

$$b_w = p_w e^{t_w} \tag{5.6}$$

$$b_h = p_h e^{t_h} \tag{5.7}$$

其中,(c_x, c_y) 是网格单元的左上角坐标,(t_x, t_y) 是模型预测的偏移量,σ 是 sigmoid 函数,(p_w, p_h) 是先验边界框的宽度和高度,(t_w, t_h) 是模型预测的尺度变化。

(2) 置信度:每个网格还预测一个置信度值,表示该网格中是否包含目标及其边界框的准确性。置信度值是边界框和实际目标的重叠度(IoU)的预测:

$$\text{Confidence} = P(\text{Object}) \cdot \text{IoU}_{\text{pred,true}} \tag{5.8}$$

其中,$P(\text{Object})$ 是目标存在的概率,$\text{IoU}_{\text{pred,true}}$ 是预测边界框与真实边界框的重叠度。

（3）类别概率：YOLO还预测每个边界框对应的目标类别概率分布。假设有 C 个类别，每个网格会预测一个 C 维向量，表示该网格内目标属于每个类别的概率：

$$P(C_1),P(C_2),\cdots,P(C_C) \tag{5.9}$$

其中，$P(C_j)$ 表示边界框属于第 j 类的概率。

3）最终检测

在模型的输出中，对于每个网格，YOLO生成的最终检测框是结合边界框坐标、置信度和类别概率进行的。式（5.10）为最终检测框的格式。

$$(b_x,b_y,b_w,b_h,\text{Confidence},P(C_1),P(C_2),\cdots,P(C_C)) \tag{5.10}$$

为了去除重叠的边界框，YOLO会应用非极大值抑制算法。具体步骤包括：根据置信度值对所有检测框进行降序排序；选择置信度最高的检测框作为当前最佳检测框；计算当前最佳检测框与其他检测框的IoU，如果IoU大于某个阈值（如0.5），则抑制（即移除）其他检测框；重复上述步骤，直到所有检测框都被处理完毕。

YOLO的优点在于其检测速度非常快，适用于实时应用；然而，由于YOLO模型将目标检测问题简化为回归任务，可能会在处理小目标或密集目标时遇到挑战。因此，YOLO系列在不断演进中，后续版本如YOLOv2、YOLOv3、YOLOv4、YOLOv5和YOLOv8等不断改进网络结构、增加特征提取能力，提升了检测精度和鲁棒性，使其在多种实际应用场景中得到了广泛的应用。

2. YOLO版本演进

YOLO系列自2016年首次提出以来，经过了多次改进与优化，每个版本都在性能上有显著提升，如图5.9所示。以下是YOLO系列的主要版本及其特性。

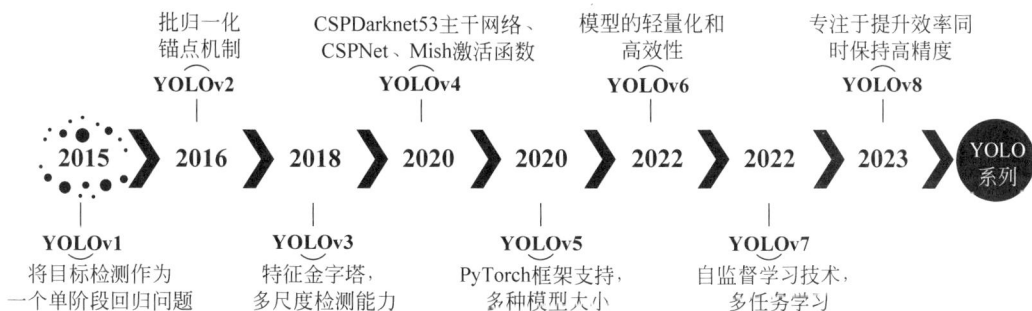

图5.9　YOLO系列的发展历程

1）YOLOv2

YOLOv2在YOLOv1的基础上进行了多项改进，显著提高了模型的精度和稳定性。首先，YOLOv2引入了批归一化（Batch Normalization），加速了模型的收敛速度并提高了稳定性；其次，YOLOv2引入了锚点机制（Anchor Boxes），每个网格预测多个预定义的边界框，提高了对不同形状和大小目标的检测能力，锚点的尺寸和比例是根据训练数据中的真实边界框统计得到的；此外，YOLOv2采用了多尺度训练（Multi-Scale Training），提高了模型对不同尺寸图像的适应能力；接着，YOLOv2还提出了YOLO9000，能够在训练时结合COCO和ImageNet数据集，实现大规模检测任务，支持超过9000个类别的检测；数据增强方面，YOLOv2引入了随机缩放和平移的方法，增强了模型的泛化能力。

2）YOLOv3

YOLOv3 在 YOLOv2 的基础上进一步优化了模型结构和训练方法，显著提高了对小目标的检测能力。YOLOv3 引入了特征金字塔网络（FPN），在不同尺度的特征图上进行预测，提高了对小目标的检测能力；YOLOv3 在三个不同尺度的特征图上进行预测，分别为 13×13、26×26 和 52×52，分别对应大、中、小目标，提高了多尺度检测能力；数据增强方面，YOLOv3 引入了 Mosaic 数据增强方法，将四幅图像拼接成一张，增加了对复杂场景的适应能力。YOLOv3 还使用了改进的 Focal Loss，解决了正负样本不平衡的问题，提高了检测精度。

3）YOLOv4

YOLOv4 在 YOLOv3 的基础上进行了大量优化，引入了许多先进的技术和组件，进一步提高了模型的检测精度和速度。YOLOv4 引入了 CSPDarknet53 作为主干网络，通过跨阶段局部网络（CSPNet）减少了计算量，提高了模型的效率；YOLOv4 使用了 Mish 激活函数，提高了模型的非线性表达能力，增强了泛化能力；数据增强方面，YOLOv4 引入了 CutMix 和 Mosaic 数据增强方法，增加了对复杂场景的适应能力；YOLOv4 还使用了改进的 CIoU 损失函数，提高了边界框回归的精度。

4）YOLOv5

YOLOv5 虽然并非由 YOLO 系列的原作者团队发布，但因其简单易用、支持多种框架（如 PyTorch）以及出色的性能而广受欢迎。YOLOv5 简化了模型结构和训练流程，提供了多种模型大小（如 Small、Medium、Large），适应了不同计算资源和应用场景的需求；YOLOv5 使用了改进的 CSPDarknet53 作为主干网络，结合了 PANet 和 SPP 模块，提高了特征提取能力；数据增强方面，YOLOv5 进一步优化了 Mosaic 和 MixUp 方法，增加了对复杂场景的适应能力；YOLOv5 还引入了自动混合精度训练（AMP）和模型蒸馏等技术，提高了训练效率和模型性能。

5）YOLOv6

YOLOv6 专注于模型的轻量化和高效性，适合在边缘设备和嵌入式系统上部署。YOLOv6 引入了模型剪枝和量化技术，减少了模型的参数量和计算量，使模型能够在资源受限的环境中高效运行；YOLOv6 使用了更轻量的主干网络，如 EfficientNet 或 MobileNet，结合了轻量级的颈部和头部模块，提高了特征提取能力；数据增强方面，YOLOv6 引入了更高效的数据增强方法，如 RandAugment，增加了对复杂场景的适应能力；YOLOv6 还优化了卷积层和池化层的设计，减少了计算冗余，提高了模型的效率。

6）YOLOv7

YOLOv7 在 YOLOv6 的基础上进一步优化了模型结构和训练方法，引入了自监督学习技术，提高了模型的泛化能力和鲁棒性。YOLOv7 支持多任务学习，可以在同一模型中同时进行目标检测、实例分割和关键点检测等任务，这使得模型在多任务场景下表现出色；YOLOv7 使用了更复杂的主干网络，如 ResNet 或 DenseNet，结合了多尺度特征融合模块，提高了特征提取能力；数据增强方面，YOLOv7 引入了更高级的数据增强方法，如 StyleTransfer 和 ColorJitter，增加了对复杂场景的适应能力；YOLOv7 还引入了动态锚点生成和自适应锚点匹配等技术，提高了训练效率和模型性能。

7）YOLOv8

YOLOv8 对整个 YOLO 体系进行了重大重构,解决了之前版本中的一些根本性问题,如模型复杂度和训练难度。YOLOv8 引入了更高效的训练策略,如渐进式学习和自适应学习率调度,提高了模型的训练效率和精度;YOLOv8 支持多模态输入,如 RGB-D 图像和 LiDAR 点云,这使得模型在复杂环境下的适应能力更强;数据增强方面,YOLOv8 引入了更高级的数据增强方法,如 StyleTransfer 和 ColorJitter,增加了对复杂场景的适应能力;YOLOv8 还优化了卷积层和池化层的设计,减少了计算冗余,提高了模型的效率。

3. YOLO 的优点与缺点

YOLO 的单次前向传递设计使其检测速度非常快,适合实时性要求高的应用场景,如自动驾驶、安防监控和工业检测等;此外,YOLO 的检测过程是端到端的,简化了训练和推理流程,不需要复杂的后处理步骤,易于部署和优化。由于 YOLO 在检测过程中考虑了全局上下文信息,这有助于减少背景误检和目标重叠检测的情况。

尽管 YOLO 具有较高的检测速度,但由于其基于全局回归的方法,定位精度可能不如基于区域的检测方法(如 Faster R-CNN);尤其在处理小目标和目标密集的场景时,YOLO 的表现可能逊色。YOLO 的网格划分限制了其对小目标的检测能力,虽然后续版本通过多尺度预测进行了改进,但在极端情况下仍可能出现漏检。

YOLO 系列模型在实际应用中具有广泛的适用性和灵活性,特别是在实时检测需求较高的场景中表现优异。例如,在工业生产线中,YOLO 可以用于自动化的产品检测和分类,实时识别和定位产品缺陷,从而提高生产效率和质量控制。尽管存在一些局限性,YOLO系列模型的快速发展和优化仍使其成为目标检测领域的重要工具。

5.3.2　R-CNN 系列

R-CNN(Region-based Convolutional Neural Networks)系列是目标检测领域中的经典方法,它通过结合区域建议与 CNN 的强大特征提取能力,开创了基于深度学习的目标检测的新篇章。R-CNN 系列包括多种改进版本,如 R-CNN、Fast R-CNN、Faster R-CNN 及 Mask R-CNN 等,每个版本都在前一个版本的基础上优化了检测速度和精度。

1. R-CNN 的基本结构

R-CNN 模型将目标检测问题分为两个主要步骤:首先生成一组潜在的目标区域(即区域建议),然后对这些区域进行分类和边界框回归。如图 5.10 所示,R-CNN 模型的主要工作流程包括以下几个步骤。

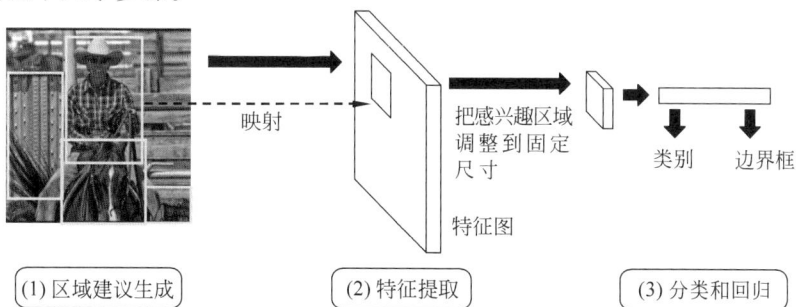

映射　　把感兴趣区域调整到固定尺寸　　特征图　　类别　边界框

(1)区域建议生成　　　(2)特征提取　　　(3)分类和回归

图 5.10　R-CNN 的主要工作流程

1）区域建议生成

R-CNN 使用选择性搜索(Selective Search)算法生成一组候选区域,这些区域可能包含目标物体。选择性搜索通过多尺度分割图像并合并相邻区域,最终得到数千个候选框。选择性搜索具体包括以下步骤。

(1）多尺度分割:将图像分割成多个小区域,每个区域可能包含不同的对象或背景;

(2）层次合并:根据颜色、纹理、大小和形状等特征,逐步合并相似的区域,形成更大的候选区域;

(3）候选区域生成:最终生成数千个候选区域,这些区域可能覆盖图像中的所有目标,假设输入图像中生成的候选区域为($R_1, R_2, R_3, \cdots, R_n$),这些区域可能覆盖图像中的所有目标。

2）特征提取

对每个候选区域,R-CNN 通过预训练的卷积神经网络(如 AlexNet 或 VGG)提取特征。首先从原始图像中裁剪出每个候选区域,再将裁剪出的候选区域调整为卷积神经网络所需的固定尺寸(例如 227×227 像素,适用于 AlexNet),然后将调整后的候选区域输入预训练的卷积神经网络,提取特征。假设第 i 个候选区域对应的特征表示为 $f(R_i)$,这表示从候选区域中提取出的卷积特征向量。这个过程将每个候选区域转换为固定大小的特征表示,使得后续的分类和回归任务更加简单。

3）目标分类与边界框回归

(1）目标分类:对于每个候选区域提取的特征,R-CNN 通过一组全连接层进行目标分类。具体步骤如下。

全连接层:将提取的特征向量 $f(R_i)$ 输入到全连接层,进行特征的进一步处理。

分类输出:全连接层的输出是一个类别概率分布,表示该候选区域属于各个类别的概率,假设共有 C 个类别,输出的类别概率分布为 $P(C_1), P(C_2), \cdots, P(C_C)$。

(2）边界框回归:同时,R-CNN 还预测该区域的边界框位置。具体步骤如下。

全连接层:将提取的特征向量 $f(R_i)$ 输入另一组全连接层,进行边界框的回归。

回归输出:全连接层的输出是 4 个值($\Delta x, \Delta y, \Delta w, \Delta h$),表示预测边界框相对于候选区域的偏移量。最终的边界框计算公式如式(5.11)～式(5.14)所示。

$$\hat{x} = x_{\text{proposal}} + w_{\text{proposal}} \cdot \Delta x \tag{5.11}$$

$$\hat{y} = y_{\text{proposal}} + h_{\text{proposal}} \cdot \Delta y \tag{5.12}$$

$$\hat{w} = w_{\text{proposal}} \cdot e^{\Delta w} \tag{5.13}$$

$$\hat{h} = h_{\text{proposal}} \cdot e^{\Delta h} \tag{5.14}$$

其中,x_{proposal}、y_{proposal}、w_{proposal}、h_{proposal} 是候选区域的坐标和尺寸,$\hat{x}, \hat{y}, \hat{w}, \hat{h}$ 是最终预测的边界框坐标和尺寸。

为了去除重叠的边界框,R-CNN 类似 YOLO 也会应用非极大值抑制算法。

2. R-CNN 系列的改进

1）Fast R-CNN

Fast R-CNN 是 R-CNN 的第一个主要改进,通过共享卷积特征图显著提高了检测速度。与原始 R-CNN 相比,Fast R-CNN 不再对每个候选区域单独计算特征,而是在整幅图像上执行一次卷积操作,生成一个共享的特征图;这不仅减少了计算冗余,还降低了存储需求。Fast R-CNN 的结构如图 5.11 所示。生成的特征图用于所有后续的计算,从而大幅提高了效率。Fast R-CNN 引入了 RoI(Region of Interest,RoI)池化层,对每个候选区域进行固定大小的特征提取,无论候选区域的大小如何。通过 RoI 池化层,Fast R-CNN 可以将不同大小的候选区域转换为固定大小的特征图,确保输入全连接层的特征图大小一致;此外,Fast R-CNN 采用了多任务损失函数,将分类和边界框回归联合训练。这种联合训练方式提高了检测精度,使模型能够更准确地预测目标的位置和类别。

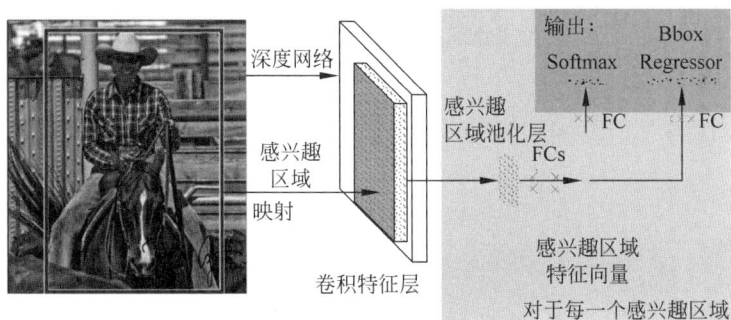

图 5.11 Fast R-CNN 结构

2) Faster R-CNN

Faster R-CNN 的出现进一步提升了目标检测的速度与精度,结构如图 5.12 所示。Faster R-CNN 的核心创新是引入了区域建议网络(Region Proposal Network,RPN),用于直接在共享的卷积特征图上生成候选区域。RPN 通过滑动窗口机制,对特征图进行遍历,生成一组锚点(Anchors),并对这些锚点进行分类和回归,输出可能包含目标的候选区域。这种方法不仅消除了对外部区域建议算法(如选择性搜索)的依赖,还将区域建议的生成与目标检测整合为一个端到端的训练过程。RPN 和目标检测网络共享同一个卷积特征图,减少了重复计算,提高了效率。RPN

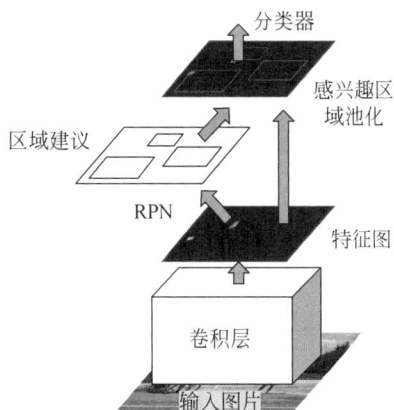

图 5.12 Faster R-CNN 结构

生成的候选区域直接用于后续的目标检测任务,避免了外部区域建议算法的计算开销。Faster R-CNN 的多任务损失函数包括 RPN 的分类和回归损失,以及目标检测网络的分类和边界框回归损失,这些任务在训练过程中同时优化;Faster R-CNN 的这些改进使得它在大规模数据集上表现出色,适用于需要处理大量图像和视频的场景,同时也适用于实时检测任务。

3) Cascade R-CNN

Cascade R-CNN 是一种多阶段的检测框架,通过逐级提高 IoU(Intersection over Union)的阈值来增强检测精度,结构如图 5.13 所示。传统的目标检测模型通常使用固定的 IoU 阈值来区分正样本和负样本,而 Cascade R-CNN 则通过逐步提高这个阈值,使模型在每一阶段都更加专注于难以检测的目标。每个阶段的检测器都使用前一阶段的输出作为输入,并逐步提高检测精度。这种方法特别适合处理那些边界模糊、尺寸变化大的目标。Cascade R-CNN 由多个检测器组成,每个检测器负责一个阶段的检测任务;每个阶段的检测器都使用更高的 IoU 阈值,逐步提高检测精度;每个阶段的检测器都对前一阶段的输出进行优化,逐步提高边界框的精度和分类的准确性;每个阶段的检测器都使用多任务损失函数,优化分类和边界框回归。通过这种多阶段的设计,Cascade R-CNN 能够在保持较高检测速度的同时,显著提高检测精度。

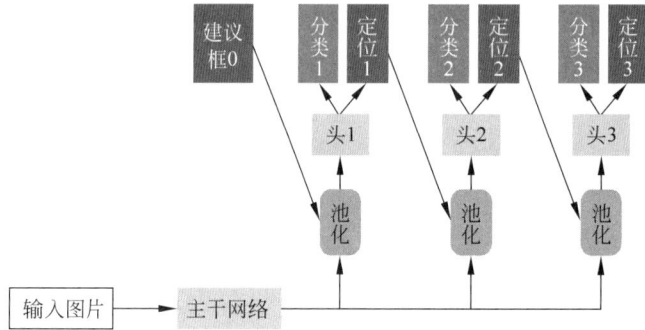

图 5.13　Cascade R-CNN 结构

3. R-CNN 的优点与缺点

R-CNN 系列方法通过区域建议和深度特征提取,能够在复杂背景和拥挤场景中实现高精度的目标检测。尤其是 Faster R-CNN 和 Mask R-CNN,能够在多个目标检测基准数据集上取得领先的性能。此外,R-CNN 系列模型可以很容易地扩展到其他任务,如实例分割、关键点检测等,这使得它们在不同的计算机视觉任务中具有广泛的应用。

由于原始 R-CNN 需要对每个候选区域独立提取特征,计算代价非常高。尽管 Fast R-CNN 和 Faster R-CNN 通过共享卷积特征图显著降低了计算复杂度,但其检测速度仍然不及 YOLO 和 SSD 等单阶段检测器。此外,由于计算复杂度较高,R-CNN 系列模型在实时检测任务中可能表现不佳,尤其是在需要处理高分辨率图像或视频的应用场景中。

R-CNN 系列模型在实际应用中同样具有广泛的适用性,尤其是在高精度检测需求较高的场景中表现出色。例如,在工业检测中,R-CNN 可以用于复杂背景下的目标识别和定位,精确检测产品的缺陷和异常,从而提高产品质量和生产线的可靠性。尽管 R-CNN 系列模型的计算复杂度较高,可能不适合实时检测任务,但其在精度和灵活性方面的优势使其成为工业视觉中高要求检测任务的重要工具。

5.3.3　其他目标检测方法

除了较为经典的 YOLO 和 R-CNN,之后也涌现了一些其他有效的目标检测方法。这些方法通过不同的网络结构、训练策略和优化手段,进一步提升了检测的速度、精度和鲁棒性。以下介绍几种具有代表性的目标检测方法。

1. SSD

SSD(Single Shot MultiBox Detector)是一种单阶段目标检测方法,它结合了 YOLO 的快速检测能力和 Faster R-CNN 的精确定位能力。SSD 的核心思想是将目标检测任务划分为多个尺度上的检测,以同时处理大目标和小目标,从而提高检测的精度。

1）模型架构

SSD 使用一个主干网络（如 VGG16）来提取输入图像的特征。主干网络通常是一个预训练的卷积神经网络，能够提取图像的高层次特征，如图 5.14 所示。SSD 在多个尺度的特征图上进行目标检测，通过在不同层次的特征图上应用卷积核，SSD 能够检测不同大小的目标。这些特征图通常是从主干网络的不同层提取的，每一层的特征图负责检测不同大小的目标。

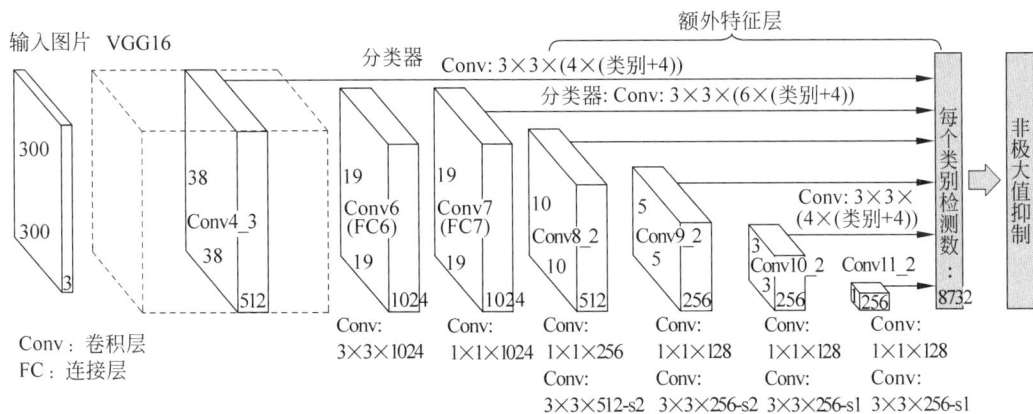

图 5.14　SSD 网络结构

2）目标检测

（1）候选边界框生成。

在每个尺度的特征图上，SSD 为每一像素位置生成多个默认框（Default Boxes），也称为先验框（Prior Boxes）。这些默认框有不同的比例以适应不同大小和形状的目标。假设在特征图上的每一像素位置生成 k 个默认框。

（2）边界框和类别预测。

边界框预测：对于每个默认框，SSD 类似 R-CNN 预测其相对于默认框的偏移量，包括边界框的中心位置 (x,y)、宽度 w 和高度 h。

类别预测：对于每个默认框，SSD 也还预测其属了各个类别的概率。

SSD 通过在多尺度的特征图上直接预测目标类别和边界框，实现了高效的单阶段目标检测。其主要优势在于结合了 YOLO 的快速检测能力和 Faster R-CNN 的精确定位能力，能够在保持高检测速度的同时，实现较为准确的目标定位和分类；通过多尺度检测、默认框和多任务损失函数等机制，SSD 能够有效地处理不同大小的目标，提高了检测的鲁棒性和精度。

2. DETR

DETR（Detection Transformer）是将 Transformer 模型引入目标检测的创新方法。其核心思想是将目标检测问题转化为一个序列预测问题，通过 Transformer 的自注意力机制捕捉图像中的全局信息，从而实现高效且准确的目标检测。具体来说，如图 5.15 所示，DETR 的工作流程如下。

输入图像首先通过一个卷积神经网络（如 ResNet）提取特征，生成特征图 F。特征图的形状为 $H \times W \times C$，其中 H 和 W 是特征图的高度和宽度，C 是通道数；然后特征图 F 被展平为一维向量序列 X，每个向量表示特征图的一个位置；这些向量通过 Transformer 编码器生成高维特征表示 E；Transformer 编码器通过自注意力机制（Self-Attention）捕捉特征

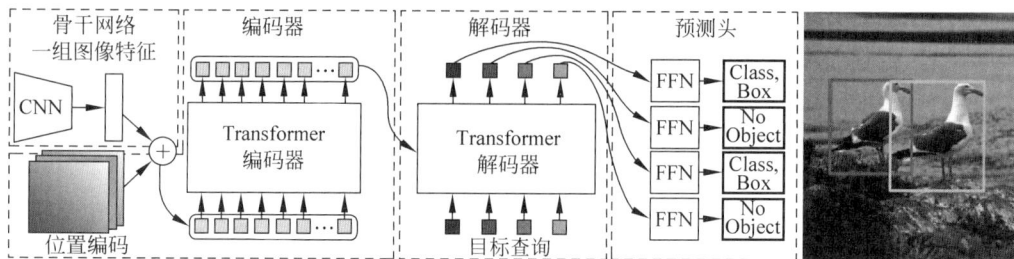

图 5.15　DETR 的工作流程

图中的全局依赖关系,生成的高维特征表示 E 为后续的解码器提供了丰富的上下文信息。

DETR 还引入了一组固定数量的目标查询向量 Q,每个查询向量表示一个潜在的目标。这些查询向量通过 Transformer 解码器与编码器生成的特征表示 E 进行交互,生成最终的预测结果;每个目标查询向量 Q_i 预测一个目标的类别概率 p_c 和边界框坐标 b。

为了优化模型,DETR 通过二元匹配损失(Bipartite Matching Loss)将预测结果与真实标签进行匹配。具体是使用匈牙利算法(Hungarian Algorithm)将预测的目标与真实的目标进行最优匹配,匹配的目标是最小化预测边界框与真实边界框之间的总代价,通常使用边界框回归损失(如 L1 损失)和分类损失(如交叉熵损失)的加权和。

DETR 的优势在于通过 Transformer 的自注意力机制,能够捕捉图像中的全局信息,提高检测的准确性和鲁棒性;此外,模型结构相对简单,不需要复杂的后处理步骤,如非极大值抑制(NMS),并且可以端到端地进行训练,简化了模型的训练和推理过程。然而,由于 Transformer 的自注意力机制计算复杂度较高,DETR 的训练时间相对较长,且需要较多的计算资源,尤其是在处理大规模数据集时。

3. Swin Transformer

Swin Transformer 是基于视觉 Transformer 的一种高效目标检测方法。它通过引入层次化的特征表示和滑动窗口机制,显著提高了视觉 Transformer 的效率和精度。Swin Transformer 的设计旨在克服标准 Transformer 在处理高分辨率图像时的计算复杂度问题,同时保持对局部和全局信息的有效捕捉,整体结构如图 5.16 所示。

首先,Swin Transformer 将输入图像划分为不重叠的小块(Patches),每个小块的大小通常为 4×4 像素或 8×8 像素;这些小块被展平并线性投影到一个固定维度的向量,形成初始的特征表示。接下来,Swin Transformer 采用分层结构,每层特征图的分辨率逐渐降低。这种分层结构类似于传统的卷积神经网络,但使用 Transformer 的自注意力机制来提取特征;通过这种方式,Swin Transformer 能够生成多尺度的特征表示,适用于目标检测、语义分割等任务。此外,与标准 Transformer 不同,Swin Transformer 通过滑动窗口(Shifted Window)机制在跨块区域之间引入自注意力计算,捕获图像的局部和全局信息。具体来说,滑动窗口机制允许在相邻的小块之间共享信息,从而提高模型的表达能力。标准窗口内,自注意力机制仅在当前窗口内的小块之间进行计算;而在滑动窗口机制中,窗口在特征图上滑动,使得相邻窗口之间的信息能够相互作用。通过这种方式,Swin Transformer 能够在不同尺度上捕捉局部和全局的依赖关系。最终,通过分层结构和滑动窗口机制,Swin Transformer 生成多尺度的特征表示;这些特征表示在不同尺度上捕捉了图像的局部和全局信息,适用于各种计算机视觉任务,如目标检测和语义分割。

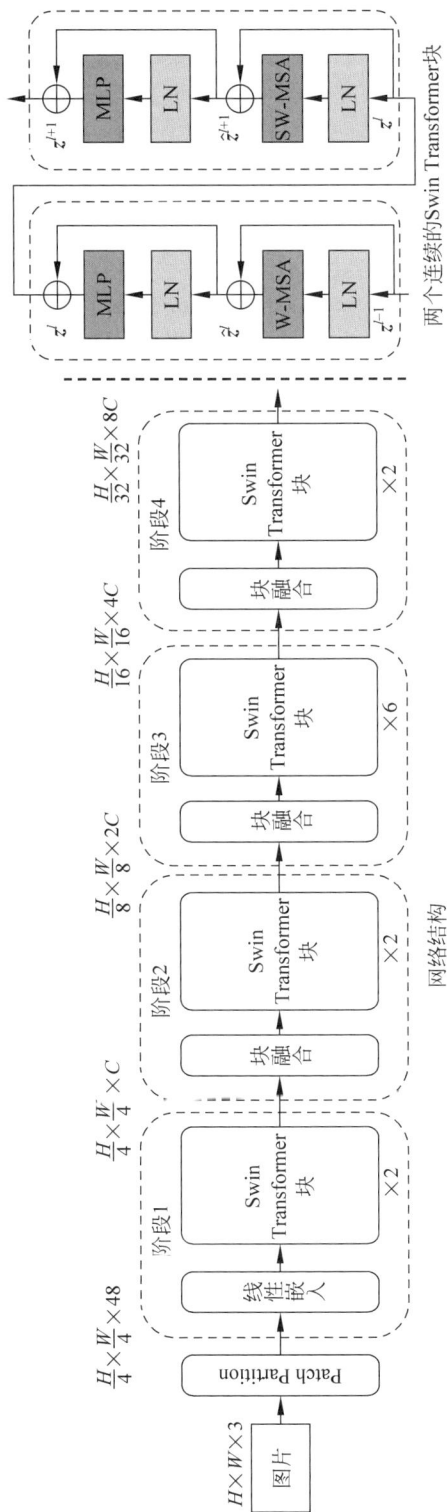

图 5.16 Swin Transformer 网络结构

在生成多尺度的特征表示后,Swin Transformer 通过一系列的卷积层和全连接层来输出检测框。Swin Transformer 生成的多尺度特征图被传递到一个检测头(Detection Head);检测头通常包含几个卷积层和全连接层,用于提取更高级的特征;在每个尺度的特征图上,检测头生成一组候选框(Anchor Boxes);这些候选框是预先定义的边界框,具有不同的尺度和长宽比,用于覆盖图像中的潜在目标;对于每个候选框,检测头预测其相对于候选框的偏移量;对于每个候选框,检测头还预测其属于各个类别的概率。这与 5.3.1 节和 5.3.2 节提到的基本一致。

总体来说,Swin Transformer 通过引入层次化的特征表示和滑动窗口机制,显著提高了视觉 Transformer 的效率和精度。Swin Transformer 通过检测头生成候选框,进行边界框回归和类别预测,并通过非极大值抑制(NMS)去除重叠的边界框,最终输出检测结果。Swin Transformer 在处理高分辨率图像时表现出色,适用于目标检测、语义分割等任务,具有计算效率高、强泛化能力和局部与全局信息捕捉能力强等优势。

上述这些目标检测方法各有优劣,如 DETR 之类的结合了经典的卷积神经网络和创新的 Transformer 结构的方法,为工业视觉中的目标检测任务提供了多样化的解决方案。在工业生产中,这些方法能够有效地识别和定位产品缺陷、检测生产线上的异常情况,以及分类和分拣不同类型的产品,展现出了卓越的实用性和可靠性。

5.4   工业目标跟踪技术

目标跟踪技术在工业机器视觉中同样占据着重要位置,广泛应用于自动化生产线、工业机器人、智能监控系统等多个领域;目标跟踪的主要任务是实时地识别并跟踪运动中的物体,以确保对物体位置的准确掌握和实时更新。下面将目标跟踪技术分为传统方法和基于深度学习的方法进行介绍。

5.4.1   传统目标跟踪方法

传统的目标跟踪方法主要依赖于图像处理和计算机视觉的经典算法。这些方法通过分析图像序列中的目标特征,实现对目标的跟踪。经典的跟踪方法包括光流法、均值漂移(Mean Shift)和粒子滤波(Particle Filter)等。

1. 光流法

光流法是一种基于运动估计的跟踪技术,用于估计图像序列中像素点的运动矢量,从而跟踪目标。光流法假设目标在相邻帧之间的运动是平滑且小范围的,通过求解图像亮度恒定假设方程来估计像素的位移。

1)基本原理

光流法的基本假设是图像的亮度恒定,即在时间 t 时刻的像素点在时间 $t+\Delta t$ 时刻,其亮度值保持不变。这个假设可以用以下方程表示

$$I(x,y,t)=I(x+u\Delta t,y+v\Delta t,t+\Delta t) \tag{5.15}$$

其中,$I(x,y,t)$ 表示在时间 t 时刻位置 (x,y) 处的像素亮度,u 和 v 分别表示像素在 x 和 y 方向上的速度分量。然后,将上述方程在时间和空间上进行泰勒展开,并忽略高阶项,可以得到光流基本方程

$$\frac{\partial \boldsymbol{I}}{\partial x}u + \frac{\partial \boldsymbol{I}}{\partial y}v + \frac{\partial \boldsymbol{I}}{\partial t} = 0 \tag{5.16}$$

其中，$\dfrac{\partial \boldsymbol{I}}{\partial x}$ 和 $\dfrac{\partial \boldsymbol{I}}{\partial y}$ 分别是图像在 x 和 y 方向上的梯度，$\dfrac{\partial \boldsymbol{I}}{\partial t}$ 是图像在时间上的变化率，u 和 v 分别表示像素在 x 和 y 方向上的速度分量。

方程求解：由于一个方程不足以求解两个未知数 u 和 v，光流法通常需要在一个小区域内应用平滑约束来求解该方程组。一种著名的方法是 Lucas-Kanade 方法。该方法在小窗口内假设运动是一致的，通过最小二乘法求解。

在小窗口内，假设所有像素的运动是一致的。对于窗口内的每一像素，可以写出光流基本方程

$$\frac{\partial \boldsymbol{I}}{\partial x}u + \frac{\partial \boldsymbol{I}}{\partial y}v + \frac{\partial \boldsymbol{I}}{\partial t} = 0 \tag{5.17}$$

对于窗口内的 N 像素，可以构建以下方程组

$$\begin{bmatrix} \boldsymbol{I}_x^1 & \boldsymbol{I}_y^1 \\ \boldsymbol{I}_x^2 & \boldsymbol{I}_y^2 \\ \vdots & \vdots \\ \boldsymbol{I}_x^N & \boldsymbol{I}_y^N \end{bmatrix} \begin{bmatrix} u \\ v \end{bmatrix} = - \begin{bmatrix} \boldsymbol{I}_t^1 \\ \boldsymbol{I}_t^2 \\ \vdots \\ \boldsymbol{I}_t^N \end{bmatrix} \tag{5.18}$$

其中，$\boldsymbol{I}_x^i$、$\boldsymbol{I}_y^i$ 和 $\boldsymbol{I}_t^i$ 分别是第 i 像素在 x、y 和时间方向上的梯度。

通过最小二乘法求解上述方程组，得到 u 和 v 的最优解

$$\begin{bmatrix} u \\ v \end{bmatrix} = (\boldsymbol{A}^\mathrm{T}\boldsymbol{A})^{-1}\boldsymbol{A}^\mathrm{T}\boldsymbol{b} \tag{5.19}$$

其中，$\boldsymbol{A}$ 是梯度矩阵，$\boldsymbol{b}$ 是时间变化率向量

$$\boldsymbol{A} = \begin{bmatrix} \boldsymbol{I}_x^1 & \boldsymbol{I}_y^1 \\ \boldsymbol{I}_x^2 & \boldsymbol{I}_y^2 \\ \vdots & \vdots \\ \boldsymbol{I}_x^N & \boldsymbol{I}_y^N \end{bmatrix}, \quad \boldsymbol{b} = \begin{bmatrix} \boldsymbol{I}_t^1 \\ \boldsymbol{I}_t^2 \\ \vdots \\ \boldsymbol{I}_t^N \end{bmatrix} \tag{5.20}$$

2）方法优点与缺点

光流法适用于目标运动平稳且背景较为简单的场景，如图 5.17 所示效果。由于光流法假设目标在相邻帧之间的运动是平滑且小范围的，因此在目标运动缓慢且连续的场景中表现较好。在背景较为简单且变化不大的场景中，光流法也能够更准确地估计像素的运动矢量。

图 5.17　光流法效果

然而尽管光流法在许多场景中表现出色,但也存在一些局限性。当目标快速运动时,亮度恒定假设可能不再成立,导致光流法的估计误差增大。此外,当目标部分被遮挡时,光流法无法准确估计被遮挡区域的运动矢量;当场景中存在显著的光照变化时,亮度恒定假设失效,也影响光流法的准确性。

2. 均值漂移法

均值漂移(Mean Shift)是一种基于直方图匹配的非参数统计方法,用于在多维空间中寻找数据集的模态。在目标跟踪中,均值漂移通过计算目标区域的颜色直方图,并在当前帧中搜索与目标直方图最相似的区域,实现目标的定位。

1) 基本原理

均值漂移法的基本思想是通过迭代更新目标位置,使目标区域的密度函数(通常为颜色直方图的核密度估计)达到局部最大值。具体来说,均值漂移法通过不断移动目标的位置,使目标区域的密度函数值逐渐增加,最终收敛到密度的模态。

假设给定目标的核密度估计为

$$\hat{f}(x) = \frac{1}{nh^d} \sum_{i=1}^{n} K\left(\frac{x - x_i}{h}\right) \tag{5.21}$$

其中,x_i 是样本点,K 是核函数,h 是带宽参数,n 是样本点的数量,d 是数据的维度。核密度估计用于估计目标区域的密度分布。常用的核函数包括高斯核、均匀核等。

然后通过迭代更新目标的位置,直至收敛到密度的模态。更新公式为

$$m(x) = \frac{\displaystyle\sum_{i=1}^{n} K\left(\frac{x - x_i}{h}\right) x_i}{\displaystyle\sum_{i=1}^{n} K\left(\frac{x - x_i}{h}\right)} \tag{5.22}$$

在每次迭代中,将目标的位置移动到密度最大的方向,即

$$x_{\text{new}} = m(x_{\text{old}}) \tag{5.23}$$

在目标跟踪中,均值漂移法通过计算目标区域的颜色直方图,并在当前帧中搜索与目标直方图最相似的区域,实现目标的定位,跟踪示例如图 5.18 所示。具体流程包括:在第一帧中手动选择目标区域,并计算该区域的颜色直方图;在当前帧中,使用核密度估计计算目标区域的密度分布;通过均值漂移法迭代更新目标的位置,直到收敛到密度的模态;在当前帧中找到与目标直方图最相似的区域,实现目标的定位。

第一帧　　　　　　　　　直方图反向投影　　　　　　　　　第二帧

图 5.18　均值漂移法结果示例

2) 方法优点与缺点

均值漂移法具有计算简单、收敛快的优点,适用于目标外观稳定、背景简单的场景。然而,当目标的外观发生变化(如形状、颜色等)时,均值漂移法的效果会下降。此外,在背景

复杂或存在相似颜色的干扰时,方法容易陷入局部最优解,导致跟踪失败。

3. 粒子滤波

粒子滤波(Particle Filter)是一种基于蒙特卡洛方法的递推贝叶斯估计,用于在噪声和非线性条件下估计动态系统的状态。在目标跟踪中,粒子滤波通过一组随机样本(粒子)表示目标的可能位置,并在每个时间步更新粒子分布,从而实现对目标的跟踪。

1) 基本原理

粒子滤波的基本思想是通过一组随机样本(粒子)来近似表示目标的状态分布。每个粒子代表目标的一个可能状态,通过迭代更新粒子的分布,逐步逼近目标的真实状态。粒子滤波在处理非线性和非高斯分布的目标跟踪问题上具有很强的适应性,特别适用于多模态分布的复杂场景。

粒子滤波的基本步骤包括预测、更新和重采样,具体如下。

(1) 预测。

根据系统的运动模型对粒子进行预测。假设在时间 $t-1$ 时刻,有 N 个粒子 $\{x_{t-1}^{(i)}\}_{i=1}^{N}$,每个粒子表示目标的一个可能状态。在时间 t 时刻,根据状态转移函数 $f(\cdot)$ 和过程噪声 $w_t^{(i)}$,预测每个粒子的新状态

$$x_t^{(i)} = f(x_{t-1}^{(i)}, w_t^{(i)}) \tag{5.24}$$

其中,$x_t^{(i)}$ 是第 i 个粒子的预测状态。

(2) 更新。

根据观测模型更新粒子的权重。假设在时间 t 时刻,观察到的数据为 y_t,每个粒子的权重 $w_t^{(i)}$ 通过观测模型的似然函数 $p(y_t|x_t^{(i)})$ 计算

$$w_t^{(i)} \propto p(y_t \mid x_t^{(i)}) \tag{5.25}$$

其中,$p(y_t|x_t^{(i)})$ 是观测模型的似然函数,表示在给定粒子状态 $x_t^{(i)}$ 下观察到数据 y_t 的概率。

(3) 重采样。

通过重采样步骤从新的粒子分布中采样,得到当前的目标状态估计。重采样的目的是消除权重较低的粒子,保留权重较高的粒子,从而避免粒子退化。常见的重采样方法包括有放回的随机采样(Multinomial Resampling)、系统重采样(Systematic Resampling)和剩余重采样(Residual Resampling)等。重采样后,所有粒子的权重重新归一化为 $1/N$。

粒子滤波跟踪效果示例如图 5.19 所示。

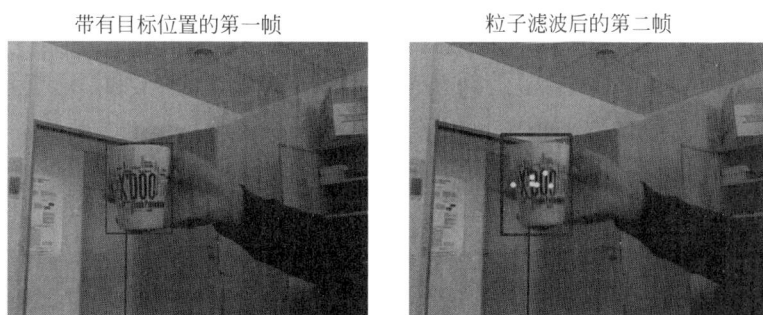

图 5.19　粒子滤波跟踪效果示例

2）方法优点与缺点

粒子滤波在处理非线性和非高斯分布的目标跟踪问题上具有很强的适应性，特别适用于多模态分布的复杂场景；粒子滤波可以灵活地选择不同的状态转移函数和观测模型，适用于多种目标跟踪任务；通过重采样步骤，粒子滤波能够有效地处理噪声和不确定性，提高跟踪的鲁棒性。然而，粒子滤波的计算复杂度较高，特别是当粒子数量较大时，计算开销会显著增加；在某些情况下，粒子可能会集中在少数几个高权重的粒子上，导致粒子退化现象，影响跟踪性能。

5.4.2 基于相关滤波的跟踪算法

相关滤波（Correlation Filter）是一类用于目标跟踪的高效算法，因其计算速度快、实现简单而受到广泛关注。相关滤波的核心思想是通过在训练阶段学习一个滤波器模型，该滤波器在目标区域与其周围背景之间进行区分。然后在测试阶段，通过将滤波器应用于新帧图像来进行目标的位置更新。相关滤波算法具有显著的计算效率，特别适合实时性要求较高的应用场景。

1. 最小输出平方误差滤波器

最小输出平方误差滤波器（Minimum Output Sum of Squared Error，MOSSE）是一种基于相关滤波的跟踪算法，通过最小化滤波器在训练样本上的输出误差来学习一个理想的滤波器。该滤波器可以用于后续帧的目标检测与跟踪。

1）基本原理

MOSSE 滤波器的目标是通过优化滤波器 h 使其对每个训练样本 x_i 的卷积输出接近理想的高斯响应 g_i。具体来说，优化目标可以表示为

$$\min_h \sum_{i=1}^{N} | h * x_i - g_i |^2 \tag{5.26}$$

其中，$*$ 表示卷积操作。然后，为了简化计算，MOSSE 在频域中求解该优化问题；根据卷积定理，空间域中的卷积操作可以通过频域中的乘法实现。因此，优化目标可以表示为

$$\min_H \sum_{i=1}^{N} | HX_i - G_i |^2 \tag{5.27}$$

其中，H 是滤波器 h 的傅里叶变换，X_i 是训练样本 x_i 的傅里叶变换，G_i 是期望输出 g_i 的傅里叶变换。通过傅里叶变换，MOSSE 滤波器的优化问题可以转化为

$$H = \frac{\sum_{i=1}^{N} G_i X_i^*}{\sum_{i=1}^{N} X_i X_i^* + \lambda} \tag{5.28}$$

其中，X_i^* 是 X_i 的复共轭，λ 是正则化参数，用于防止过拟合和数值不稳定。

2）跟踪流程

（1）初始化：在第一帧中手动选择目标区域，并计算该区域的傅里叶变换 X_1；然后生成理想的高斯响应 g_1，该响应通常是一个在目标中心处为峰值的高斯分布，并计算高斯响应的傅里叶变换 G_1。

（2）训练滤波器：使用初始目标区域的傅里叶变换 X_1 和理想的高斯响应 G_1，训练

MOSSE 滤波器 H：

$$H = \frac{G_1 X_1^*}{X_1 X_1^* + \lambda} \tag{5.29}$$

（3）后续帧的目标检测：在后续帧中，对每个候选区域进行傅里叶变换 X_t；再通过滤波器 H 计算卷积输出 Y_t

$$Y_t = H X_t \tag{5.30}$$

然后逆傅里叶变换 Y_t 回到空间域，得到卷积输出 y_t；选择卷积输出 y_t 最大值对应的区域作为目标位置，如图 5.20 所示。

图 5.20　MOSSE 滤波器跟踪示例

（4）更新滤波器：根据当前帧的检测结果，更新滤波器 H 以适应目标的变化。更新公式为

$$H_{\text{new}} = (1 - \alpha) H_{\text{old}} + \alpha \frac{G_t X_t^*}{X_t X_t^* + \lambda} \tag{5.31}$$

其中，λ 是学习率，控制新旧滤波器的混合比例。

3）方法的优点与缺点

MOSSE 滤波器通过频域计算，大大减少了计算复杂度，可以在资源受限的设备上实现实时跟踪。由于计算效率高，MOSSE 滤波器适用于实时目标跟踪任务。然而，MOSSE 滤波器对目标的旋转和尺度变化的鲁棒性较差，容易在这些情况下失去目标。此外，MOSSE 滤波器对光照变化的敏感性较高，当光照条件发生显著变化时，跟踪效果会下降。在背景复杂或存在相似目标的场景中，MOSSE 滤波器容易受到干扰，导致跟踪失败。

2. 核相关滤波器

核相关滤波器（Kernelized Correlation Filter，KCF）是相关滤波的一种扩展，它将核技巧引入到相关滤波框架中，通过在高维特征空间中进行线性分离，提升了滤波器的表达能力，从而增强了对目标的精确跟踪。

1）基本原理

KCF 的核心思想是利用核技巧将原始特征映射到一个高维特征空间，在这个高维空间中进行线性相关滤波。通过这种方法，KCF 能够在低维特征空间中处理非线性问题，从而提升滤波器的表达能力和跟踪性能。

核技巧通过一个核函数 K 将原始特征 x 映射到一个高维特征空间 $\phi(x)$，而无须显式

地计算高维特征向量。常见的核函数包括线性核、多项式核和高斯核等,如高斯核函数定义为

$$K(x,y) = \exp\left(-\frac{|x-y|^2}{2\sigma^2}\right) \tag{5.32}$$

其优化目标可以表示为

$$\min_f \sum_{i=1}^N |f * \phi(x_i) - g_i|^2 \tag{5.33}$$

此外,为了简化计算,KCF 在频域中求解该优化问题;根据卷积定理,空间域中的卷积操作可以通过频域中的乘法实现。因此,优化目标可以表示为

$$\min_F \sum_{i=1}^N |F\Phi(\boldsymbol{X}_i) - \boldsymbol{G}_i|^2 \tag{5.34}$$

其中,F 是滤波器 f 的傅里叶变换,$\Phi(\boldsymbol{X}_i)$ 是训练样本 $\boldsymbol{x}_i$ 的高维特征的傅里叶变换,$\boldsymbol{G}_i$ 是期望输出 $\boldsymbol{g}_i$ 的傅里叶变换。通过傅里叶变换,KCF 滤波器的优化问题可以转换为:

$$F = \frac{\sum_{i=1}^N \boldsymbol{G}_i \Phi(\boldsymbol{X}_i)^*}{\sum_{i=1}^N \Phi(\boldsymbol{X}_i) \Phi(\boldsymbol{X}_i)^* + \lambda} \tag{5.35}$$

其中,$\Phi(\boldsymbol{X}_i)^*$ 是 $\Phi(\boldsymbol{X}_i)$ 的复共轭,λ 是正则化参数,用于防止过拟合和数值不稳定。

在 KCF 中,为了简化计算,使用了循环矩阵(Circulant Matrix);循环矩阵的性质使得在频域中的计算更加高效。如图 5.21 所示,具体来说,假设 $\boldsymbol{x}$ 是一个 n 维向量,循环矩阵 $\boldsymbol{C}_x$ 可以通过将 $\boldsymbol{x}$ 的元素循环排列得到。循环矩阵的一个重要性质是它可以表示为傅里叶变换的对角矩阵乘法

$$\boldsymbol{C}_x = \boldsymbol{F}^{-1} \boldsymbol{\Lambda}_x \boldsymbol{F} \tag{5.36}$$

其中,$\boldsymbol{F}$ 是离散傅里叶变换矩阵,$\boldsymbol{\Lambda}_x$ 是 $\boldsymbol{x}$ 的傅里叶变换后的对角矩阵。

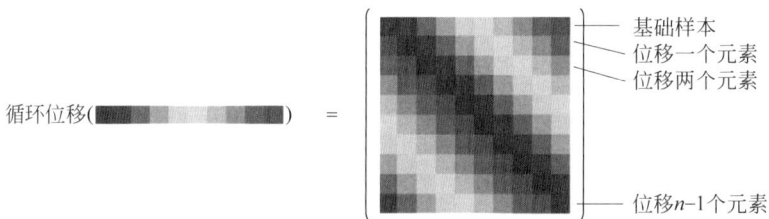

图 5.21　KCF 的循环矩阵

通过这一性质,KCF 可以将空间域中的卷积操作转换为频域中的乘法操作,从而显著提高计算效率。对于一个循环矩阵 $\boldsymbol{C}_x$ 和一个向量 $\boldsymbol{y}$,卷积 $\boldsymbol{C}_x \boldsymbol{y}$ 可以通过以下步骤计算

$$\boldsymbol{C}_x \boldsymbol{y} = \boldsymbol{F}^{-1} \boldsymbol{\Lambda}_x (\boldsymbol{F}\boldsymbol{y}) \tag{5.37}$$

其中,$\boldsymbol{F}\boldsymbol{y}$ 是 $\boldsymbol{y}$ 的傅里叶变换,$\boldsymbol{\Lambda}_x(\boldsymbol{F}\boldsymbol{y})$ 是 $\boldsymbol{\Lambda}_x$ 与 $\boldsymbol{F}\boldsymbol{y}$ 的逐元素乘法,$\boldsymbol{F}^{-1}$ 是逆傅里叶变换。

2)跟踪流程

其跟踪流程与上述 MOSSE 的基本一致,区别在于利用了核函数将特征映射到高维特征空间,并计算高维特征的傅里叶变换 $\Phi(\boldsymbol{X}_1)$。其 KCF 滤波器的训练为

$$F = \frac{G_1 \Phi(X_1)^*}{\Phi(X_1)\Phi(X_1)^* + \lambda} \tag{5.38}$$

滤波器的更新公式为

$$F_{\text{new}} = (1-\alpha)F_{\text{old}} + \alpha \frac{G_t \Phi(X_t)^*}{\Phi(X_t)\Phi(X_t)^* + \lambda} \tag{5.39}$$

其中,λ 是学习率,控制新旧滤波器的混合比例,G_t 是当前帧中目标区域的高斯响应的傅里叶变换,$\Phi(X_t)$ 是当前帧中目标区域的高维特征的傅里叶变换。

3) 方法的优点与缺点

KCF 通过频域计算和循环矩阵的性质,大大减少了计算复杂度,可以在资源受限的设备上实现实时跟踪。通过核技巧,KCF 能够在高维特征空间中处理非线性问题,提升了滤波器的表达能力和跟踪性能;由于计算效率高,KCF 适用于实时目标跟踪任务。

尽管 KCF 在许多场景中表现出色,但也存在一些局限性。KCF 对目标的旋转和尺度变化的鲁棒性较差,容易在这些情况下失去目标;KCF 对光照变化的敏感性较高,当光照条件发生显著变化时,跟踪效果会下降;在背景复杂或存在相似目标的场景中,KCF 容易受到干扰,导致跟踪失败。

3. 多通道相关滤波

多通道相关滤波(Discriminative Scale Space Tracker,DSST)是对 KCF 的进一步扩展,针对目标的尺度变化问题进行了优化。DSST 通过在尺度空间中引入多通道滤波器,实现了对目标尺度的自适应跟踪。

1) 基本原理

DSST 的核心思想是在不同的尺度下同时应用 KCF 滤波器,并通过多尺度响应图的最大值来确定目标的最佳尺度。通过这种方法,DSST 能够在目标尺寸变化较大的场景中保持较高的跟踪精度和鲁棒性。如图 5.22 所示,具体来说,DSST 在不同的尺度下同时应用 KCF 滤波器,并通过多尺度响应图的最大值来确定目标的最佳尺度。

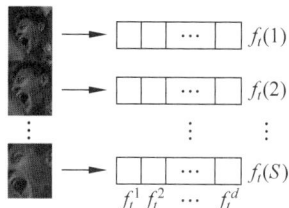

图 5.22 DSST 的尺度滤波器

假设当前帧的目标位置已知,则在尺度空间中,DSST 通过以下公式计算尺度响应图

$$R(s) = F^{-1}(H_s \odot X_s) \tag{5.40}$$

其中,s 表示尺度因子,H_s 是当前尺度下的滤波器的傅里叶变换,X_s 是当前尺度下的输入图像的傅里叶变换,$R(s)$ 是尺度响应图,F^{-1} 表示傅里叶逆变换,$\odot$ 表示逐元素乘法。

通过对所有尺度响应图进行最大值搜索,DSST 可以实时地调整目标的尺度,从而增强了跟踪的精确度和鲁棒性。

2) 跟踪流程

其 DSST 的跟踪流程与 KCF 的区别在于根据不同尺度因子得到对应的滤波器。具体来说,首先初始化尺度空间,选择一系列尺度因子 $s_1,s_2,\cdots,s_N$;其次对每个尺度 s_i,使用初始目标区域的高维特征的傅里叶变换和理想的高斯响应 H_{s_i};最后在后续帧的检测中,也是对每个尺度 s_i,通过滤波器 $\boldsymbol{H}_{s_i}$ 计算卷积输出 $\boldsymbol{Y}_{t,s_i}$,并选择所有尺度响应图空间域中卷积输出响应图 $\boldsymbol{Y}_{t,s_i}$ 中最大值对应的区域和尺度作为目标位置和最佳尺度。

3)方法的优点与缺点

DSST 同时通过频域计算和循环矩阵的性质,大大减少了计算复杂度,可以在资源受限的设备上实现实时跟踪;更重要的是,它通过在尺度空间中引入多通道滤波器,DSST 能够处理目标的尺度变化,提升了跟踪的精确度和鲁棒性。

然而,虽然 DSST 在处理目标尺度变化方面表现出色,但其计算复杂度相比 KCF 有所增加,尤其是在多尺度空间中进行滤波器训练和检测时;同样在背景复杂或存在相似目标的场景中,DSST 仍然容易受到干扰,导致跟踪失败。

5.4.3　基于孪生网络的目标跟踪

孪生网络(Siamese Network)是近年来在目标跟踪领域中广泛应用的一类深度学习模型。与传统方法不同,孪生网络通过对比学习的方式来判断目标是否匹配,而不依赖于目标的显式建模。孪生网络的基本思想是将目标跟踪问题转化为一个相似性度量问题,即通过对比目标图像与搜索区域图像的特征表示,确定目标在新图像中的位置。

1. 孪生网络的基本原理

孪生网络由两个共享权重的卷积神经网络组成,分别用于处理模板图像(包含目标的图像)和搜索区域图像。通过对这两幅图像的特征进行比较,网络可以生成一个相似性响应图,表示目标在搜索区域中的可能位置。

假设模板图像的特征表示为 z,搜索区域图像的特征表示为 x,网络计算的相似性响应图为

$$R = z * x \tag{5.41}$$

其中,$*$ 表示卷积操作。响应图的峰值位置表示目标在搜索区域中的最可能位置。

2. SiamFC 模型

完全卷积孪生网络(Siamese Fully-Convolutional Network,SiamFC)是孪生网络中最早提出的模型之一。SiamFC 摒弃了全连接层,采用全卷积网络架构,以保持输入图像的空间信息。如图 5.23 所示,其工作流程如下。

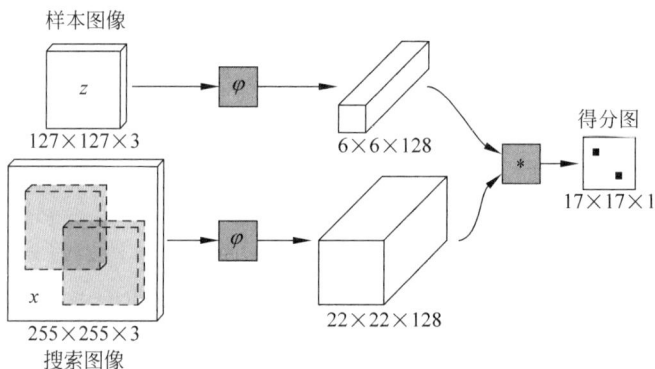

图 5.23　SiamFC 结构

（1）特征提取：模板图像 z 通过共享的卷积神经网络进行特征提取，得到特征图 z；搜索区域图像 x 通过相同的卷积神经网络进行特征提取，得到特征图 x。

（2）相似度计算：然后，对两个特征图进行卷积操作，计算出相似性响应图 $R(i,j)$，表示搜索区域中各位置的相似度

$$R(i,j) = (z * x)(i,j) \tag{5.42}$$

其中，(i,j) 表示搜索区域中的位置坐标。

（3）目标定位：相似性响应图 R 的最大值位置对应于目标在搜索区域中的位置。具体来说，找到 R 中的最大值 R_{max} 及其对应的坐标 (i_{max}, j_{max})，这个坐标即为目标在搜索区域中的最可能位置

$$(i_{max}, j_{max}) = \underset{i,j}{\arg\max}\, R(i,j) \tag{5.43}$$

3. SiamRPN 模型

区域建议孪生网络（Siamese Region Proposal Network，SiamRPN）是在 SiamFC 的基础上引入区域建议网络（RPN）的改进模型，通过联合预测目标位置和尺度，显著提升了跟踪精度。如图 5.24 所示，其工作流程如下：

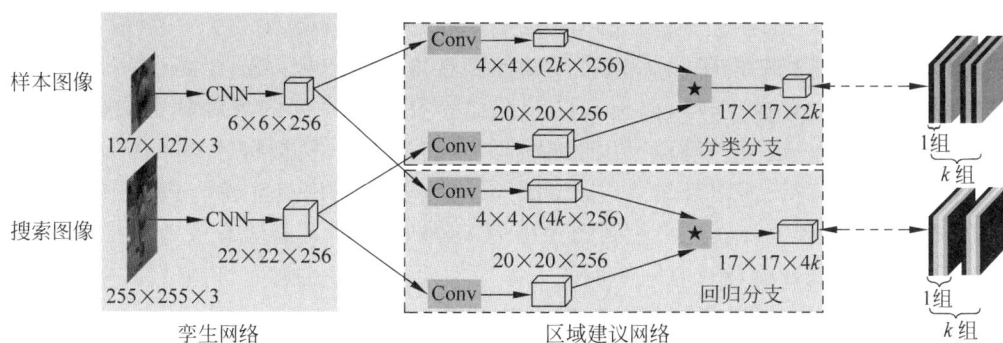

图 5.24　SiamRPN 网络结构与工作流程

（1）特征提取：模板图像 z 通过共享的卷积神经网络进行特征提取，得到特征图 z；搜索区域图像 x 通过相同的卷积神经网络进行特征提取，得到特征图 x。

（2）区域建议：SiamRPN 通过 RPN 生成一组候选区域，并对每个候选区域进行分类和边界框回归。具体地，SiamRPN 为每个候选区域生成一个类别预测 $p(i,j)$ 和一个边界框回归参数 $t(i,j)$

$$p(i,j) = \sigma(W_c * z * x) \tag{5.44}$$

$$t(i,j) = W_r * z * x \tag{5.45}$$

其中，$\sigma(\cdot)$ 为 sigmoid 函数，分别表示分类和回归的权重。

（3）目标定位与尺度调整：SiamRPN 根据 RPN 输出的边界框参数调整目标的位置信息，并根据回归结果对目标的尺度进行自适应调整；通过分类得分最高的候选区域确定目标的位置，并通过回归参数调整目标的尺度和位置。

4. 基于孪生网络的目标跟踪的优点与缺点

孪生网络的端到端设计使得它在计算效率和实时性方面表现出色，尤其适合实时跟踪任务；孪生网络结构简单明了，也易于实现和训练，同时可以有效地处理跟踪任务中的各种

复杂场景。此外,孪生网络对各种目标跟踪任务表现良好,特别是对具有强外观变化的目标有很好的适应能力。

然而,原始 SiamFC 模型对目标的尺度变化适应性较差,尽管后续的 SiamRPN 有所改进,但在某些场景中仍存在不足。孪生网络的跟踪精度可能在复杂背景或多目标场景中受到影响,尤其是在目标发生剧烈变化时。

5.4.4 其他前沿目标跟踪模型

随着深度学习的快速发展,除了孪生网络外,许多前沿的目标跟踪模型不断涌现。这些模型通过引入新的网络结构、学习策略和优化方法,大幅提升了目标跟踪的精度、鲁棒性和实时性。以下介绍几种代表性的前沿目标跟踪模型。

1. 基于 Transformer 的目标跟踪

基于 Transformer 的目标跟踪(TransT)是一种创新的目标跟踪模型,它巧妙地融合了卷积神经网络(CNN)与 Transformer 架构的优势,特别适用于处理复杂场景下的目标跟踪任务。其主要特点在于通过 Transformer 的自注意力机制来捕捉目标与周围环境之间的全局依赖关系,从而提高跟踪的准确性和鲁棒性。

1)基本原理

TransT 首先使用共享的 CNN 从模板图像和搜索区域图像中提取基础特征;模板图像是包含目标对象的初始图像,而搜索区域图像是在视频序列的后续帧中截取的,用于寻找目标的新位置。这两个过程产生的特征图分别记为 z(模板特征)和 x(搜索区域特征)。然后,提取出的特征图被送入 Transformer 模型中,利用自注意力机制来增强特征间的关联。这一机制允许模型关注到图像中的关键部分,并且能够有效地捕捉长距离依赖关系,这对于理解目标与其周围环境的关系至关重要。自注意力机制的基本计算公式如下

$$\text{Attention}(Q, K, V) = \text{softmax}\left(\frac{QK^{\text{T}}}{\sqrt{d_k}}\right)V \tag{5.46}$$

其中,Q、K 和 V 分别代表查询、键和值向量,而 d_k 则是键向量的维度。通过这种方式,模型能够更好地理解目标与背景之间的关系。经过自注意力机制处理后的特征会进一步通过位置编码层和输出层,最终生成一个相似性响应图,该图用于确定目标在搜索区域中的具体位置。位置编码帮助保持了空间信息,确保模型能准确地识别目标的位置。如图 5.25 所示,TransT 还采用了自我上下文增强(ECA)和交叉特征增强(CFA)两种技术来进一步提升模型性能。ECA 通过增加局部上下文信息来增强目标检测的准确性;CFA 则促进了模板特征和搜索区域特征之间的有效交互,有助于模型更好地理解目标与环境的动态变化。

2)方法的优点与缺点

得益于 Transformer 的自注意力机制,TransT 能够在跟踪过程中维持对目标及周围环境的全局感知,即使在目标出现大范围移动或形变时也能保持良好的跟踪效果。此外,无论是面对目标尺度的变化、部分遮挡还是背景中的干扰因素,TransT 都能展现出较强的鲁棒性。

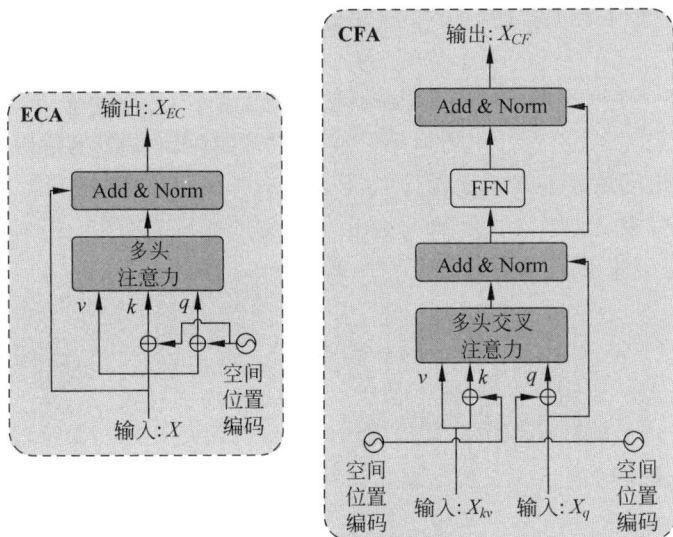

图 5.25　TransT 中的注意力机制：自我上下文增强(ECA)和交叉特征增强(CFA)

　　然而，Transformer 的自注意力机制涉及大量的矩阵运算，尤其是当特征图的分辨率较高时，计算量会显著增加。这可能导致模型在实时跟踪任务中的计算延迟，影响实时性能。此外，Transformer 模型通常需要较大的内存来存储中间特征和权重，特别是在处理高分辨率图像时，内存消耗会更高。

2. 基于强化学习的目标跟踪

　　强化学习(Reinforcement Learning，RL)近年来在目标跟踪领域开始崭露头角。RL-Track 将目标跟踪问题视为一个序列决策问题，通过学习智能体(Agent)的跟踪策略来动态调整目标的跟踪路径，如图 5.26 所示。其核心思想是通过试错学习，让跟踪器逐步优化其跟踪策略，适应复杂场景中的目标运动和环境变化。

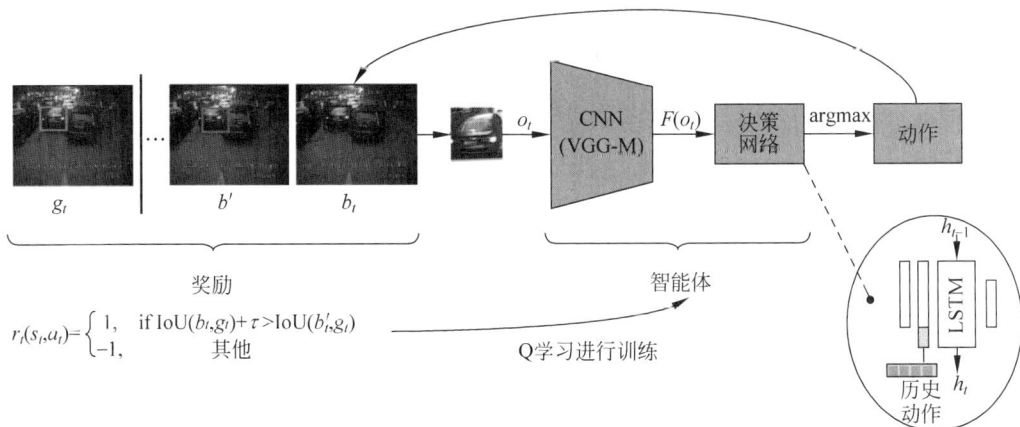

$$r_t(s_t, a_t) = \begin{cases} 1, & \text{if } \mathrm{IoU}(b_t, g_t) + \tau > \mathrm{IoU}(b'_t, g_t) \\ -1, & \text{其他} \end{cases}$$

图 5.26　基于强化学习的目标跟踪框架

　　1) 基本原理

　　(1) 状态表示：在每个时间步 t，跟踪器从环境中获取一个状态 s_t。状态 s_t 通常包括以下信息：目标在当前帧中的位置和尺寸；当前帧的背景特征，如图像的局部和全局特征；

前几帧中目标的位置和运动信息。状态 s_t 可以通过多种方式表示,如使用特征图、边界框坐标、光流信息等。

（2）动作选择：根据当前状态 s_t,跟踪器选择一个动作 a_t。动作可以是几种类型：目标边界框的位置、尺寸、比例调整；切换不同候选跟踪器等。动作选择通常通过策略函数 $\pi(a_t|s_t)$ 来决定,该函数表示在给定状态 s_t 下选择动作 a_t 的概率分布。

（3）奖励函数：执行动作 a_t 后,跟踪器根据目标的跟踪精度和边界框的重叠度（IoU）得到一个即时奖励 r_t。奖励函数通常设计为关于 IoU 的函数,例如

$$r_t = \begin{cases} 1 & \text{IoU} > \theta \\ -1 & \text{IoU} < \phi \\ 0 & \text{其他} \end{cases} \tag{5.47}$$

其中, θ 和 ϕ 是预设的阈值,用于区分高精度和低精度的跟踪结果。跟踪器的目标是最大化累积奖励 R,即在多个时间步中获得的总奖励

$$R = \sum_{t=0}^{T} \gamma^t r_t \tag{5.48}$$

其中, γ 是折扣因子,用于平衡近期和远期奖励的重要性。

（4）策略优化：跟踪器通过强化学习算法不断更新其策略 $\pi(a_t|s_t)$,以最大化累积奖励。常用的强化学习算法包括 Q-Learning、Deep Q-Network 等。通过与环境的交互,收集状态、动作和奖励的样本,逐步优化策略函数。训练过程中通常需要大量的试错和迭代,以找到最优的跟踪策略。

2）方法的优点与缺点

RL-Track 能够通过试错学习,逐步优化跟踪策略,适应复杂场景中的目标运动和环境变化。它因可以灵活地定义状态、动作和奖励函数,适用于多种跟踪任务和应用场景;此外,通过不断学习和调整,RL-Track 在目标尺度变化、遮挡和背景干扰等复杂情况下表现出较好的鲁棒性。

然而,强化学习算法通常需要大量的计算资源和时间来进行训练,尤其是在深度强化学习中;RL-Track 同样需要大量的训练数据和环境交互来学习有效的策略,数据收集和标注成本较高。强化学习的训练过程可能存在不稳定性和收敛问题,需要精心设计奖励函数和算法参数。

5.5　工业目标检测与跟踪的应用案例

随着工业 4.0 的推进,工业目标检测与跟踪技术在现代制造业中发挥着至关重要的作用。通过引入人工智能和深度学习算法,目标检测与跟踪技术能够极大地提高生产效率、保障产品质量、优化生产流程,并实现智能化生产。在工业自动化、工业机器人和交通领域,这些技术得到了广泛应用。

5.5.1　医药自动化生产线中的药液微弱异物检测

1. 面临挑战

医药产品的质量直接影响公众健康,质量不达标不仅会削弱药效,还可能对用药者造

成严重身体伤害;因此,药品生产中的质量检测显得尤为重要,尤其是药液中的异物检测。面对突发情况下药品需求激增的挑战,中国正在加速推动医药生产的自动化和智能化进程。为提高药液产线的检测效率,业界开始尝试使用机器视觉技术替代传统的人工检测;然而,由于异物的尺寸微小、形态多样,加之检测环境中的多种干扰因素,现有检测方法常常难以达到高精度和低漏检率的要求。

2. 系统设计

在药品生产过程中,诸如清洗、配药、灌装和封盖等操作均可能导致异物混入药液中。因此,质量检测设备作为生产环节最后的保障,能够在线检测输入药瓶的瓶身缺陷、瓶口缺陷、封盖缺陷以及瓶内异物。本文所采用的医药异物检测系统包括药液入口、次品出口和合格品出口,如图 5.27 所示,主要结构由回转轮盘、进瓶螺杆、检测光源、工业相机、伺服电机、旋转轮组及上位机组成。系统内部设有多个质量检测工位,包括暗场异物检测、瓶身裂纹检测、偏振纤毛检测及药瓶封口检测,主要采用暗场异物检测工位进行药液异物图像采集。

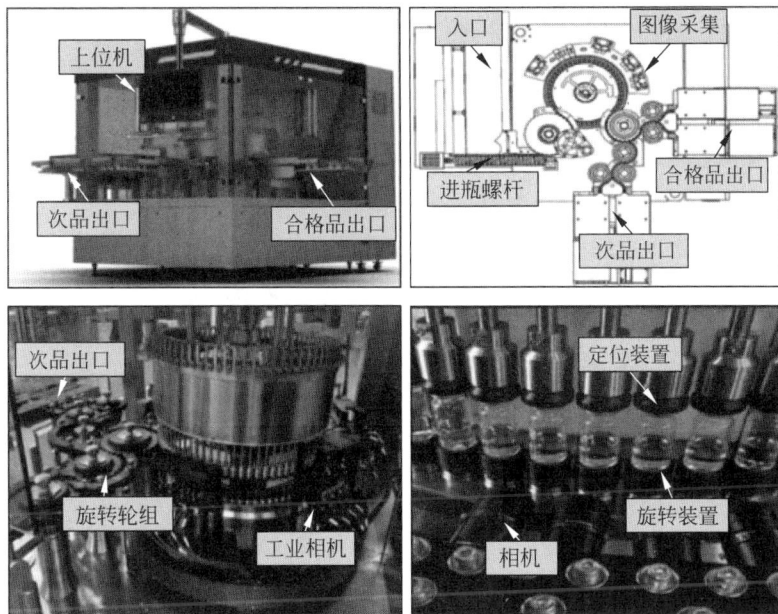

图 5.27　医药质量检测装备的结构图与实物图

3. 研究方法

(1) 异物聚集与图像采集:该设备首先通过定位装置测量药瓶的高度,并施加一定压力,以确保药液在检测过程中固定不动;然后,使用旋转装置以 4000r/min 的高速旋转药瓶,借此将异物汇集至瓶身中部。该旋转方法有效避免了微小气泡对后续检测的干扰,确保异物能被准确定位。旋转数秒后,系统将迅速制动,并在药液平稳后,使用工业相机连续采集多帧药液图像;每个药瓶会被采集 30 帧图像,这些图像通过数据线传输至计算设备进行后续处理。为提升拍摄效率及图像质量,系统采用多组超高速、高分辨率相机,每个相机配备高倍数长焦镜头,将被检测物放大 60 倍,显著提高了图像的数量和细节,确保微小异物的轨迹细节被保留。采集数据的示例如图 5.28 所示。

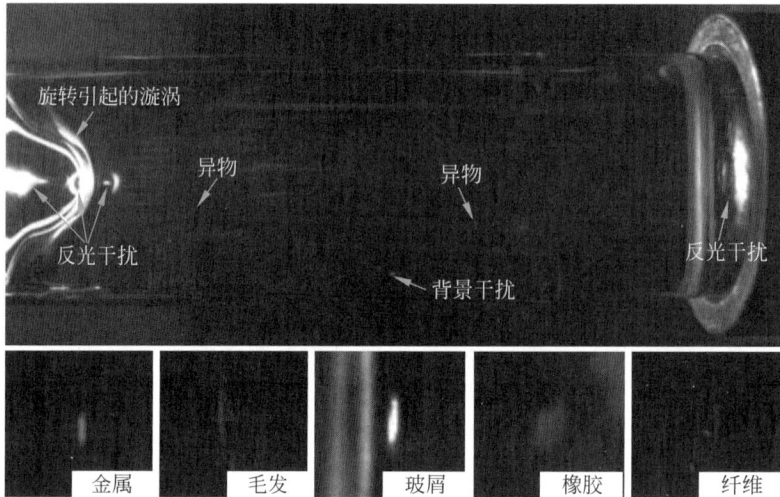

图 5.28　采集数据示例

（2）检测结果的后处理：为了最大程度减少误检和漏检的影响，本文设计了一种基于视觉融合的轨迹检测网络。该网络首先对单帧图像的检测结果进行统计，获取每帧图像中高于检测阈值的异物位置。随后，生成一张与药液图像序列帧大小一致的纯黑灰度图，根据每帧图像的检测结果调整对应区域的灰度值，保持原始图像的时间顺序。较早的帧赋予较低的灰度值，而较晚的帧赋予较高的灰度值，使得如果药液中存在异物，它们将在灰度图中形成明显的轨迹，最终效果如图 5.29 所示。最后，通过视觉检测算法对这张处理后的灰度图进行轨迹检测，判断药瓶中是否存在异物。

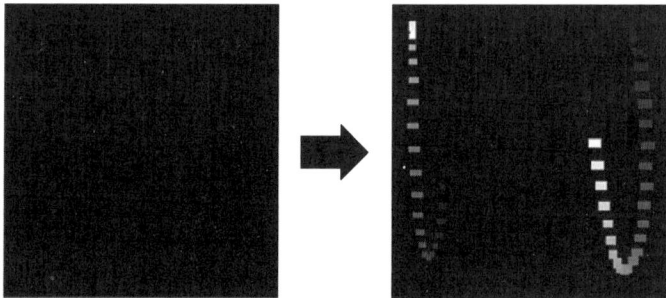

图 5.29　用检测框代替点集表示单帧异物检测结果

（3）级联结构：为确保检测模型与轨迹检测网络的有效结合，设计了一种级联策略，如图 5.30 所示。具体而言，利用蒸馏方法生成的学生网络对每瓶药液的连续帧图像进行逐一检测；这些序列图像及其检测结果依次送入基于视觉融合的轨迹检测网络中，进行结果的融合与可视化处理；视觉检测网络输出轨迹检测结果，依据此结果判断药瓶中是否存在异物。

最终，通过测试 100 瓶药液的连续帧图像，结果显示：该方法成功检测出 98 瓶药液中的异物，漏检率仅为 2%，检测速度达到了 0.5 秒/瓶；相比人工灯检的 15 秒/瓶有显著提升，有效降低了误检率和漏检率，证明了其在医药质量检测中的有效性和实用性。

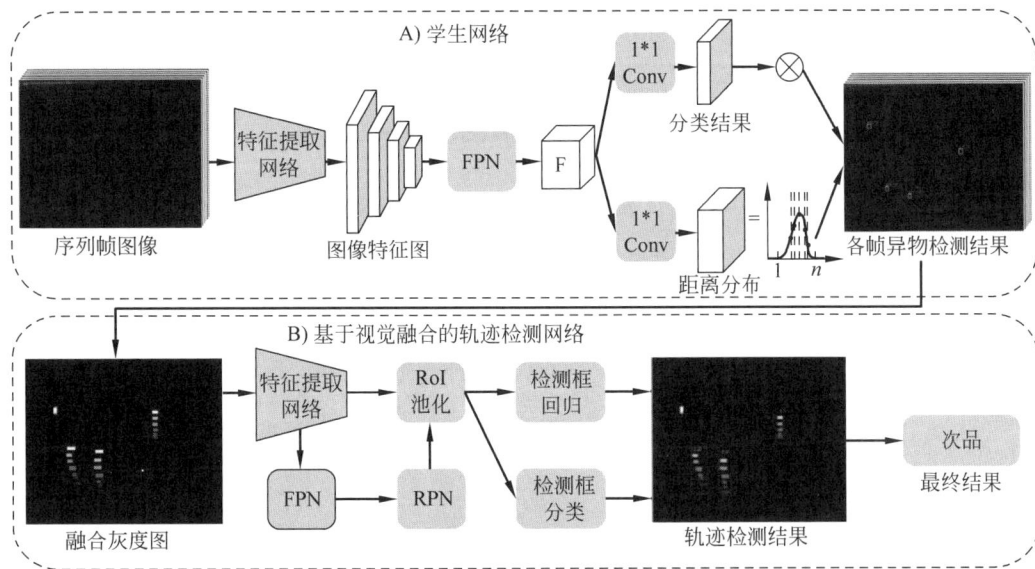

图 5.30　多模型级联的检测网络

5.5.2　可见光与红外图像融合的电力热故障判别

1. 面临挑战

当前热故障判别巡检作业大多基于单一红外图像来进行。但是现有的无人机红外图像空间分辨率较低,难以准确感知配网线路绝缘子、配电变压器等典型设备的三相温度和相间温差;而可见光图像空间分辨率高,能较好地反映线路的空间外观,却不能反映温度信息。因此通过红外与可见光图像的双光融合得到高质量的红外图像是解决这一问题的常用方法;通过双光融合能够使可见光高分辨率的优点与红外图像的温度信息相结合,一定程度上提高红外图像的分辨率。然而双光融合方法仍面临着两个问题:(1)因可见光相机与红外相机的成像差异和无人机外部参数问题,导致可见光图像与红外图像在图像中的空间信息不对齐;这种不对齐的情况在实际场景中难以避免,且直接影响了融合的效果。(2)进行热故障判别时需要使用具有精准温度信息的红外图像,而融合后的红外图像必然会损失一定的信息从而导致判别不准确。

2. 研究方法

鉴于实际任务场景对配准方法的需求,需要具备实时性和高精度的特点,而且由于红外图像与可见光图像之间存在显著的模态差异,现有方法难以取得理想的效果。在对配电网部件进行热故障判别时,通常需要使用具有温度信息的红外图像。然而,现有的解决方法大多集中在对红外图像中的部件进行目标检测。由于红外图像的分辨率较低,直接对红外图像中的配电网部件进行检测往往难以满足后续热故障判别任务的精度要求。相比其他方法,自适应配准方法避免了使用低分辨率的红外图像进行部件的目标检测,而是利用配准后的可见光图像代替,如图 5.31 所示。因此通过适用于实际场景的自适应配准方法,基于手工特征点选取,使得可见光图像中的部件位置信息与红外图像中的位置已经对齐,能够满足实际应用中的需求,检测效果如图 5.32 所示。

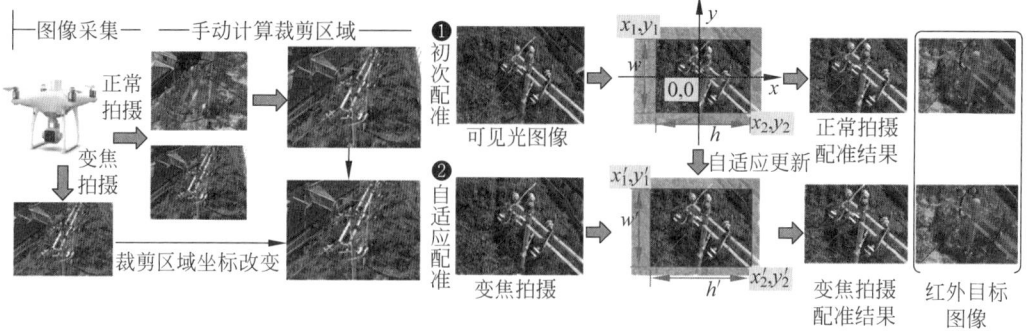

图 5.31 多模态融合自适应配准检测方法

(1) 真值标签　　(2) 自适应配准　　(3) YOLOv7　　(4) YOLOX　　(5) DETR

图 5.32 自适应配准多模态检测结果

3. 研究意义

这种多模态图像自适应检测方法,解决了配网热部件故障判别任务对红外图像目标检测精度低的问题;包括自适应的配准和预测信息迁移两步骤。自适应配准可以用于解决无人机搭载的相机直接因成像差异产生的空间内容不对齐情况。相比于其他方法,自适应配准方法能够忽略模态间巨大的差异,完成高精度的配准。预测信息迁移方法在自适应配准基础上通过对高空间分辨率的可见光图像进行训练以及预测,并将预测结果精准的迁移到红外图像中,间接完成了对红外图像的部件检测。这种方法实现简单、易部署且实时性高。在配网部件多模态巡检中具有高效性,在未来研究中可以结合其他工程应用问题展开进一步研究。

5.5.3　电力自动化巡检中小样本情况下的异物检测

随着电力系统规模的不断扩展和无人机巡检技术的普及,电力线路异物检测逐渐成为电力系统安全维护的关键任务,例如,鸟巢、塑料袋或树枝等可能会缠绕在电力线路上,导致短路、线路损坏甚至火灾等严重安全事故等。由于这些异物的体积通常较小,且多发生在复杂的户外环境中,传统的人工巡检方式难以及时发现并处理这些潜在的安全隐患。因此,基于工业视觉的自动化异物检测技术应运而生,为电力系统的智能化巡检提供了新的解决方案。

1. 面临挑战

当前的电力线路异物检测面临多重挑战。首先,异物种类繁多、形态各异,且在图像中往往只占据很小的像素区域,这使得传统的目标检测算法在处理小目标时容易出现漏检或误检现象;其次,由于无人机通常以鸟瞰角度采集图像,异物与线路、背景物体的重叠较多,导致目标边界模糊不清,进一步增加了检测难度;此外,电力场景中数据获取相对困难,尤其是包含异物的样本数据稀缺,这对模型的训练和泛化能力提出了更高要求。

2. 检测方法

针对这些问题,近年来,基于深度学习的小样本目标检测技术被引入电力线路异物检测中,通过迁移学习和注意力机制的结合,这些方法在小样本条件下也能够取得较好的检测效果。例如,某些方法通过在线难度样本选择技术,对复杂样本进行优先训练,进一步提升了模型对小目标异物的检测精度。此外,内卷积等新型网络结构的引入增强了模型对小目标异物的聚合能力,显著提高了异物的识别率。一种典型的针对电力线路异物检测的小样本方法结构如图 5.33 所示。该方法包括两阶段训练:第一阶段,采用新的锚框方案在具有大量标注信息的基类数据集(电力部件)上训练检测器主体部分;第二阶段,冻结训练检测器绝大部分参数,将训练好的模型迁移至小数据集(异物)进行微调。

该方法在多个类别样本和所有实例测试中都取得了显著效果,充分证明了该方法的优势性。在以 15 个实例进行训练时,该方法在异物类别上的检测 AP 值可达 98.6%,高出其他方法至少 4.4%,提升了小样本电力线路异物检测性能。可视化的效果如图 5.34 所示。

3. 研究意义

引入基于工业视觉的自动化异物检测技术,能够显著提高巡检效率,减少人工巡检的局限性,并保证在复杂天气、恶劣环境下的检测可靠性。深度学习技术与无人机巡检相结合,能够覆盖大面积的线路,准确检测到体积小、形态多样的异物,弥补了传统方法在漏检、误检等方面的不足。这不仅提升了电网的维护和运营效率,也降低了由于异物引发的安全事故概率,保障了电力系统的稳定性。此外,智能化的异物检测技术还能为电力巡检的全面自动化铺平道路,减少对人力资源的依赖,降低巡检成本,提升电力系统的安全防护水平,为未来智能电网的建设提供坚实的技术基础。通过预防性维护,电力系统能够更具韧性,减少停电和设备损坏的风险,进一步确保社会生活和经济生产的持续稳定。

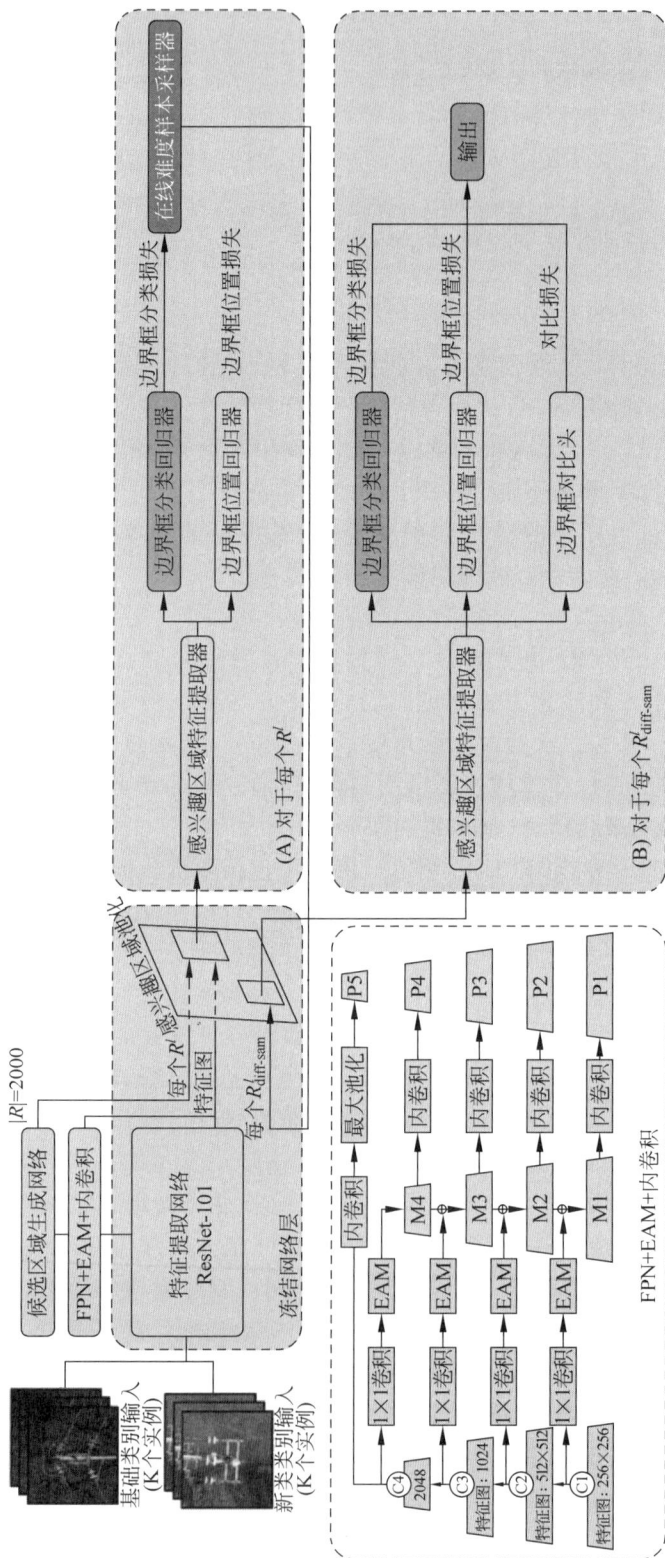

图 5.33 一种典型的针对电力线线路异物检测的小样本方法

图 5.34 检测效果对比图

5.6 本章小结

本章系统地探讨了工业机器视觉中目标检测与目标跟踪的关键技术及其在工业应用中的重要性。

首先,从目标检测的基本概念出发,介绍了目标检测的定义、意义以及在实际应用中面临的挑战。

接着,详细讲解了几种经典的传统目标检测方法。基于模板匹配的方法依赖于物体的形状特征,在特定环境中具有较好的应用效果;基于特征点的目标检测方法利用图像中的特征点进行匹配,适用于多种目标检测任务。随着深度学习技术的发展,基于深度学习的目标检测算法成为了工业机器视觉中的主流。我们深入分析了 YOLO、Faster R-CNN 等代表性算法的工作原理、结构特点以及各自的优势与不足。通过这些算法的对比,读者可以理解如何在实际工业应用中选择合适的算法,平衡检测速度与精度,并满足工业生产中对实时性和可靠性的要求。

最后,在目标跟踪部分,从传统的跟踪算法出发,讲解了如相关滤波、光流法等经典算法的基本原理和应用场景。这些方法在运动目标的跟踪中,尤其是简单场景下具有较好的表现,但随着工业应用场景的复杂化,传统方法在准确性和鲁棒性方面显得力不从心。基于深度学习的目标跟踪方法,尤其是孪生网络(Siamese Network)的引入,极大提升了跟踪的精度和抗干扰能力,这为自动化生产线、机器人导航、物流系统等场景中的目标跟踪应用提供了更加高效的解决方案。

通过本章的学习,读者不仅能够了解从传统到现代的目标检测与跟踪技术演变过程,还可以掌握如何将这些技术应用到具体的工业场景中。传统方法在特定条件下依然发挥着重要作用,而深度学习方法则通过提高检测精度和跟踪鲁棒性,使得工业机器视觉系统能够适应更加复杂的任务需求。未来,随着技术的进一步发展,如何更好地融合传统与现代技术,解决实际工业应用中的挑战,将是读者需要思考的重要问题。

5.7 思考与习题

1. 在工业环境中,遮挡、光照变化、背景复杂等问题时常出现。请结合所学,讨论这些问题对目标检测与跟踪算法的影响,并提出可能的解决方案。

2. 随着深度学习在工业机器视觉中的广泛应用,传统的目标检测与跟踪方法是否还有其应用价值? 请讨论这些方法在某些特定工业场景中的优势。

3. 请比较 YOLO、SSD 与 Faster R-CNN 三种目标检测算法的原理、性能和适用场景。在实际工业应用中,如何选择适合的算法?

4. 在深度学习目标检测模型中,如何平衡检测速度与检测精度? 在实时性要求较高的工业应用中,哪些方法可以优化检测过程?

5. 传统目标检测方法如模板匹配、基于特征点的方法在何种场景中仍有应用价值? 请结合实际工业应用,分析这些方法的优势与局限性。

6. 请解释基于相关滤波的目标跟踪算法的原理,并讨论它在工业机器视觉中的应用场景及优势。与其他跟踪方法相比,相关滤波算法的优缺点是什么?

7. 在交通场景中,目标检测与跟踪如何结合应用于智能交通系统? 例如,如何通过视觉系统实现对车辆或行人的检测与跟踪?

8. 电力场景中的设备巡检常常需要对目标进行检测与跟踪。请结合电力场景的特殊需求,讨论如何设计合适的目标检测与跟踪方案。

第 6 章

工业机器视觉三维测量与检测

工业机器视觉三维测量与检测在现代工业生产中具有至关重要的地位。随着科技的不断发展，许多领域对产品的精度和质量要求越来越高，传统的二维测量已经无法满足需求。工业机器视觉三维测量与检测技术应运而生，为解决这些问题提供了有效的手段。

本章旨在帮助读者全面了解工业机器视觉三维测量与检测领域的知识和应用。通过对该技术的深入介绍，读者可以了解到其在不同领域的广泛应用以及所具有的优势。例如，在汽车制造领域，工业机器视觉三维测量与检测可以实现对车身焊点、钣金、喷涂等部位的检测，确保车身的质量和稳定性；在机械制造领域，它可以对零部件的尺寸、形状、表面缺陷等进行检测和分析，提高生产效率和产品质量。工业机器视觉三维测量与检测技术的重要性还体现在其能够解决大尺寸工业测量的难题，传统测量技术一般采用逐点测量的方法，工作效率低，难以满足大尺寸工业测量的需要，而工业机器视觉三维测量与检测技术具有测量范围更大、测量速度更快及测量更加灵活的特点，可以实现高精度的便携式测量，成为大尺寸三维测量技术的主要研究方向。总之，工业机器视觉三维测量与检测技术在现代工业生产中具有不可替代的作用，对于推动工业的发展和进步具有重要意义。

本章分 5 个主要部分展开。

6.1 工业机器视觉三维测量与检测概述，阐述了工业机器视觉三维测量与检测的内容，并与二维测量进行对比，突出其区别；同时，介绍了该技术在不同领域的应用以及所具有的优势。

6.2 工业机器视觉三维视觉成像技术，在技术层面详细讲解了工业机器视觉三维视觉成像技术，包括被动式和主动式三维视觉成像的原理和特点。

6.3 三维视觉数学基础，涵盖三维空间与坐标系、相机模型、图像坐标系以及相机标定等重要概念。

6.4 三维数据处理经典算法，介绍了包括三维数据表示、三维特征提取与配准、三维数据分割以及三维目标跟踪与识别等方面经典算法。

6.5 工业三维视觉处理与检测的应用案例，展示了工业三维视觉处理与检测技术在质量检测、尺寸测量等方面的重要性和应用价值。

6.1　工业机器视觉三维测量与检测概念

6.1.1　工业机器视觉三维测量与检测的定义

随着工业自动化的快速发展,对产品质量的要求日益提高。在这种背景下,传统的二维测量和检测方法已逐渐难以满足现代工业生产对精度和效率的高标准需求。为此,工业机器视觉三维测量与检测技术应运而生,该技术结合了计算机视觉和图像处理技术,能够精确地测量和检测物体的三维形状、尺寸及表面特征,从而为工业生产提供了强有力的技术支持。

与二维图像信息相比,三维形貌提供了更加丰富和详细的信息,能够更全面和真实地描述三维场景的各种属性。在信息技术快速发展的当代,物体的三维形貌信息在众多行业中的重要性日益凸显,特别是在精密制造、汽车、航空航天以及医疗等领域中,如何快速、准确和完整地获取物体的三维形貌数据以确保元器件的功能、表面质量及客观描述物体形态,已成为业界关注的焦点和研究的难点。

从技术分类上看,三维测量技术主要分为两大类:接触式测量技术和非接触式测量技术。其中,三坐标测量机(Coordinate Measuring Machine,CMM)是接触式测量技术的代表,该技术通过接触式探头沿被测物体表面移动,获取物面上各点的三维坐标,然后对这些坐标点进行曲面拟合或插值,从而得到被测表面的详细三维形貌。尽管接触式三维测量具有较高的精度,但其测量过程耗时较长、数据采集较为稀疏、易损伤被测物体表面且无法测量柔性物体表面等缺陷使其应用受到一定限制。

相较之下,工业机器视觉三维测量则是一种典型的非接触式测量技术,它基于光学成像技术,结合先进的计算机视觉技术和几何量测原理,不需直接接触被测物体,有效避免了接触式测量的诸多缺陷。这种技术已广泛应用于科学研究、医学诊断、逆向工程、刑事侦查、在线检测、质量控制、智慧城市建设和高端装备制造等多个领域。

随着高端装备制造业在国民经济中的基础作用和地位的进一步提升,工业机器视觉三维测量与检测技术已成为智能制造、精密工程等领域当前的重要研究方向,并为我国工业制造发展提供了有力的技术支持。这一领域的进一步探索和发展,预计将推动相关行业的技术革新,促进产业升级和经济发展。

6.1.2　工业机器视觉三维与二维测量的区别

如图 6.1 所示为典型的工业机器视觉二维测量系统,一般由图像采集、控制系统和图像数据处理三个主要部分构成。具体而言,见图 6.1,图像采集系统主要包括光源②、工业相机和镜头③;控制系统则由传感器④、采集卡⑤和控制单元⑧组成;图像数据处理系统则由计算机⑥和处理软件⑦组成。其工作流程简要概括如下:通过相机捕获的二维数字图像空间中提取目标工件信息①,进而提取特征构成基元图(如纹理、形状、位置、尺寸和方向等),最终基于机器视觉处理和识别算法对二维图像进行处理、分析和识别物体特征,使机器人(自动化设备)具备环境感知、视觉定位和目标检测等智能功能。

工业机器视觉三维测量是一种高精度的测量技术,它利用机器视觉系统获取物体的三维信息,包括形状、尺寸、位置等参数。这项技术广泛应用于工业检测、逆向工程、医疗诊断等领域。关键组件同样包括图像采集系统、控制系统和图像数据处理系统。其工作流程为通过相机捕获物体的三维图像,进而再特征提取,最后数据处理。技术方法包括立体视觉、结构光和激光扫描。

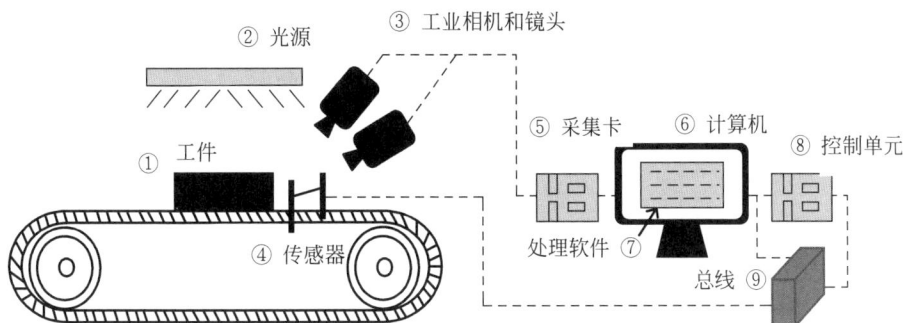

图 6.1 典型的二维机器视觉系统示意图

真实世界是一个拥有三个维度的空间,而传统的图像视觉传感器技术无法感知被测场景的三维形貌和深度信息,因此其应用范围受到了明显的限制。例如,二维图像无法提供高度信息,而相机从不同位置角度拍摄同一对象会呈现不同形状的轮廓,这导致二维机器视觉技术在形状识别应用上受到了限制。特别是在当前的智能制造和质量检测领域,对三维空间(如三维形貌、空间测量、姿态估计等)的需求变得越发紧迫,显示出二维机器视觉技术的局限性。以下总结了基于二维视觉成像技术的机器视觉技术相关限制。

(1)复杂的光照条件下清晰成像:在复杂光照条件下,图像清晰成像是一个重大挑战。由于二维相机图像是由目标物体反射的光线形成的,光源或环境变化可能对机器视觉测量精度产生不利影响,尤其是图像中目标物体边缘和特征无法保持高清晰度。

(2)缺乏高度信息导致误差:由于二维机器视觉技术无法获得目标对象的精准的高度信息,目标对象在 Z 方向上的高度差将影响成像质量,导致目标尺寸测量和特征提取结果出现误差。

(3)无法实现三维形状和空间测量需求:二维机器视觉无法实现三维形状和空间测量需求,特别是在 X 或 Y 平面之外。对于需要确定其空间位置,正确拾取和放置零部件时,二维机器视觉无法胜任这类任务。

(4)低对比度表面处理困难:二维机器视觉技术无法处理低对比度表面的目标。该技术依赖目标表面上清晰的边缘和特征,当目标对象表面缺乏显著的边缘和特征信息时,其测量检测效果会受到影响。

6.1.3 工业机器视觉三维测量与检测的应用领域

工业机器视觉三维测量与检测技术的应用可分为两大类:定性检测和定量测量。前者包括识别和缺陷检测,例如,图像识别、生物识别、焊接缺陷,印刷电路板(Printed Circuit Board,简称 PCB)缺陷,钢板表面缺陷等,无须提供定量信息。采用定量测量时,必须明确测量对象的特征尺寸,例如,高度、长度、半径、轮廓度等,并且需要满足一定的精度要求。以下列举了多个工业机器视觉三维测量与检测典型的应用领域。

1. 航空航天

在航空航天领域,工业机器视觉三维测量与检测技术可以用于飞机零部件的尺寸测量、表面缺陷检测、装配精度检测等。例如,通过对飞机发动机叶片的三维测量,可以确保其形状精度符合设计要求;通过对飞机机身表面的缺陷检测,可以及时发现裂纹、腐蚀等问题,保证飞机的飞行安全。在飞机装配过程中,三维测量技术可以用于监测和控制装配精度,如机身部件对接、机翼与机身的对接等。通过实时的三维测量和反馈,可以调整装配过程中的部件姿态,确保装配精度达到设计要求。

2. 汽车工业

在汽车制造过程中,工业机器视觉三维测量与检测技术可以用于汽车零部件的尺寸测量、表面缺陷检测、装配精度检测等。例如,通过对发动机缸体、缸盖等零部件的三维测量,可以确保其尺寸精度符合设计要求,可以快速获取零部件的三维模型,并与设计模型进行比对,确保尺寸精度符合设计要求;三维测量技术不仅能够检测汽车表面的二维缺陷,如划痕、凹痕,还能检测更细微的缺陷,如橘皮、波纹等;采用高分辨率的 3D 相机系统,可以对车身表面进行细致的扫描,及时发现并定位缺陷,提高汽车的外观质量。在汽车装配过程中,三维测量技术可以用于监测和控制装配精度,如车门、引擎盖、保险杠等部件的装配。通过实时的三维测量和反馈,可以调整装配过程中的部件姿态,确保装配精度达到设计要求,提升整车的密封性和安全性。

3. 电子制造

在电子制造领域,工业机器视觉三维测量与检测技术可以用于电子产品的尺寸测量、焊点检测、芯片封装检测等。例如,通过三维测量技术,可以对 PCB 板上的元器件进行精确的尺寸测量,包括元件的高度、宽度以及与板子的间距等;三维视觉系统可以对焊点进行高精度检测,分析焊点的体积、高度和形状,以评估焊接质量;采用高分辨率的 3D 相机系统,可以对焊点进行细致的扫描,及时发现焊接缺陷,如虚焊、冷焊或裂纹;对于芯片封装的检测,三维测量技术可以发现封装缺陷,如空洞、裂纹等,这些缺陷会影响电子设备的性能和可靠性。

4. 医疗行业

在医疗器械制造领域,工业机器视觉三维测量与检测技术可以用于医疗器械的尺寸测量、表面缺陷检测、装配精度检测等。例如,通过对人工关节、心脏起搏器等医疗器械的三维测量,可以确保其尺寸精度符合人体工程学要求;通过对医疗器械表面的缺陷检测,可以提高医疗器械的质量和安全性。

6.1.4 工业机器视觉三维测量与检测的优势

1. 高精度

工业机器视觉三维测量与检测技术在精度方面表现卓越,可以实现对物体的高精度测量,测量精度能够达到微米级别。这一精度水平远超传统的测量方法,如卡尺、千分尺等。在精密工程领域以及微小零部件的制造过程中,其重要性不言而喻。以电子制造领域为例,PCB 板上的元器件尺寸极小,对测量精度的要求极高,传统测量工具在面对如此精细的测量任务时,往往力不从心,而机器视觉技术却能够轻松胜任。它通过先进的图像采集和处理技术,能够准确捕捉物体的细微特征,为生产过程提供精准的数据支持,确保产品质量的稳定性和可靠性。

2. 高效率

工业机器视觉三维测量与检测技术在测量速度方面具有显著优势,可以实现对物体的快速测量和检测,测量速度可达每秒数千点甚至更高。与传统的测量方法相比,如人工测量、CMM 等,其测量效率和生产效率大幅提升。在现代工业生产中,时间就是效益。人工测量不仅速度慢,而且容易受到人为因素的影响,导致测量结果的不稳定;而三坐标测量机虽然精度较高,但测量速度相对较慢,无法满足大规模生产的需求。工业机器视觉技术则能够在短时间内对大量物体进行快速测量和检测,为企业提高生产效率、降低生产成本提供了有力保障。

3. 非接触式测量

工业机器视觉三维测量与检测技术是一种非接触式测量方法,这意味着可以在不接触物体的情况下进行测量。这种测量方式具有诸多优点。首先,避免了对工件造成损伤的可能性。在一些对工件表面质量要求较高的领域,如光学元件制造、精密仪器制造等,传统的接触式测量方法可能会在工件表面留下划痕或压痕,影响产品质量。而机器视觉技术则可以在不接触工件的情况下进行测量,确保工件表面的完整性。其次,非接触式测量适用于那些对接触敏感的材料。例如,一些柔软的材料、易碎的材料以及对温度敏感的材料等,传统的接触式测量方法可能会对这些材料造成损坏;而机器视觉技术则可以在不接触这些材料的情况下进行测量,保证测量结果的准确性和可靠性。最后,非接触式测量还具有更高的安全性。在一些危险的工作环境中,如高温、高压、强辐射等环境下,传统的接触式测量方法可能会对测量人员造成伤害。而机器视觉技术则可以在安全的距离外进行测量,保障测量人员的安全。

4. 自动化程度高

工业机器视觉三维测量与检测技术可以与自动化生产线相结合,实现对物体的自动测量和检测。相比传统的人工测量方法,其自动化程度和生产效率更高。在现代工业生产中,自动化程度的提高是企业发展的必然趋势。人工测量不仅效率低,而且容易出现人为误差,影响产品质量;而机器视觉技术则可以通过与自动化生产线的无缝对接,实现对物体的自动测量和检测,减少人为因素的影响,提高测量结果的准确性和可靠性。同时,自动化测量还可以提高生产效率,降低生产成本,为企业创造更大的经济效益。

6.2　工业机器视觉三维视觉成像技术

传统的接触式三维测量存在潜在的接触损坏风险、测量速度慢、价格昂贵、设备庞大和环境要求高等缺点,已经难以满足现代生产和质量检测的需要。与接触式测量方法比较,以几何光学和视觉成像为基础的非接触式的三维视觉测量方法被机器视觉技术广为采用。按照不同的成像方式,非接触机器视觉三维视觉成像技术通常可分为被动式和主动式方法两大类。

6.2.1　被动式三维视觉成像

被动式三维测量技术是一类利用自然光或现场光源,而无须额外投影结构化图案或标记来测量场景的三维视觉成像的技术。这类技术通常通过分析从不同视角拍摄的二维图像来恢复物体的三维信息。本章将详细介绍几种常见的被动式三维测量技术,包括它们的工作原理、优缺点以及应用场景。

1. 立体成像

如图 6.2 所示,立体成像(Stereo Vision)技术通过从不同视角捕捉场景,基于立体匹配操作寻找图像间的同名点,进而计算视差值来获取深度信息,并重构物体的三维形态。这种方法在表面纹理丰富的环境中效果较好;然而,在纹理稀疏或较弱的场景中,同名点的匹配可能较为困难,导致生成的三维点云稀疏且精度较低。

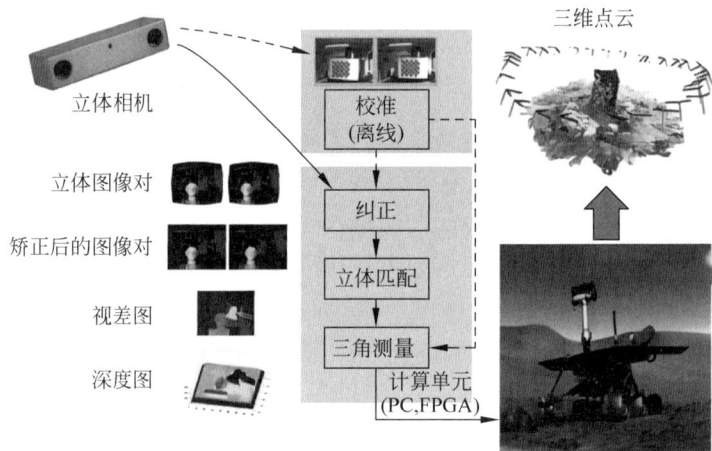

图 6.2　立体视觉原理图

2. 运动恢复结构

运动恢复结构(Structure from Motion)技术通过分析相机的运动来恢复场景结构。这种方法能够从一系列的图像中恢复出相机的运动轨迹及场景的稀疏三维结构,适用于无法从单一视角获取完整三维信息的场景。

3. 摄影测量

摄影测量(Photogrammetry)技术通过分析从多个视角拍摄的图片来测量物体的精确位置和形状,广泛应用于地图制作和工程测绘中。这种技术依赖于高质量的图像和精确的相机定位。

4. 对焦测距

对焦测距(Depth from Focus)技术通过改变相机焦距,并分析一系列图像中的聚焦度来计算物体的深度。这种方法可以获取较为精确和密集的深度信息,但由于需要拍摄大量图像,难以实现实时测量。

5. 散焦测距

散焦测距(Depth from Defocus)技术基于成像的散焦程度来估计深度,通过分析散焦点扩散函数的参数来进行深度计算。尽管该技术理论上可行,但由于精度和空间分辨率较低,尚未被广泛采用。

6. 光场成像

光场成像(Light Field Imaging)技术利用光场相机一次性捕捉包含深度信息的光场数据,通过微透镜阵列收集光线的方向和位置信息,实现后期可以调整焦点的成像。如图 6.3 所示,Lytro 光场相机提供了实时成像的可能,但中等精度的设备成本较高。

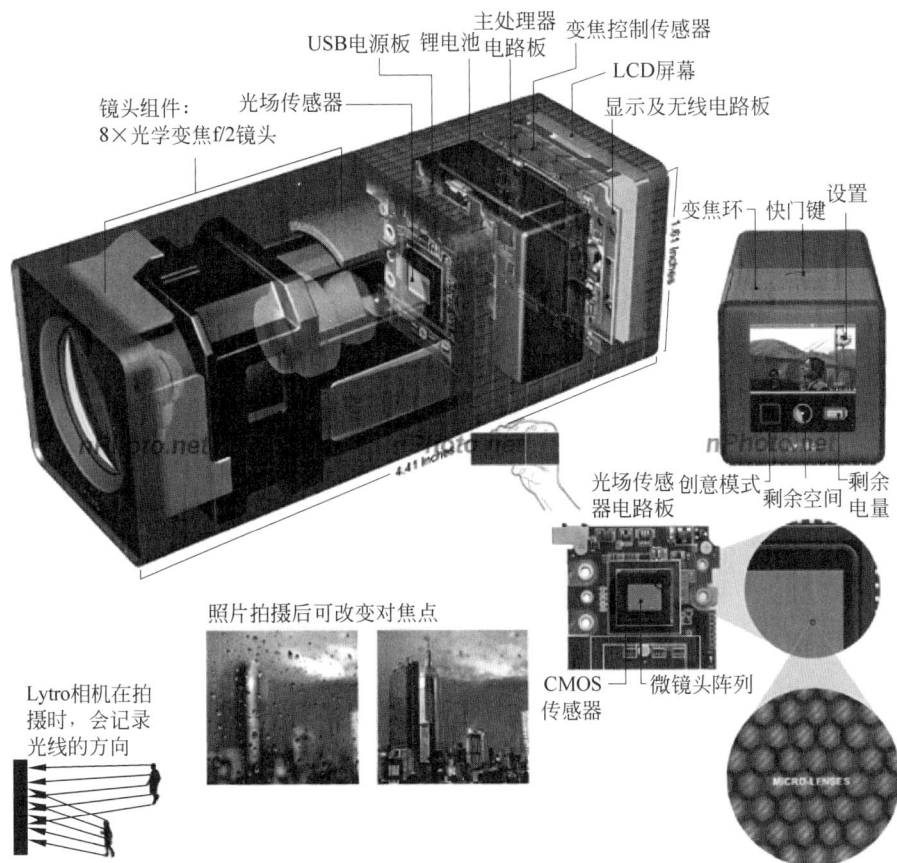

图 6.3 Lytro 光场相机内部结构示意图

7. 光度立体视觉

光度立体视觉(Photometric Stereo)通过分析不同照明条件下的图像来求解物体表面的三维结构。这种方法能够展示丰富的局部细节,不受视场限制,但依赖于精确的反射模型。

总结而言,如表 6.1 所示,虽然被动式三维测量技术避免了复杂的硬件设置,它们在工业自动化和质量检测领域的应用仍受限于测量精度、计算量大或成本等因素。未来的研究需要进一步提高这些技术的实时测量能力和准确性,以满足现代工业的高标准需求。

表 6.1 被动式三维视觉成像方法性能的比较

方 法	成像精度	速度	成本	视场范围	数据处理复杂性	主要应用场景
立体成像	中等	快速	中等	中等	中等	自动驾驶、机器人导航
运动恢复结构	稀疏	中等	低	广泛	高	3D重建、电影特效
摄影测量	高	慢	高	广泛	高	地图制作、工程测绘
对焦测距	高	慢	低	限制	高	显微成像、工业检测
散焦测距	低	慢	低	限制	中等	学术研究
光场成像	中等	快速	高	中等	高	计算摄影、虚拟现实
光度立体视觉	高	中等	中等	不限	高	表面细节分析、文物保护

6.2.2 主动式三维视觉成像

主动式三维机器视觉测量技术采用投射结构化图案的光学方法,以增强被测物体表面的信息内容。该技术通过使用各种投射装置向物体投射不同类型的结构光图案,结合相机和投影仪的精确标定,从而能够从捕获的图像中计算出物体的三维坐标。主动式结构光三维测量技术因其强大的抗干扰能力、对环境适应性强、测量速度快、生成的点云数据密集且稳定,以及高精度等特点,在工程应用中广受欢迎。

本节将介绍几种流行的主动式三维视觉成像技术:激光线扫法、条纹投影轮廓术、散斑投影轮廓术、相位偏折术以及飞行时间法。

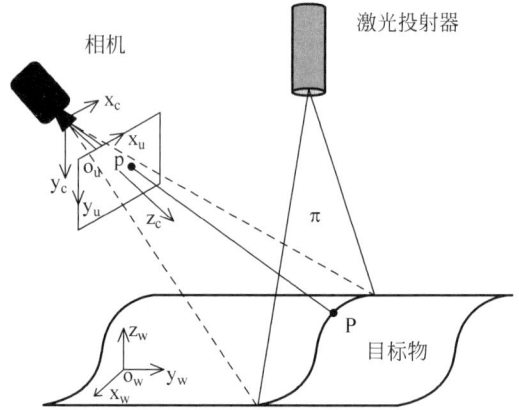

图 6.4 激光线扫法原理图

1. 激光线扫法

激光线扫法(Sheet of Light),又称为激光三角法,是一种基本的结构光三维测量方法。如图 6.4 所示,该技术通过线激光器将一维激光线投射到物体表面,随后相机捕获物体表面的变形激光线,利用三角测量原理得到物体表面的三维信息。其基本工作原理如下。

(1)激光线投射:设激光线投射角为 θ,相机光轴与激光线成角 Φ。激光线在物体表面的位置可表示为

$$x = L \times \tan(\theta) \tag{6.1}$$
$$y = L \times \sin(\Phi) \tag{6.2}$$
$$z = L \times \cos(\Phi) \tag{6.3}$$

其中,(x, y, z) 为激光线在物体表面的三维坐标,L 为相机到物体表面的距离。

(2)图像采集:相机捕获激光线在物体表面的变形图像;对于不同高度的物体表面,激光线会产生不同程度的变形。

(3)三维重建:根据相机和激光器的相对位置关系,以及激光线在图像平面上的位置变化 Δu,可以通过三角测量原理计算出物体表面各点的三维坐标

$$X = L \times \tan(\theta) \tag{6.4}$$
$$Y = (u + \Delta u) \times L \times \sin(\Phi)/f \tag{6.5}$$
$$Z = (u + \Delta u) \times L \times \cos(\Phi)/f \tag{6.6}$$

其中,f 为相机焦距,u 为激光线在图像平面的位置坐标。

激光线扫描的优势在于其数据采集不受外部光照影响,适应性强,操作简单直观,自动化程度高;然而,该方法的扫描速度较慢,设备成本较高,精度和扫描距离有限,且无法获取高质量纹理数据。

2. 条纹投影轮廓术

条纹投影轮廓术(Fringe Projection Profilometry)是光学测量领域中的一项代表性技术,以其结构简单、成本低、精度高、速度快和易于实现的特点而广泛应用于工业和科研。

如图 6.5 所示,在测量过程中,投影仪向物体投射光栅条纹,条纹图案经物体调制后发生变形,相机随后捕获这些变形的条纹图。通过分析这些变形条纹的相位变化,可以采用数字化相位解调技术来重建物体的三维表面形状。主要步骤如下。

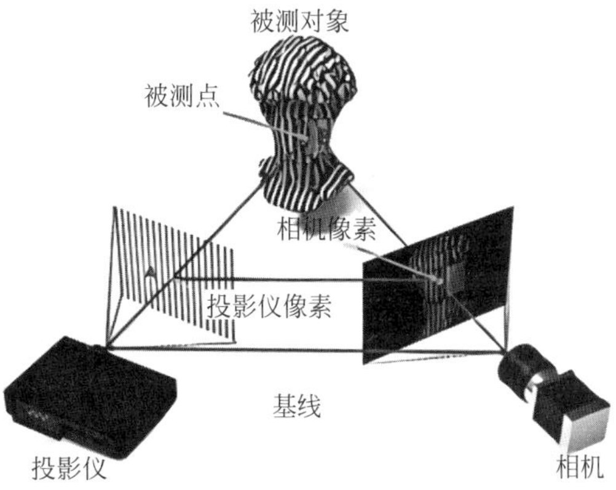

(1) 图像捕获:投射稳定的条纹光栅到待测物体表面,相机捕获经物体表面调制后发生变形的条纹图像。

(2) 相位提取:利用傅里叶变换或相位移动法从捕获的条纹图像中提取出相位信息,得到一幅包裹在 $[-\pi, \pi]$ 的相位图。

图 6.5　条纹投影轮廓术原理图

(3) 相位解包裹:将相位值从 $[-\pi, \pi]$ 的包裹相位展开为完整的相位图,常用算法有最小二乘法、质量引导法等。

(4) 三维重构:根据相位信息和相机-投影仪之间的标定参数,利用三角测量原理计算出物体表面的三维坐标。

3. 散斑投影轮廓术

如图 6.6 所示,散斑投影轮廓术(Speckle Projection Profilometry)利用投射单张伪随机散斑图案到物体表面,采用光学三角测量原理实现三维形貌重建。该技术由于其成本效益高,且可小型化至集成在智能手机等设备中,已在消费电子产品中取得广泛成功。例如,Microsoft Kinect 和苹果 iPhone X 等设备采用了基于散斑投影的三维测量方案。

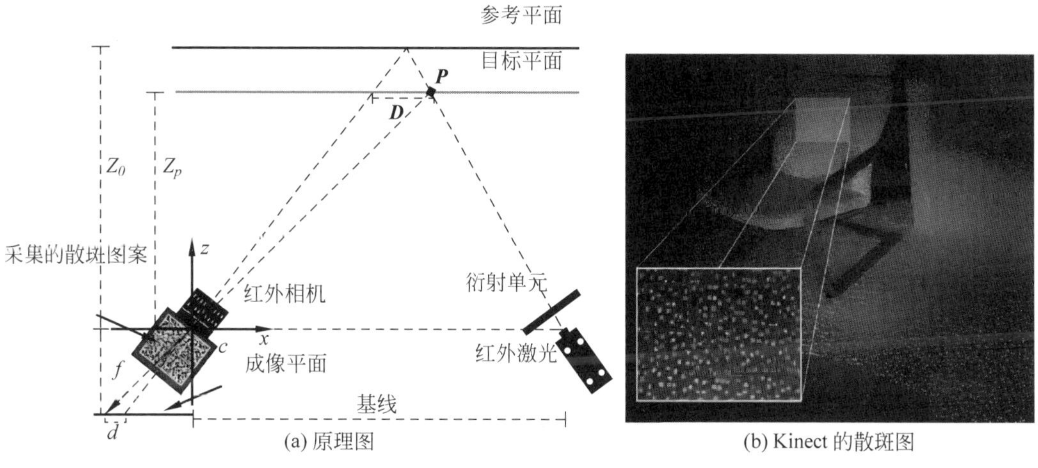

(a) 原理图　　　　　(b) Kinect 的散斑图

图 6.6　散斑投影轮廓术原理图

如图 6.6(a)所示,深度成像系统由一个红外相机和一个红外(Infrared Spectroscopy,IR)投影仪组成。其中,IR 激光器和经过特殊设计的衍射光学元件(Diffractive Optical Elements,DOE)组成了激光散斑投影仪,将拥有局部独有的特征的随机的激光散斑照射到物体表面,Kinect 红外激光散斑图如图 6.6(b)所示。在实际测量中,实时散斑图像由 IR 相机捕获,并与存储在其内存中已知距离的参考散斑图案进行比较。通过使用特定大小空间子集进行相关,并在每个像素位置计算与深度变化成比例的视差图。

4. 相位偏折术

相位偏折术(Phase Measuring Deflectometry)是一种基于相移原理的三维成像技术,适用于测量镜面反射表面的三维形貌。如图 6.7 所示,这种技术通过投影设备向特殊表面(如毛玻璃或全息膜)投射结构化光,或通过液晶显示设备显示结构光栅。被测物体表面反射的结构光由相机从不同角度捕获,通过解调变形条纹中的相位信息来计算物体的三维形貌。

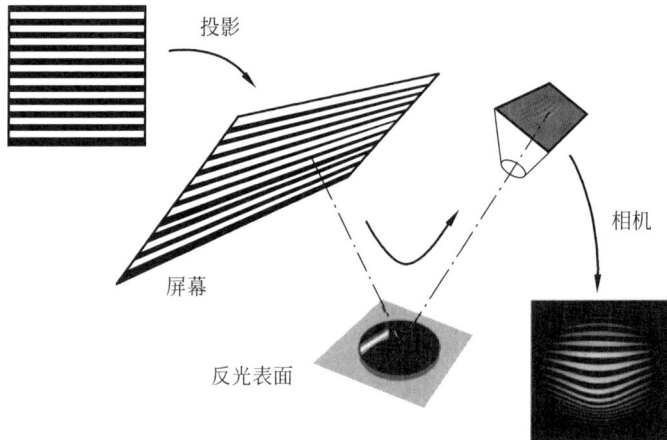

图 6.7 相位偏折术原理图

5. 飞行时间法

飞行时间法(Time of Flight,ToF)通过记录每个像素利用光飞行的时间差来计算被测物体表面的深度距离。其原理为系统发射装置发射脉冲信号,经被测物体反射后被探测器接收,通过光信号从发出到接收的时间与光速便可以计算出深度值。该方法可避免阴影和遮挡带来的问题,但由于设备装置的限制,测量精度一般在毫米级;若想达到更高的精度,就需要更加复杂、昂贵的设备。虽然许多学者尝试将飞行时间法与多视几何相结合来提高测量空间分辨率与测量精度,但与高精度测量方法相比,飞行时间法还存在一定的差距。

以上介绍的主动式三维视觉测量技术各有其特点和适用领域,具体性能如表 6.2 所示,选择合适的测量技术可以有效提升项目的测量效率和精度。

表 6.2 主动式三维视觉成像技术的比较

方　　法	成像精度	速度	成本	视场范围	数据处理复杂性	主要应用场景
激光线扫法	高	慢	高	中等	中等	工业检测、逆向工程
条纹投影轮廓术	高	快	低	中等	中等	工业测量、质量控制
散斑投影轮廓术	中等	快	低	中等	高	消费电子、手势识别
相位偏折术	高	中等	中等	限制	高	镜面测量、精密检测
飞行时间法	低	快	中等	广泛	低	手机摄像头、自动驾驶

6.3 三维视觉数学基础

本节介绍了三维视觉数学基础知识,涵盖了三维空间、相机模型、图像坐标系和相机标定等内容,旨在帮助读者建立对三维视觉数学概念的深刻理解和应用能力。

6.3.1 三维空间与坐标系

1. 三维空间概念及表达

三维空间是由三个相互垂直的坐标轴(x,y,z)所构成的空间。在这个空间中,任意一点的位置可以用三个坐标值(x,y,z)来唯一确定;相比二维平面、三维空间具有更丰富的几何结构和性质。

三维空间中的基本元素包括点、直线、平面和曲面。点是最基本的几何元素,是空间中的一个无长度、无宽度、无高度的位置,如图 6.8(a)所示;直线是穿过两个不同点的无限长的一维几何元素,如图 6.8(b)所示;平面是由三个不共线的点确定的二维几何元素,如图 6.8(c)所示,它将三维空间划分为两个半空间;曲面则是三维空间中更复杂的几何结构,如图 6.8(d)所示,可以是二次曲面、超曲面等。

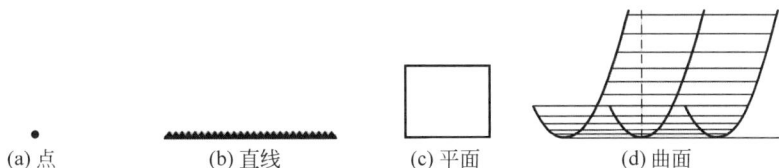

(a) 点　　　　(b) 直线　　　　(c) 平面　　　　(d) 曲面

图 6.8　三维空间中的几何元素

这些几何元素之间存在丰富的位置关系和运动关系,如平行、垂直、相交、相切等,分别如图 6.9(a)~(d)所示。这些几何关系为三维视觉分析提供了基础。

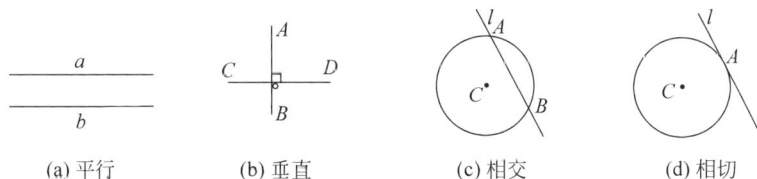

(a) 平行　　　　(b) 垂直　　　　(c) 相交　　　　(d) 相切

图 6.9　三维空间中的几何关系

2. 坐标系与坐标变换

为了描述三维空间中的位置和运动,需要建立适当的坐标系;常用的三维坐标系有直角坐标系、柱坐标系和球坐标系。

(1)直角坐标系由三个相互垂直的坐标轴(x,y,z)构成,任意一点的位置由三个坐标值(x,y,z)唯一确定;这是三维视觉中最常用的坐标系表示方式。

(2)柱坐标系使用半径r,仰角θ和高度z三个坐标值来表示空间位置,适用于描述一些具有圆柱对称性的几何体。

(3)球坐标系使用半径r,倾角θ和方位角φ三个坐标值,适用于描述一些具有球对称性的几何体。

不同坐标系之间存在坐标变换关系,可以通过坐标变换在不同坐标系之间转换。掌握坐标系及其变换是理解和应用三维视觉数学的关键。

6.3.2 相机模型

1. 针孔相机模型

针孔相机模型是三维视觉中最基础和最常用的相机模型。如图6.10所示,它假设相机通过一个小孔(针孔)成像,将三维空间中的点映射到二维图像平面。

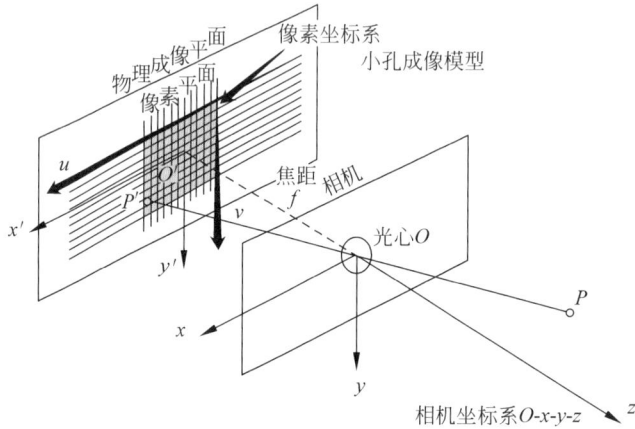

图 6.10 简单的针孔相机模型

针孔相机模型由内参和外参两部分组成。

(1)内参描述了相机自身的光学和成像特性,包括焦距、主点坐标、畸变系数等。

(2)外参描述了相机在三维空间中的位置和朝向,包括旋转矩阵和平移向量。

针孔相机模型的数学表达式如下

$$(u,v) = K[R \mid t](X,Y,Z,1)^{\wedge T} \tag{6.7}$$

式中,(u,v)为图像平面上的像素坐标,(X,Y,Z)为空间中的三维坐标,K为内参矩阵,$[R \mid t]$为外参矩阵。

针孔相机模型是三维视觉中的基础,为三维重建、运动估计等技术提供了数学基础。理解此模型及其参数对于三维视觉分析至关重要。

2. 透视投影与相机参数

针孔相机模型中的透视投影是三维空间到二维图像平面的映射过程。透视投影保留了空间中点的相对位置关系,但引入了一些失真,如远处物体看起来更小。

透视投影的数学表达式为

$$(u,v) = (f \cdot X \mid Z, f \cdot Y \mid Z) \tag{6.8}$$

式中,f为相机的焦距,(X,Y,Z)为空间中的三维坐标。

相机的内参包括焦距f、主点坐标(u_0,v_0)和畸变系数(k_1,k_2,k_3,p_1,p_2)。这些参数描述了相机的光学特性和成像特性,对图像质量和三维重建精度有重要影响。

$$\begin{pmatrix} \dfrac{f}{dX} & -\dfrac{f\cot\theta}{dX} & u_0 & 0 \\ 0 & \dfrac{f}{dY\sin\theta} & v_0 & 0 \\ 0 & 0 & 1 & 0 \end{pmatrix} \tag{6.9}$$

相机的外参数包括旋转矩阵 **R** 和平移向量 **T**,描述了相机在三维空间中的位置和朝向。外参数决定了相机坐标系与世界坐标系之间的变换关系。

$$\begin{pmatrix} \boldsymbol{R} & \boldsymbol{T} \\ 0 & 1 \end{pmatrix} \tag{6.10}$$

理解透视投影过程和相机参数特性,有助于更好地分析三维视觉问题,为三维重建、相机标定等技术奠定基础。

6.3.3　图像坐标系

1. 图像坐标系与像素表示

二维图像是三维视觉的基础输入。在图像上,我们使用像素坐标系来描述图像中的位置,如图 6.11 所示。

像素坐标系以图像左上角为原点,水平方向为 u 轴,垂直方向为 v 轴;每个像素的位置用整数坐标 (u,v) 表示,其中,u 表示列索引,v 表示行索引。

通常,图像的分辨率用宽度 w 和高度 h 来描述,表示图像共有 w 列、h 行像素;给定一个分辨率为 $w \times h$ 的图像,其像素坐标范围为 $0 \leqslant u < w, 0 \leqslant v < h$。

像素坐标系是二维图像分析的基础坐标系,理解其特点和性质对于三维视觉分析很重要。

2. 坐标系转换与图像畸变

在三维视觉分析中,需要在不同的坐标系之间进行转换。常见的是从三维世界坐标系到二维图像坐标系的映射,如图 6.12 所示。

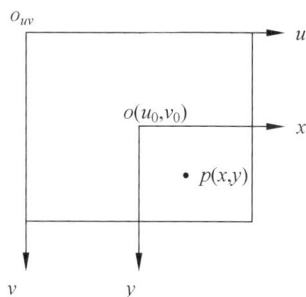

图 6.11　像素坐标系示意图　　　　图 6.12　三维世界坐标系到二维图像坐标系的映射

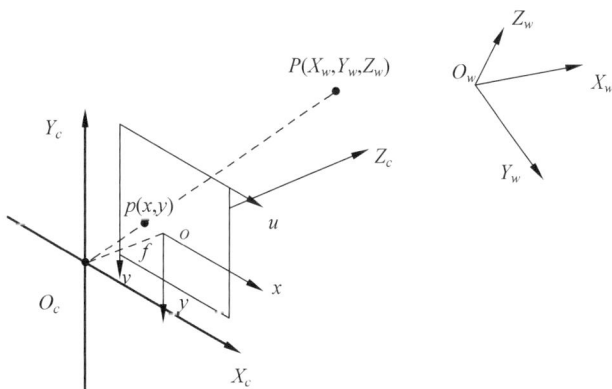

根据针孔相机模型,三维空间中的点 (X,Y,Z) 会映射到图像平面上的点 (u,v)

$$(u,v) = \boldsymbol{K}[\boldsymbol{R} \mid \boldsymbol{t}](X,Y,Z,1)^{\mathrm{T}} \tag{6.11}$$

式中,$\boldsymbol{K}$ 为相机内参矩阵,$[\boldsymbol{R} \mid \boldsymbol{t}]$ 为相机外参矩阵。

此坐标转换过程中,由于透视投影的影响,图像会出现一些畸变,如枕型畸变、桶型畸变(分别如图 6.13(b)、(c)所示)等。这些畸变通常用径向畸变和切向畸变两部分来建模和校正。

理解不同坐标系之间的转换关系,并能够校正图像畸变,是三维视觉分析的关键基础。

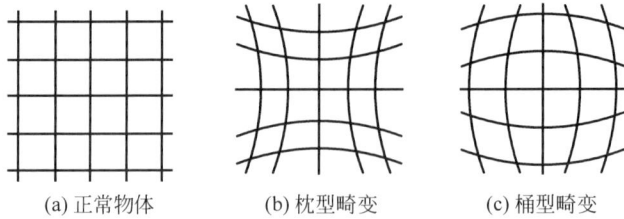

(a) 正常物体   (b) 枕型畸变   (c) 桶型畸变

图 6.13   常见的图像畸变类型

6.3.4   相机标定

1. 相机内参与外参

前面提到,针孔相机模型包括内参和外参两部分。内参描述了相机自身的光学和成像特性,外参描述了相机在三维空间中的位置和朝向。

相机内参包括焦距 f、主点坐标 (u_0, v_0) 和畸变系数 $(k_1, k_2, k_3, p_1, p_2)$。它们决定了相机如何将三维空间中的点映射到二维图像平面。

相机外参包括旋转矩阵 $\boldsymbol{R}$ 和平移向量 $\boldsymbol{t}$。它们描述了相机坐标系相对于世界坐标系的位姿关系。

内参和外参共同决定了针孔相机模型的完整数学描述,是三维视觉分析的关键参数。准确获得这些参数对于三维重建、定位跟踪等任务至关重要。

2. 相机标定方法与应用

相机标定是估计相机内外参数的过程。常用的标定方法包括以下 3 种。

(1) 平面标定板法:利用平面标定板上的特征点进行标定;

(2) 自标定法:无须标定板,利用图像序列中的几何约束进行标定;

(3) 深度相机标定:利用深度信息进行标定,适用于深度相机。

标定过程通常包括以下步骤。

(1) 采集标定图像序列,获取特征点坐标;

(2) 建立相机模型,并根据特征点坐标优化内外参数;

(3) 评估标定精度,分析标定结果。

标定结果可用于各种三维视觉应用,如三维重建、增强现实、自动导航等。准确的相机参数是这些应用的基础。

6.4   三维数据处理经典算法

6.4.1   三维数据表示

1. 点云

点云是一种由三维激光扫描仪获取的物体表面点坐标的密集集合。这些点坐标组成的集合被称为点云,通常定义为无组织数据集,因为数据点之间没有内在联系。每个点由 (x, y, z) 坐标定义,经常用于表示物体的流形表面,可以通过流形表面的差值或逼近来处理点云。

点云数据的获取通常通过三维扫描仪自动化地测量物体表面的许多点来完成,如图6.14(a)所示,这些点集中的数据不仅包含三维坐标信息,还内蕴物体的表面形状,代表了实物样件表面的数字化过程。点云数据的应用极为广泛,涉及创建三维CAD模型、质量检测、可视化、动画制作和渲染等领域。点云数据的有效处理与优化是实现高效、准确三维建模的关键步骤,包括点云滤波、点云下采样与上采样、点云特征提取和点云配准等技术和方法。

2. 体素

体素(或体积像素),是三维空间中的一个基本单元,类似于二维图像中的像素。体素在三维空间中的一个点代表具有特定的位置和属性值。体素的主要作用是将连续的三维空间离散化,形成一个由体素组成的网格,每个体素对应于空间中的一个立方体或长方体单元,如图6.14(b)所示,可以包含不同的属性,如密度、颜色、强度、温度等。

体素数据的存储通常以三维数组或矩阵的形式实现,其中每个体素在数组中的位置对应于其在三维空间中的坐标。在三维重建中,体素经常用于表示物体的三维形状,通过将物体表面或内部结构转换为体素模型,可以进行更深入的处理和分析,例如体积渲染、体素分类和特征提取。

3. 网格

网格模型是由一系列的节点、边、面组成的结构,如图6.14(c)所示,用于定义问题域的形状,这些单元组合描述了问题域的离散化。网格可以细分为二维网格和三维网格,其中二维网格剖分技术已相当成熟,而三维网格更能完整表达现实世界的空间拓扑信息,但其结构和剖分技术更为复杂。

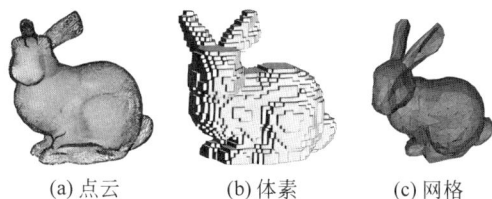

(a) 点云 (b) 体素 (c) 网格

图6.14 三维数据表达示意图

网格根据其结构又分为结构化网格和非结构化网格。结构化网格中的单元边数相同,拓扑关系简单且有规律可循,常采用隐式方程形式表达;非结构化网格则更灵活,可以采用三角形单元描述形状复杂的几何形体,适用于描述表面复杂、细节特征丰富的模型表面。

通过这些三维数据表示方式,可以有效支持从工业设计到娱乐、医疗成像和科学研究的广泛应用,使三维建模、分析和可视化工作更加高效和精确。

6.4.2 三维特征提取与配准

1. 点云关键点提取算法

在工业机器视觉三维检测中,点云关键点提取算法起着至关重要的作用;点云关键点是点云数据中具有代表性和重要性的点,它们能够有效地描述点云的特征和结构。点云关键点的提取对于后续的三维模型重建、目标识别、姿态估计等任务具有重要意义。通过准确地提取关键点,可以减少数据量,提高计算效率,同时保留点云的关键特征。

在众多的点云关键点提取算法中,ISS3D、Harris3D、NARF、SIFT3D等算法是较为常用和有效的。接下来,我们将详细探讨这些算法的原理。

1）ISS3D(Intrinsic Shape Signatures 3D)算法

该算法是一种基于曲率变化的点云关键点提取算法。它通过计算每个点与其近邻点的曲率变化，得到该点的稳定性和自适应尺度，从而提取稳定性和尺度合适的关键点。常用于三维模型的特征提取和匹配。

ISS 特征点是一种通过与邻域信息建立联系，并利用特征值之间的关系来表示点特征程度的方法。其主要步骤如下。

对每个查询点 p_i 设定一个搜索半径 r。

计算查询点 p_i 与邻域内各点的欧氏距离，并设定权值 w_{ij}。

$$w_{ij} = \frac{1}{\parallel p_i - p_j \parallel} \parallel p_i - p_j \parallel < r \tag{6.12}$$

计算每个查询点 p_i 与邻域内所有点的协方差矩阵 $\mathrm{cov}(p_i)$。

$$\mathrm{cov}(p_i) = \frac{\sum\limits_{\parallel p_i - p_j \parallel < r} w_{ij}(p_i - p_j)(p_i - p_j)^{\mathrm{T}}}{\sum\limits_{\parallel p_i - p_j \parallel < r} w_{ij}} \tag{6.13}$$

计算协方差矩阵 $\mathrm{cov}(p_i)$ 的所有特征值 $\{\lambda_i^1, \lambda_i^2, \lambda_i^3\}$，并将其按照从大到小排序。

设定阈值 ε_1 和 ε_2，若其满足式(6.13)即为 ISS 特征点。

$$\begin{cases} \dfrac{\lambda_i^2}{\lambda_i^1} \leqslant \varepsilon_1 \\ \dfrac{\lambda_i^3}{\lambda_i^2} \leqslant \varepsilon_2 \end{cases} \tag{6.14}$$

2）Harris3D 算法

该算法是一种基于协方差矩阵的点云关键点提取算法。通过计算每个点的协方差矩阵，求解特征值和特征向量，来判断该点是否为关键点；具有较好的旋转不变性和尺度不变性，可应用于机器人视觉等领域。

Harris3D 算法主要分为以下几个步骤。

（1）在点云数据中选择一个局部区域，并计算该区域内所有点的曲率和法向量；

（2）基于曲率和法向量计算出每个点的局部特征值；

（3）对于每个点，计算其周围点之间的距离，并选取一定数量的最近邻点；

（4）对于每个点，计算其最近邻点之间的距离和方向，并计算出其特征向量和特征值；

（5）根据特征值判断该点是否为关键点，通常情况下，特征值大于一定阈值的点被认为是关键点。

Harris3D 算法的优点是能够提取出点云中的尖锐特征点，而且对于噪声和局部形变的影响较小；但是，该算法在处理大规模点云数据时，计算量较大、效率较低，需要进行优化。

3）NARF(Normal Aligned Radial Feature)算法

该算法是一种基于法向量的点云关键点提取算法。将点云投影到二维图像上，并计算每个像素周围梯度直方图，来寻找具有唯一性和重复性的关键点。在物体识别和姿态估计等方面有广泛应用。

NARF 关键点的提取算法是为从场景的深度图像中根据点坐标划分前景物体轮廓而

提出的；所以在计算中我们需要注意的是点云坐标的深度突变，在提取关键点的过程中就要注意边缘及物体表面的变化信息。关键点在点云中的位置应该具有完整的邻域，从该邻域中估计出的法向量应该是准确的，并不会因为视角的改变而改变该向量与原邻域的相对位置、角度关系。文中使用的算法在深度点云模型上提取 NARF 关键点，计算过程如下。

（1）遍历三维点云，在每个查询点的近邻集中，统计深度坐标值变化情况，由深度变化范围确定该查询点是否在物体的边缘；

（2）遍历三维点云，计算每个查询点近邻集中的几何特征，得到表面变化系数和表面变化主方向；

（3）根据步骤（2）找到表面变化主方向，在该方向计算兴趣值，以区别主方向和其他方向的差别，由该差别确定该点有多大；

（4）计算出该点邻域集中的兴趣值，对该值进行平滑滤波；

（5）对进行过平滑过滤的兴趣值，进行无最大值压缩，划分阈值，得到最终的关键点。

4）SIFT3D（Scale Invariant Feature Transform 3D）算法

该算法是一种基于高斯差分和尺度空间的点云关键点提取算法。通过在多个尺度下对点云进行高斯滤波和差分操作，来提取稳定性和尺度不变性的关键点。适用于三维场景的目标识别和检索。

（1）尺度空间极值检测。

在高斯金字塔上来计算 DoG，在尺度和空间上搜索图像的局部极值。例如，在图像一个像素点的四邻域内进行比较，判断是否是局部极值，如果是局部极值，则可能是关键点。

（2）关键点定位。

当找到候选关键点位置后，就必须对其进行优化获取更准确的结果。计算出所有候选关键点的高斯差分数值，并去除小于一定比例的最大高斯差分数值的关键点。

采用梯度分量的相关性即结构张量来追踪关键点大致方向。由于结构张量是实对称矩阵，所以可以对其进行正交特征分解，因此可使用特征向量来标识关键点的局部方向。

（3）关键点方向分配。

对于检测出来的关键点，获取其二十面体区域，在该二十面体区域中计算梯度大小值和方向。通过二十面体的十二个顶点来表示柱，实现对二十面体中相交三角形的三个顶点的梯度向量进行加权累加生成一个柱，这样一共就生成 12 个柱。

（4）关键点描述符。

通过上述步骤，对于每一个关键点已经有了三个信息：位置、尺度以及方向；接下来就是为每个关键点建立一个描述符，用一组向量将这个关键点描述出来。对以关键点为中心的半径为 4 的球形区域划分为 $4\times4\times4$ 大小的立方体子块，对于每个子块，创建 12 个柱向量，共有生成 $4\times4\times4\times12=768$ 个值向量形式来描述关键点。

2. 特征和特征描述算法

在计算机视觉和机器学习领域，特征和特征描述算法是至关重要的。特征提取是从图像或信号中提取有助于后续处理的信息的过程。特征描述算法则用于描述这些特征的算法，以便对它们进行比较、分类或识别。

特征和特征描述算法，包括法线和曲率计算、PFH（Point Feature Histograms）、FPFH（Fast Point Feature Histograms）等算法的作用。

1）法线和曲率计算

可以为点云提供额外的几何信息，有助于描述物体的表面形状，在点云分割、分类和配准等任务中起到重要作用。

（1）法线估计：法线估计是指计算点云中每个点的表面法线。这是通过考虑每个点周围的局部邻域，并拟合一个平面或使用其他方法来估计该点的法线。常用的方法包括 pcl::NormalEstimation 和 pcl::IntegralImageNormalEstimation。pcl::NormalEstimation 是最常用的法线估计类，它使用给定的点云和邻域搜索方法来计算每个点的法线。

（2）曲率计算：曲率计算则描述了点云中每个点的局部曲率，这有助于理解表面的几何形状特征，曲率可以帮助识别物体表面的平坦区域和弯曲区域。曲率的计算通常涉及统计每个点周围的点的分布情况，然后通过数学模型（如最小二乘法拟合一个二次曲面）来确定曲率值。

2）PFH 和 FPFH

PFH 点特征直方图描述子和 FPFH 跨苏点特征直方图描述子是常用的特征描述算法。FPFH 是 PFH 的简化形式，它们通过计算点云的局部几何特征，为点云的特征提取和匹配提供了有效的方法。

（1）PFH：通过计算查询点与邻域点之间的空间差异，并形成一个多维直方图对点的 k 邻域几何属性进行描述；PFH 所代表的信息是指数据点的 k 邻域范围内所有邻域点法向量两两之间的关系。利用法向量方向之间所有的相互关系来估算样本表面变化情况，同时描述样本的几何特征。图 6.15 所示表示的是一个查询点 D_q 的 PFH 计算的影响区域，D_q 用红色标注并放在圆球的中间位置，半径为 r，D_q 的所有 k 邻域元素（即与点 D_q 的距离小于半径 r 的所有点）全部互相连接在一个网络中。计算任意两点 D_s 和 D_t 及与它们对应的法线 n_s 和 n_t 之间的位置关系，在其中的一个点上定义一个局部坐标系，如图 6.16 所示。在图 6.15 中 UVW 坐标系中，任意两点 D_s 和 D_t 及与其法线 $\boldsymbol{n}_s$ 和 $\boldsymbol{n}_t$ 之间特征如下表示。

$$\alpha = V \cdot \boldsymbol{n}_t \tag{6.15}$$

$$\varphi = U \cdot \frac{D_t - D_s}{d} \tag{6.16}$$

$$\theta = \arctan(W \cdot \boldsymbol{n}_s, U \cdot \boldsymbol{n}_t) \tag{6.17}$$

d 是两点 D_s 和 D_t 之间的欧氏距离。

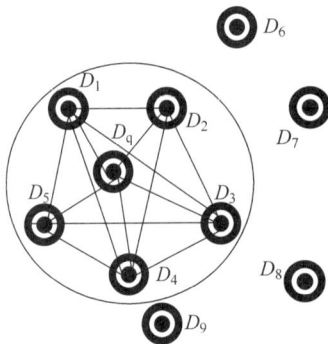

图 6.15　查询点 D_q 的 PFH 计算的影响区域　　　图 6.16　局部坐标系示意图

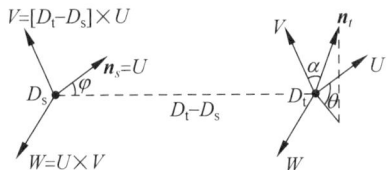

（2）FPFH：PFH 理论在实际应用时计算量太大，而对于这样包含大量数据点的点云来说，缩短计算时间以及提高计算的效率仍然是一个很大的问题。FPFH 快速点特征直方图是经过 PFH 的优化改进而来。它在最大程度上减小了实际应用过程中计算复杂度，同时提高了计算效率，并能够包含 PFH 的大部分识别特性。

FPFH 计算过程：

首先以 D_q 的邻域内所有点为查询点计算这些查询点与它本身邻域内点之间的（α，φ，θ，d），不再计算域内两两点之间的角度特征。这一步的结果称之为简化的点特征直方图 SPFH（Simple Point Feature Histograms）。重新查找每个数据点的 k 邻域，使用邻近的 SPFH 值来计算的最终直方图，如式（6.18）所示：

$$\mathrm{FPFH}(D_q) = \mathrm{SPFH}(D_q) + \frac{1}{k} \sum_{w_k}^{1} \mathrm{SPFH}(D_k) \qquad (6.18)$$

式（6.18）中，以 D_q 和其邻近点 D_k 之间的距离作为权重 w_k。

通过 FPFH 的计算过程可以看到它的计算过程比 PFH 的标准计算少了邻域点之间的互联。点云数据中每个数据点都要先计算出其 SPFH 值，再根据它和邻域点的 SPFH 值重新加权计算，从而得到最终 FPFH 值。如图 6.17 所示，只有 D_q 邻域内的一些点之间被重复计数两次。

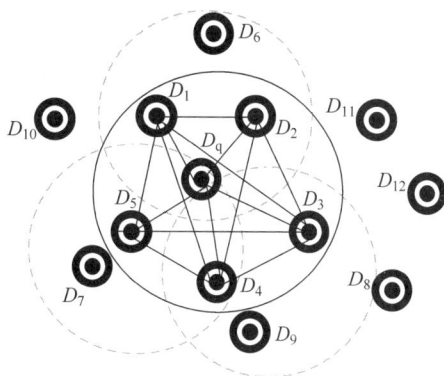

图 6.17　FPFH 计算原理

3. 点云配准算法

三维配准，又称点云配准，是将多组三维数据（通常为点云）对齐到同一参考坐标系中的过程，这对于整合不同视角或不同时间点的扫描数据至关重要。目前，Besl 与 McKay 在 1992 年提出的迭代最近点算法（Iterative Closest Point，ICP）是最经典的点云配准算法。随着扫描技术的发展，如 2006 年 Magnusson 提出的 3D-NDT 算法，以及后续的一系列改进，配准技术不断进步。这些算法根据是否需要提取特征，可以分为基于特征的配准算法和基于无特征的配准算法。基于无特征的配准算法因其高精度、实用性和可靠性，广泛应用于实际中，相较之下，基于特征的配准算法虽然时间和精力成本较高，但在某些应用场景中仍有其独特优势。

基于特征的配准算法利用物体表面的几何特征来求解矩阵的变换参数。利用特征进行配准求解变换参数一般可分为 3 个步骤。

（1）从原始点云数据中提取特征；

（2）选择相似性度量，获取对应特征；

（3）求解变换参数。

这类算法中最经典的算法是 2008 年 Dior Arger 等提出的四点快速鲁棒匹配算法（4PCS），此方法不需要初始迭代估计，且处理含噪声和扰动的数据具有非常好的效果，不过在实际应用中 4PCS 算法的匹配速度和匹配效果经常不太理想。基于特征的配准算法需要花费大量的时间和精力来提取特征和求解变换参数，且精度也相对不是很高。

基于无特征的配准算法包括：基于迭代最近点算法（Iterative Closest Point，ICP）、正态分布变换算法（Normal Distribution Transform，NDT）、采样一致性初始配准法。基于无特征的配准算法不需要提取特征、精度高，所以其实用性、准确性及可靠性远远高于基于特征的配准算法。在实际的应用中大部分也采用基于无特征的配准算法。

4 种点云数据配准算法的特点如表 6.3 所示，并简要介绍前两种无特征配准算法的原理。

表 6.3　点云数据配准算法的特点

方　　法	发　　展	特　　点
迭代最近点算法	1992 年，Besl 与 McKay 提出的 ICP 配准算法为主；Chen、Medioni 和 Bergevin 等人提出了点对面配准算法；Rusinkiewic、Levoy 提出点对体的配准算法	基于最小二乘法的最优匹配路径，不停地对源点集与目标点集之间对应点——计算源点集与目标点集间的刚性变换进行操作，一直到得到预设的某一阈值
正态分布变换算法	2003 年，Biber 等人第一次提出点云数据配准的 2D-NDT 算法；2004 年，Magnusson 提出了 3D-NDT 算法	运用 More-Thuente 线搜索，可确定在最大步长范围内的最佳步长
采样一致性初始配准法	Rusu 等人为使两部分点云数据有局部非线性最优控制器的收敛域而提出的算法	可以使两部分点云数据有局部非线性最优控制器的收敛域
四点快速匹配方法	2008 年，Dior Arger 等人提出的 4PCS 算法可以处理未加工过的具有噪声的数据	可处理未加工过的具有噪声的数据

1）ICP 算法

ICP 算法是一种常用的点云配准算法。通过重复选择对应关系点对来计算最优刚性变换，直到满足正确配准的收敛精度或迭代次数要求。其优点是可以获得较为精确的配准效果，且在较好的初值情况下，可以保证算法的收敛性；但标准 ICP 算法在搜索对应点的过程中计算量非常大，且对初值敏感，容易陷入局部最优。

ICP 算法原理：设 $P=\{p_i\}_{i=1}^{N_p}$，$Q=\{q_i\}_{i=1}^{N_q}$ 为待配准的两片点云数据集合，算法首先对点集 P 中的每个点 p_i，搜索其在点集 Q 上的最近点 s_i 作为对应点。设 $P=\{p_i\}_{i=1}^{N_p}$ 的对应点集为 $S=\{s_i\}_{i=1}^{N_s}$，C 为求取对应点的操作，即

$$S=C(P,Q) \tag{6.19}$$

算法的误差度量标准为

$$f(n)=\frac{1}{N}\sum_{i=1}^{N_p}\parallel n_i-R(n_R)p_i-n_T\parallel^2 \tag{6.20}$$

然后计算出使得上述目标函数值最小的刚体变换向量 $\boldsymbol{n}=[\boldsymbol{n}_R\mid\boldsymbol{n}_T]^2$，记作

$$(\boldsymbol{n},d)=\lambda(P,Q) \tag{6.21}$$

式（6.21）中，d 为相应的均方误差，即 $d=f(n)$，算法将求解得到的刚体变换作用到第一片点云数据上，记作 $n(P)$，ICP 算法迭代地进行该操作直到满足某一设定的收敛准则。

ICP 算法的核心思想是对于从不同视角获取的两个三维点云数据点集，求出两个数据点集中对应的控制点，得到点对之间的转换关系，然后使用迭代的方法一步一步减小对应

点对间的距离,直至它们之间的距离小于所设定的某个阈值,最终实现两组点云数据集合的精确配准。ICP算法的流程如图6.18所示。

2)正态分布变换算法

该算法将空间划分成各个格子,计算格子的正态分布PDF参数,通过优化点云在参考坐标系下的概率分布函数来实现配准。具有较高的鲁棒性,适用于点云数据存在噪声和外点的情况。其具体步骤如下。

(1)将离散数据划分在不同的区域中;

(2)在每一个区域,求中点s

$$q = \frac{1}{n}\sum_i X_i \tag{6.22}$$

(3)计算子区域中基于每一个点到中点差值的协方差矩阵

$$\Sigma = \frac{1}{n}\sum_i (x_i - q)(x_i - q)^t \tag{6.23}$$

(4)得到针对离散数据的NDT表示形式N,具体表示为

$$p(x) \sim \exp\left(-\frac{(x-q)^t \Sigma^{-1}(x-q)}{2}\right) \tag{6.24}$$

图6.18 ICP算法的流程图

可以看到,NDT的形式是一个基于概率分布的表示形式。之所以建立这样一种形式,是为了得到一个针对匹配评估的一个连续的函数形式,以方便建立优化。基于NDT的表示形式,这个评估函数就能够被构建

$$\text{score}(p) = \sum_i \exp\left(\frac{-(x'_i - q_i)^t \sum_i^{-1}(x'_i - q_i)}{2}\right) \tag{6.25}$$

score代表我们希望得到的评估函数,p是自变量,也是匹配希望获得的变换矩阵。与ICP一致,p由旋转与平移组成

$$p = (p_i)^t_{i=1..3} = (t_x, t_y, \phi)^t \tag{6.26}$$

$$\begin{pmatrix} x' \\ y' \end{pmatrix} = \begin{pmatrix} \cos\phi & -\sin\phi \\ \sin\phi & \cos\phi \end{pmatrix}\begin{pmatrix} x \\ y \end{pmatrix} + \begin{pmatrix} t_x \\ t_y \end{pmatrix} \tag{6.27}$$

6.4.3 三维数据分割

三维数据分割是将点云、体素或网格模型等三维数据集分割成多个部分或区域的过程。这一过程通常基于数据的几何、拓扑或语义属性,目的在于识别并分离出有意义的结构或对象,为后续处理和分析奠定基础。

1. 点云分割算法

根据分割计算方式的差异,分割算法大致分为以下几类:基于边缘检测算法、基于区域增长分割算法、基于特征聚类分割算法。

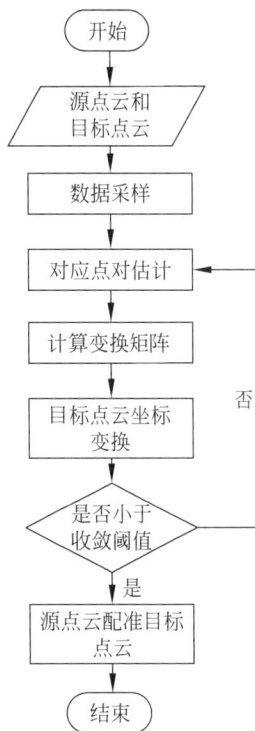

1) 基于边缘检测算法

基于边缘检测可以大致分为两种：直接法，该方法直接对三维点云中的物体进行辨别，对其边缘进行提取完成分割工作；间接法，该方法是将三维点云映射到二维图像进行分割后再将边缘点再映射至三维图像，完成分割工作。两种方法的代表作、优劣性以及适用场合如表 6.4 所示。

表 6.4　边缘检测算法中直接法与间接法对比

方　　法		描　　述	代　表　作	优　劣　性	适　用　场　合
边缘检测算法	直接法	直接对三维进行处理，对目标物体边缘进行提取完成分割	NI 等	保留了三维空间信息，普适性好，精度较高，但易出现过分割结果	中小型场景或小型目标物体
	间接法	将三维图像映射至二维图像进行边缘检测完成分割后映射回三维	Xi 等	基于二维图像的分割算法较成熟，但丢失了三维几何信息	特征明显的小型场景

2) 基于区域增长分割算法

基于区域增长是将点之间的差异通过相应的数学准则进行判别，从而归类相应属性的方法。大致分为两种：种子点区域增长法；非种子点区域增长法。种子点区域增长与非种子点区域增长算法的算法描述、代表作、优劣性、适用场合如表 6.5 所示。

表 6.5　种子点区域增长算法与非种子点区域增长算法对比

方　　法		描　　述	代　表　作	优　劣　性	适　用　场　合
区域增长方法	种子法	人工预设种子点，计算种子点与未归类点之间差异，判断是否可以合并，迭代直到所有点均归类	Fan 等	分割效果好，能将点云中所有数据进行归类，但依赖于人工，计算复杂度高	小型稀疏点云场景
	非种子法	先将数据点归类，种子点在归类过程中自动生成，迭代将所有归类为止	Lin 等	降低人为因素对结果的影响且分割效果与种子点法相比更佳，但依赖于阈值选择	小型稀疏点云场景

3) 基于特征聚类分割算法

该算法是通过点云中各点的特征向量计算出不同属性的特征值，利用特征值对点云数据进行聚类算法（如 K 均值算法、模糊算法、最大模糊算法等），聚类后得到各点形成的点集，即为分割区域。基于特征聚类算法主要计算特征空间中距离、法线等特征向量所包含的信息的属性。该方法能有效避免点云密度、噪声点等所带来影响分割结果的因素，但在大型密集点云中，计算点的特征信息具有相当大的复杂度，所以时间成本会明显增大。

2. 深度学习点云分割方法

随着深度学习技术的快速发展，研究学者开始对点云数据处理方法深入开发，成功地将应用于 2D 图像分割任务中的卷积神经网络效仿，应用至 3D 点云分割任务中进行处理。然而，与 2D 图像中像素的排列方式不同，由于 3D 点云自身无序性的限制，使得它难以直接应用深度卷积神经网络来获取点与点之间的局部上下文信息。具体来说，对一堆无序不规则的 3D 空间点进行分类分割等任务时，难以保证将其输入至卷积神经网络时输入点的顺序是有序一致的,在对网络多次输入点云数据训练时,容易对相同类别的点云进行误判。因此,一些专门针对 3D 点云分割设计的深度学习框架被提出,其所对应的分割方法在定量和定性分析中显示出良好的效果。为了更好地描述近年来基于深度学习的 3D 点云分割任务,根据当前点云深度学习网络的输入形式不同,将其分为两大类:规则三维点云深度学习网络和无规则三维点云深度学习网络。

为解决点的不规则问题,研究者提出将 3D 点云数据转换为体素网格或 2D 图像等其他的规则格式,之后在二维卷积神经网络中进行处理。大致可分为以下两类:基于 3D 体积网络、基于多视角网络。其中,基于 3D 体积网络方法是将 3D 点云数据表示为体积像素网格的形式后使用卷积神经网络进行特征的提取;但依据体素网格形式将输入的点云分割为相同的网格大小无疑增加了不必要的计算成本,且当输入稀疏点云时该方法不占优势。基于多视角网络方法的核心思想是利用物体在不同角度下的多张 2D 图片来表示三维物体表面特征,之后使用二维卷积算子来完成 3D 点云分割等任务;该方法采用最大池化将多角度图片下的图形特征进行提取容易造成信息重叠,普适性较差,且将 3D 点云从高维空间转换至低维空间,容易丢失点中的信息。

无规则三维点云深度学习网络是直接将无序不规则的点云作为网络输入,对每个点学习空间特征,之后将空间特征聚拢形成全局特征。2017 年 Qi 等人提出的 PointNet 为直接处理 3D 点云开了先河。网络结构如图 6.19 所示,虽然该方法相比多视图方法和体素化方法在尽可能不丢失几何信息的同时解决了点云的旋转和平移不变性问题,对于场景的分割性能也有很大的提升,但该方法仅具备对全局特征进行预测的能力,缺乏对局部特征的预测能力,且没有充分探索点与点之间的相互关系,使得网络无法很好地表征上下文。

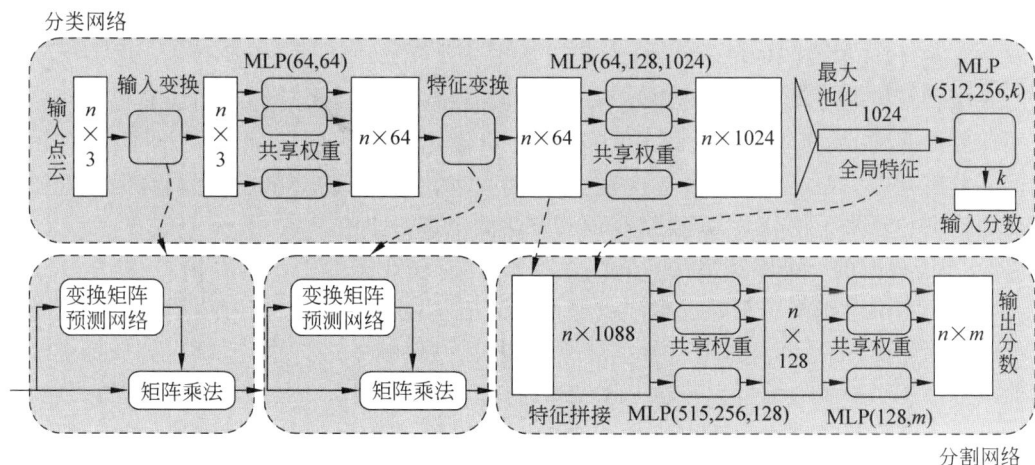

图 6.19 PointNet 网络结构

PointNet 思路流程如下。

(1)输入为一帧的全部点云数据的集合,表示为一个 $n \times 3$ 的 2d tensor,其中,n 代表点云数量,3 对应 xyz 坐标;

(2)输入数据先通过和一个 T-Net 学习到的转换矩阵相乘来对齐,保证了模型的对特定空间转换的不变性;

(3)通过多次 MLP 对各点云数据进行特征提取后,再用一个 T-Net 对特征进行对齐;

（4）在特征的各个维度上执行 Max Pooling 操作来得到最终的全局特征；

（5）对分类任务，将全局特征通过 MLP 来预测最后的分类分数；对分割任务，将全局特征和之前学习到的各点云的局部特征进行串联，再通过 MLP 得到每个数据点的分类结果。

下面解释一个网络中各个部件的作用。

（1）Transform：第一次，T-Net 3×3，对输入点云进行对齐：位姿改变，使改变后的位姿更适合分类/分割；第二次，T-Net 64×64，对 64 维特征进行对齐。

（2）MLP：多层感知机，用于提取点云的特征，这里使用共享权重的卷积。

（3）Max Pooling：汇总所有点云的信息，进行最大池化，得到点云的全局信息。

（4）分割部分：局部和全局信息组合结构（语义分割）。

（5）分类 loss：交叉熵：分割 loss 为分类＋分割＋L2（原图的正交变换，transform）。

为了克服这些劣势，随后该团队提出 PointNet＋＋，以分层局部特征提取的思想将共享的 MLP 获取的局部特征通过跳跃连接和线性插值进行特征传播，从而解决了 PointNet 对局部特征提取不利的问题。

6.4.4　三维目标跟踪与识别

三维目标跟踪与识别涉及识别三维空间中的对象并追踪其动态变化。本节将详细介绍三维目标跟踪和识别的方法。

1. 三维目标跟踪

三维目标跟踪根据跟踪场景的复杂度、目标的物理特性以及跟踪目标的数量，可分为不同的方法。

1）基于特征提取的三维跟踪算法

基于特征提取步骤首先是对跟踪目标进行特征提取，然后对后续的图像帧逐个进行特征相似度的匹配，找到能够匹配的最大的特征点，设定度量系数，以此为指标进行衡量，最大的系数就判定为跟踪目标。此方法优点在于可以解决目标遮挡出现的问题，但是对于特征点的选取相对来说比较难，需要结合预测算法同步进行跟踪。

2）基于模型的三维跟踪算法

基于模型的跟踪是在跟踪过程中依据目标的形状或特征，建立相对应的模型。这种特征可以包括轮廓、颜色和纹理等。根据建立模型，在图像帧中进行迭代，以达到目标连续跟踪的目标。基于模型跟踪可以依据先验知识进行，并且在目标发生形变或短暂消失时，依然可以进行有效的识别。由于在建立模型时计算工作量较大且匹配时间长、耗时久，建立的模型是否具有全部目标的表征也不全面，这是该方法的不足之处。

3）基于轮廓提取的三维跟踪算法

基于轮廓提取主要需要三个步骤，分别是模板提取、模板匹配和模板更新。基于轮廓提取的原因是对于跟踪目标的来说，外部轮廓相对来说比较容易理解和方便描述。不依据先验知识，在建立已知运动目标轮廓模板的前提下，需要得到跟踪目标的轮廓曲线。能量函数可以由目标边缘周围的图像梯度得到。通过能量函数一次次迭代，目标边缘得到最小化，跟踪目标的位置将由初始位置转移到边缘，这样可以达到对于跟踪目标轮廓的更新。实际情况下，应用基于轮廓的跟踪对运动物体进行跟踪的精确率较低，由于初始位置时的目标轮廓曲线不确定,尤其存在目标遮挡时,所以在算法过程中的更新不准确。

4）基于区域的三维跟踪算法

基于区域的目标跟踪方法需要确定一个跟踪区域,这个区域可以通过目标检测算法进行标定,也可以通过人工标定。标定的区域包括运动目标在内,根据图像连续帧将每个区域进行匹配。设定匹配指标进行匹配衡量。当出现目标遮挡的情况时,基于区域的目标跟踪算法,此时可能只有部分图像存在,但是区域模板在全局中不能进行搜索,进而丢失跟踪目标。这时目标不能匹配的情况就需要进行局部搜索,解决跟踪失败也需要进行预测算法,进行前期的估计。局部搜索可以通过缩小搜索范围的方式达到不丢失跟踪目标的效果。

5）基于深度学习的三维跟踪算法

SC3D 是一种基于形状补全网络以及孪生网络的三维单目标跟踪器。它是首个仅基于点云进行三维目标跟踪的算法,通过将形状补全网络中的自编码器融入孪生网络的框架中,使用自编码器的编码结构作为孪生网络的特征提取网络,通过编码再解码这一过程将形状补全损失加入进来,训练编码器网络,使其编码的特征带有形状信息,更好地用于孪生网络的匹配。该算法架构如图 6.20 所示。

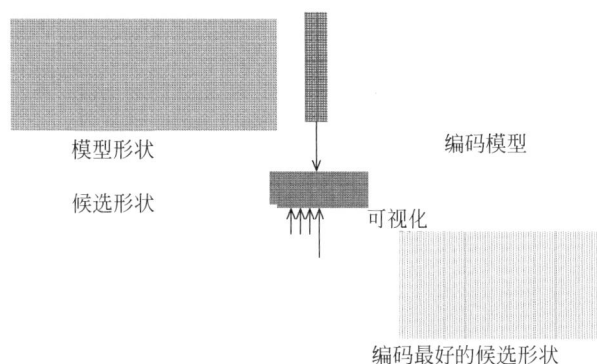

图 6.20　SC3D 的算法架构

如图 6.20 所示,整体的网络架构可以分为两部分,分别是自编码器网络和孪生网络,自编码器就是将输入编码再解码得到形状更加丰富的点云;孪生网络就是使用编码器的输出向量计算相似度。

（1）自编码器网络。

自编码器网络借鉴形状补全网络的思想,对输入的一组模板点云以及一组搜索点云进行编码(Φ)和解码(ψ)组成了自编码器,即通过使用 3 层一维卷积作为编码器,如图 6.21 所示。将输入的 $B \times 3 \times 2048$ 维度的点云编码为 1×128 维度的向量形式的潜在表述,进而通过两层的全连接层,将 1×128 的向量输出为 1×6144 的向量,最后转化成 3×2048 的向量作为解码器的输出。使用自编码器的作用在于,通过训练构建形状补全损失,使网络学习如何通过自编码器来得到相对于输入点云的更好的形状表述,同时让编码器编码得到的向量拥有点云的几何形状信息,解码器解码得到的点云对应的三维目标框更加精准。编码器产生的带有形状信息的向量也对后面的孪生网络计算相似度有帮助。

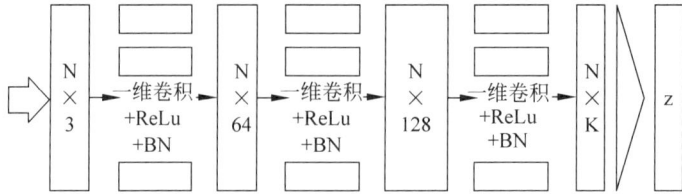

图 6.21 编码器架构

（2）孪生网络。

孪生网络由两个编码器网络组成。输入的两组点云通过相同的编码器网络，输出两个代表着潜在几何信息的向量，对这两个向量进行相似度度量，可以得到相似度最大的候选者。该网络使用的是余弦相似度，孪生网络对应的跟踪损失是均方差损失。因为该算法的主要目的是进行目标跟踪，所以强调网络的主要结构是孪生网络，而自编码网络只是帮助孪生网络的相似度计算更加精准。

从形状补全的角度进行三维目标跟踪是一个非常独特的方法。但是整体的网络结构十分简单，仅有 3 层的卷积和 3 层的全连接，因此能取得最后的效果在一定程度上依赖于训练方式以及测试的方式。该算法中提到的较高的性能都是基于当前的真值，显然这种方式无法应用到实际场景中，同时也无法进行端到端的训练。

2. 三维目标识别

三维目标识别是识别和分类三维空间中的对象的过程，通常包括以下步骤。

（1）数据采集：收集目标对象的三维数据，例如点云、体素或深度图像等；

（2）特征提取：从采集的数据中提取用于识别的特征，如形状描述符、表面法线、纹理特征等；

（3）分类器训练：利用机器学习或深度学习方法训练分类器，用以区分不同的目标类别；

（4）目标识别：将提取的特征与训练好的模型进行匹配，以识别和分类目标对象。

伴随着三维成像技术的飞速发展，人们对机器视觉系统的需求也逐步提升，对图像的判读、目标的全方位精确识别提出了更高的要求。二维图像并不能表征目标的深度信息，自然也无法进行全方位的识别；三维识别可获取物体表面的三维参量，提取对视点变化较为鲁棒的三维特征，更全面地感知现实环境，可应用于军事侦察、人机交互、卫星遥感等领域，为无人系统对复杂场景的理解和交互提供了可能。根据利用的特征及提取方式不同，现有的三维识别方法可以分类如下：基于特征匹配的目标识别、基于图匹配的目标识别以及基于深度学习的目标识别方法。

基于特征描述的三维目标识别的方法有许多，在主要流程上分为基于局部特征的三维目标识别与基于全局特征的三维目标识别，如图 6.22 所示。当目标存在遮挡或者处于复杂场景中时，基于全局特征的目标识别方法误差较大，需要事先对模型进行预分割；相反基于局部特征的目标识别对于目标遮挡或者复杂场景处理能力较强，一直是人们研究的重点。

基于局部特征的三维目标识别算法框架分为 5 步，如图 6.23 所示。

（1）特征点提取。

特征点也称作兴趣点或关键点，是根据相应的检测标准从三维点云或网格中挑选出具

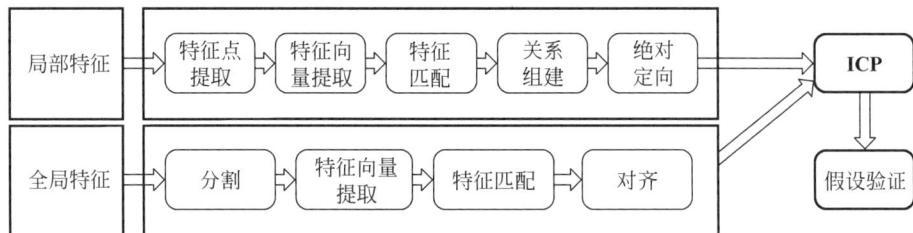

图 6.22　基于特征描述的三维目标识别框架

图 6.23　基于局部特征的三维目标识别算法框架

有显著性和稳定性的点。特征点检测的好坏直接影响后面检索、识别或者追踪的结果,因此特征点提取是三维模型信息处理技术中的核心。在三维模型中提取特征点时应该考虑下面条件:提取的过程必须考虑边缘以及物体表面变化信息;关键点的位置必须可以被重复检测;关键点所在的位置必须要有稳定的支撑域。

(2) 特征描述提取。

针对基于局部特征的三维目标识别方法,确定特征点后下一步操作是提取特征描述。特征描述是将特征点周围的几何信息编码成的特征向量。

(3) 特征匹配。

特征匹配阶段的任务主要是根据相似性准则确定目标与场景模型特征描述子之间的对应关系。通过计算两个特征向量的欧氏距离或者马氏距离,可以简单确定一个物体表面的特征描述与另一个物体表面的特征描述的匹配关系。

(4) 假设生成。

这一阶段主要有两个工作:一是根据上一步得到的匹配特征对估计目标是否出现在三维场景中;二是产生目标到场景的变换假设。单纯依靠相似性准则匹配的特征对存在大量错误匹配对,为了准确地预测和计算目标到场景的变换关系。这一步也称为对应关系成组(Correspondence Group,CG)。最为常见的有几何一致性(Geometric Consistency,GC)和广义霍夫变换 GHT,其他的还有随机采样一致性(Random Sample Consensus,RANSAC)、姿态聚类、博弈论和带约束的解释树。几何一致性和广义霍夫变换是目前特征匹配中最常用的方法。

(5) 假设验证。

假设生成阶段虽然能够剔除掉大量不具有几何一致性的匹配对,但也只能产生初步粗略的变换假设。假设验证的主要任务就是将正确假设与错误假设区别开来,并且精确细致地计算目标到场景中的旋转和平移变化矩阵。常用的假设验证方法有 ICP 算法和绝对定向(Absolute Orientation,AO)算法,两者思路大抵相同。

基于图匹配的目标识别方法,主要通过将三维目标的几何结构表示为图的形式进行处理,图中的节点代表目标的不同特征或部件,边则表示各节点之间的空间关系。在进行目标识别时,通过比较目标的图模型与已知模型的图结构,识别目标的位置与类别。这类方法常用于处理目标之间具有复杂拓扑关系,且局部特征难以单独识别的场景。算法框架分为五步,如图 6.24 所示。

图 6.24　基于图匹配的目标识别框架

（1）特征提取。

首先,从三维目标数据中提取出能够代表目标的重要特征,例如边缘、角点、曲面等。提取到的特征进一步构建成图的节点,并定义节点间的关系(例如,距离、角度或曲率等几何特性)。这些特征能够全面描述目标的形状与结构信息,为后续的匹配提供基础。

（2）图的构建与表示。

在这一阶段,通过将目标的特征映射为图的节点,将它们之间的几何关系通过边连接起来,形成目标的图结构。这些图不仅仅包含空间位置的信息,还包括不同节点间的关系特征(例如,距离、连通性、角度等),使得图的表示能够充分描述目标的几何形状。

（3）图匹配。

图匹配是基于图的拓扑结构进行的目标识别关键步骤。通过计算图之间的相似度(例如,最大子图匹配、谱图匹配),将目标图与库中的图进行比对。匹配的精度依赖于图节点特征的质量以及边的描述能力,通常采用图编辑距离等度量方法来衡量两张图的相似度。

（4）假设生成。

在图匹配过程中,匹配结果可能会受到噪声或误匹配的影响,因此需要生成多种匹配假设,并通过对比模型预测与实际观察结果来验证匹配的正确性。常用的方法包括图的几何一致性约束和节点约束的优化,确保最终的匹配结果是合理的。

（5）假设验证。

假设验证阶段对前一步骤生成的多个匹配假设进行过滤,剔除不符合物理和几何约束的假设。通过验证各节点之间的空间关系和几何约束,确保所得到的匹配结果与目标真实结构一致。

基于深度学习的目标识别方法近年来在计算机视觉领域取得了显著的进展,尤其是在处理复杂的三维目标识别任务时,展现了其强大的学习能力与适应性。与传统的图像处理方法不同,深度学习方法通过构建多层神经网络,自动学习从原始数据中提取特征并进行分类或回归,从而能够对三维目标进行精确的识别与定位。算法框架分为五步,如图 6.25 所示。

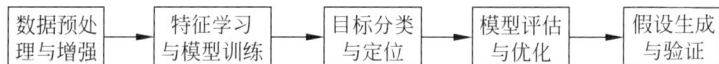

图 6.25　基于深度学习的目标识别框架

（1）数据预处理与增强。

在进行三维目标识别之前,首先需要对三维数据进行预处理。常见的三维数据类型包括点云、体素、网格等。预处理步骤包括数据清洗、噪声去除、数据归一化、增强等,目的是提高数据的质量,并为深度学习模型提供有效的训练数据。此外,数据增强技术,如旋转、平移、缩放等,可以进一步扩展训练数据集,提高模型的鲁棒性。

（2）特征学习与模型训练。

深度学习方法的核心优势在于其强大的特征学习能力。通过使用卷积神经网络（CNN）、图神经网络（GNN）等结构，模型能够自动从三维数据中提取有用的特征，而不依赖于手工设计的特征。对于点云数据，PointNet 和 PointNet＋＋等网络通过直接处理点云数据，能够有效捕捉局部和全局特征。对于体素或网格数据，3D 卷积神经网络（3D-CNN）能够有效学习空间结构信息。

（3）目标分类与定位。

在训练完成后，模型能够通过输入的三维数据直接进行目标分类和定位。深度学习模型通过分析特征图与目标标签之间的关系，进行端到端的训练，自动优化参数，以提高识别精度。目标分类通常是通过全连接层或 Softmax 分类器进行的，而目标定位则通过回归网络来预测目标的位置信息。

（4）模型评估与优化。

在深度学习模型训练的过程中，需要通过验证集对模型的性能进行评估。常见的评估指标包括分类精度、召回率、F1 得分等。针对三维目标识别，精度与定位误差是两个关键的评估标准。在训练过程中，采用交叉验证、早停、学习率调整等技巧，进一步优化模型表现，防止过拟合。

（5）假设生成与验证。

在实际应用中，深度学习方法还需要对生成的识别假设进行验证，确保模型在面对不同环境或复杂背景时仍然能够准确地识别目标。常见的验证方法包括基于几何约束的后处理、基于模型的几何验证等。

6.5　工业三维视觉处理与检测的应用案例

在当今工业快速发展的时代，先进的技术不断推动着各领域的变革与进步。工业机器视觉三维测量与检测技术以其高精度、高效率、非接触式测量以及高自动化程度等优势，在多个重要领域发挥着关键作用。本节通过多个领域具体的应用案例，进一步验证了工业三维视觉处理与检测技术在实际生产中的巨大价值和广阔前景。

6.5.1　机加工件流水线三维扫描自动检测系统

1. 项目需求

随着工业自动化水平的不断提升，制造业对零件的加工精度提出了更高的要求。在机加工领域，零件的微小偏差可能导致整机设备的性能下降或失效。因此，对机加工件进行高精度的自动检测，成为了提高产品质量、降低生产成本的重要手段。本项目的主要目标是针对 150～400mm 大小的机加工件，开发并实施一套高效的三维扫描自动检测系统，以每天检测 400～500 件零件为目标，确保检测的零件不存在漏加工、错加工、过切等问题。

2. 系统概述

为了满足项目需求，本方案采用了先临三维 FreeScan Trak Pro2 跟踪式三维扫描仪，该设备能够在无须粘贴标志点的情况下，通过光学跟踪定位系统实现对各类物体尺寸的高精度三维扫描。通过与流水线式线体的结合，系统能够对机加工件进行批量检测，确保高效且精确地判断零件是否存在加工问题。

1）跟踪式激光三维扫描系统

如图 6.26 所示,系统的核心硬件是 FreeScan Trak Pro2 跟踪式三维扫描仪。该设备利用光学跟踪定位系统对激光手持扫描仪进行实时精确定位,避免了传统扫描方式中需要粘贴标志点的麻烦。其基本原理是通过激光扫描仪拍摄物体表面投射的激光线阵列,基于双目立体视觉原理生成三维数据。与此同时,光学跟踪仪通过捕捉激光扫描仪自身的标记点框架,实现对扫描仪的空间定位;通过这一定位关系,激光线的三维数据被转换到全局坐标系下,形成坐标统一的三维模型数据。该技术的应用能够实现对各类机加工件的高精度扫描,并生成精细的三维模型,从而帮助识别加工过程中的各种缺陷,如漏加工、错加工、过切等。

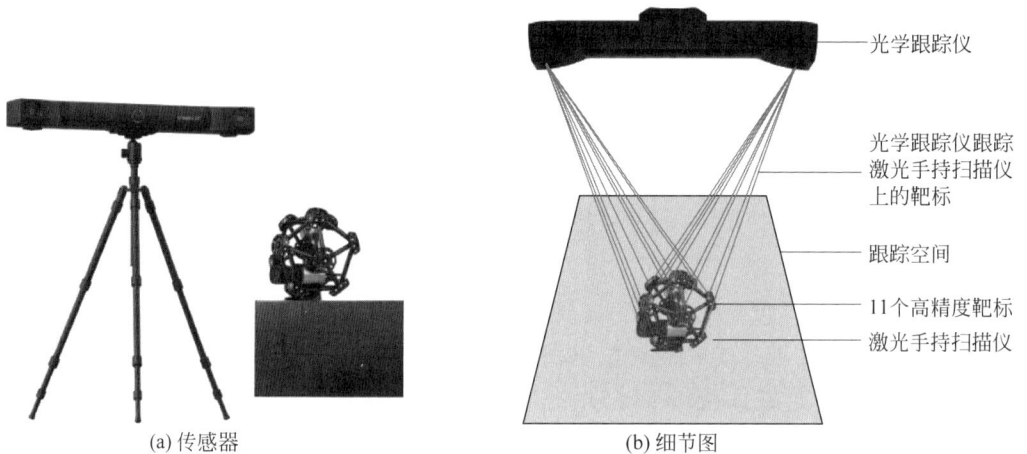

(a) 传感器　　　　　　　　　　　　　　(b) 细节图

图 6.26　FreeScan Trak Pro2 跟踪式三维扫描仪

2）系统组成与工作流程

本系统主要由以下几个模块组成,如图 6.27 所示。

（1）工装流动线体:包括上升、下降电梯,上料工作台,取料工作台,待检与已检缓存区,以及信息显示屏。该流动线体采用上下结构设计,最大限度地利用占地空间,并且通过两侧布置自动测量工位,进一步提高检测效率。

（2）自动测量工位:包括跟踪仪、机械臂及扫描头、旋转平台、控制柜及计算机等设备。该测量工位通过机械臂将待检测零件送至扫描头下方,扫描头再通过旋转平台对零件进行全方位扫描。扫描完成后,控制柜中的计算机会自动处理扫描数据,并将三维模型与标准模型进行对比,判断零件的加工是否合格。

3. 工作流程

系统的工作流程如图 6.28(a)和图 6.28(b)所示。

（1）零件上料:待检测的零件通过上升电梯被送至上料工作台,等待被机械臂取走。

（2）扫描检测:机械臂将零件送至扫描头下方,旋转平台开始旋转,扫描头对零件进行全方位扫描。扫描过程中,光学跟踪仪实时捕捉扫描仪的标记点,并将扫描数据转换到全局坐标系下,生成精确的三维模型。

（3）数据处理与对比:扫描完成后,控制柜中的计算机对三维模型数据进行处理,并与

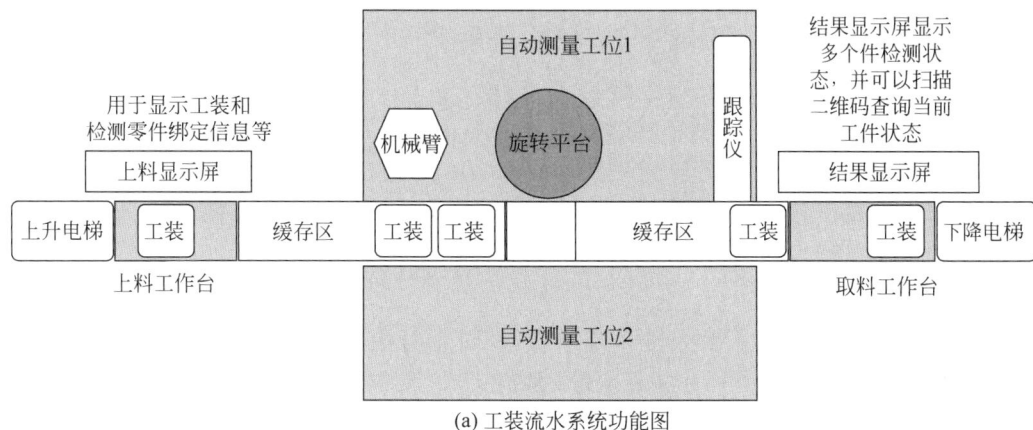

(a) 工装流水系统功能图

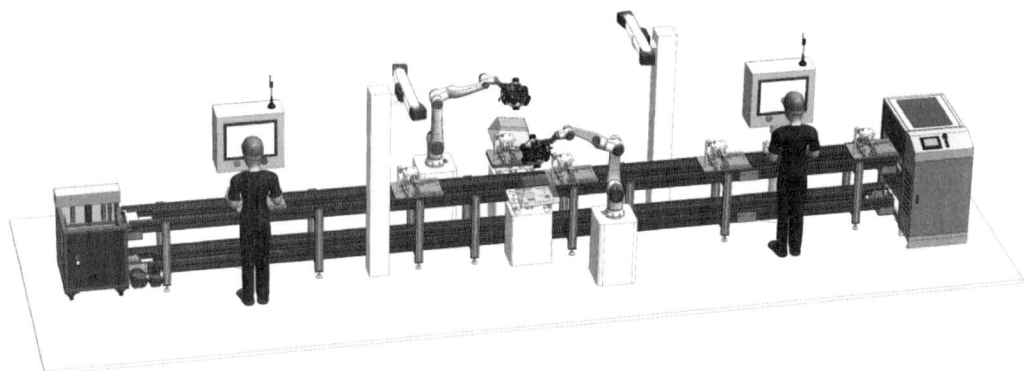

(b) 工装流水系统示意图

图 6.27　机加工件流水线

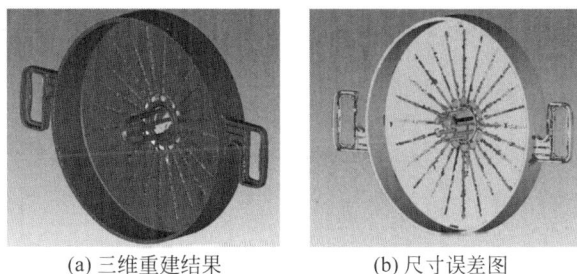

(a) 三维重建结果　　　　(b) 尺寸误差图

图 6.28　零件三维检测结果

标准模型进行对比,判断零件是否存在漏加工、错加工、过切等问题。

（4）结果显示与处理:如图 6.28 所示,检测结果通过信息显示屏展示,操作人员根据显示结果,决定是否需要对零件进行返工或重新加工。

（5）零件下料:检测完成的零件通过下降电梯送至已检缓存区,等待后续处理或包装。

4. 总结

本项目中的三维扫描自动检测系统成功地实现了对机加工件的高效、高精度检测。通过该系统的实施,不仅提高了检测效率,还有效降低了人工操作的错误率,确保了产品质量。

6.5.2 汽车漆面缺陷检测与磨抛修复系统

1. 项目需求

随着汽车产业的快速发展,消费者对汽车品质的要求也越来越高,其中汽车漆面的品质尤为重要;然而,传统的漆面检测和修复工作多依赖人工操作,不仅效率低下,而且难以保证检测和修复的一致性和可靠性。在这种情况下,PaintPro 漆面缺陷检测与磨抛修复系统应运而生,旨在通过高科技手段改进和优化现有的汽车涂装工艺。

2. 系统概述

PaintPro 系统主要服务于汽车涂装车间,针对车身漆面的缺陷进行检测及修复。如图 6.29 所示,该系统集成了视比特自研的 3D 偏折成像技术与 AI 检测技术,通过多机器人协同作业,实现了整车漆面的全流程、自动化在线检测与修复。系统的核心包括一个高性能的 3D 偏折相机和一个交互性强的数字孪生系统,以及一个灵活的打磨机器人控制系统。

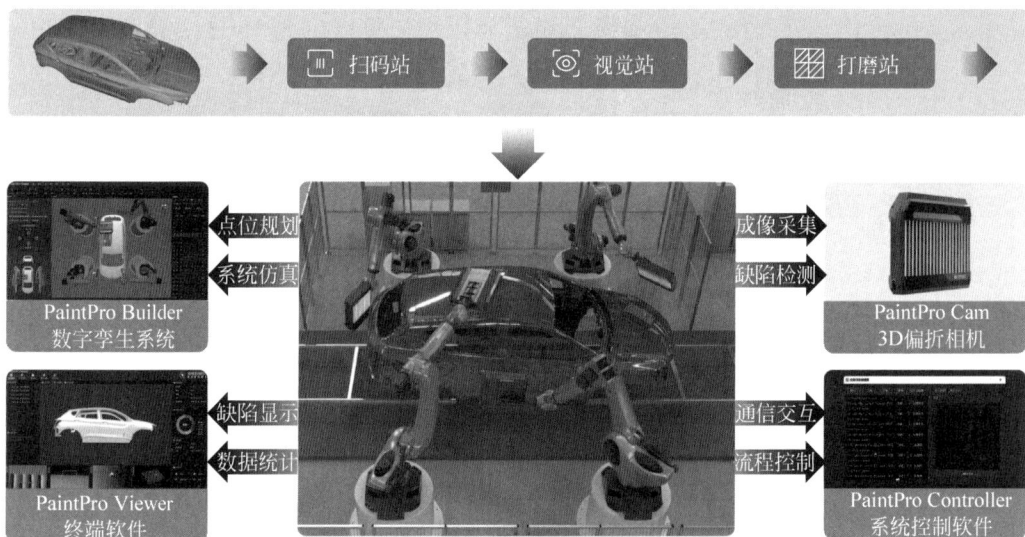

图 6.29　汽车漆面缺陷检测系统示意图

3. 技术创新

(1) 3D 偏折成像技术:PaintPro 系统采用的 3D 偏折相机能够精确地捕捉到高光漆面的微小缺陷,最小缺陷检测尺寸达到 0.15mm,检出率高达 98%,如表 6.6 所示;这种成像技术结合了高频高亮光源与深度学习算法,不仅提高了成像的稳定性,而且通过深度学习模型的不断训练,使得系统的检测能力越来越接近于无缺陷的理想状态,如图 6.30(a) 和图 6.30(b) 所示。

表 6.6　系统技术参数

最小可检测缺陷	检出率	最大可修复缺陷	整车检测节拍	磨抛修复成功率
0.15mm	≥98%	1.5mm	50~70s	90%

(2) AI 检测与机器人协同作业:系统通过智能算法对捕获的图像进行分析,自动分类漆面缺陷,并将缺陷位置和类型实时传送至协同工作的打磨机器人;机器人根据这些精确的数据,进行定位和路径规划,实现自动磨抛修复。

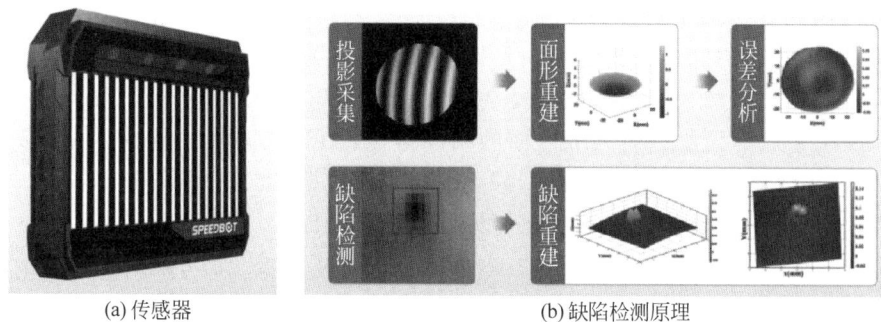

(a) 传感器　　　　　　　　　　　　(b) 缺陷检测原理

图 6.30　PaintPro 系统示意图

（3）数字孪生平台：PaintPro 系统的一个重要特点是依托视比特坤吾数字孪生平台进行操作；这一平台可以模拟不同车型和颜色的漆面缺陷检测和修复过程，为系统的测试和优化提供了一个无风险的虚拟环境；此外，新车型的快速部署和多车型、多颜色的混检功能，极大地提高了系统的灵活性和应用范围。

4. 实际应用

PaintPro 系统已于 2023 年第二季度在国内一家著名汽车主机厂的涂装车间投入使用。如图 6.31(a) 和图 6.31(b) 所示，系统的部署极大地提升了该车间的漆面检测与修复效率和质量。据统计，引入 PaintPro 系统后，全车身漆面的在线检测时间从原来的数小时缩短至 60s 内完成，检出率稳定在 98% 以上，显著降低了人工检测的误报和漏报。

(a) 涂装车间　　　　　　　　　　　　(b) 漆面检测工位

图 6.31　某汽车涂装车间现场图

5. 总结

随着系统投入使用，不仅解决了人工检测效率低、质量不稳定的问题，而且改善了工人的劳动环境，减少了因长时间高强度劳动导致的劳动力流失；此外，系统的数据统计和分析功能为涂装工艺的质量控制和优化提供了科学的数据支持，使得质量问题能够追踪到具体的生产环节。

6.5.3　自动化 3D 检测系统在船舶外板曲面制造应用

1. 项目背景

船舶制造业作为重工业的重要组成部分，其生产过程中的质量控制尤为关键。特别是船舶外板的制造，这些板件多为不规则大曲面结构，尺寸庞大且曲率各异。在船舶外板的组装过程中，由于成型反弹、变形等不可控因素，常导致板件错位或变形，小范围变形可通过修复解决，而大范围错位则可能需要重新切割或更换，这不仅增加了生产成本，也延长了生产周期,影响了船舶的整体质量。

2. 技术挑战

由于船舶外板的尺寸巨大且形状复杂,传统的测量方法如使用卷尺等无法有效获取曲面的精确数据,如曲率、轮廓和区域变形等信息。因此,需要一种能够提供精确、全面数据的检测技术,以便进行精确的质量控制和后续处理,如图 6.32 所示。

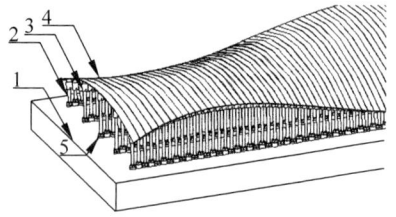

图 6.32　成型曲面外部示意

3. 系统概述

为了应对上述挑战,我们设计了一款自动化的 3D 检测系统,该系统利用最新的非接触式 3D 扫描技术,配合机器人自动化控制,能够快速准确地测量大型曲面板件。系统的主要技术规格和要求如下。

(1) 最大外形尺寸: 15m(长)×2.7m(宽)×2m(高);

(2) 平台尺寸: 20m(长)×10m(宽)×0.3m(高);

(3) 精度要求: 不大于±2mm;

(4) 数据功能: 自动生成色差图,输出曲率、弧长、形状、变化趋势等检测报告。

4. 系统组成与功能

1) 导轨系统

导轨系统采用高精度齿轮齿条驱动,固定于工作平台侧面,贴近车间墙壁,确保不干扰其他生产活动。导轨的设计考虑了最大工件尺寸,长度达 15m,保证了覆盖整个工件的扫描。

2) 机器人系统

选用具有 3.1m 臂长的大型机器人,能够覆盖高达 3m 的检测范围,满足各种曲面板的检测需求。机器人的控制和编程通过上位机实现,提高了操作的灵活性和准确性。

3) 扫描与数据采集系统

采用先进的 3D 数字化扫描设备,该设备特别适用于中到大型工件,提供高速、高精度的数据采集。扫描设备能够与机器人系统无缝连接,实现自动化控制扫描,同时也支持手持模式,增加了系统的灵活性。

4) 控制与分析系统

控制柜集成了导轨系统、机器人控制系统、工控机及上位机软件。通过这一集成系统,可以自动控制扫描过程和数据分析,提高了整个系统的智能化水平。数据分析软件能够自动比对 3D 扫描数据与设计模型,生成详细的检测报告和色差图,直观显示任何变形或趋势,如图 6.33 所示。

5. 应用效果与创新点

1) 效果介绍

系统部署后,能够在短时间内完成大型曲面板的精确扫描,从而显著提高生产效率和产品质量。自动化的数据分析帮助技术人员快速识别问题区域,进行针对性的调整或修复,大大减少了重工和废品率。

2) 创新点

(1) 大范围扫描与机器人的结合:自动化控制其启动、参数调整,提高了检测效率和精度;

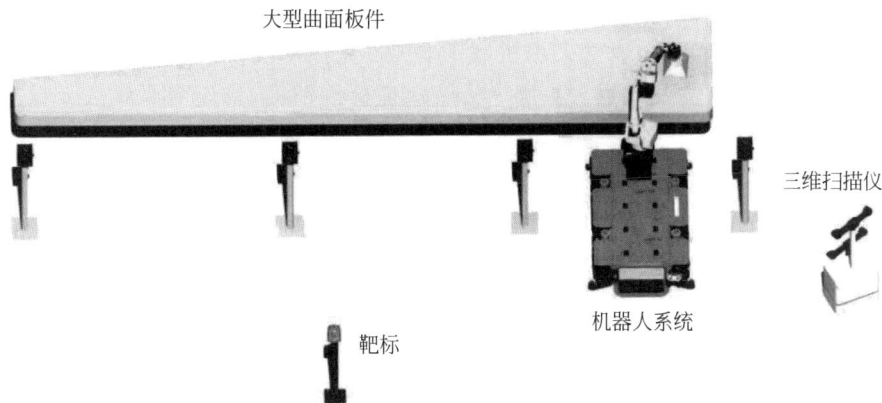

图 6.33　系统示意图

（2）智能化分辨率调整：根据工件曲率变化自动调整分辨率，既保证了大曲面的检测效率，又确保了小曲率结构的细节表现；

（3）系统柔性：相同的检测程序可以适应不同尺寸和曲率的工件，减少了对工件放置位置和姿态的要求。

6. 总结

通过引入这种先进的自动化 3D 检测系统，船舶制造业能够实现更高水平的智能制造和质量控制，不仅提升了产品质量，也优化了生产流程。这一技术的应用是船舶制造业向高、精、尖方向发展的一个典范，为未来的智能化船舶制造树立了新的标杆。

6.5.4　电力场景应用

电力在社会生产中扮演着不可或缺的角色，为了满足居民和工业的需求，建设了大量的输电线路，它们成为电力系统的重要组成部分。电网的互联性意味着局部停电可能引发连锁反应，导致大范围的停电；定期对输电线路进行检查对于确保电力的稳定传输至关重要。常见的输电线路检查包括检查紧固件、检测杆塔及其组件和检查电力线。这些方法通常使用配备 RGB-T 摄像头的无人机（UAVs）从多个角度捕捉输电线路的图像。尽管这些方法提供了多角度的视觉信息，但它们存在显著的局限性。二维图像无法完全捕捉输电线路及其周围环境的三维结构和细节，因此难以准确检测和评估诸如杆塔倾斜、结冰和植被障碍等复杂状况。因此，引入激光雷达（LiDAR）技术，通过获取高精度的三维点云数据，能够利用三维空间信息进行全面的分析和评估，为电力系统的检查和感知提供了更全面和准确的能力。

1. 电力导线覆冰厚度检测方法

电力导线覆冰是冬季常见的气候现象，覆冰会增加导线的重量，导致导线的张力增大，甚至可能造成断线、脱落或跳跃等问题，对电力系统的稳定运行造成严重威胁。因此，电力导线覆冰检测在电网安全运行中具有重要意义。传统的人工检测方法不仅效率低下，而且受天气、地形等因素限制，难以保证全面、及时的监测。随着三维视觉技术的发展，基于点云数据的自动化覆冰检测方法逐渐成为主流。以下是典型电力导线覆冰检测的基本应用流程。

1）数据预处理

在电力导线覆冰检测中,通常采用机载 LiDAR（光探测和测距技术）或无人机搭载 3D 扫描设备获取输电线路的三维点云数据。为了保证检测精度,首先需要对点云数据进行预处理。通过滤波去除地面、植被等无关点,保留导线的关键点云数据。为了扩充样本量,增强检测效果,还可以通过数据增强手段（如多尺度重叠采样）来增加点云的数量和多样性,如图 6.34 所示。

图 6.34　数据预处理过程

2）电力导线高精度提取

在数据预处理完成后,系统利用三维语义分割方法来进行电力导线点云的高精度提取。以双分支特征融合网络为例,该网络的核心在于结合分层特征抽样和多级注意力机制,从不同空间尺度捕捉电力导线的局部和全局特征,确保在复杂场景下也能准确识别导线的几何形态。提取出电力导线后,基于区域生长算法对单条导线进行分割,消除异常点和离群点,如图 6.35 所示。

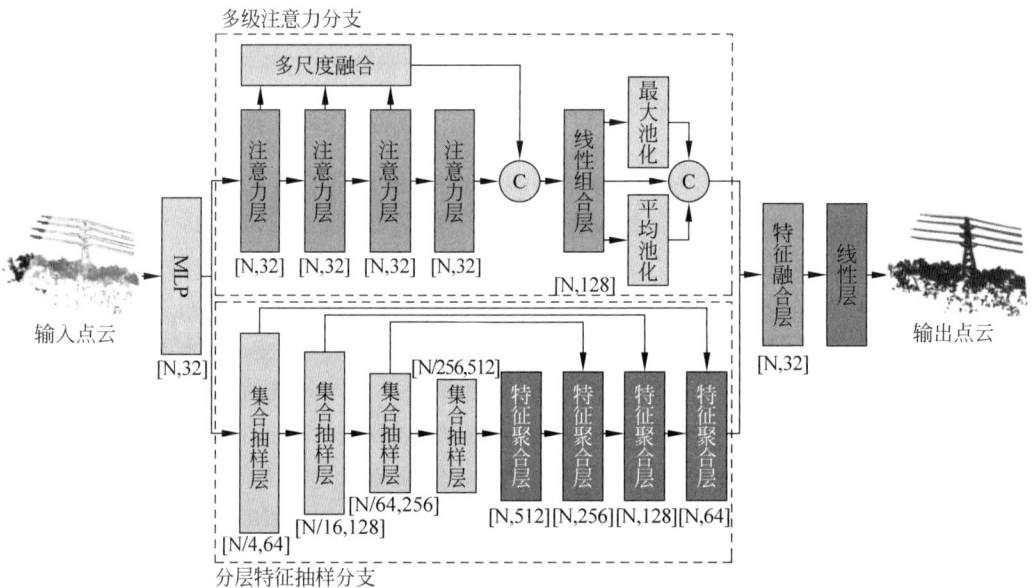

图 6.35　三维语义分割方法（双分支特征融合网络）

3）覆冰厚度检测

覆冰厚度的检测是通过拟合导线的中心线来实现的。常见的基于点云数据的导线半径计算方法包括：最外层平均距离法（OCAD）、上下边界距离法（ULBD）和最大包围圆法（MEC）。这些方法通过比较覆冰前后的导线半径差,能够准确计算出覆冰的厚度,从而评估导线的负荷情况。最终,结合预警标准,系统可以对覆冰厚度进行分类并发出预警信号,如蓝色、黄色、橙色和红色预警,确保电网的安全运行,如图 6.36 所示。

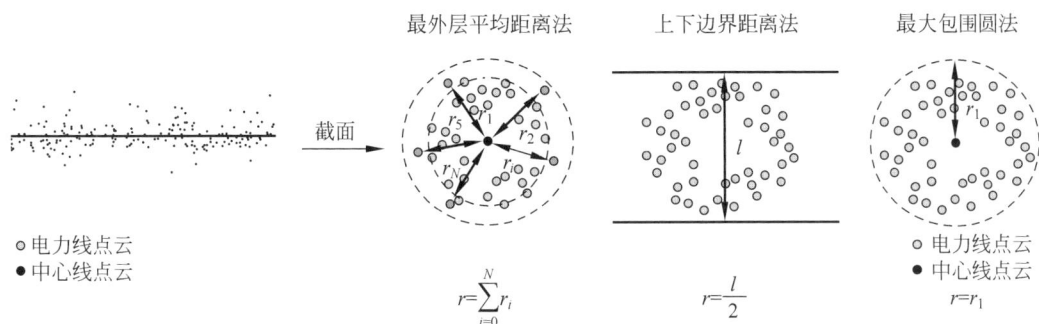

图 6.36　三种典型导线半径计算方法

基于点云数据的自动化方法为覆冰检测提供了更高的精度和效率。通过数据预处理、高精度的导线点云提取,以及多种导线半径计算方法,覆冰厚度的检测能够精准评估线路的安全状况,并结合预警标准进行风险预警。这一自动化方法显著提升了覆冰检测的精确性和可靠性,为电网的稳定运行提供了强有力的技术支持。

2. 电力杆塔倾斜检测方法

电力杆塔是输电网络的重要基础设施,其稳定性对电力系统的安全运行至关重要。长期暴露于自然环境中的杆塔可能会因外力影响而倾斜,威胁电网安全。因此,电力杆塔的倾斜检测是电力巡检中的重要内容。传统的人工检测方法存在效率低、安全性差等问题,随着无人机技术和 3D 视觉技术的进步,基于点云和图像数据的自动化检测成为首选。以下是典型电力杆塔倾斜检测的基本应用流程。

1) 数据预处理

首先,通过无人机搭载的 LiDAR(光探测和测距)和 RGB 摄像头获取电力杆塔的三维点云数据和二维图像数据。点云数据包含了杆塔的空间几何信息,而 RGB 图像则提供了丰富的颜色和纹理信息。由于大部分点云数据包含了地面、植被等无关信息,首先需要通过地面过滤算法去除靠近地面的无关点云。具体方法为将原始场景划分为 2m 的网格,并根据高程阈值剔除低于阈值的网格点,减少地面点的数量;为确保训练数据的丰富性和多样性,应用固定区域切片(Fixed Area Slicing,FAS)算法,扩展训练数据。该方法在保持杆塔点云完整性的同时,通过选择固定范围内的区域对点云进行切片,生成多个样本,增强模型的鲁棒性,如图 6.37 所示。

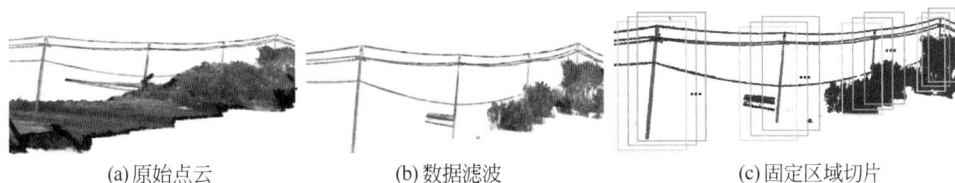

(a)原始点云　　　　　(b)数据滤波　　　　　(c)固定区域切片

图 6.37　杆塔倾斜数据预处理过程

2) 电力杆塔分割

在数据预处理完成后,使用多模态融合的语义分割网络对电力杆塔进行精准分割。如图 6.38 所示,该网络将 LiDAR 点云和 RGB 图像进行融合,以充分利用两种模态的数据优势,提高杆塔分割的精度。将点云数据和 RGB 图像进行对齐,通过融合颜色信息和空间信息,生成带有颜色信息的点云数据。这个过程能够更好地区分杆塔和背景(如植被、建筑物等)。使用多尺度聚合在不同的尺度上聚合局部点云信息,捕捉到点云数据的几何特征。在这个过程中,K 近邻(KNN)算法用于识别局部邻域,并提取局部区域的几何特征。此外,为了提升分割精度,引入注意力机制,在不同的维度上加权处理融合后的特征,从而更好地区分杆塔与其他相似结构(如电线或支撑物)。

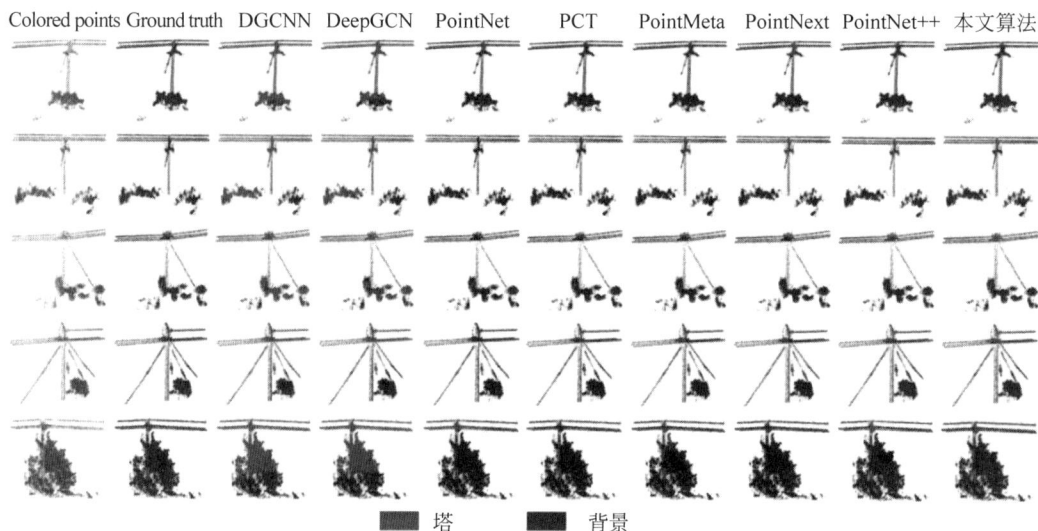

图 6.38 杆塔分割结果

3) 倾斜角度检测

在分割完成后,进入倾斜检测阶段。如图 6.39(a)和图 6.39(b)所示,此过程基于分割得到的杆塔点云,通过拟合杆塔的中心线,计算杆塔与地面法线的夹角,判断其是否倾斜;由于分割过程中可能存在异常点和离群点,需要通过算法剔除这些噪声点,确保点云数据的完整性和精确性;剔除异常点后,选取杆塔顶部和底部的点云,分别计算它们的质心,得到顶部质心和底部质心;通过连接这两个质心,拟合出杆塔的中心线;通过计算杆塔中心线与地面法线的夹角,得到杆塔的倾斜角度。具体计算公式为

$$\theta = \cos^{-1}\left(\frac{z_A - z_B}{\sqrt{(x_A - x_B)^2 + (y_A - y_B)^2 + (z_A - z_B)^2}}\right) \tag{6.28}$$

其中,z_A 和 z_B 分别为顶部和底部质心的高度,x_A、x_B、y_A 和 y_B 是质心的平面坐标。

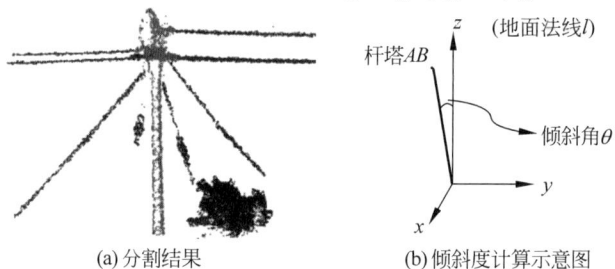

(a) 分割结果   (b) 倾斜度计算方示意图

图 6.39 电力杆塔倾斜度计算

6.6　本章小结

　　本章全面深入地探讨了工业机器视觉三维测量与检测技术,涵盖了多个重要方面,为读者呈现了该技术的丰富内涵与广泛应用价值。在工业机器视觉三维测量与检测简介部分,明确了其定义,对比了与二维测量的差异,展示了其在不同领域的广泛应用,并突出了高精度、高效率、非接触式测量以及自动化程度高等显著优势。此外,通过多个具体的应用案例,如机加工件流水线三维扫描自动检测系统、汽车漆面缺陷检测与磨抛修复系统、自动化 3D 检测系统在船舶外板曲面制造的革新应用以及电力场景应用等,进一步验证了工业三维视觉处理与检测技术在实际生产中的巨大价值和广阔前景。

　　在前述应用案例的基础上,进一步展望工业机器三维测量与检测技术在工业领域未来的发展方向。

　　1. 高精度、高速度测量

　　随着制造业向智能化、自动化方向发展,对三维测量系统的性能要求也越来越高。未来的三维视觉技术将致力于提高测量精度和测量速度,以满足日益复杂的工业检测需求。这需要从硬件和算法两个层面进行持续优化和创新,如开发高分辨率相机、高性能计算平台,以及研究更加高效的三维重建算法。

　　2. 智能化、自适应检测

　　随着机器学习技术的快速进步,三维视觉检测也将向智能化方向发展。通过训练深度学习模型,三维视觉系统能够自动识别复杂的缺陷类型,实现无人值守的全自动化质量检测。此外,还可以让系统根据生产环境的变化自主调整参数和检测策略,提高适应性和鲁棒性。

　　3. 多传感器融合

　　未来的工业机器三维测量与检测系统还将向多传感器融合的方向发展。除了常见的结构光、激光三角等技术,还可以集成其他传感器,如红外相机、超声波传感器等,从而全面感知工件的几何形状、材质属性、内部结构等信息。通过对这些异构数据的融合处理,可以实现更加智能、可靠的三维检测。

　　综上所述,随着技术的不断进步,工业机器三维测量与检测技术将在智能制造、数字孪生等领域发挥越来越重要的作用,助力制造业实现质量、效率和灵活性的全面提升。

6.7　思考与习题

　　1. 简述激光线扫法和结构光法的基本原理及区别。

　　2. 试推导相机到物体表面的三角测量公式,并说明各参数的物理意义。

　　3. 点云数据处理中,曲面重建和缺陷检测分别有哪些算法? 简要比较其优缺点。

　　4. 选择一种三维视觉技术,分析其在汽车制造或电子产品检测领域的典型应用。

　　5. 未来三维视觉技术的发展趋势有哪些? 试从硬件、算法和应用等方面进行展望。

第 **7** 章

工业视觉光谱图像处理

7.1 光谱成像技术基础

本章将探讨光谱成像技术的基础知识及其应用。光谱成像技术是一种融合了成像与光谱分析的先进技术,广泛用于工业检测、遥感、医学成像、农业监测等领域。接下来的章节中,首先介绍光谱成像的基本原理,深入探讨多光谱和高光谱图像的获取与表示方法,为理解更复杂的光谱分析技术打下坚实的基础。

7.1.1 光谱成像的基本原理

光谱图像处理是一种能够获取和分析物体全光谱信息的技术,广泛应用于工业检测等领域;与传统的彩色相机或黑白相机只能获取有限光谱信息不同,光谱成像可以记录从紫外到近红外的多个光谱波段。通过对不同波段的光谱数据进行分析,光谱图像处理能够更精确地识别物体的颜色、成分、结构等信息,显著提升了图像处理的能力和应用范围。在工业视觉检测中,光谱图像处理具有独特的优势;它不仅能够解决传统相机因波段限制而带来的颜色区分困难和对环境光照敏感的问题,还能够逐像素地分析物体的品质和内部结构。

具体而言,传统的单色或彩色相机在图像采集过程中,只能获取灰度图像或仅包含红、绿、蓝三个通道的彩色图像,导致丰富的光谱信息丢失,难以区分颜色接近的物体,也无法逐像素地分析待检产品的品质、结构和成分;此外,彩色相机的红、绿、蓝通道值容易受到邻近波段光强度变化的影响,使得彩色相机对环境光照变化非常敏感;环境光的强度、颜色和光谱特性都会极大地影响彩色相机的成像效果。因此,在实际视觉检测应用中,通常需要花费大量时间来设计专用光源和调整环境光照,从而导致视觉检测系统的安装周期长、适应性差,并且检测处理算法的鲁棒性较差。随着视觉成像系统硬件的不断发展,视觉检测算法软件也取得了巨大进步。目前已经开发出许多针对普通灰度图像或彩色图像的图像分析算法;然而,由于成像设备光谱通道数量有限,许多图像检测算法是基于普通相机采集的数据集进行开发和验证的,因此颜色信息受到限制,只能利用目标图像的空间几何信息进行检测。此外,市面上相机种类繁多,参数和光谱响应特性各不相同,导致相同算法可能不同相机和应用环境下得到的结果不一致。

为了克服这些问题挑战,多模态光谱工业图像技术应运而生。多模态光谱工业图像是通过综合利用多种光谱传感器获得的图像数据,从而提供更丰富、更准确的视觉信息,帮助人们更好地理解和分析工业过程、优化生产流程、提高产品质量以及实现智能化的工业应用。不同模态图像对比如图7.1所示。

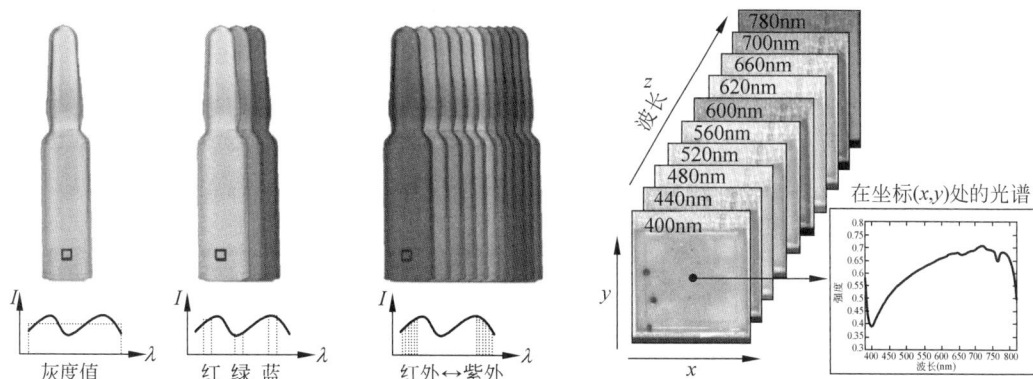

图7.1 不同模态图像对比

此外,相比于灰度或 RGB 图像,光谱图像具有以下特点。

获取多维度信息:通过利用多种不同物理原理或传感器获取数据,光谱图像能够提供更丰富、多维度的信息;融合不同模态的图像数据后,可以获取更全面、准确的视觉信息,有助于深入分析和理解待检测分析的物体信息。

增强图像处理能力:通过融合不同模态的信息,可以提高对目标的检测、识别、分割等任务的准确性和鲁棒性;相比传统的单模态图像处理,光谱图像的融合能够克服一些限制和挑战,提高图像处理算法和系统的性能。

有助于复杂精细检测分析任务:对多维度信息的需求较高场景,如在医药质量分析任务中,通过融合多光谱或红外图像,可以获取药品不同组分的光谱信息,从而准确识别和区分医药成分;光谱信息可以提供更全面、综合的数据支持,有助于解决复杂工业任务。

提高系统的鲁棒性和可靠性:通过融合多种信息源,可以减少单一模态图像中的噪声、干扰和误判,提高系统对于不同场景和条件的适应能力;这样的改进使得图像检测系统更加稳健,能够在复杂环境中更可靠地进行图像分析和处理。

总结而言,近年来高光谱图像处理技术已经在多个工业领域得到了广泛应用,展现出其独特的优势和潜力,特别是在质量控制、故障诊断和生产优化等方面。高光谱图像的核心特点在于其能够捕捉到物体在众多光谱波段上的细微差异,而不仅局限于可见光范围。这使得它在检测物体的材质、成分和化学特性时,远超传统的彩色或黑白图像。在制造业中,高光谱成像能够通过分析物体在多个光谱波段的反射特性,准确识别物体的形状、颜色和纹理,同时可以检测到肉眼难以察觉的材料成分差异,从而实现对产品质量的精确监测。更重要的是,它还能实时检测生产过程中潜在的故障或缺陷,例如材料的微小裂纹、杂质或污染物,帮助企业提高生产效率并降低成本。在医药行业,高光谱技术通过结合不同波段的数据进行深入分析,不仅能辅助药物研发,还能在生产过程中进行严格的质量控制。例如,通过红外光谱图像,可以分析药物的化学组成和均匀性,确保药品的质量和疗效。光谱图像的典型案例如图7.2所示。

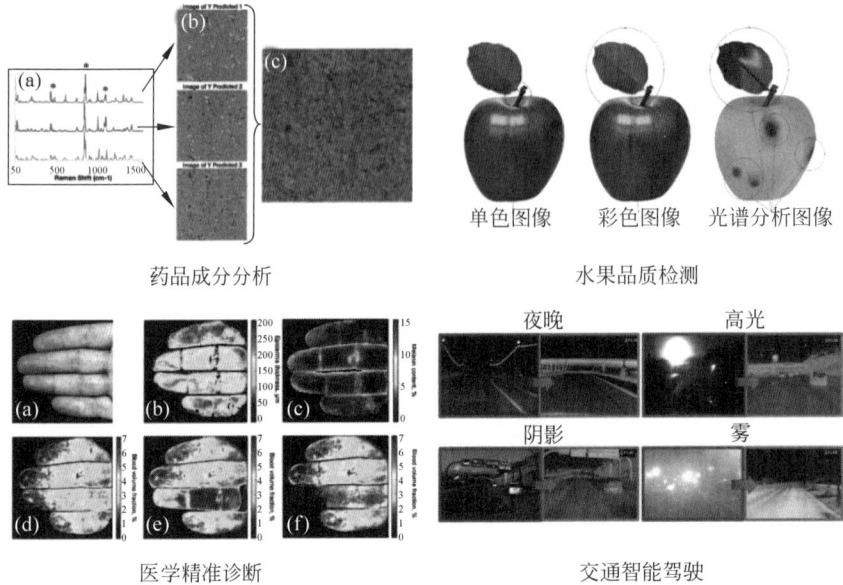

图 7.2　光谱工业图像应用案例

　　总之，光谱成像技术通过捕捉物体在多个光谱波段上的细微变化，克服了传统图像处理技术的不足，提供了更精确、更全面的检测和分析能力；这不仅提高了工业视觉检测系统的精度和鲁棒性，还增强了其在复杂检测任务中的适应性。随着多模态融合技术的发展，光谱成像将继续推动工业领域的创新，特别是在质量控制、故障诊断和生产优化方面，展现出巨大的应用潜力和发展前景。

7.1.2　多光谱图像的获取与表示

　　多光谱图像是通过捕捉物体在多个光谱波段的反射或吸收特性来获取的，能够提供比传统 RGB 图像更丰富的光谱信息。通过分析不同波段的图像数据，用户可以深入了解物体的材质、成分和结构特性。多光谱图像的广泛应用依赖于高效的获取方式，这些方式在不同的工业和科研领域中展现出巨大的潜力和价值。本节将介绍多光谱的获取方式，主要包括滤光阵列与计算成像式。

1. 多光谱图像介绍

　　多光谱工业图像具有不同波段的光谱信息，可以提供物体表面的不同特性和材料成分。本节首先简要介绍多光谱图像，包括波段范围、光谱分辨率和空间分辨率等，同时，介绍多光谱工业图像的获取及表达方式。

　　多光谱工业图像具有多个离散波长或波段的光谱信息，通常涉及获取 3～10 个离散波段的图像数据。这些波段通常被选择为特定的光谱范围，以便捕捉到目标物体的特定特征或反射光谱。多光谱图像的波段数量相对高光谱图像较少，但仍可以提供有关目标物体或场景的一些光谱信息，用于分类、检测和定量分析等应用；每个波段对应着特定的光谱特性，例如反射率、吸收率等，这些特征可以反映被观察对象的物理和化学特性。通过对多个波段的光谱信息进行分析和融合，可以更全面地描述和理解被观察样品的特征。多光谱工业图像通常具有较高的光谱分辨率，即能够分辨出更多的离散波长或波段；这意味着图像能够捕捉到更多细微的光谱变化,从而提供更详细的光谱信息。相对于传统的灰度图像或 RGB 图像,它提供了更丰富、更多维度的信息,以及多光谱图像具备波段涵盖范围广等特点。多光谱工业图像能够覆盖广泛的光谱范围,包括可见光、红外线和紫外线等不同波段。不同波段的光谱信息对于不同的物质和现象具有独特的敏感性。例如,红外光谱可以用于检测热点、表面温度分布和红外辐射等信息,而紫外光谱可以用于检测荧光和材料的化学反应。通过获取多个波段的光谱信息,多光谱工业图像能够提供更全面和综合的数据,有助于更准确地分析、识别和理解工业过程和现象。

2. 多光谱图像获取方式

光谱相机需要进行点扫描、线扫描或光谱扫描来获取高光谱数据,需要多次扫描才能获取完整的三维高光谱数据。这种成像方式牺牲了时间维度,限制了成像速度。在工业应用中,特别是在大型生产车间等场景中,需要快速检测大量的样品或产品。多光谱快照式相机通过多路复用技术,能够在单次采样中同时获取空间信息和光谱信息,避免了时间上的牺牲,实现了高速成像;这使得多光谱快照式相机能够满足工业应用中对快速检测的需求。多光谱相机能够同时获取多个离散波长或波段的光谱信息,现有多光谱相机可分为滤光阵列快照式相机与计算光谱成像快照式相机。

1) 滤光阵列快照式系统

滤光阵列快照式光学系统通常由以下几个关键组件组成,包括透镜、滤光阵列和光学传感器等部分。透镜用于聚焦光线,滤光阵列则通过选择特定的波长或波段来过滤光线。滤光阵列是一种特殊的光学元件,它由许多小尺寸滤光片组成,每个滤光片对应一个特定的波长或波段;这些滤光片按照一定的排列方式被放置在图像传感器前,每个通道都对应一个图像传感器的像素;通过滤光阵列分光,相机可以获取多个波长的图像数据。光学传感器则接收并转换光信号为电信号,常见的图像传感器类型包括电荷耦合器件(Charge-Coupled Device,CCD)和互补金属氧化物半导体(Complementary Metal-Oxide Semiconductor,CMOS)传感器。这些传感器能够对接收到的光进行电信号转换,并将其转换为数字图像数据,其特点与国内外主要生产场景对比如图 7.3 所示。

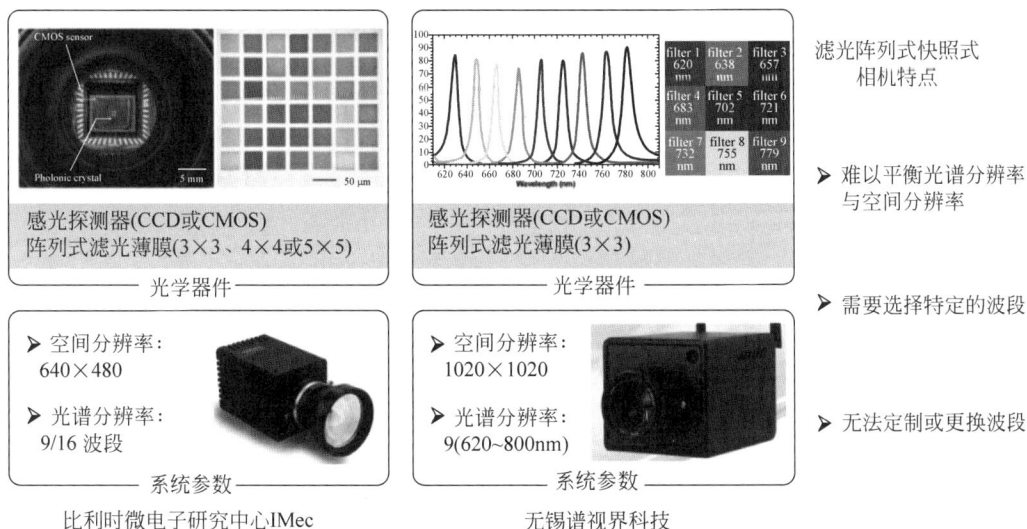

图 7.3　滤光阵列式快照式相机特点

尽管快照式光谱相机能在一次曝光时间内获取三维光谱图像,但滤光阵列快照式相机在获取图像时会出现马赛克效应,即由于滤光阵列的布局和采样方式,所采集的原始图像空间分辨率较低。为了还原多光谱图像中的细节并提高多光谱图像的分辨率,研究去马赛克算法具有重要意义。

在本节中,将重点介绍基于加权双线性插值的多光谱图像去马赛克方法(Weighted Bilinear Interpolation)、基于图和低秩正则化的多光谱图像去马赛克方法(Graph and Rank Regularized Matrix Recovery for Snapshot Spectral Image Demosaicing)、基于卷积神经网络的多光谱图像去马赛克方法(Mosaic Convolution-Attention Network for Demosaicing Multispectral Filter Array Images)三种具有代表性的工作。

(1)基于加权双线性插值的多光谱图像去马赛克方法。

首先,根据多光谱滤光阵列(Multispectral Filter Array,MSFA)是否存在主要光谱波段(即具有较高响应值的波段),可将 MSFA 和对应的去马赛克方法分为两类。

存在主要光谱波段的模式:MSFA 模式由多个光谱滤波器组成,其中一个波段的响应值明显高于其他波段。如图 7.4(a)所示 4×4 大小的 MSFA,其中包含 3 个主要波段(红色(Red)、绿色(Green)和蓝色(Blue)),以及 2 个其他波段(青色(Cyan)和洋红色(Magenta))。

不存在主要光谱波段的模式:MSFA 中没有一个波段具有明显高于其他波段的响应值比例,在所有波段上相对均匀分布。图 7.4(b)展示了一个由 16 个不同波段组成的 MSFA。例如,IMEC 多光谱相机的 MSFA 的光谱窄带中心波长位于 $\lambda_i = \{469, 480, 489, 499, 513, 524, 537, 551, 552, 566, 580, 590, 602, 613, 621, 633\}$nm。

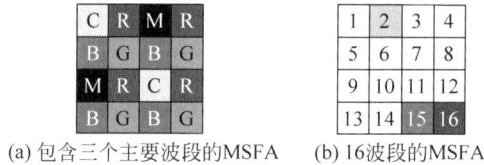

(a) 包含三个主要波段的MSFA   (b) 16波段的MSFA

图 7.4   常见的 MSFA 类别

根据多光谱的响应值 $T^i(\lambda)$,照明光源光谱分布 $E(\lambda)$,被拍摄物体光谱反射率 $R(\lambda)_p$,可以获得像素点 p 的光谱测量值

$$I_p^i = Q\left(\int_\Omega E(\lambda) \cdot R(\lambda)_p \cdot T^i(\lambda)d\lambda\right) \tag{7.1}$$

其中,Ω 为所选取的拍摄光谱范围。总结而言,通过 MSFA 后,所获取的测量值(Raw Image)为单通道的图像,如图 7.5 所示。

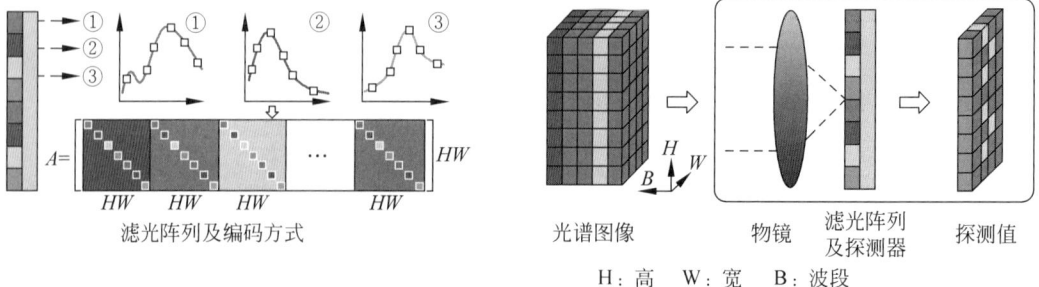

滤光阵列及编码方式   光谱图像   物镜   滤光阵列及探测器   探测值

H:高   W:宽   B:波段

图 7.5   基于滤光阵列式多光谱图像测量过程

最后，多光谱图像去马赛克方法旨在将 I_p^i 恢复成具有 K 个全分辨率的光谱图像 I。

$$\widehat{I_p} = (\widehat{I_p^1}, \cdots, \widehat{I_p^{k-1}}, \widehat{I_p^k}, \widehat{I_p^{k+1}}, \cdots, \widehat{I_p^K}) \tag{7.2}$$

基于加权双线性插值的多光谱图像去马赛克方法主要包括两个步骤。首先，对于每个光谱波段图像 $i = 1, 2, \cdots, K$，构建一个稀疏的包含 S^i 个像素的原始图像，其他位置为 0。用数学的形式，表示为

$$\widetilde{I}^l = I^{\mathrm{MSFA}} \odot m^i \tag{7.3}$$

其中，$\odot$ 表示哈达玛积，m^i 表示在像素点 p 处的二值的掩膜。

$$m_p^i = \begin{cases} 1, & p \in S^i \\ 0, & \text{其他} \end{cases} \tag{7.4}$$

随后，基于加权双线性插值方法通过构建 H 卷积算子对 I^i 图像进行插值

$$\widehat{I_{WB}^l} = \widetilde{I}^l * H \tag{7.5}$$

其中 $*$ 表示卷积操作。对于一个 4×4 的 MSFA 来说，H 可以被定义为一个服从高斯分布的 7×7 的卷积核。算法的具体过程如图 7.6 所示。

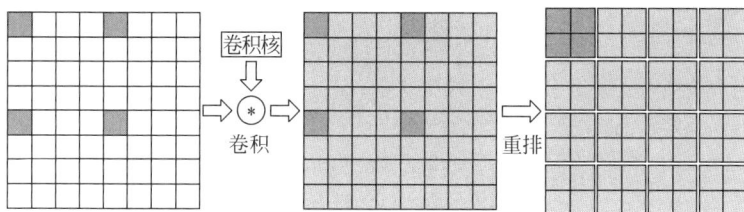

图 7.6 基于加权双线性插值光谱图像去马赛克方法

（2）基于图和低秩正则化的多光谱图像去马赛克方法。

基于图和低秩正则化的多光谱图像去马赛克方法将去马赛克问题建模为从测量图像 (Raw Image) 恢复光谱图像的问题。其图像恢复过程的关键步骤包括：根据成像系统，构建合适的采样矩阵（光谱测量矩阵）；利用光谱图像结构等信息，恢复缺失的光谱图像数据。在此工作中，作者将光谱图像定义为 M，然后定义 MSFA 采样矩阵为

$$\mathcal{A}(\boldsymbol{M}) = \left[\mathrm{vec}(\boldsymbol{A}_1), \mathrm{vec}(\boldsymbol{A}_2), \cdots, \mathrm{vec}(\boldsymbol{A}_k)\right]^{\mathrm{T}} \mathrm{vec}(\boldsymbol{M}) \tag{7.6}$$

其中，$\mathrm{vec}()$ 表示将矩阵转化为向量的操作。因此，测量值（Raw Image）可表示为：

$$y_k = \langle \boldsymbol{A}_k, \boldsymbol{M} \rangle = \mathrm{trace}(\boldsymbol{A}_k^{\mathrm{T}} M) = \sum_{i=1}^{m} \sum_{j=1}^{n} a_{i,j}^k m_{i,j} \tag{7.7}$$

在该论文中，作者讨论了几种不同的采样方法。

① 二值采样（Binary Sampling）

$$\mathcal{A}(\boldsymbol{M}) = \begin{cases} m_{i,j}, & (i,j) \in \Omega \\ 0, & \text{其他} \end{cases} \tag{7.8}$$

随机投影（Random Projections），即

$$\boldsymbol{A}_k[i,j] \sim \mathcal{N}\left(0, \frac{1}{m}\right) \tag{7.9}$$

② 光谱响应值采样(Spectral Filter Profile Sampling)

$$y_{i,k} = \sum_j c_{i,j} m_{i,j} \tag{7.10}$$

其中,$c_{i,j}$ 为校正后的光谱响应矩阵。通过构建优化问题,求解光谱图像

$$\min_X \mathcal{R}(\boldsymbol{X})$$

$$\text{subject to } \mathcal{A}(\boldsymbol{M}) = \mathcal{A}(\boldsymbol{X}) \tag{7.11}$$

其中,$\mathcal{R}(\boldsymbol{X})$ 为正则化项。基于图和低秩正则化的多光谱图像去马赛克方法考虑了光谱图像的图结构信息与低秩特征,最后构造的优化问题为

$$\min_{\boldsymbol{X}} \| \boldsymbol{X} \|_* + \| \mathcal{A}(\boldsymbol{X}) - \boldsymbol{y} \|_2^2 + \beta \mathrm{tr}(\boldsymbol{X}\boldsymbol{L}\boldsymbol{X}^\mathrm{T}) \tag{7.12}$$

其中,$\boldsymbol{y} = \mathcal{A}(\boldsymbol{M})$,该优化问题可由图 7.7 表示。此优化问题可通过场景的凸优化方法求解。

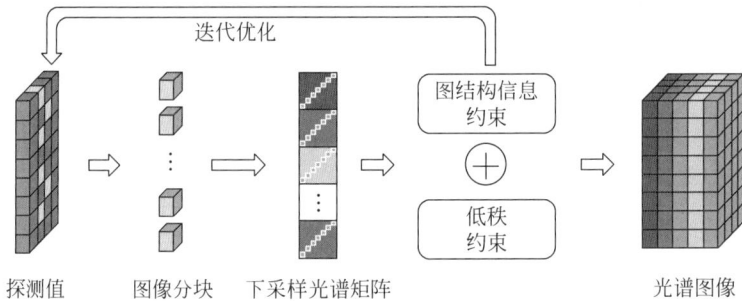

图 7.7　基于图和低秩正则化的多光谱图像去马赛克方法

(3) 基于卷积神经网络的多光谱图像去马赛克方法。

传统的多光谱图像去马赛克方法通常容易造成光谱失真或导致空间域中的边缘模糊。基于卷积神经网络的多光谱图像去马赛克方法可通过提取光谱图像的空间—光谱相关性,进一步提高图像恢复效果。常见的基于深度学习多光谱图像去马赛克方法包括硬排列(Hard Rearrangement-based)、软排列(Soft Rearrangement-based)、硬分割(Hard Splitting-based)或插值(Interpolation-based),来对输入的测量值进行去马赛克。硬排列直接将原始图像重新排列为多光谱图像,这是在 RGB 图像去马赛克方法中常见的技术,基于此方式的排列会降低光谱图像分辨率空间信息,从而增加了后续网络重建的难度;软排列使用标准的跨步卷积来学习对原始光谱马赛克图像进行排列,其性能通常会优于硬排列;硬分割方法直接从原始光谱图像中分割出不同的频带,并保留缺失的光谱信息,避免了上述问题,然而,标准卷积的稀疏输入会导致结果中的棋盘状伪影,并对网络的收敛性造成一些问题;插值的方法是对硬分割后的稀疏立方体进行插值,但会导致空间光谱混叠。以上方法的对比可见图 7.8。

基于卷积神经网络的多光谱图像去马赛克方法基于插值初始化的方式,提出了一种基于马赛克卷积注意力机制网络(Mosaic Convolution-Attention Network,MCAN)。其网络结构如图 7.9 所示。

MCAN 网络主要包括了两部分,即深层光谱特征提取和重建。首先,在输入深层光谱特征提取网络前,使用一个光谱马赛克卷积模块(Mosaic Convolution Module,MCM)对原始图像进行软分割初始化以获得特征图 $\boldsymbol{F}^{3S}$

$$\boldsymbol{F}^{3S} = H_{\mathrm{MCM}}(\boldsymbol{Y}) \tag{7.13}$$

(a) 基于硬排列的光谱重构方法

(b) 基于软排列的光谱重构方法

(c) 基于硬分割的光谱重构方法

(d) 基于插值的光谱重构方法

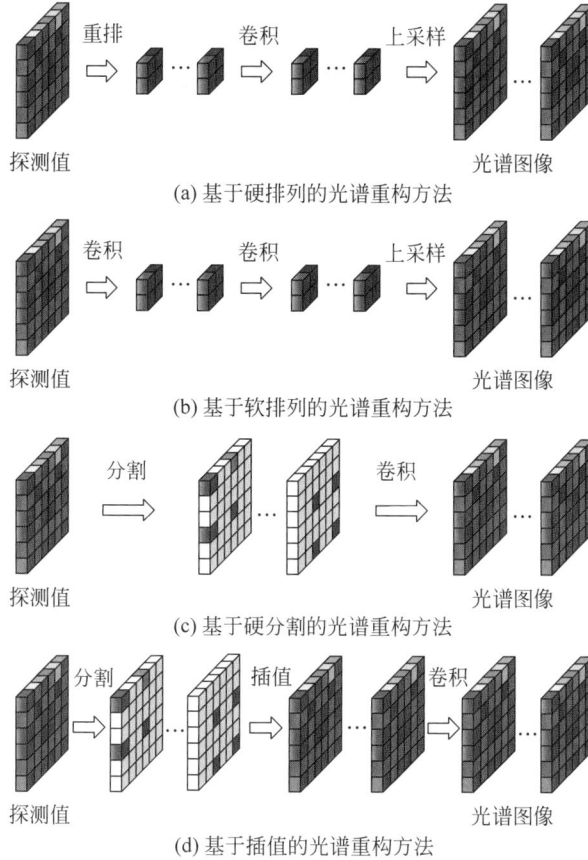

图 7.8　基于深度学习多光谱图像去马赛克方法对比

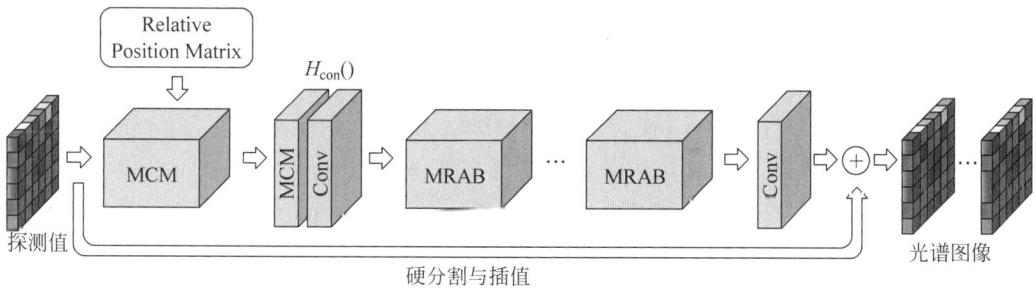

图 7.9　马赛克卷积注意力机制网络结构示意图

其中,$H_{\mathrm{MCM}}(\cdot)$表示光谱马赛克卷积(MCM)模块的操作。随后,将 $\boldsymbol{F}^{3S}$ 输入马赛克残差注意力模块机制(Mosaic Residual Attention Blocks,MRABs)以进行更深层的光谱特征提取。

$$F^{DS} = H_{\mathrm{MRABs}}(H_{\mathrm{con}}(\boldsymbol{F}^{3S})) \tag{7.14}$$

其中,$H_{\mathrm{con}}(\cdot)$表示第一个马赛克注意力机制模块和卷积层,主要用于转换 $\boldsymbol{F}^{3S}$ 中的通道数量,以便后续的 MRABs 处理;$H_{\mathrm{MRABs}}(\cdot)$表示多个堆叠的 MRABs。每个 MRAB 都包含两个标准卷积层,然后是一个具有跳跃连接的马赛克注意力机制模块(MCM),以利用特征之间的相互依赖。文章中所提出的 MRABs 具有较大的感受野,确保有效的特征提取。

光谱马赛克卷积模块（MCM）、马赛克注意力机制模块的结构可参考其论文。

最后，通过构建基于 L1 范数的损失函数训练所提出的网络参数

$$L(\boldsymbol{\theta}) = \frac{1}{N}\sum_{i=1}^{N} \parallel H_{\mathrm{MCAN}}(\boldsymbol{Y}^i) - \boldsymbol{X}^i \parallel_1 \tag{7.15}$$

2）计算光谱成像快照式系统

滤光阵列快照式光谱成像系统通常会受限于探测器的分辨率等因素，导致其拍摄的空间或光谱分辨率不高。而计算光谱成像快照式相机通过光学系统设计和计算成像算法的结合，能够在单个快照中同时获得多个波段的图像信息的同时，获取空间、光谱分辨率更高的光谱图像，其中，具有代表性的成像系统包括计算机断层成像光谱成像系统（Computed Tomography Imaging Spectrometry，CTIS）、编码孔径快照光谱成像系统（Coded Aperture Snapshot Spectral Imager，CASSI）等。CTIS 系统通过使用色散光学元件，如棱镜或衍射光栅，将入射光分离成不同的光谱成分，分散光通过系列透镜并聚焦到二维探测器阵列上，探测器阵列捕捉了场景的光谱信息和空间信息；CTIS 通过将光谱信息编码到空间域中并利用计算机断层成像技术，在单次曝光中同时捕获了所有光谱信息。CASSI 系统采用了编码孔径技术，其中特殊设计的编码孔径被放置在光路物中，光通过编码孔径后，通过棱镜或衍射光栅分光后进入探测器，探测器记录被编码和分光后的信息。CASSI 技术通常遵循"编码-解码"理念。高维光谱数据首先通过色散棱镜与二值编码孔径、彩色编码孔径、特定模式编码板或空间光调制器的协同作用进行调制。

CASSI 技术具有减少采集时间和改善空间和光谱分辨率的优势，非常适用于动态场景分析应用；然而，CASSI 技术主要问题在于复杂的解码算法，因为从不完整的测量中恢复完整的光谱图像是欠定的。研究人员通常依赖压缩感知理论来解决此欠定的成像问题，基本思想是利用光谱数据在特定变换域内的稀疏性或可压缩性。目前，针对解决该问题的方法可以根据重构原理的不同分为两大类：基于数学迭代和基于深度神经网络的方法。

基于数学迭代的方法旨在利用预定义的图像先验将重建过程转化为数学优化问题。其数学重建模型的目标函数可以通过加权高光谱先验相关的正则化项和成像观测方程相关的数据保真度项来公式化。通过采用不同的先验规则化反演模型，以实现光谱图像的重建。这种先验驱动的方法主要关注如何设计适当的先验来表示高光谱中的空间光谱相关性。具体来说，以上方法本质可以归纳为压缩感知，通过在线性系统中通过采样获取信号的稀疏形式。对于光谱图像 $x \in \mathbf{R}^n$，在压缩感知中，通过以下方程对信号进行线性采样

$$y = \boldsymbol{\Phi}x + \boldsymbol{N} \tag{7.16}$$

其中，测量矩阵 $\boldsymbol{\Phi} \in \mathbf{R}^{m \times n}$ 是一个 $m \times n$ 的矩阵，m 为线性测量值 y 的维度，n 为信号 x 的维度。噪声矢量 $\boldsymbol{N}$ 表示测量中的噪声。在传统范式下，通常以高于所测信号最高频率的 2 倍频率进行采样，此时 $m \geqslant n$。测量矩阵 $\boldsymbol{\Phi}$ 是非奇异矩阵，真实信号 x 有唯一解。而在压缩感知理论范式下，通常以低于奈奎斯特标准频率的频率进行采样，此时 $m \ll n$；这导致方程是欠定的，即方程的未知数大于方程的个数。在这种情况下，方程有无穷多个解。事实上，如果没有其他信号先验信息，就无法从这些测量中准确重构出真实信号 x。压缩感知依赖于信号的稀疏性或低复杂度，通过稀疏表示方法和优化算法来恢复信号；在压缩感知中，通过引入先验信息，例如信号的稀疏表示或低复杂度模型，可以实现对信号的准确重构。

压缩感知(Compressed Sensing,CS)的核心思想是,只要采样信号和测量矩阵满足一定条件,就可以通过仅采集代表真实信号 x 的 m 个压缩样本来重建真实信号 x 的 n 个样本。这个条件是采样信号的稀疏性或在某个变换域下的稀疏性,同时测量矩阵和稀疏基满足一定的性质。具体来说,如果信号在某个变换域下是稀疏的,即信号的表示能够用较少的非零系数进行表示,那么可以通过采集较少的样本来获取足够的信息以重建信号;此外,测量矩阵和稀疏基也需要满足一定条件。测量矩阵需要满足稳定性条件,即能够保持信号的信息,并且能够使稀疏信号在测量空间中保持稀疏性。基于压缩感知的光谱成像系统如图 7.10所示。

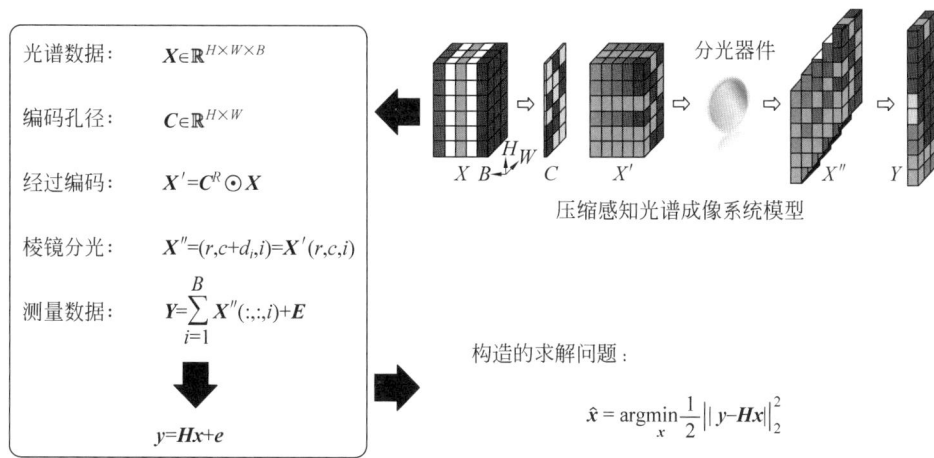

光谱数据: $X \in \mathbb{R}^{H \times W \times B}$

编码孔径: $C \in \mathbb{R}^{H \times W}$

经过编码: $X' = C^R \odot X$

棱镜分光: $X'' = (r, c+d_i, i) = X'(r, c, i)$

测量数据: $Y = \sum_{i=1}^{B} X''(:,:,i) + E$

$y = Hx + e$

分光器件

压缩感知光谱成像系统模型

构造的求解问题:

$$\hat{x} = \arg\min_{x} \frac{1}{2} \| y - Hx \|_2^2$$

图 7.10 压缩感知光谱成像基本原理

在忽略噪声的前提下,压缩感知范式可表示为

$$y = \Phi x = \Phi \Psi a = \Theta a \tag{7.17}$$

其中,

$$\Theta = \Phi \Psi \tag{7.18}$$

为传感矩阵。为了从上式所描述的欠定方程中恢复原始信号 x,需要找到与测量数据一致的非零元素最少的解;即利用稀疏特性,在解的空间上最小化 L0 范数重构原始信号。可用以下目标方程表示

$$\min \| x \|_0 \quad \text{s.t.} \quad y = \Phi x \tag{7.19}$$

最具稀疏性的解被认为是对原始信号的最佳估计。基于 L0 范数最小化的方法可以提供这样的解,即将信号表示为具有最少非零元素的稀疏向量;然而,L0 范数最小化问题本身存在一些挑战,包括求解困难和计算复杂度高的问题。为了克服这些问题,研究人员转而采用 L1 范数凸优化作为一种有效的替代方法。L1 范数是向量元素绝对值的和,在表示稀疏性方面具有许多类似的性质。事实上,在许多情况下,L1 范数最小化问题可以得到与L0 范数最小化相同或非常接近的解。为了将 L0 范数问题转化为可解的 L1 范数凸优化问题,一种常见的方法是引入 L1 范数作为惩罚项,加入目标函数中,构建一个等效的优化问题。通过求解这个等效的 L1 范数优化问题,我们可以得到信号的近似稀疏表示,从而实现信号的重建。因此,现在通常将信号重建问题转化为等效的 L1 范数凸优化问题

$$\min \| x \|_1 \quad \text{s.t.} \quad y = \Phi x \tag{7.20}$$

其中，$\| x \|_1$ 表示向量 x 的 L1 范数。通过求解这个等效的 L1 范数凸优化问题，可以获得信号的近似稀疏表示，从而实现信号的重建。通常将其转化为无约束的 LASSO 目标函数

$$\min \frac{1}{2} \| y - \boldsymbol{\Phi} x \|_2^2 + \tau \| x \|_1 \tag{7.21}$$

在压缩感知信号重构中，稀疏系数 τ 用于调整目标函数中不同项的权重比重。通过调节 τ 的值，可以控制信号重构的稀疏程度。当 τ 值较大时，解的稀疏性更强，即更多的系数趋向于零。目前，针对压缩感知信号重构问题，有多种数学模型和优化方法被应用。其中一些主要的方法包括贪婪追踪、凸松弛和迭代阈值收缩等算法。

（1）贪婪追踪算法。

贪婪追踪算法是一类常用的压缩感知信号重构方法。它包括匹配追踪算法、正交匹配追踪算法和压缩采样匹配追踪算法等。这些算法通过迭代的方式逐步选择与观测值最匹配的原子，逐渐接近全局最优解，并在每一次迭代中以贪婪的方式进行选择，直到达到设定的重构误差精度。

（2）凸松弛算法。

凸松弛算法是将信号重构中的 L0 范数问题转化为 L1 范数的凸优化问题的一种方法。它具有重建测量次数少的优势，但计算复杂度较高，时间成本较大。常见的凸优化算法包括投影梯度稀疏重构算法（Gradient Projection for Sparse Reconstruction，GPSR）和可分离近似稀疏重构算法（Separable Reconstruction Sparse Approximation，SpaRSA）。

（3）迭代阈值收缩算法。

迭代阈值收缩算法是一种解决线性问题的梯度类算法，与其他梯度类算法不同的是，它通过收缩阈值来更新测量值，在每一次迭代中进行。相比于凸松弛算法，迭代阈值收缩算法的求解速度更快，并且具有良好的收敛性和稳定性，因此在各种线性问题的求解中得到广泛应用。

除了上述提到的算法，还有基于字典学习的方法，如稀疏表示和稀疏编码，它们利用字典的稀疏性来实现信号的重构。这些方法通过学习一个字典，使得信号在字典上的稀疏表示能够准确地重构原始信号；这种方法在处理高维数据和信号压缩方面具有很好的效果。总体而言，压缩感知信号重构涉及多种数学模型和优化方法，不同的方法适用于不同的问题和应用场景，选择合适的方法可以提高信号重构的精度和效率。其次，近年来也有研究人员提出了各种先验，例如 Kittle 等通过引入 TV 先验，提出了两步迭代收缩/阈值法，从而有效重构了 CASSI 系统。Yuan 等提出了基于广义交替投影的压缩感知总变差最小化算法，并将其应用于 CASSI 系统，改善了重构性能。通过使用 TV 先验进行光谱图像重构可以有效地保留边界并恢复光滑区域。通过上述分析，基于压缩感知重构过程如图 7.11 所示。

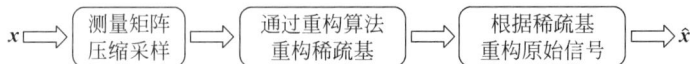

图 7.11 压缩重构求解流程

本章节将介绍基于广义交替投影的总变差最小化方法（Generalized Alternating Projection-Based Total Variation Minimization for Compressive Sensing，GAP-TV）与基于

低秩的快照压缩成像重构方法(Rank Minimization for Snapshot Compressive Imaging)这两项具有代表性的基于模型驱动的方法。

(1)基于广义交替投影的总变差最小化方法。

基于广义交替投影(Generalized Alternating Projection,GAP)的总变差(Total Variation,TV)最小化算法的中心思想是将 GAP 用于压缩感知(Compressive Sensing,CS)领域中 TV 最小化算法。

CS 中的 TV 最小化问题如下

$$\min \| TV(\boldsymbol{x}) \|, \quad \text{s.t.} \quad \boldsymbol{\Phi x} = \boldsymbol{y} \tag{7.22}$$

其中,$\| TV(\boldsymbol{x}) \|$ 表示 TV 范数,$\boldsymbol{\Phi}$ 为传感矩阵,x 为目标信号,y 为测量值。基于 GAP 公式,上式可以改写为

$$\min C, \quad \text{s.t.} \quad \| TV(\boldsymbol{x}) \| \leqslant C \quad \text{and} \; \boldsymbol{\Phi x} = \boldsymbol{y} \tag{7.23}$$

其中,C 是基于 TV 的 $L1$ 球半径。引入 $\boldsymbol{\theta}$,将上式看作一系列的交替投影问题

$$(x^{(t)}, \theta^{(t)}) = \arg \min_{\boldsymbol{x}, \boldsymbol{\theta}} \frac{1}{2} \| \boldsymbol{x} - \boldsymbol{\theta} \|_2$$

$$\text{s.t.} \| TV(\boldsymbol{\theta}) \| \leqslant C^{(t)} \text{ and } \boldsymbol{\Phi x} = \boldsymbol{y} \tag{7.24}$$

任意一个 $C^{(t)}$ 的问题等价于

$$(x^{(t)}, \theta^{(t)}) = \arg \min_{\boldsymbol{x}, \boldsymbol{\theta}} \frac{1}{2} \| \boldsymbol{x} - \boldsymbol{\theta} \|_2^2 + \lambda \| TV(\theta) \|$$

$$\text{s.t.} \quad \boldsymbol{\Phi x} = \boldsymbol{y} \tag{7.25}$$

其中,λ 为关于 C 的拉格朗日乘子,t 为迭代次数。由于 $\lambda \| TV(\theta) \|$ 与 x 无关,故上式可以分解 x 的子问题为

$$\min \frac{1}{2} \| \boldsymbol{x} - \boldsymbol{\theta} \|_2^2 \tag{7.26}$$

$$\text{s.t.} \quad \boldsymbol{\Phi x} = \boldsymbol{y}$$

根据拉格朗日函数,可得

$$L = \frac{1}{2} \| \boldsymbol{x} - \boldsymbol{\theta} \|_2^2 + u \| \boldsymbol{\Phi x} - \boldsymbol{y} \| \tag{7.27}$$

其中,u 为拉格朗日乘子。分别对 x 和 u 求偏导令其等于 0

$$\frac{\partial L}{\partial \boldsymbol{x}} = \boldsymbol{x} - \boldsymbol{\theta} + \boldsymbol{\Phi}^{\mathrm{T}} \boldsymbol{u} = 0$$

$$\frac{\partial L}{\partial \boldsymbol{u}} = \boldsymbol{\Phi x} - \boldsymbol{y} = 0 \tag{7.28}$$

联立两式,可得 x 的迭代式子

$$x^{(t)} = \boldsymbol{\theta}^{(t-1)} + \boldsymbol{\Phi}^{\mathrm{T}} (\boldsymbol{\Phi} \boldsymbol{\Phi}^{\mathrm{T}})^{-1} (\boldsymbol{y} - \boldsymbol{\Phi} \theta^{(t-1)}) \tag{7.29}$$

其中,$\boldsymbol{\Phi} \boldsymbol{\Phi}^{\mathrm{T}}$ 可逆且为对角矩阵,此时给定 θ 即可迭代 x。θ 的问题可以由迭代裁剪算法(Iterative Clipping Algorithm)求解

$$\theta^{(t)} = \boldsymbol{x}^{(t)} - \boldsymbol{D}^{\mathrm{T}} \boldsymbol{z}^{(t)}$$

$$z^{(t)} = \text{clip} \left(\boldsymbol{z}^{(t-1)} + \frac{1}{\alpha} \boldsymbol{D} \boldsymbol{\theta}^{(t-1)}, \frac{\lambda}{2} \right) \tag{7.30}$$

其中，$Z^{(0)}=0$ 且 $\alpha \geqslant \mathrm{maxeig}(DD^T)$，裁剪函数 clip( ) 定义如下

$$\mathrm{clip}(b,T) := \begin{cases} b, & |b| \leqslant T \\ T\,\mathrm{sign}(b), & \text{其他} \end{cases} \tag{7.31}$$

总的来说，迭代从 $\boldsymbol{Z}^{(0)}=0$ 开始，然后是 θ，最后更新 x。

（2）基于低秩的快照压缩成像重构方法。

基于低秩的快照压缩成像（SCI）重构方法主要将秩最小化方法引入快照压缩成像系统的正演模型中，建立了一个联合优化问题并提出了一种交替最小化算法来求解该联合模型。

首先，为获取低秩图像结构，作者将所有光谱图像（或视频帧）分为 N 个大小为 $\sqrt{d} \times \sqrt{d}$ 的块，再从每个块的 $L \times L \times H$ 大小的周围像素中选取与其相似的 M 个相似的块组成集合，其中 $L \times L$ 表示空间上的窗口大小，H 表示时间上的窗口大小。S_i 中的这些补丁被堆叠成矩阵 $\boldsymbol{Z}_i$

$$\boldsymbol{Z}_i = [\boldsymbol{z}_{i,1}, \boldsymbol{z}_{i,2}, \cdots, \boldsymbol{z}_{i,M}] \tag{7.32}$$

由结构相似的块组成的矩阵 $\boldsymbol{Z}_i$ 因此称为群，其中 $\{\boldsymbol{z}_{i,j}\}_{j=1}^{M}$ 表示第 i 个群中的第 j 个块。由于每个数据矩阵中的所有块都具有相似的结构，因此构造的数据矩阵 $\boldsymbol{Z}_i$ 是低秩的。

低秩方法改进：在核范数最小化（Nuclear Norm Minimization，NNM）的基础上提出加权核范数最小化（Weighted Nuclear Norm Minimization，WNNM）

$$\| \boldsymbol{Z}_i \|_{w,*} = \sum_{j=1}^{\min\{d,M\}} w_j \sigma_j \tag{7.33}$$

其中，W 为 $\{w_1, \cdots, w_{\min(d,M)}\}$，$w_j \geqslant 0$ 且为赋予 σ_j 的权重，σ_j 是 $\boldsymbol{Z}_i$ 的第 j 个奇异值。将 WNNM 作为约束加入 SCI 优化问题中

$$\hat{x} = \underset{\boldsymbol{x}}{\mathrm{argmin}}\, \frac{1}{2} \| \boldsymbol{y} - \boldsymbol{\Phi x} \|_2^2 + \lambda \sum_i \| \boldsymbol{Z}_i \|_{w,*} \tag{7.34}$$

其中，x 为目标信号，y 为测量值，$\boldsymbol{\Phi}$ 为传感矩阵。在 ADMM 的框架下，引入 θ 作为辅助变量

$$\hat{x} = \underset{\boldsymbol{x}}{\mathrm{argmin}}\, \frac{1}{2} \| \boldsymbol{y} - \boldsymbol{\Phi \theta} \|_2^2 + \lambda \sum_i \| \boldsymbol{Z}_i \|_{w,*}, \quad \text{s. t. } \boldsymbol{x} = \boldsymbol{\theta} \tag{7.35}$$

其中，$\{\boldsymbol{Z}_i\}_{i=1}^{N}$ 由 x 构造。可将上式转化为 3 个子问题

$$\theta^{(t+1)} = \underset{\theta}{\mathrm{argmin}}\, \frac{1}{2} \| \boldsymbol{y} - \boldsymbol{\Phi \theta} \|_2^2 + \frac{\gamma}{2} \| \boldsymbol{\theta} - \boldsymbol{x}^{(t)} - \boldsymbol{b}^{(t)} \|_2^2$$

$$x^{(t+1)} = \underset{x}{\mathrm{argmin}}\, \lambda \sum_i \| \boldsymbol{Z}_i \|_{w,*} + \frac{\gamma}{2} \| \boldsymbol{\theta}^{(t+1)} - \boldsymbol{x} - \boldsymbol{b}^{(t)} \|_2^2$$

$$b^{(t+1)} = b^{(t)} - (\theta^{(t+1)} - x^{(t+1)}) \tag{7.36}$$

其中，b 为引入的迭代变量，γ 为引入的拉格朗日乘子。给定 $\boldsymbol{x}, \boldsymbol{b}, \boldsymbol{\Phi}, \boldsymbol{y}$，通过对 θ 子问题求偏导，并使用矩阵反演公式简化计算，可求得 θ 的可迭代公式

$$\boldsymbol{\theta} = (\boldsymbol{x} + \boldsymbol{b}) + \boldsymbol{\Phi}^T \left[\frac{\boldsymbol{y}_1 - [\boldsymbol{\Phi}(\boldsymbol{x} + \boldsymbol{b})]_1}{\gamma + \psi_1}, \cdots, \frac{\boldsymbol{y}_n - [\boldsymbol{\Phi}(\boldsymbol{x} + \boldsymbol{b})]_n}{\gamma + \psi_n} \right]^T \tag{7.37}$$

其中，$\psi_i = \sum_{k=1}^{B} c_{k,i}$，$c_k = \mathrm{vec}(C_k)$，$C_k$ 为掩码，B 为光谱波段数，n 为测量次数。令 $q = \theta -$

b,x 的子问题可以视为 WNNM 去噪问题

$$\hat{x} = \arg\min_x \lambda \sum_i \| \boldsymbol{Z}_i \|_{w,*} + \frac{\gamma}{2} \| \boldsymbol{q} - \boldsymbol{x} \|_2^2 \tag{7.38}$$

设 R_i 是由与 $\boldsymbol{Z}_i$ 对应的 q 构造的第 i 个块组,令 q 为有噪声版本的 x,即 $q = x + e$,其中 e 表示零均值高斯白噪声,并且 $e_i \sim \mathcal{N}(0, \sigma_n^2)$。可以从重建 Z_i 来恢复 x,根据大数定理,则 $\boldsymbol{Z}_i$ 可以依靠下式求解

$$\hat{\boldsymbol{Z}}_i = \arg\min_{\boldsymbol{Z}_i} \frac{1}{2} \| \boldsymbol{R}_i - \boldsymbol{Z}_i \|_F^2 + \frac{\lambda}{\gamma} \| \boldsymbol{Z}_i \|_{w,*} \tag{7.39}$$

其中,$\sigma_n^2 = \lambda / \gamma$,$R_i = Z_i + E_i$,$E_i \sim \mathcal{N}(0, \sigma_n^2 I)$。根据 $R_i = U\Sigma V^{\mathrm{T}}$ 奇异值分解

$$\hat{\boldsymbol{Z}}_i = U\mathcal{D}_w(\Sigma)V^{\mathrm{T}} \tag{7.40}$$

由于 $\boldsymbol{R}_i$ 是 $\boldsymbol{Z}_i$ 的稀疏结构,所以 $\boldsymbol{Z}_i$ 的奇异值矩阵应由 $\boldsymbol{R}_i$ 的奇异值矩阵进行权重选择得到,取奇异值较大的行

$$\mathcal{D}_w(\Sigma)_{j,j} = \max\{\Sigma_{j,j} - w_j, 0\} \tag{7.41}$$

在去噪的应用中,奇异值越大,权重应该收缩得越小

$$w_j = \frac{c\sqrt{M}}{\sigma_j(Z_i) + \epsilon} \tag{7.42}$$

其中,$c > 0$,$\epsilon > 0$ 是常数,M 是 $\boldsymbol{Z}_i$ 中的补丁数量。由于 x 和 $\sigma_j(\boldsymbol{Z}_i)$ 不可直接得到,所以估计

$$\hat{\sigma}_j(\boldsymbol{Z}_i) = \sqrt{\max\{\sigma_j^2(\boldsymbol{R}_i) - M\sigma_n^2, 0\}} \tag{7.43}$$

其中 σ_n^2 在每次迭代中被更新。

(3) 基于深度神经网络的快照式光谱重建方法。

上述工作所选择先验都是手动选择的,难以描述真实场景中的复杂光谱特征,从而影响了重建质量;此外,基于数学的方法需要多次优化迭代,重建过程会消耗大量时间。为了克服这些问题,近年来,基于深度神经网络的方法逐渐受到关注。通过深度神经网络,可以从大量数据中学习复杂的光谱特征,并实现高质量的重建,同时减少了重建过程中的计算时间。基于深度神经网络的方法为高光谱图像重建提供了新的可能性,并具有广阔的发展前景。

研究人员利用深度网络的监督学习方法,将快照测量映射到原始光谱图像,从而实现端到端的重建过程,显著减少了重建时间。例如,Xiong 等提出了基于卷积神经网络的光谱欠采样重构算法(CNN Based Hyperspectral Image Recovery, HSCNN)。该算法流程如图 7.12 所示,将上采样与神经网络相结合,通过在光谱维度上应用基于总变分先验的压缩感知迭代算法来进行上采样,并通过大量的上采样数据和真实高光谱图像进行端到端的映射学习,提高了重建的准确性。

Gedalin 等提出了一种基于 DNN 的重建网络 DeepCubeNet。该网络结构由两部分组成:第一部分是近似解算器,采用伪逆投影作为网络的一部分,有效防止过度拟合,并引入物理测量系统的先验知识,此外,通过增加知识,可以减少网络参数的数量,降低网络的复杂性。第二部分是 U-net 架构,将 2D 卷积替换为 3D 卷积;使用 3D 卷积可以捕获 HSI 图像的 3D 上下文,并导致更好的泛化性能。该研究还提出使用空间下采样立方体来训练网络,以节省训练时间和存储空间,并为每个训练补丁引入更高的可变性。2020 年,Meng 等

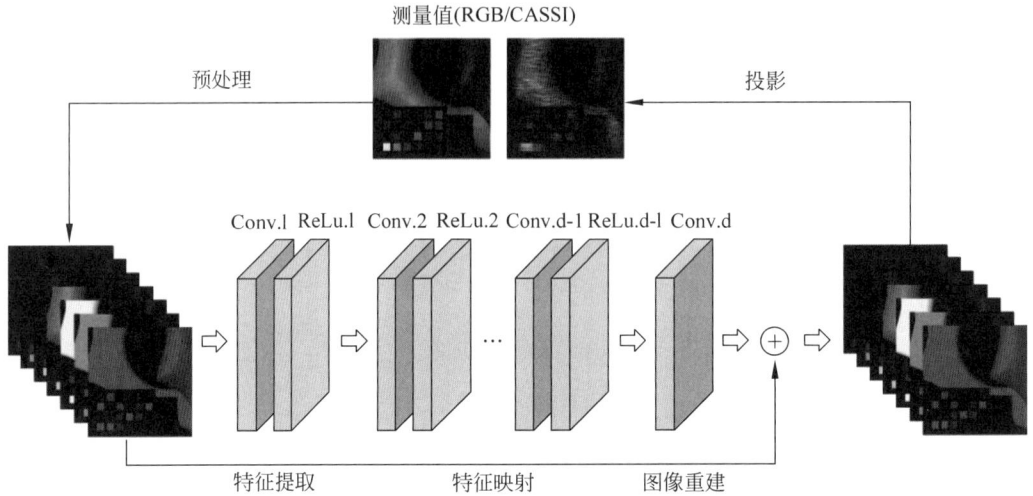

图 7.12　基于深度学习的光谱图像重构算法流程

提出了一种名为 TSA-Net 的深度卷积网络,用于为低成本的 SD-CASSI 系统提供高质量的重建。为了联合捕获高光谱图像中不同维度的自关注,使用 Self-attention 来执行实时重建,并在 TSA-Net 的编码器-解码器网络中使用 TSA 来重建所需的 3D 立方体;同时,TSA-Net 还研究了噪声对结果的影响,并在模型训练中添加了散粒噪声,显著提高了对真实数据的重建结果。

此外,研究人员将深度网络结合传统的优化方法,开发了基于深度即插即用先验的光谱快照压缩成像方法。深度即插即用先验方法是指使用基于深度学习的去噪器作为光谱快照压缩成像(SCI)的正则化先验,因为去噪器可以作为重建过程的简单插件,所以被称为即插即用(PnP)方法。此外,单个预训练去噪器可以应用于具有不同设置的不同系统,所以算法具有很高的灵活性,可以在不同的实际应用中使用;此方法主要针对光谱 SCI,用预训练的 HSI 去噪网络作为深度光谱先验。具体而言,深度光谱去噪先验用来解决 ADMM 算法中的 Z 子问题。深度光谱去噪先验可以采用不同的深度去噪网络实现,例如在研究工作中,深度去噪方法采用自监督学习方式去噪。

总之,多光谱图像的获取方式多种多样,各有其优势和适用场景。从滤光阵列技术到计算光谱成像,每种技术都为特定应用场景提供了相应的解决方案;合理选择获取方式并结合多波段数据进行分析,能够显著提升系统的图像处理能力,推动各行业检测与分析的精度和效率提升。

7.1.3　高光谱图像的获取与表示

高光谱图像是能够捕捉物体在细分光谱波段上反射或吸收特性的成像技术,提供比多光谱图像更高的光谱分辨率;每个像素包含丰富的光谱信息,使得高光谱成像能够更深入地分析物体的物理和化学性质。这种技术在多个领域展现出强大的应用潜力,可为复杂的检测任务提供更为精确和全面的解决方案。本节将主要介绍高光谱图像的特点与主要成像方式。

1. 高光谱图像介绍

相比多光谱工业图像,高光谱工业图像则涉及获取更多连续波段的图像数据(通常在几十至数百个)。这些波段通常在整个可见光和近红外光谱范围内连续采样。高光谱图像的波段数量更多,可以提供更为详细和精确的光谱信息,用于物体材料的精细分类、光谱分析、异常检测等应用。高光谱工业图像具有以下特点。①更高的光谱分辨率:高光谱工业图像能够提供比多光谱图像更高的光谱分辨率。它可以分辨出更多的离散波长或波段,通常包括数十到数百个波段;这使得高光谱图像可以提供更加详细和准确的光谱信息,对于物体的分析和分类具有更高的精度和敏感性。②更丰富的光谱特征:高光谱工业图像能够提供更多维度的光谱特征。每个像素点记录了不同波长下的光谱反射率或吸收率等信息,从而能够更全面地描述被观察对象的特性;相比之下,多光谱图像只提供离散波长或波段的信息,无法提供同样丰富的光谱特征。③更广泛的光谱范围:高光谱工业图像能够覆盖更广泛的光谱范围,包括可见光、红外线和紫外线等不同波段。它可以获取更多波段的光谱信息,从而具有更广泛的应用领域;多光谱图像通常只涵盖有限的波段范围。④更大的数据量和复杂性:由于高光谱工业图像包含更多的波段和像素信息,因此数据量通常更大。处理和分析高光谱图像需要更高的计算资源和算法复杂性;同时,高光谱数据的解释和分析也更加复杂,需要综合考虑多个波段之间的相互作用和特征提取方法。综上所述,高光谱工业图像相比于多光谱工业图像具有更高的光谱分辨率、更丰富的光谱特征、更广泛的光谱范围,同时也带来了更大的数据量和复杂性。这使得高光谱工业图像在物体分析、识别和分类等任务中具有更高的准确性和应用潜力。需要注意的是,多光谱和高光谱的具体定义在不同的领域和应用中可能有所不同,有时两者之间的界限可能不太清晰。一般而言,多光谱通常指的是波段数量相对较少的光谱图像获取方法,而高光谱则指的是波段数量较多的光谱图像获取方法。具体使用时,可以根据实际需求和应用场景选择合适的光谱图像获取方式。

高光谱成像技术是在 20 世纪 90 年代后迅速发展起来的新兴技术。最初,它主要应用于航空航天和遥感领域。随着时间的推移,高光谱成像技术逐步扩展到医学、食品、环境检测等领域;在这一过程中,分光技术和扫描方式不断发生变革,高光谱成像设备正在向小型化、精密化和高性能发展。世界上第一台成像光谱仪可以追溯到 1972 年的 Landsat 1,最初名为 ERTS1,由 Goctz 等设计完成。尽管该仪器只有 4 个光谱带,但提供的信息已经超出了人眼的视觉范围。随后,在 1979 年投入应用的混合焦平面阵列高光谱相机成为第一台机载成像光谱仪(Airborne Imaging Spectrometer,AIS),使用光栅分光并通过 CCD 直接成像,仅包含 32×32 个像素,光谱采样范围为 $0.9 \sim 2.4 \mu m$,采样间隔为 9.6nm;当时,该技术在矿产勘探、林业资源探测等领域得到了应用。然而,由于当时 CCD 技术的限制,它获取的高光谱图像质量较差,信噪比很低。AVIRIS 是第二代高光谱成像仪器,它是 AIS 的传承者,由 NASA/JPL 开发并在各种飞机上运行,用于探测地球表面和大气中透射、反射和散射的太阳能光谱;AVIRIS 采用模块化结构,由 6 个光学子系统和 5 个电气子系统组成,光学子系统通过光纤耦合在一起。该仪器采用光栅分光和摆扫式扫描方式,光谱范围为 $360 \sim 2500nm$,共有 224 条通道。AVIRIS 可以从飞机上以 20km 的高度获取图像,像素大小为 20m,也可以从低空飞机上以 14m 的空间分辨率获取图像。

随着遥感高光谱相机的发展,小型高光谱成像系统的研究同样引起了国内外研究人员的极大兴趣。在遥感高光谱相机成像技术的基础上,许多研究人员提出了多种适用于工业视觉检测的小型快照式高光谱相机设计方案,促进了高光谱视觉检测技术在食品、医学、生物安全等自动化检测领域的应用。针对小型高光谱相机的设计和光谱分光理论的研究已成为当前的研究热点。例如,威斯康星大学麦迪逊分校的 Zong Fu 等提出的基于压缩感知的纳米光子结构光谱分析方法;Shaowei Wang 等提出的采用集成滤波器阵列的高分辨率微型光谱仪原理;Bao 和 Bawendi 提出了一种基于随机谱滤波器的微型快照式高分辨率光谱仪,该装置由一组胶状量子点(Colloidal Quantum Dots,CQDs)吸收滤光片和一个光检测器组成,它采用波长多路复用原理,通过一组滤波器和一组检测器同时对多个光谱波段进行编码和检测,不需要引入时间或空间间隔分别测量光谱。该装置利用具有不同光谱吸收特征的胶体量子点组成的二维阵列实现光学滤波,通过一次测量滤波后的光强度来计算出输入光谱,具有很高的光谱采样效率;由 195 个 CQD 滤光片和 CCD 阵列检测器组成,尺寸仅与硬币大小相当;通过对输入光谱峰值位置的测量实验,证明了由不同光谱吸收特征的量子点构成的显微光谱仪可以可靠工作。该装置覆盖了 300nm 的光谱范围,采用了一系列具有不同光谱吸收特征的胶体量子点组成的二维阵列实现光学滤波,并利用最小二乘线性回归算法估算原始光谱。这种方法将高光谱相机的尺寸、重量、成本和复杂性降到最低,为便携式高光谱相机的研制奠定了理论基础。

2. 高光谱图像获取方式

高光谱成像技术在工业图像场景中的发展经历了从点单元扫描,到线阵扫描、光谱阵列扫描的技术历程。这些技术在工业图像场景中有不同的应用和特点。①点单元扫描技术。点单元扫描技术是高光谱成像技术的早期形式,在工业图像场景中仍然具有一定的应用。它通过使用分光器件(如棱镜、光栅等)与线性探测器相结合,能够瞬间测量目标中的一点光谱信息(λ);通过机械运动控制,对空间中每个位置进行扫描(x,y),从而实现对工业样品的高空间和光谱分辨率成像。点单元扫描技术的优点是具有较高的信噪比和光谱响应范围广,但成像速度较慢,空间分辨率相对较低,不适用于动态场景。②线阵扫描技术。也称为推扫式高光谱成像,适用于流水线式工业场景。该技术一次可以测量目标场景中一条线上的所有点的光谱信息(λ),然后在 x 方向进行空间扫描;线阵扫描技术利用线聚焦透镜、分光仪和二维 CCD 探测器对反射光进行成像。相比于点单元扫描技术,线阵扫描技术具有更快的数据采集速度,适用于工业场景中对大面积样品的高光谱成像;然而,由于使用狭缝代替针孔,线阵扫描技术的空间分辨率和对比度相对较低,并且成像时间较长。③光谱阵列式高光谱成像技术。光谱阵列式高光谱成像技术在工业图像场景中也有应用。这种技术无须进行空间扫描,具有体积小、空间信息无损失、成像速度快的优点。光谱阵列式高光谱成像技术利用可调谐滤波器光谱仪,如声光可调谐滤波器和液晶可调谐滤波器,对二维图像进行窄带滤波;光谱阵列式高光谱成像技术的光谱范围通常集中在可见光和近红外波段,光谱分辨率相对较低。以上高光谱成像技术与上文所提高的快照式多光谱成像技术对比如图 7.13 所示。

综上所述,不同的高光谱成像技术在工业图像场景中具有各自的优缺点。选择适合特定应用需求的成像技术可以提高数据采集效率和成像质量,进而满足工业图像分析和监测的需求。

随着不同的高光谱成像技术的不断发展与进步,小型高光谱相机逐渐从实验室推广应用到实际工业领域。在这个领域,国内外的相关公司纷纷推出了一系列商业化的小型高光谱成像装置,满足了不同行业的需求。目前,市场上涌现了约 20 家主要的高光谱相机品牌;

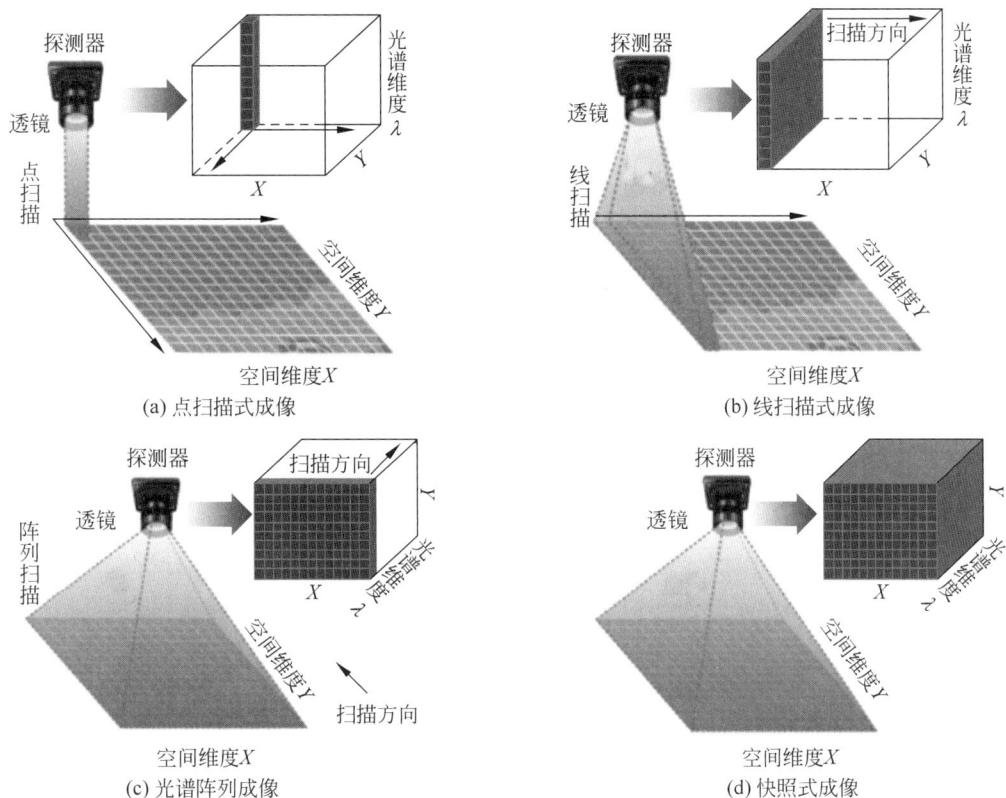

图 7.13　高光谱成像技术及与多光谱快照式成像对比

这些生产厂商主要分布在北美、欧洲和亚洲，如美国的 Headwall 和 BaySpec，德国的 Cubert，芬兰的 Specim 等；国内也有一些公司如 ZOLIX、双利合谱和欧普特等专注于高光谱成像技术的研发和生产。图 7.14 展示了一些主流的小型高光谱相机，其中包括一些具有代表性的产品。例如，Headwall Photonics 公司开发的光谱检测仪能够满足部分食品、医药等自动化质量检测的需求；北京卓立汉光有限公司推出的高光谱成像检测产品"盖亚"显微高光谱成像系统 Gaia Microscope 则可广泛应用于医药检测、食品检测、农产品检测、水果检测、肉类检测等领域。这些小型高光谱相机的问世为各行业的质量控制、材料分析、产品检测等提供了有效的工具和解决方案。随着技术的不断突破和市场需求的增长，预计小型高光谱成像装置将继续得到广泛应用，并在未来取得更多的创新与发展。

目前市场上的小型高光谱仪器主要以扫描型和凝视型为主，但在工业生产应用中，对系统体积、成本、响应速度和抗干扰能力的要求非常高。因此，市场上迫切需要一种成像速度快、体积小且成本低的快照式高光谱检测仪器，但在这方面的研究仍然缺乏突破性进展。扫描式高光谱相机具有较高的分辨率，但图像采集速度较慢，而目前的快照式相机普遍存在空间分辨率和光谱分辨率偏低的问题。因此，如何找到一个平衡的解决方案成为当前研究的重点。适用于工业应用的小型快照式高光谱视觉检测系统的研究面临以下难点。

① 相机体积受限，光路较短，导致难以分离相近波长的光，从而限制了光谱和空间扫描分辨率的提高；

② 高光谱图像数据量大，信息处理和传输时间长，难以实现高速连续拍摄；

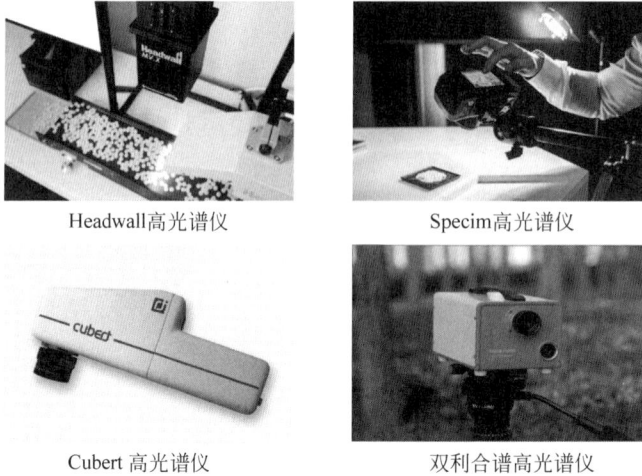

Headwall高光谱仪

Specim高光谱仪

Cubert 高光谱仪

双利合谱高光谱仪

图 7.14　市面上常见的小型高光谱相机

③ 高光谱图像存在光谱通道多、噪声干扰多的问题，使得实时处理和分析变得困难。

尽管许多实验室、研究机构和商业公司已经在高光谱成像仪器和高光谱图像分析方法方面进行了大量的研究工作，但针对具体工业应用场景设计相应的高光谱图像分类识别算法、建立光谱特征数据库，并将高光谱成像硬件和检测算法进行集成，以设计出适用于具体应用的高光谱视觉检测系统，仍然存在许多系统性难题。因此，需要进一步研究和探索解决上述问题的创新方法和技术，以推动小型快照式高光谱检测仪器的发展，并促进其在工业应用中的广泛应用。这将需要跨学科的合作，包括光学、光谱学、图像处理和机器学习等领域的研究人员共同努力，以克服当前面临的挑战并实现高光谱视觉检测系统的进一步突破。

总体而言，高光谱图像的获取方式多样化，不同技术为不同应用场景提供了定制化的解决方案。无论是推扫式成像技术的高光谱精度，还是凝视成像技术的成像能力，各种方法都帮助高光谱成像技术在各个领域中发挥其强大的分析能力。随着技术的不断发展，高光谱图像将在工业和科研领域展现出更广阔的应用前景。

本节介绍了光谱成像的基本原理，并对多光谱和高光谱图像进行了详细的介绍。首先，解释了光谱成像的基本概念，强调其通过捕捉物体在不同波段的光谱信息来实现精细成像的能力。接着介绍了多光谱图像，讨论了其在特定波段捕捉有限数量的光谱带，并通过具体实例说明了其应用场景。

在多光谱图像的获取方式中，本节重点介绍了两种主要方法：滤光阵列快照式系统和计算光谱成像快照式系统。滤光阵列快照式系统通过阵列滤光片捕捉多个波段的图像；而计算光谱成像快照式系统则通过算法对光谱数据进行实时计算和处理，以提高成像效率和质量。随后，本节介绍了高光谱图像，强调了其比多光谱成像具有更高的光谱分辨率，可获取物体在数百个连续光谱波段的光谱信息。最后，讨论了几种高光谱图像的获取方式，解析了通过光谱扫描、成像传感器和高光谱相机等技术来捕获高光谱数据的不同方法。

7.2　光谱图像处理方法

光谱图像处理方法是对多光谱与高光谱工业图像进行分析与应用的重要环节。本节将介绍两大核心处理方法：预处理与校正方法以及光谱特征提取方法。在预处理阶段，重点关注图像去噪，通过多种技术手段提高图像质量，消除干扰因素。随后，在特征提取阶段，通过分析光谱数据的特性，提取关键光谱信息，为后续的分析与识别提供基础支持。

7.2.1　预处理与校正方法

光谱图像由于在获取过程中容易受到设备噪声、环境光照变化以及其他外部干扰的影响，常常包含各种噪声。为确保图像数据的质量并提高后续分析的准确性，去噪是光谱图像处理中不可或缺的一步。

图像去噪是图像处理任务中常见的预处理方法之一，旨在减少图像中的噪声。在复杂工业检测场景中，拍摄场景包含了许多复杂的信息，同时也夹杂着多种源自设备本身的电荷耦合器件抖动、光学传感器件灵敏度限制以及粉尘干扰等导致的多源混合噪声。这些噪声可能会导致在拍摄多光谱或高光谱时，图像的光度参数出现错误，使得样品光谱特征出现偏差，影响后续检测分析结果的可靠性。因此，在对多光谱或高光谱图像进行处理之前，研究高效的噪声去除方法具有重要价值。

由于噪声分布复杂且未知，从噪声光谱图像中恢复无噪声的光谱图像是一个逆问题，构建准确且通用的去噪方法始终是一项具有挑战性的任务。在现有研究工作中，最常见的光谱图像去噪方法是使用较为成熟的二维图像去噪方法，如基于非局部自相似性（Non-Local Semantic Similarity，NLSS）先验的三维滤波（Block-Matching and 3D filtering，BM3D）方法，对光谱图像逐波段去噪。基于 BM3D 的图像去噪方法假设自然图像中，每一个图像块（如图 7.15 中 R 代表的红色图像块所示）都存在许多相似的图像块。

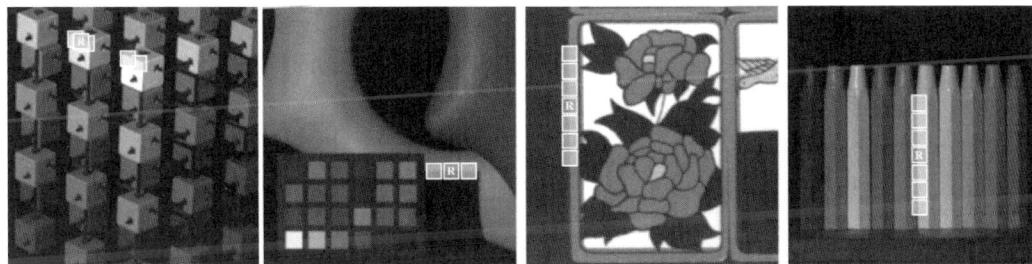

图 7.15　图像的非局部自相似性

通过将相似的图像块堆叠成三维数据后，通过在三维变化域中选取阈值来使得所有图像块具备相似的特征，从而减少噪声的影响。BM3D 算法流程如图 7.16 所示。

尽管现有图像去噪算法已经取得了较好的效果；然而，此类方法容易忽略了光谱间的相关性，可能会造成光谱特征失真问题。近年来，越来越多的研究开始同时考虑光谱—空间信息。这些方法可以大致被分为两类：基于迭代优化算法和基于深度学习算法。基于迭

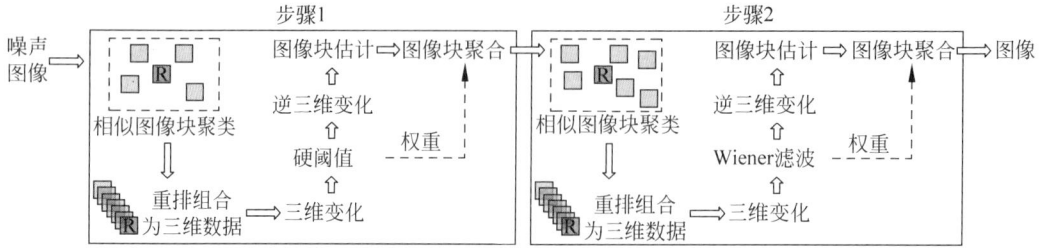

图 7.16 基于 BM3D 的图像去噪方法流程图

代优化(又称基于模型)算法通常将去噪问题转化为带约束的优化问题,其本质是通过选择合适的光谱图像先验知识作为正则化项;而基于深度学习算法的光谱图像去噪方法通过深度神经网络将含有噪声的光谱图像直接映射到其对应的干净光谱图像。

这两种类型算法各有优点和缺点。基于迭代优化的光谱图像去噪方法,如基于块匹配和四维滤波(BM4D)和全变分与低秩矩阵分解正则化(Total-Variation-Regularized Low-Rank Matrix Factorization for Hyperspectral Image Restoration,LRTV)算法,具有解释性、通用性,并且不需要建立大规模配对的光谱图像数据用于训练。然而,此类方法的缺点在于处理速度较慢,同时,在性能方面落后于基于深度学习的方法。另外,基于深度学习的光谱去噪方法在去噪图像质量和速度方面都有了显著提高。然而,常见的基于有监督学习的深度网络需要大量的噪声—干净的光谱图像配对训练数据。而相比于自然场景的 RGB 图像,收集大规模光谱图像数据集成本高,甚至在特定场景下无法收集大量光谱图像。此外,基于有监督学习的深度光谱图像去噪方法在实际去噪应用中,易受到对复杂真实图像噪声的限制。在本节中,将以基于全变分与低秩矩阵分解正则化的高光谱图像恢复算法(LRTV)为例,介绍第一类基于迭代优化算法的去噪方法。

下面讲解基于全变分与低秩矩阵分解正则化的高光谱图像恢复算法。

通常,我们将拍摄的含有噪声的高光谱图像定义为

$$\boldsymbol{Y} = \boldsymbol{X} + \boldsymbol{S} + \boldsymbol{N} \tag{7.44}$$

其中,$\boldsymbol{Y} = [Y_1, Y_2, \cdots, Y_p]$ 是由无噪声(待恢复的)高光谱图像 $\boldsymbol{X} = [X_1, X_2, \cdots, X_p]$,稀疏噪声 $\boldsymbol{S} = [S_1, S_2, \cdots, S_p]$ 与高斯噪声 $\boldsymbol{N} = [N_1, N_2, \cdots, N_p]$ 组成,其中 p 为光谱的波段数。基于最大后验估计(Maximum-a-Posteriori Estimation)方法的框架,高光谱图像去噪方法通常可以被构造为

$$\hat{\boldsymbol{X}} = \arg \min_{\boldsymbol{X} \in \mathbf{R}^{m \times n}} \{ \| \boldsymbol{Y} - \boldsymbol{X} \|_F^2 + \tau R(\boldsymbol{X}) \} \tag{7.45}$$

其中,第一项为数据保真项,第二项 $R(\boldsymbol{X})$ 为正则化(先验)项,τ 是用于平衡的参数。基于全变分与低秩矩阵分解正则化的高光谱图像恢复算法,假设高光谱数据 X 具有低秩与平滑的特征,如图 7.17 所示。

因此,LRTV 将高光谱去噪问题定义为以下问题

$$\min_{\boldsymbol{X}, \boldsymbol{S} \in \mathbf{R}^{m \times n}} \| \boldsymbol{X} \|_* + \tau \| \boldsymbol{X} \|_{\mathrm{HTV}} + \lambda \| \boldsymbol{S} \|_1$$

$$\mathrm{s.t.} \quad \| \boldsymbol{Y} - \boldsymbol{X} - \boldsymbol{S} \|_F^2 \leqslant \epsilon, \quad \mathrm{rank}(\boldsymbol{X}) \leqslant r \tag{7.46}$$

其中,

$$\| \boldsymbol{X} \|_{\mathrm{HTV}} = \sum_{j=1}^{p} \| \boldsymbol{F}\boldsymbol{X}_j \|_{\mathrm{TV}} \qquad (7.47)$$

F 为将向量变换为矩阵的操作。TV 范数离散形式为

$$\| \boldsymbol{X} \|_{\mathrm{TV}} = \sum_{i=1}^{M-1} \sum_{j=1}^{N-1} (\| \boldsymbol{X}_{i,j} - \boldsymbol{X}_{i+1,j} \| + \| \boldsymbol{X}_{i,j} - \boldsymbol{X}_{i,j+1} \|) +$$

$$\sum_{i=1}^{M-1} \| \boldsymbol{X}_{i,N} - \boldsymbol{X}_{i+1,N} \| + \sum_{j=1}^{N-1} \| \boldsymbol{X}_{M,j} - \boldsymbol{X}_{M,j+1} \| \qquad (7.48)$$

原本优化问题的增广拉格朗日方程为

$$\min_{\boldsymbol{L},\boldsymbol{X},\boldsymbol{S},\Lambda_1,\Lambda_2} \| \boldsymbol{L} \|_* + \tau \| \boldsymbol{X} \|_{HTV} + \lambda \| \boldsymbol{S} \|_1 + \langle \Lambda_1, \boldsymbol{Y} - \boldsymbol{L} - \boldsymbol{S} \rangle + \langle \Lambda_2, \boldsymbol{X} - \boldsymbol{L} \rangle +$$

$$\frac{\mu}{2}(\| \boldsymbol{Y} - \boldsymbol{L} - \boldsymbol{S} \|_F^2 + \| \boldsymbol{X} - \boldsymbol{L} \|_F^2)$$

$$\mathrm{s.t.} \quad \mathrm{rank}(\boldsymbol{L}) \leqslant r \qquad (7.49)$$

随后,构造增广拉格朗日方程中不同的变量的子问题

$$\boldsymbol{L}^{(k+1)} = \underset{\mathrm{rank}(\boldsymbol{L}) \leqslant r}{\operatorname{argmin}} (\boldsymbol{L}, \boldsymbol{X}^{(k)}, \boldsymbol{S}^{(k)}, \Lambda_1^{(k)}, \Lambda_2^{(k)})$$

$$\boldsymbol{X}^{(k+1)} = \underset{\boldsymbol{X}}{\operatorname{argmin}} (\boldsymbol{L}^{(k+1)}, \boldsymbol{X}, \boldsymbol{S}^{(k)}, \Lambda_1^{(k)}, \Lambda_2^{(k)})$$

$$\boldsymbol{S}^{(k+1)} = \underset{\boldsymbol{S}}{\operatorname{argmin}} (\boldsymbol{L}^{(k+1)}, \boldsymbol{X}^{(k+1)}, \boldsymbol{S}, \Lambda_1^{(k)}, \Lambda_2^{(k)})$$

$$\Lambda_1^{(k+1)} = \Lambda_1^{(k)} + \mu(\boldsymbol{Y} - \boldsymbol{L}^{(k+1)} - \boldsymbol{S}^{(k+1)})$$

$$\Lambda_2^{(k+1)} = \Lambda_2^{(k)} + \mu(\boldsymbol{X}^{(k+1)} - \boldsymbol{L}^{(k+1)}) \qquad (7.50)$$

通过迭代求解每个变量的子问题,最后可以得到无噪声的高光谱图像 X。

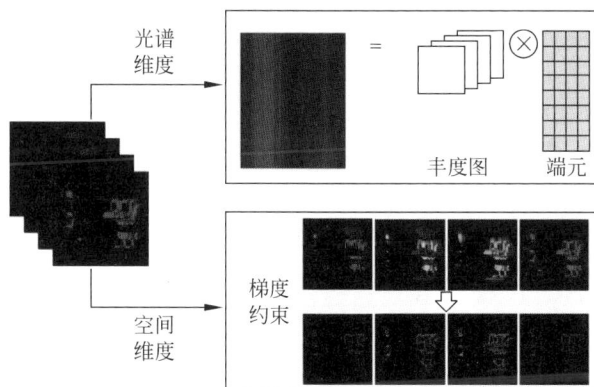

图 7.17　高光谱图像低秩与平滑先验

7.2.2　光谱特征提取方法

高光谱数据虽然具有丰富的光谱信息,但相邻波段可能存在大量重复的信息;这些冗余信息不仅无助于提升物质鉴别能力,还增加了数据处理的时间成本。因此,通过光谱特征提取方法来提取更有用的光谱信息具有重要意义。在本节中,我们主要比较 3 种经典的光谱特征提取方法,包括主成分分析(Principal Component Analysis,PCA)、线性判别分析(Linear Discriminant Analysis,LDA)以及等距特征映射(Isometric Feature Mapping,

Isomap)。这些光谱特征提取方法都旨在从高光谱数据中提取出极具判别能力的特征,以减少冗余信息的影响,并提高物质鉴别的准确性。主成分分析通过将原始光谱数据转换为新的正交特征,使得新特征具有最大的方差,从而保留了数据中的主要信息。线性判别分析则通过将数据投影到低维空间中的特定方向,使得同类样本之间的距离最小化,不同类样本之间的距离最大化,从而实现数据的有效分类。等距特征映射则是一种非线性降维方法,通过保持样本之间的测地距离,将高维数据映射到低维空间中,保持数据的局部结构。

1)基于主成分分析的光谱特征提取方法

主成分分析(PCA)是一种常用的无监督特征提取方法,它通过将数据从原始高维特征空间映射到低维特征空间,同时保留尽可能多的信息。PCA 的目标是寻找最佳投影方向,从特征的协方差角度来衡量两个维度之间的线性相关性。假设原始高光谱数据为一个大小为 $M \times N \times L$ 的矩阵 $\boldsymbol{X}$,其中,M、N 表示空间图像分辨率,L 表示原始波段的维数。首先,将原始高光谱数据 X 转换成一个大小为 $L \times MN$ 的矩阵 $\boldsymbol{A}$;然后,对 A 进行零均值化处理,如下面公式所示,其中,μ 表示每个特征属性的均值,a_i 表示第 i 个样本在该特征维度上的值,b_i 表示第 i 个样本在该特征维度上经过均值化处理后的值。通过均值化处理,可以得到一个新的矩阵 $\boldsymbol{B}$

$$\mu = \frac{1}{MN} \sum_{i=1}^{MN} a_i$$

$$b_i = \frac{1}{MN} \sum_{i=1}^{MN} (a_i - \mu)^2 \tag{7.51}$$

然后,计算 $\boldsymbol{B}$ 的协方差矩阵 $\boldsymbol{C}$,

$$\boldsymbol{C} = \frac{1}{MN} \boldsymbol{B}\boldsymbol{B}^{\mathrm{T}} \tag{7.52}$$

接着,我们对协方差矩阵进行特征值分解,得到特征值和特征向量。根据特征值的大小,选择前 d 个特征向量组成投影矩阵 $\boldsymbol{W}$。最后,基于投影矩阵 $\boldsymbol{W}$,可以提取每个光谱样本 x_i 的特征 z_i

$$z_i = \boldsymbol{W}^{\mathrm{T}} \boldsymbol{x}_i \tag{7.53}$$

特征向量对应于最大的特征值,代表了数据的主要方向,也称为主成分。通过选择主成分,可以将原始高维数据降低到低维,实现了维度的压缩和信息的保留。最后,可以利用选取的主成分构建新的特征空间,对样本进行投影,实现特征的提取和降维。通过 PCA 的处理,可以在保留较多信息的前提下,将高维的原始光谱数据转化为低维的特征表示,从而方便后续的分析和处理。

2)基于线性判别分析的光谱特征提取方法

线性判别分析(LDA)是一种经典的有监督特征提取方法,它将数据从原始高维特征空间映射到低维特征空间。与 PCA 不同的是,LDA 在选择投影方向时,会选择使不同类别之间的距离更大且相同类别之间的距离更小的方向,以尽可能保留不同类别之间的区分度。假设有一个数据集 $M \times N \times L$ 的矩阵 $\boldsymbol{X}$,其中,M 和 N 表示 pixel 样本数,$\boldsymbol{L}$ 表示原始特征维数。首先,计算类内散度矩阵 $\boldsymbol{S}_w$ 和类间散度矩阵 $\boldsymbol{S}_b$,如下所示

$$S_w = \sum_{j=1}^{k} \sum_{x \in X_j} (x - \mu_j)(x - \mu_j)^{\mathrm{T}}$$

$$S_b = \sum_{j=1}^{k} N_j (\mu_j - \mu)(\mu_j - \mu)^{\mathrm{T}} \qquad (7.54)$$

其中，μ_j 为第 j 类样本的均值向量。接着，计算矩阵 $S_w^{-1} S_b$，并取其特征值最大的前 d 个特征向量作为投影矩阵 W。最后，基于投影矩阵 W，可以提取出每一个光谱样本 x_i 的特征 z_i，如下所示

$$z_i = W^{\mathrm{T}} x_i \qquad (7.55)$$

3）基于等距特征映射的光谱特征提取方法

等距特征映射（Isomap）是一种基于流形学习的非线性降维算法。假设有一个数据集 X 的维度为 $MN \times L$，其中，MN 表示 pixel 样本数，L 表示原始特征维数，x_i 表示第 i 个光谱样本。Isomap 的主要步骤如下：首先，对于数据集中的每个样本点，找到其 k 个最近邻的样本点；在这 k 个样本点之间建立一张无向图，边的权重可以使用欧几里得距离或其他距离度量方法进行计算；利用最短路径算法或最小生成树算法，计算出每两个点之间的最短路径或最小距离，从而构建距离矩阵 D；随后，对距离矩阵 D 进行中心化处理，并计算内积矩阵 B，如下所示

$$B = -\frac{HD^2 H}{2} \qquad (7.56)$$

其中，H 为中心化矩阵。最后，对矩阵 B 进行特征值分解，并选择其特征值最大的前 d 个特征向量作为投影矩阵 W。基于投影矩阵 W，可以提取每个光谱样本 x_i 的特征 z_i，如下所示

$$z_i = W^{\mathrm{T}} x_i \qquad (7.57)$$

通过 Isomap 算法，能够利用样本之间的距离信息进行非线性降维，将高维数据映射到低维空间中，从而保持样本之间的流形结构和距离关系。这有助于揭示数据中的潜在结构和特征，并提供更有区分度的特征表示。

7.3　工业光谱图像的目标检测方法

目前，工业目标检测技术主要包括传统人工灯检法、光阻法、光散射法以及传统视觉成像法。传统人工灯检法是指检测人员通过肉眼和经验来判断药品质量，检测人员将药品放置在遮光板边缘处，在黑色和白色背景下进行检查。传统人工灯检法简便、成本低，并且检测人员能够较好地排除气泡等背景干扰；然而，这种方法的检测结果容易受到人的主观影响，难以保证可靠性和效率，无法满足日益严格的检测标准。考虑到高光谱图像丰富的空谱信息和出色的物质鉴别能力，本节将以液态医药中异物的检测与识别为例，重点介绍基于高光谱成像的异物检测识别算法。

本节介绍了光谱图像处理的关键方法，重点讨论了光谱图像在不同应用场景中的预处理、校正以及特征提取技术。首先，详细讲解如何对光谱图像进行基础处理，以消除噪声、校正光谱偏差，从而提高数据质量。这些方法对于确保光谱数据的准确性至关重要，尤其

是在工业应用中,数据的精度直接影响后续分析的可靠性。接着,重点探讨了如何从大量的光谱数据中提取有用的光谱特征。通过技术手段,如主成分分析(PCA)、线性判别分析(LDA),可以将高维光谱数据降维,提取出极具代表性的信息,从而简化分析过程,并提高处理速度和准确性。这些方法广泛应用于图像分类、目标检测和材料分析等领域,是光谱图像处理不可或缺的一部分。

7.3.1 光谱图像异常检测算法

高光谱异常检测是高光谱领域的重要研究方向之一。它可以在没有背景和目标先验知识的情况下,识别出与周围背景在空间或光谱上存在显著差异的目标。目前已提出了许多高光谱异常检测方法,主要分为基于统计特性、基于表示和基于深度学习的 3 大类方法。基于统计特性的高光谱异常检测算法根据背景像素服从某种统计学分布的假设,对背景建立统计学分布模型,高光谱图像中不符合该模型的像素即为异常像素。其中,Reed-Xiaoli(RX)是一种比较经典的算法,假设高光谱图像中的背景服从高斯分布,当新的像素不符合已建立的高斯分布模型时被判定为异常点。后来,在 RX 的基础上很多改进算法被提出,例如,Local RX(LRX)、Global RX(GRX)等,实现了更加出色的异常检测效果。基于统计特性的高光谱异常检测算法具有数学模型简单、容易处理、计算效率高的优点,但是其建立在图像背景符合某种统计分布的基础上,在背景复杂的情况下效果不是很理想。

基于表示的高光谱异常检测算法无须对背景进行分布模型的假设,可以分为稀疏表示、协同表示和低秩表示 3 类。基于稀疏表示的高光谱异常检测算法首先从高光谱图像中提取一些像素光谱构成背景字典,之后再用尽量少的字典光谱来实现待测像素光谱的线性表示,将异常检测问题转化为求解最优字典表示系数的问题。在基于协同表示的异常检测算法中,背景像素可以被其空间领域的像素线性表示,而异常像素则不能,其中的代表性算法是 CRD。基于低秩表示的异常检测算法假设背景空间是低秩的,而异常空间是稀疏的,通过对高光谱图像进行低秩矩阵分解可以对异常点进行检测。此外,随着深度学习的发展,越来越多的算法利用神经网络进行高光谱异常检测任务。然而,大多基于 CNN 的高光谱异常检测算法均是有监督的,需要大量带标签的数据用于训练。为了应对数据标注困难和数据量不足的问题,许多无监督、半监督或弱监督的高光谱异常检测算法被提出,其中比较具有代表性的基础模型是自动编码器和生成对抗网络。目前高光谱图像分类和异常检测的研究非常丰富,但在工业场景,如医药异物检测识别任务中的应用相对较少,本节将重点介绍,将高光谱应用于疫苗异物检测的基于空谱特征融合的无监督疫苗异物检测方法(Spectral-Spatial Anomaly Perception Network for Unsupervised Vaccine Detection,SSAPN)。

针对异物检测技术,目前制药公司主要依靠 RGB 相机进行药物异常检测。RGB 图像提供了高分辨率的空间信息,但仅含有少量的光谱信息,无法分析异物的具体成分。高光谱成像(HSI)提供了丰富的光谱和空间信息,可以区分具有不同物理和化学特征的物体。一些先进的高光谱成像技术已被应用于疫苗原料的检测。该研究工作基于高光谱图像无监督缺陷检测技术,构建了 PFD 高光谱图像数据集,并设计了缺陷检测网络 SSAPN。

1）PFD 数据集的构建

传统推扫式高光谱成像设备难以适用于疫苗数据集的构建,因为液体在运动中会产生气泡,影响成像质量。为了避免此问题,该工作所采用的成像系统是一个基于凝视式高光谱成像仪的成像系统(如图 7.18 所示)。它由卤素灯光源、CCD 探测器、液晶可调谐滤光片、物镜、安装塔和平台组成；覆盖了从可见光到近红外波段(420～950nm),共 101 个波段；空间分辨率为 640×280 像素；数据集为破伤风疫苗,包含蛋白质沉淀、蛋白质变性等几种常见异物。

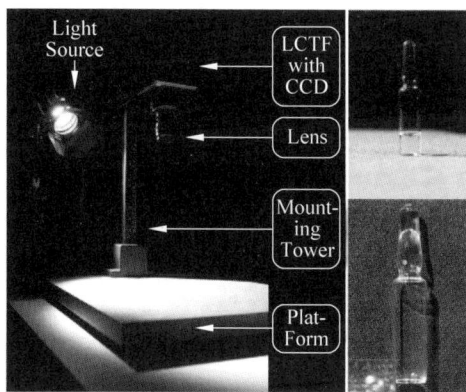

图 7.18　基于凝视式高光谱成像仪的成像系统

2）SSAPN 无监督缺陷检测网络

该方法所提出的整体网络(如图 7.19 所示)由自动编码器(AutoEncoder,AE)和空间—光谱 MLP 结构构成。首先,编码器对 HSI 数据进行特征映射,从而学习非线性特征；随后,将特征分割成不重叠的块,输入空间—光谱 MLP 异常感知模块中,该模块可以同时提取疫苗数据的空间和光谱特征；最后,基于学习到的空间和光谱特征,解码器可以很好地重建正常的疫苗背景,而异常值则不能。其中空间—光谱 MLP 结构由空间 MLP 和光谱 MLP 穿插组合而成,空间 MLP 通过 Cov1D 卷积处理数据的空域从而学习图像的空间先验,光谱 MLP 利用线性层处理图像谱域从而获取图像的光谱先验。并且通过跳连结构加强了层间信息的交互。

网络训练所采用的损失函数为

$$L_{\text{MSE}} = \frac{1}{N} \sum_{i=1}^{N} (\hat{\boldsymbol{x}}(i) - \boldsymbol{x}_{\text{input}}(i))^2 \tag{7.58}$$

3）疫苗光谱图像异物检测实验

在其构建的破伤风数据集上进行了异物检测实验,由于数据集在实验室采集与工业生产存在一定差距,因此实验前对 HSI 图像添加高斯噪声。最终检测效果部分如图 7.20 所示,可以看出相比于其他高光谱异常检测方法,SSAPN 具有较好的检测效果。

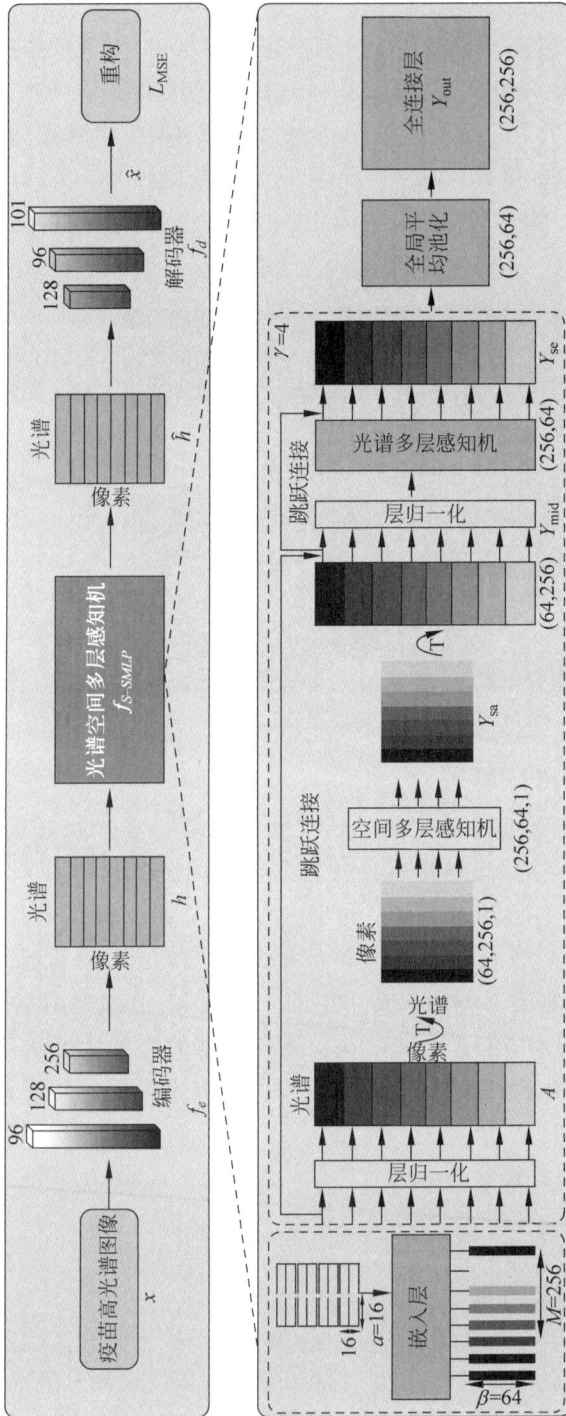

图 7.19 基于空谱特征融合的无监督疫苗异物检测方法

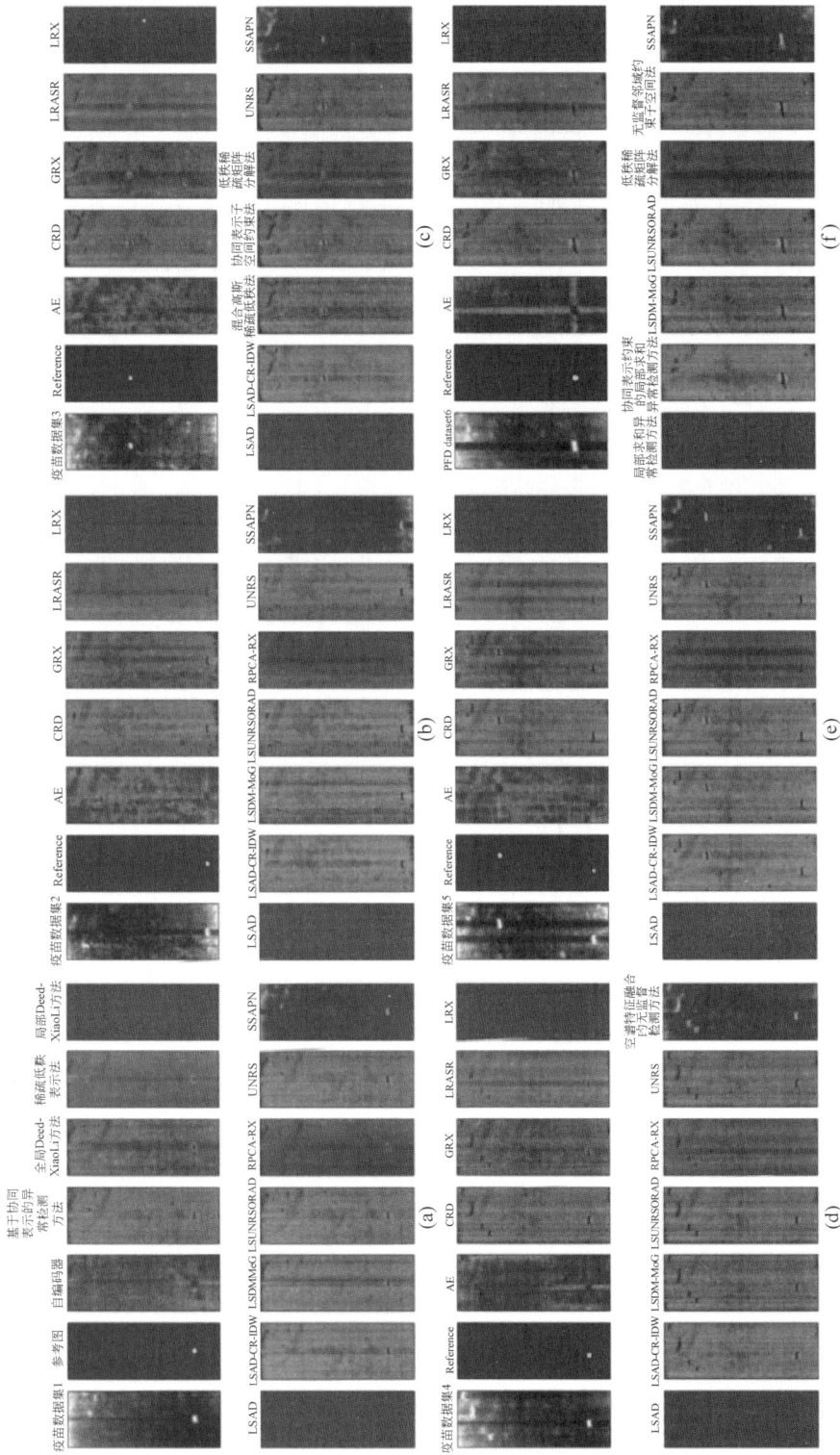

图 7.20 基于空谱特征融合的无监督疫苗异物检测方法检测效果

7.3.2 光谱图像解混算法

光谱图像解混(Hyperspectral Image Unmixing)是光谱图像检测分析中的一个关键问题,尤其在工业应用中具有重要意义。如上述章节所述,光谱成像技术通过捕捉物体在多个波段上的光谱信息,能够详细反映物质的化学成分和物理特性;然而,由于光谱图像传感器的空间分辨率有限,每个像素往往包含多个不同材料的混合光谱,而非单一材料的光谱,这种情况下的光谱信息难以直接反映单一成分的特征。因此,解混算法的任务就是从这些混合光谱中分离出每种成分的光谱(称为端元,Endmembers)及其对应的比例(丰度,Abundance),从而实现对拍摄场景的准确识别与分析。

在工业场景中,光谱图像解混的应用非常广泛,尤其是在材料分析、质量控制、污染检测等方面。例如,在制药行业,高光谱成像与解混算法结合,可以用于药物的成分分析和纯度检测,确保药品符合标准。在半导体制造过程中,光谱图像解混技术可以用于识别晶圆表面的微小污染物或缺陷,这对保证产品的高质量至关重要。尽管光谱解混在工业领域具有广阔的应用前景,但在实际应用中面临诸多挑战。首先,工业环境中的噪声、光照变化以及传感器的不稳定性会对光谱解混的精度产生显著影响。因此,需要设计更为鲁棒的解混算法,能够有效抵抗噪声和不确定性的干扰,保证在不同工作环境下仍能提供高精度的解混结果。此外,工业应用通常要求算法具有实时性,能够快速处理和分析大规模的光谱数据,这对解混算法的计算效率提出了更高的要求。本节将介绍具有代表性的光谱解混算法,包括稀疏表示、非负矩阵分解、深度学习等方法。

1. 解混模型介绍

高光谱解混研究如何将每个像素的混合光谱分解为单一成分的光谱(端元)及其相应的丰度系数。在工业应用中,不同的解混模型适用于不同的场景和需求。主要的解混模型包括线性混合模型(Linear Mixing Model,LMM)和非线性混合模型(Non-linear Mixing Model,NLMM),它们各自具有不同的假设和应用场景。

1) 线性混合模型(LMM)

线性混合模型是光谱解混中最常用的模型之一。它假设每个像素的光谱是多个端元光谱的线性组合,这一模型适用于光谱特征在空间上均匀混合的情况。线性混合模型可以表示为

$$y = Ma + n \tag{7.59}$$

其中,y 是观测到的光谱向量,M 是端元矩阵,每列为一个端元的光谱,a 是丰度向量,表示每个端元在该像素中的比例,n 是噪声向量。线性混合模型的优势在于其简单性和计算效率,适合在许多工业场景下应用。例如,在矿产勘探中,不同矿物的光谱可能在某一特定波段表现出明显的特征,线性混合模型可以通过解混准确地分离出这些矿物成分。然而,线性混合模型也有其局限性,特别是在存在多次散射、光谱非线性混合的情况下,其表现可能不尽如人意。

2) 非线性混合模型(NLMM)

在实际工业场景中,光谱混合过程往往更加复杂,特别是在材料表面特性复杂、多次散射或光谱干涉较为显著的情况下,光谱的混合过程并不完全符合线性假设;这时,非线性混合模型(NLMM)就显得尤为重要。非线性混合模型通过考虑更复杂的物理过程,如多次光

散射、光谱反射和衍射,来更准确地描述光谱混合现象。非线性混合模型的数学表达形式因具体的混合机理而异,可以是多项式模型、径向基函数(RBF)模型,甚至是基于深度学习的非线性函数。非线性混合模型的一种常见形式是

$$y = f(\boldsymbol{M}, a) + n \tag{7.60}$$

其中,f 是一个非线性函数,用于描述光谱的混合过程;与线性混合模型不同,非线性混合模型中的端元和丰度之间的关系不是简单的线性关系,而是通过非线性函数来描述。非线性混合模型能够处理更为复杂的光谱混合现象,特别适用于具有复杂物理特性的工业场景。例如,在半导体制造中,材料的光学特性往往会引起复杂的光谱混合,非线性模型能够更好地捕捉这些细节。然而,非线性混合模型的复杂性也带来了计算上的挑战,通常需要更高的计算资源和更复杂的优化算法。

2. 用于线性混合模型的光谱解混方法

本节将介绍非负最小二乘法(Non-negative Least Squares,NNLS)与光谱角映射法(Spectral Angle Mapper,SAM)等解混方法。

1) 非负最小二乘法(NNLS)

非负最小二乘法是求解线性混合模型中丰度系数的一种经典方法。NNLS 假设每个丰度系数都是非负的,这符合实际物理情况,因为丰度表示的是某种材料在像素中的比例,不可能为负值。算法的基本思想是通过最小化残差平方和来求解丰度向量 a 和端元矩阵 $\boldsymbol{M}$,同时施加非负约束,即

$$\min_{a, \boldsymbol{M}_1} | y - \boldsymbol{M}a |_2^2 \quad \text{subject to} \quad a \geqslant 0, \boldsymbol{M} \geqslant 0 \tag{7.61}$$

通常,可以使用交替最小二乘(Alternating Least Squares,ALS)求解 $\boldsymbol{M}$ 和 a。其主要流程包括以下步骤。

初始化:选择一个初始的端元矩阵 $\boldsymbol{M}$;

步骤 1:求解 a,在固定 $\boldsymbol{M}$ 的情况下,使用 NNLS 求解每个像素的丰度系数 a;

步骤 2:求解 $\boldsymbol{M}$,在固定 a 的情况下,使用 NNLS 求解端元矩阵 $\boldsymbol{M}$;

迭代:重复步骤 1 和步骤 2,直到收敛,即 $\boldsymbol{M}$ 和 a 不再发生显著变化。

2) 光谱分解法(SAM)

光谱分解法是一种基于几何角度的光谱匹配技术,广泛应用于光谱解混分析中。它通过计算观测光谱与参考端元光谱之间的夹角来衡量它们的相似性,主要用于评估一个像素的光谱是否与已知的端元光谱相匹配。光谱分解法的核心思想是将每个光谱看作高维空间中的一个向量。假设有一个观测光谱 y 和一个端元光谱 m_i,那么这两个光谱在 n 维光谱空间中可以表示为两个向量。SAM 通过计算这两个向量之间的夹角 θ 来确定它们的相似性。具体公式如下

$$\theta = \arccos\left(\frac{y \cdot m_i}{| y || m_i |}\right) \tag{7.62}$$

其中,$y \cdot m_i$ 是向量 y 和 m_i 的点积;夹角 θ 越小,说明观测光谱和端元光谱越相似。SAM 值通常用来判断每个像素属于哪个端元或材料。与其他解混算法相比,SAM 具有计算简便和稳定的优点;然而,与更复杂的线性或非线性解混算法相比,SAM 在处理高度混合的光谱数据或复杂场景时,准确性可能会受到限制;此外,SAM 不提供端元的丰度信息,而仅

仅是确定光谱的相似性,这使得它在某些需要更精确分解的应用场景中并不适用。

3. 用于非线性混合模型的光谱解混方法

用于非线性混合模型的光谱解混方法主要针对复杂场景下的光谱数据处理。在这些场景中,光谱数据不仅是多个端元光谱的线性组合,还可能涉及端元之间的非线性相互作用。本节将重点介绍多项式混合模型(Polynomial Mixture Model,PMM)与非线性最小二乘法(Nonlinear Least Squares,NLS)光谱解混方法。

1) 多项式混合模型(Polynomial Mixture Model,PMM)

多项式混合模型通过引入高次项(即多项式项)来模拟光谱端元之间的相互作用,从而能够更准确地描述和分离混合光谱,具体形式为

$$y = \sum_{i=1}^{r} a_i m_i + \sum_{i=1}^{r} \sum_{j=1}^{r} b_{ij} (m_i \odot m_j) + \cdots\cdots + n \tag{7.63}$$

其中,a_i 是线性项的丰度系数,b_{ij} 是二次项的系数,用于表示端元 m_i 和 m_j 之间的非线性相互作用,$\odot$ 表示逐元素乘积(Hadamard 乘积)。为了有效求解 PMM 中的参数,通常采用以下几种优化方法。

梯度下降法:通过计算目标函数的梯度并沿梯度方向更新参数,逐步逼近最优解。

共轭梯度法:相比梯度下降法,共轭梯度法可以加快收敛速度,尤其是在处理二次项较多的模型时。

遗传算法:一种基于自然选择和遗传变异的全局优化方法,可以有效避免局部最优解,适用于 PMM 中的高维复杂优化问题。

模拟退火:一种基于统计力学的优化方法,通过引入"温度"参数来控制搜索过程,逐渐收敛到全局最优解。

2) 非线性最小二乘法(NLS)

在最小二乘法中,目标是最小化观测数据和模型预测数据之间的平方误差。在非线性最小二乘法中,模型的形式为

$$y = f(x;\theta) + n \tag{7.64}$$

其中,y 是观测到的光谱数据或响应变量,$f(x;\theta)$ 是包含未知参数 θ 的非线性模型函数,n 是误差或噪声项。NLS 的目标是通过优化算法找到一组参数 θ,使得以下目标函数(即残差平方和)最小化

$$S(\theta) = \sum_{i=1}^{n} \left[y_i - f(x_i;\theta) \right]^2 \tag{7.65}$$

由于 NLS 涉及非线性函数,通常使用迭代优化方法来求解。如:梯度下降法(Gradient Descent),通过计算目标函数的梯度,沿梯度方向更新参数;牛顿法(Newton's Method),通过使用二阶导数(Hessian 矩阵)来更新参数,具有比梯度下降法更快的收敛速度。

本节重点介绍了光谱图像的两种关键处理技术:异常检测算法和解混算法。首先,探讨了如何通过分析光谱图像中的光谱数据,识别图像中与背景或正常样本显著不同的异常区域。接下来,介绍了如何将光谱图像中混合的像素光谱分解为不同的光谱成分,从而准确识别出图像中不同物质或材料的组成。常见的解混方法包括线性光谱解混、非线性光谱解混以及基于稀疏表示的解混技术。这些算法帮助研究者从复杂的光谱数据中提取出混合成分的比例和分布信息,为高精度的物质分析提供了有力工具。

7.4 工业光谱图像处理的应用

多光谱和高光谱图像处理通过提供更丰富的光谱信息,为决策提供了更多的数据支持,同时也提高了效率和准确性,在工业中具有广泛的应用。本节将介绍多光谱/高光谱图像处理在工业中的典型应用案例,如制造业领域的质量控制、医药检测和食品安全监测领域的作物监测等。

7.4.1 工业产品质量检测中的光谱图像应用

工业自动化和机器视觉是现代工业领域中重要的技术和方法,通过利用自动化和视觉系统来提高生产效率、降低成本并改善工业过程的质量和可靠性。

传统的质量检测方法往往依赖于人眼观察或简单的图像处理技术,这些方法在面对复杂材料和多样的表面性质时,容易受到局限。而光谱图像技术通过捕获物体在多个波段(从可见光到红外甚至紫外波段)的反射、吸收和透射光谱信息,为工业自动化和机器视觉系统提供更全面、准确的信息支持,从而实现更高水平的自动化和智能化。首先,光谱图像在产品检测和质量控制方面应用广泛。通过融合不同光谱波段的图像信息,检测系统可以更准确地检测产品表面缺陷、尺寸偏差、装配错误等问题,并实时做出判定和处理。例如,可通过高光谱图像对缺陷类型、位置和严重程度的准确定位和评估,从而帮助进行及时修复和质量改进。其次,光谱图像可用于物体的识别、定位和跟踪,实现对工业场景中的物体进行智能化的感知和操作。通过综合利用多种传感器获得的图像数据,检测系统可以识别和分类不同类型的物体,如产品、零件、工具等,并精确地测量它们的位置和姿态。这对于自动化生产线上的物体搬运、装配操作以及机器人导航和协作具有重要意义,可以提高生产效率和减少人工干预。综上,多光谱、高光谱等多模态工业图像在工业自动化和机器视觉领域中发挥着重要作用。它们为工业系统提供了更全面、准确的信息支持,实现自动化生产和智能化操作,从而提高生产效率、降低成本,并改善产品质量和工业过程的可靠性。

例如,在医药领域的应用包括芬兰 Specim 公司利用高光谱相机成像分析技术,在医药生产领域实现了药品化学成分的快速检测和分析,从而提高了检测覆盖率和确保了药品的质量,如图 7.21 所示。传统的药品检测方法可能需要进行耗时的化学实验或取样检测,这样会导致检测速度慢、成本高,并且对于大规模生产而言不够实用;而高光谱相机则通过一次成像即可获取药品样品的多波段光谱信息,可以实时地对多个样品进行快速检测。利用高光谱相机,Specim 公司研发的检测分析设备可以在每分钟检测 3000 片药片,大大提高了

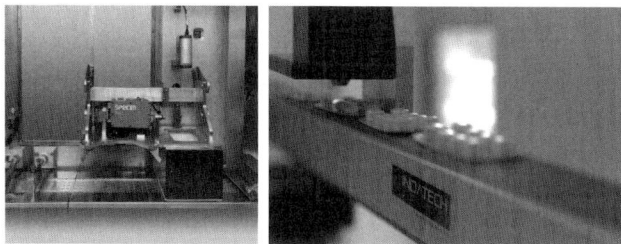

图 7.21 高光谱图像在医药领域的应用

检测的效率和生产线的生产能力。系统通过光谱分析可以对药片中的化学成分、质量特征进行准确的检测和定量分析;这种非破坏性的快速检测方法可以确保每个药品批次的一致性和质量,从而提高了医药生产过程中的品质控制。高光谱相机在药品生产质量控制中的应用具有许多优势,包括快速高效、无须取样、非破坏性和高精度。通过实时监测和分析药品样品的光谱信息,可以及时发现异常情况或偏离规格的产品,并及时采取措施进行调整和纠正;有助于减少生产中的浪费和损失,并确保药品的质量符合标准和法规要求。高光谱图像技术在提高检测覆盖率和确保医药生产质量方面具有重要潜力。

同样,Specim 公司针对食品质量和安全检测也开发了基于光谱成像的检测系统。高光谱成像可以检测肉眼不可见的食品缺陷和异常,现已被成功地应用在食品工业中,如图 7.22 所示。与传统彩色相机、金属探测或 X 射线不同,高光谱相机可以根据材料的生物和化学含量可靠地识别材料。它们用于分析食品的营养成分并检测欺诈活动,例如添加更便宜的成分或歪曲食品来源。具体而言,通过光谱成像和图像分析,可检出人眼难以检测的异物,如骨头、软骨、塑料、木材、橡胶、金属或寄生虫;进一步,也可测量食物产品的化学成分,如脂肪、蛋白质、水分含量和嫩度;此外,Specim 公司研发的高光谱成像也被用于监测水果和蔬菜的成熟度和新鲜度,不分颜色和大小。有助于确定最佳收获时间、减少浪费并延长产品的保质期。

■ 肉　　　■ 脂肪　　　■ 木材　　　■ 塑料

图 7.22　高光谱图像在食物领域的应用

基恩士公司的 XG 系列利用高光谱相机在水平和垂直方向上拍摄图像,以准确检测细微瑕疵,如图 7.23 所示。通过高光谱成像,XG 系列相机可以获取物体的多波段光谱信息,从而能够更好地分析物体的表面特征和材料成分;使得系统能够检测到肉眼难以察觉的细微瑕疵,如裂纹、划痕、颜色变异等。高光谱图像处理技术通过对光谱数据的分析和处理,提供了更全面和详细的信息,有助于精确地识别和分类不同的缺陷类型。此外,高光谱相机在工业生产中还可以借助实时阴影校正滤波器稳定地检测日期。总而言之,高光谱机器

图 7.23　高光谱图像在智能制造领域的应用

视觉在工业生产应用中的优势在于它能够提供丰富的光谱和空间信息,通过分析和处理这些信息可以实现更稳定、更精确和高效的检测能力。众多应用案例展示了高光谱相机在工业生产中的潜力和优势。随着技术的不断发展,高光谱机器视觉将在更多领域中得到应用,并为工业生产带来更大的价值和效益。

7.4.2 工业机器人场景中的应用

在工业机器人场景中,光谱成像与光谱图像检测分析技术为自动化生产提供了新的智能解决方案。

工业机器人通过集成光谱成像系统,可以精确地检测产品的质量、识别材料的成分,甚至对产品进行分拣和分类。这种应用大幅提升了自动化生产线的智能化水平和检测精度。将光谱成像与机器人结合的优势包括以下几方面。

1. 优势

1)多维信息获取

传统工业机器人视觉系统只能捕捉物体的二维图像,而光谱成像系统则能捕获物体在多个波段的光谱数据,包括可见光、红外、紫外等不同波长的信息。这使得工业机器人不仅能识别物体的形状和颜色,还能检测其材质和成分的变化。

2)高度灵活性

工业机器人结合光谱成像系统,可以适应不同工业场景,快速完成检测、分类、分拣等任务。同时,光谱成像与光谱图像检测为工业生产带来了极高的自动化水平,减少了人工参与,提高了检测精度和生产效率。

3)智能学习与优化

工业机器人可以通过光谱成像系统实时监控生产线上产品的质量,并进行快速反馈和纠正。通过集成人工智能和机器学习算法,光谱成像技术能够让机器人自动学习并改进检测标准,适应不同的生产环境。

2. 应用场景

光谱成像技术与工业机器人结合的应用场景包括以下几种。

1)产品质量检测

工业机器人通过集成高光谱成像系统,能够对产品的表面和内部进行质量检测。特别是,机器人可以检测金属或塑料产品是否有表面缺陷(如划痕、气泡),或分析食品、药品的质量,检测其中是否存在有害物质或异物。例如 Specim 公司研发的 CoboSense 多应用协作机器人解决方案,如图 7.24 所示,通过配备 Specim FX10 高光谱相机和 SpecimCUBE 数据处理平台,可以实现表面质量检测,能提高人眼无法识别的细节检测率。

2)材料成分识别与分拣

在自动化生产线上,机器人通过光谱图像检测,可以精确识别不同材料的光谱特征。如图 7.25 所示,在废旧材料的回收和再利用过程中,机器人可以通过光谱成像快速识别塑料、玻璃、金属等不同材料的成分并进行分拣;这样,不仅提高了分拣效率,也提高了回收材料的纯度。法国 Tridimeo 公司通过结合 Imec 滤光阵列式快照光谱传感器,为工业机器人提供了可靠且稳健的 3D 拾取功能;在光照条件不理想时或零件表面光亮,传统机械臂可能难以可靠地拾取特定零件;将高光谱传感器安装在机械臂上时,机器人能够"看到"周围环境,并执行如拾取零件等任务。

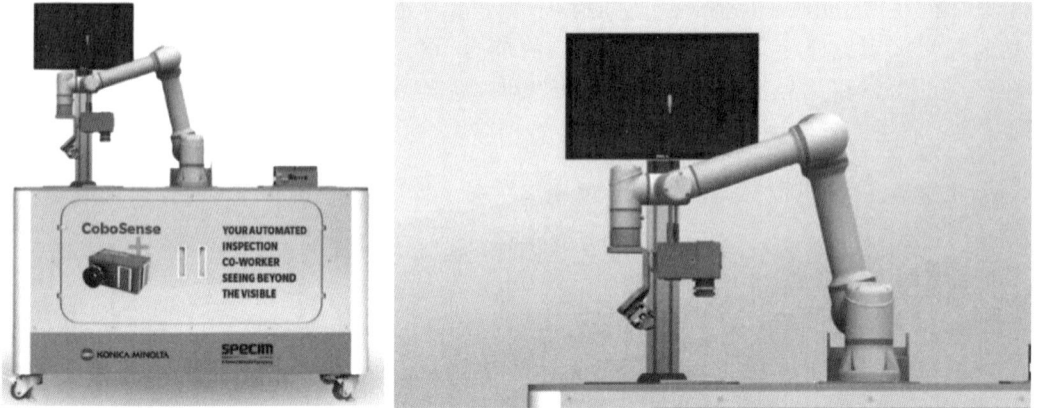

图 7.24　具备协作机器人和高光谱的 CoboSense 检测系统

图 7.25　具备机器人和 Imec 滤光阵列式光谱成像的检测系统

7.5　本章小结

　　本章主要介绍了光谱成像技术在工业视觉中的应用及处理方法。首先,讨论了光谱成像技术的基础,包括光谱成像的基本原理、多光谱与高光谱图像的获取及表示方式;通过这些介绍,读者可以了解到光谱成像技术如何通过捕获不同波段的光谱信息,为工业检测和分析提供更丰富的数据信息。接着,详细讲解了光谱图像的处理方法。包括预处理与校正技术,以提高光谱图像的准确性;光谱特征提取方法,用于从复杂的光谱数据中提取有用的信息;以及光谱特征波段选择方法,帮助优化图像处理的效率和效果。本章还重点讨论了光谱图像在工业目标检测中的具体应用。包括异常检测算法,用于发现图像中的异常区域;解混算法,能够分离混合像素中的不同成分,从而更加精确地分析光谱数据。最后,本章探讨了光谱图像在工业中的实际应用案例,分别在工业产品质量检测和工业机器人场景中进行了说明。这些应用展示了光谱成像技术在提升工业自动化检测与控制方面的巨大潜力。

7.6　思考与习题

　　1. 作为对工业视觉检测系统,光谱机器视觉与常规手视觉检测手段相比有什么特点?

　　2. 根据对光谱成像技术的理解,谈谈光谱成像技术系统的组成。

3. 根据光谱成像传感器的工作波段可分为哪几类？如何选择适当的光谱波段用于不同的工业检测任务？

4. 光谱扫描成像的基本原理是什么？对光谱线扫描成像与光谱快照式成像做比较。

5. 在光谱成像系统中,光源的选择对成像效果有多大影响？

6. 光谱图像的解混技术对复杂场景中的目标检测有何帮助？

7. 在实际工业环境中,光谱成像系统如何应对复杂背景和干扰？

第 **8** 章

工业机器视觉检测系统设计

在本章中,将深入探讨工业视觉检测系统的设计与应用,重点分析其在现代工业中的重要性和实际操作。首先,8.1节将详细介绍工业视觉检测系统的设计流程,探讨系统需求分析的步骤,包括如何识别关键参数和目标,以及功能模块设计的原则和实施步骤,为后续的系统开发奠定坚实的基础。接着,8.2节将重点关注工业视觉系统的测试与优化。在这一部分,将讨论不同测试方法的应用,通过实际测试数据评估系统性能,识别潜在问题并提出相应的优化策略;此外,还将介绍如何根据测试结果进行系统调整,以提高检测精度和效率,从而确保系统在复杂工业环境中的稳定性和可靠性。最后,8.3节将提供一个详细的应用案例,以具体实例展示工业视觉检测系统在特定场景中的实际应用效果。通过分析该案例,将探讨系统的实际运作流程、所遇到的挑战及解决方案,并总结其对提高生产效率和质量控制的实际贡献。

本章的结构安排,旨在循序渐进地引导读者理解工业视觉检测系统的整体架构与实现方法,同时通过具体案例的展示,增强理论与实践之间的联系,提高在实际工业应用中的应用能力。

8.1 机器视觉检测系统的设计流程

本节将详细探讨机器视觉检测系统的设计流程,重点介绍各个环节。首先,将聚焦于需求分析与方案设计,通过识别系统目标和检测要求,明确设计方向;接下来,将讨论系统集成与硬件选型,阐述硬件组件的选择依据和集成方法,以确保系统的稳定性和高效性;最后,将涉及软件设计与算法实现,介绍在视觉检测中应用的算法及其集成方式,以提升检测的精度和速度。本节旨在为读者提供全面的机器视觉检测系统构建方法和实践指导。

8.1.1 需求分析与方案设计

在机器视觉检测系统的开发过程中,需求分析与方案设计是奠定整个系统成功的基础环节。通过精准的需求分析,能够明确系统的具体功能和技术要求,而合理的方案设计则将这些需求转化为可实施的技术方案。本节将详细讲解如何进行需求分析,并基于分析结果制定科学的方案设计。

1. 概述

需求分析与方案设计在机器视觉检测系统的开发中具有关键的战略意义。需求分析的核心在于精准识别系统所需实现的功能和性能指标,并全面评估系统在实际应用环境中的技术要求。通过详尽的需求分析,能够有效降低开发过程中的不确定性,预防潜在的技术风险。方案设计则基于需求分析的结果,制定出最优的技术实现路径,确保系统在精度、速度、可靠性和可扩展性等方面达到预期的工程标准。高质量的需求分析与方案设计不仅决定了系统能否满足复杂应用场景的要求,更是保障整个项目成功实施的基石。

2. 需求分析

需求分析是机器视觉检测系统开发的基础环节,它为整个系统的设计与实现提供了明确的方向和依据;如图 8.1 所示,通过深入的需求分析,可以清晰地识别出系统的功能需求和技术规范,确保所设计的系统能够满足实际应用的需要。其中,检测目标是需求分析的首要任务,明确需要识别和测量的对象,如产品的尺寸、形状、颜色和缺陷等,这为系统设计提供了清晰的指标和标准。环境需求分析则关注系统工作的光照条件、温度、湿度和振动等因素,这些都会显著影响系统的性能。此外,数据管理需求涉及如何收集、存储和处理检测数据,以确保数据的准确性和可追溯性。最后,系统集成需求则关注如何将视觉系统与其他设备和系统进行有效集成,以实现信息的共享和系统的协同工作。通过综合考虑这些方面,可以为方案设计奠定坚实的基础。

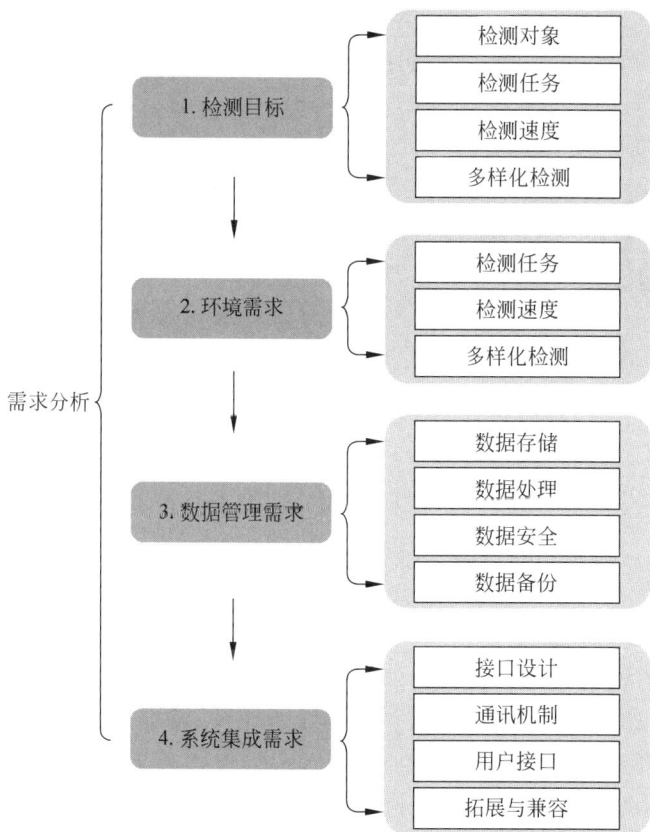

图 8.1　需求分析框架示意图

1) 检测目标

检测目标定义了机器视觉检测系统需要完成的具体任务和性能要求,决定了系统架构的选择、硬件配置、软件算法以及操作流程。首先,需要明确机器视觉检测系统的检测对象。检测对象是系统的核心,它决定了硬件配置(如相机、光源)的选择和图像处理算法的设计。例如,在制造业中,检测对象可以是生产线上的零部件、半成品或成品,它们可能需要进行外观瑕疵检测、几何尺寸测量、颜色识别等任务。针对每种检测对象,需要分析其物理特性(如材质、颜色、纹理、反光性等),以确定适合的成像技术和检测方法。图 8.2(a)中展示的例子需要对注射液瓶外表进行检测;图 8.2(b)则需要对闪光灯镜片进行检测。每个检测对象可能涉及多个检测项目,即系统需要识别和分析的具体特征或参数。典型的检测项目包括尺寸测量:零部件的长度、宽度、高度的精度检测,需要使用高分辨率和精密的边缘检测算法;表面缺陷检测:检测划痕、裂缝、凹痕等表面瑕疵,需要通过纹理分析、对比度增强等算法;颜色一致性检测:检测产品颜色是否符合标准或者存在色差,这需要多光谱成像技术和色彩校正算法。图 8.2(a)中展示的例子需要检测注射液瓶外表是否有压痕;图 8.2(b)则需要检测闪光灯镜片是否有损坏。在工业生产环境中,机器视觉系统的检测速度必须与生产线速度相匹配。快速移动的生产线要求系统在短时间内完成图像采集、处理和结果输出。因此,需求分析中需要明确系统的处理时间要求,例如每秒检测 20 个零件,或者在 500ms 内完成一次检测。检测速度要求影响相机的帧率、数据传输接口(如 GigE、USB 3.0)、数据处理硬件的选择,以及算法的优化策略。在一些复杂的生产环境中,系统可能需要支持多种检测需求的组合。例如,同一个系统需要同时进行尺寸测量和表面缺陷检测,或者需要在不同工况下检测不同类型的产品。因此,需求分析中还应考虑系统的多功能性和灵活性,设计模块化的软件和硬件架构,以支持多种检测任务的快速切换和扩展。

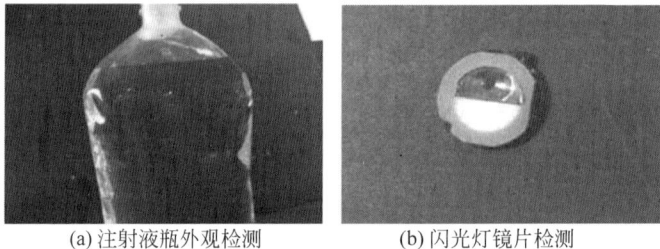

(a) 注射液瓶外观检测　　　　　(b) 闪光灯镜片检测

图 8.2　不同检测需求示例图

2) 环境需求

环境需求分析是确保机器视觉检测系统在各种工作条件下稳定运行的关键步骤,涉及光照、温度、湿度、振动等多个因素,这些因素均会显著影响系统的成像质量和检测效果。光照条件是影响图像质量的关键因素之一,不同的检测场景需要选择不同类型的光源(如环形光、同轴光、背光)和光源布置方式,以确保物体特征在图像中清晰可见。例如,对于反光物体,使用偏振光源或散射光可以有效减少反射干扰,从而获得更清晰的图像。在需求分析阶段,需要详细描述环境光照情况,包括光源的强度、分布和波长等,并根据检测对象和项目选择最合适的光源配置,以确保检测效果的可靠性和一致性。环境温度和湿度的变化对机器视觉系统的稳定性和可靠性同样至关重要;这些因素会影响相机传感器、电子元件及其他设备的工作性能,可能导致图像质量下降或系统故障。因此,需求分析应明确系统在不同温度和湿度下的工作范围,并选择具有良好耐用性的设备,设计有效的散热和防护措施,以确保系统能够在极端环境条件下仍然稳定运行;此外,在高湿度环境中,防潮措施和密封设计也非常重要,以避免设备受潮造成损坏。振动和噪声是另一个需要重点考虑的环境因素。振动会导致图像模糊,从而影响检测结果的准确性,而噪声则可能干扰图像处理的结果,导致错误识别。需求分析需要评估工作环境中的振动频率和强度,以及噪声对系统电路的潜在干扰。为此,可以考虑采用防振动支架、减振器材等物理保护措施,以减少外部振动的影响;同时,选择抗干扰能力强的硬件设备也是确保系统稳定性的关键。通过综合考虑这些环境需求,可以为机器视觉检测系统的设计和实现提供更为全面的指导,确保其在各种复杂工作条件下均能稳定、高效地运行。

3) 数据管理需求

数据管理需求分析的重点在于如何有效地采集、存储、处理和安全传输机器视觉系统的各种数据。由于机器视觉系统通常需要处理大量的图像数据和检测结果,因此,需要设计合理的数据管理策略,以确保数据的高效利用和安全性。首先,数据存储要求需要明确系统所需存储的数据类型,包括原始图像、处理后的特征数据和检测结果等,同时也需确定数据格式,如 JPEG、PNG、HDF5 等,并考虑所需的存储容量;根据数据量和访问频率选择合适的存储介质,如 SSD、HDD 或云存储等,对于长时间的生产记录,还需设计数据的压缩、归档和备份策略,以节省存储空间,并确保数据的可用性和安全性。其次,数据处理能力是系统运行过程中需要重点关注的方面,系统需要对大量图像数据进行实时处理,以生成检测结果。因此,明确系统的处理能力需求非常重要,包括图像处理速度、数据吞吐量和延迟要求等;需求分析中应考虑选择合适的计算平台,如 GPU、FPGA 或边缘计算设备,并针对特定任务优化处理算法,以确保系统在高负载下能够正常运行。此外,数据安全性与合规性在涉及敏感数据的场景中(如医疗影像检测)至关重要。需求分析中应明确数据在存储和传输过程中的加密要求,制定访问控制策略,以保障数据的隐私和安全。同时,需遵循行业标准或法规(如 GDPR、HIPAA 等)的要求,确保系统的合法性。最后,为了防止数据丢失或系统崩溃,需求分析中还需设计合理的数据备份与恢复策略。这可以包括定期数据备份、自动化恢复机制等措施,确保在发生故障时,系统能够快速恢复数据并恢复正常运行。通过综合考虑这些数据管理需求,可以为机器视觉检测系统的稳定性和可靠性提供强有力的支持。

4) 系统集成需求

系统集成需求分析的重点在于机器视觉检测系统如何与其他生产系统(如可编程逻辑控制器 Programmable Logic Controller,PLC)进行无缝集成,以实现高效的生产流程。集成要求不仅包括硬件接口的设计,还涉及数据通信、同步和控制策略。首先,需求分析中需要详细描述接口的电气特性、通信协议、数据格式和更新频率等,以确保数据能够快速、准确地传递和交换。这些接口设计的细节将直接影响系统之间的互操作性和数据传递的可靠性。其次,机器视觉系统需要与生产线的其他设备(如机械臂、传送带)实现实时通信和同步操作。例如,在检测过程中,如果发现不良品,系统需要即时向 PLC 发送信号,控制传送带停止或启动分拣机构。因此,需求分析中必须明确系统与各设备之间的通信方式和同步策略,以确保多设备之间的协同工作,实现高效的生产管理。另外,机器视觉系统通常需要提供用户友好的界面,以方便操作人员监控系统状态、调整参数和处理异常等。需求分析应明确用户界面的功能需求,包括实时图像监控、报警提示、参数设置和数据查询等,同时设计清晰的操作逻辑,以确保系统易于操作和维护,使用户能够快速上手并高效使用系统。最后,在实际应用中,机器视觉系统可能需要与新的设备或系统进行集成,或者增加新的功能模块。因此,需求分析中还需要考虑系统的扩展性和兼容性设计,确保系统在未来的扩展和升级中能够灵活应对新的需求和技术变化。通过全面分析系统集成需求,可以为机器视觉检测系统与其他生产系统的高效协作提供强有力的支持。

3. 方案设计

在明确了需求之后,接下来将根据这些需求制定详细的系统方案设计。方案设计的目标是将需求转化为可实施的技术解决方案,包括系统的架构设计、接口和通信策略、数据管理与安全策略,以及系统扩展与维护策略等内容。首先,系统架构设计需综合考虑硬件和软件配置,确保各模块间的协同工作与数据流动顺畅。其次,接口和通信策略的设计应明确系统与其他生产设备之间的接口,包括电气特性、通信协议和数据格式,以确保数据能够快速、准确地传递。此外,数据管理与安全策略则需制定有效的数据存储、处理和传输方案,确保数据的安全性和可用性。最后,系统扩展与维护策略应考虑未来的技术发展和需求变化,确保系统在必要时能够灵活扩展和高效维护。

1) 软件系统框架设计

在系统架构设计中,需要明确系统的整体结构、各模块的功能以及模块间的数据流与交互方式,以确保系统能够高效地实现需求分析中提到的各项需求。系统采用分层架构,包括数据采集层、数据处理层、数据管理层和用户交互层。分层架构设计如图 8.3 所示,每一层负责特定功能,并与其他层保持良好隔离。设计原则应包括模块化、高内聚和低耦合,以提高系统的灵活性和维护性。在分层架构中,数据采集层负责通过传感器和相机等设备收集图像和相关数据;数据处理层则进行图像分析和特征提取,应用各种算法来生成检测结果;数据管理层负责存储和管理处理后的数据,确保数据的安全性和可用性;用户交互层为操作人员提供友好的界面,以便于监控系统状态和处理异常。在各层内部,进一步划分功能模块,如图像采集模块、算法处理模块、数据库模块和用户界面模块等。对于每个模块,需要定义其输入输出接口和通信协议,以确保数据流的顺畅和模块间的协同工作。明确的接口规范将使得各模块之间能够有效地交换数据,减少系统集成的复杂性。此外,数据流向设计也至关重要,需确定数据从采集到处理、存储再到用户展示的流向;设计高效的数据传输路径和缓存机制,以确保数据在不同模块间快速、可靠地传递。在此过程中,应考虑实时性、带宽和可靠性,以支持工业环境中的高频数据处理需求。通过这样的架构设计,机器视觉检测系统能够实现高效的数据处理与信息交互,满足工业应用中的各项需求。

2) 检测系统集成策略

在系统架构设计的基础上,需要制定与外部系统集成的策略,以确保机器视觉系统能够与生产线、企业资源计划(Enterprise Resource Planning,ERP)系统、制造执行系统(Manufacturing Execution System,MES)等其他工业系统无缝协作。首先,需设计与其他系统交互的标准化接口,采用通用协议(如 OPC UA、Modbus、TCP/IP)来实现数据通信,从而确保系统能够顺利集成到现有的生产线控制系统或工厂信息系统中。此外,还需规划与其他设备(如 PLC 和机器人)之间的通信机制和同步策略。根据实际应用需求,选择适当的通信方式,如有线或无线网络、串行或并行通信,并设计合理的同步方法,如事件驱动或周期性同步,以确保数据的一致性和实时响应。这些措施将促进不同系统之间的高效协作,提高整体生产效率。图8.4展示了使用Modbus协议与PLC通信代码示例。

图8.3　分层架构设计示意图

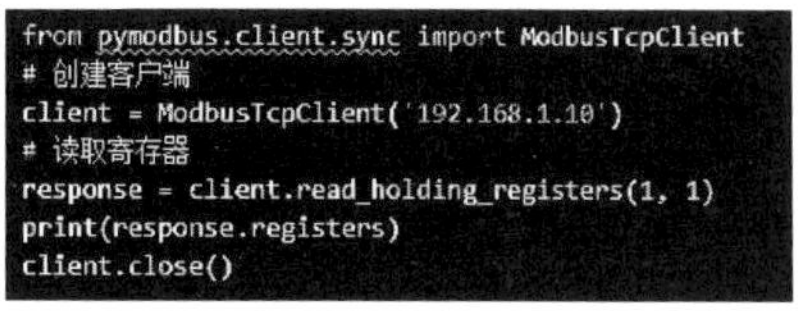

```
from pymodbus.client.sync import ModbusTcpClient
# 创建客户端
client = ModbusTcpClient('192.168.1.10')
# 读取寄存器
response = client.read_holding_registers(1, 1)
print(response.registers)
client.close()
```

图8.4　通信Python代码实例

3）数据管理与安全性框架

在数据管理与安全性框架的设计中,需要制定一个全面的大规模数据管理策略,涵盖数据采集、存储、压缩、备份和检索等多个环节。这一框架应明确数据的生命周期管理方案,从数据创建、存储到使用和删除,确保每个阶段的数据都能高效地存取和长期保存。例如,在数据采集阶段,系统应能够实时获取和处理大量图像数据,而在存储方面,则需要选择合适的存储介质和格式,以满足性能和容量要求。数据压缩技术的应用也将有助于减少存储需求和提高数据传输效率。同时,备份策略的设计需考虑定期备份和灾难恢复,以防止数据丢失并确保业务连续性。

在数据安全与合规策略方面,需根据数据的敏感性和行业规范制定相应的安全措施。这包括数据加密技术,以保护存储和传输中的信息不被未授权访问;身份认证机制,确保只有经过授权的用户能够访问敏感数据;访问控制策略,限制不同用户对数据的操作权限;以及日志审计功能,记录所有数据访问和操作行为,以便进行安全审计和追踪。这些措施不仅能够确保数据在存储和传输过程中的安全性,还能确保符合相关法规要求,如GDPR和ISO27001等,从而保护用户隐私和维护企业的合规性。通过建立这一数据管理与安全性框架,机器视觉系统将能够有效地处理和保护大量数据,支持其在复杂工业环境中的应用。

4）运维监控与诊断工具集成

在运维监控与诊断工具的集成中,需采用模块化和标准化的设计方法,以实现系统的扩展性。这意味着系统应支持新功能模块的集成和现有模块的替换,采用微服务架构或插件式设计,从而方便系统的横向扩展和纵向升级。这种设计理念使得在技术和业务需求变化时,系统能够灵活适应,确保其长期的可用性和扩展性。

自动化测试与更新框架的设计同样至关重要,能够支持快速验证和持续集成。通过集成工具链(如Jenkins、GitLab CI),可以实现自动化测试和部署,确保每次更新或修改都经过严格的测试,从而提高系统的稳定性和可维护性。这样的框架能够有效减少人工干预,缩短交付周期,并快速响应变化的需求。

规划系统的运维监控方案也非常关键,需要集成实时监控和诊断工具(如Prometheus和ELK Stack),以支持系统的健康监测、故障预警和自动化诊断。这些工具能够实时收集系统运行数据,分析性能指标,并在出现异常时及时发出警报,帮助运维人员快速定位问题。通过这些运维监控与诊断工具的有效集成,机器视觉系统能够实现更高水平的可靠性和运行效率,为工业应用提供强有力的支持。

8.1.2 系统集成与硬件选型

1. 概述

当谈论到机器视觉检测系统的实现时,系统集成与硬件选型是绕不开的话题。简单来说,系统集成就是让机器视觉检测系统和其他已有的系统(比如 PLC)顺畅地"对话",确保它们能够无缝协作,一起完成复杂的生产任务;而硬件选型则是在这些"对话"顺利进行的基础上,选择合适的"眼睛"(相机)、"大脑"(计算设备)、"灯光"(光源)等设备,确保整个系统既能看得清楚,又能快速反应。无论是集成策略还是硬件配置,最终目标都是让机器视觉系统在实际生产环境中可靠、高效地工作。图 8.5 为视觉检测系统示意图。

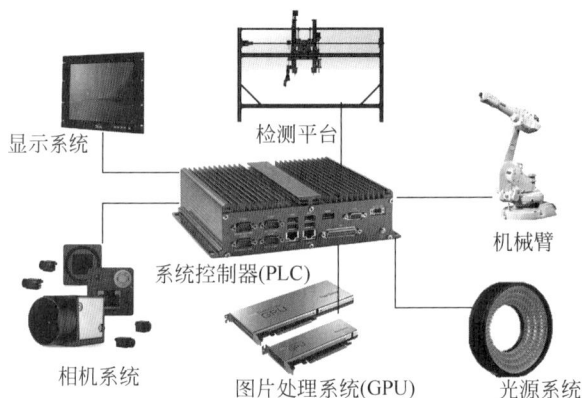

图 8.5　机器视觉检测系统组成

在机器视觉检测系统的构建中,系统集成是连接各子系统与现有工业控制系统,实现无缝协同工作的核心步骤。

①接口标准化	②数据同步机制	③数据处理与通信	④系统集成测试	⑤优化与部署
□ 确定通信协议 □ 明确数据格式 □ 选择物理层接口 □ 配制硬件转换器	□ 设备实时同步 □ PLC信号触发 □ 时间戳保证精度	□ 图像处理模块 □ 图像分析 □ 图像检测 □ 输出结果	□ 验证模块操作 □ 高负载评估 □ 异常条件测试	□ 优化硬件配制 □ 实际部署 □ 监控与维护

图 8.6　机器视觉检测系统集成流程图

接口标准化是工业检测系统集成的关键环节,它决定了机器视觉系统如何与 PLC 和 MES 等其他工业自动化系统进行有效的数据交互。常用的工业通信协议如 OPC UA、Modbus 和 Ethernet/IP,为不同厂商的设备提供了统一的通信标准,从而使系统集成过程更加顺畅。这些协议通过明确的数据格式、传输速率及错误处理机制,确保在复杂工业环境中的数据能够快速、准确地传递。

在实际应用中,接口标准化不仅涉及通信协议的选择,还需考虑物理层面的连接方式。例如,以太网、RS-485 和 Profibus 等不同的通信接口各有其传输特性和适用场景。以太网因其高带宽与广泛应用,通常用于大数据量和高速率的图像传输,而 RS-485 和 Profibus 则更适用于低速、长距离的设备控制与状态监测。因此,在系统集成过程中,必须根据具体需求选择合适的接口,并配置相应的硬件转换器或网关设备,以确保不同设备之间的兼容性及数据传输的稳定性。

在多设备、多系统的环境下,数据同步机制是确保系统协同工作的核心。机器视觉系统往往需要与生产线的其他设备保持高度同步,以确保数据的实时性和操作的连贯性。硬件触发机制是实现这一同步的重要手段,例如,通过 PLC 控制器发出的同步信号,触发相机在准确的时间点采集图像。这种同步方式尤其适用于高速流水线或精密装配过程,确保每一帧图像都与具体的工件状态相对应。为了进一步提高同步精度,系统设计中还可以引入时间戳技术,通过为每个数据包添加时间标签,确保在后续的数据处理和分析阶段能够准确对应不同设备的操作时间。这种精准的同步机制对于实现实时监控和数据分析具有重要意义。

系统集成测试是验证集成效果的重要环节。在完成接口配置和数据同步机制的设计后,需要通过一系列测试来验证系统的整体性能和稳定性。功能测试用于检查每个模块的基本操作是否符合设计要求,确保系统各部分功能的正常运作;压力测试则模拟高负载条件下的运行情况,评估系统在大数据量和高频操作中的表现,确保系统能够稳定运行而不出现性能瓶颈;可靠性测试进一步考察系统在异常条件下的应对能力,例如网络中断和电源波动等,识别潜在的系统瓶颈和故障点。通过这些全面的集成测试,可以确保机器视觉检测系统在实际应用中表现出色,能够应对复杂的工业环境,实现高效、精准的检测任务。

2. 系统集成

完成系统的集成后,接下来就是要选择合适的硬件来支撑机器视觉检测系统。它决定了系统的整体性能和适应性;选择合适的硬件设备,不仅需要满足检测精度和速度要求,还必须考虑工业环境中的稳定性和可靠性。以下是具体的硬件选型策略和技术说明。

相机是视觉系统的核心,决定了成像质量和检测精度。在相机选型时,首先需要考虑的是分辨率和帧率。高分辨率相机(如 5000×5000 像素)适用于需要捕捉细微特征的应用,如精密电子元件的表面缺陷检测;而对于高速运动物体的检测,则需要高帧率相机(如 120 FPS),以确保在快速移动的生产线上不丢失任何关键图像。其次是动态范围,这决定了相机在光照变化较大的环境中的表现能力。对于光线反差较大的检测场景,如室外或高反光物体,选用高动态范围(HDR)相机可以获得更稳定的成像效果。此外,相机接口类型(如GigE Vision、USB 3.0、Camera Link、CoaXPress)也是选型时的重要考虑因素。GigE Vision 和 USB 3.0 适合大多数中低速应用,易于集成,而 Camera Link 和 CoaXPress 则支持更高的数据带宽和更长的传输距离,适合高分辨率、高帧率的应用。

在机器视觉系统中,光源的选择与配置是影响成像效果的关键因素,直接决定了图像的对比度和清晰度。在光源选型时,需根据具体检测需求选择合适的光源类型。环形光源适用于提供均匀照明,常用于平面物体表面特征的检测;条形光源则适合检测长条形或表面存在纹理的物体,能够加强局部区域的亮度;开孔面光源用于检测需要避免直接反射的场景,特别适合处理复杂表面或有高反射性的工件。此外,光源的亮度控制和同步触发能力也是重要考虑因素,尤其在高速检测应用中,需确保光源与相机拍摄的时序完全一致,以获得稳定、清晰的图像。不同类型的光源如图 8.7 所示。

计算平台的选择应基于系统对数据处理速度和算法复杂度的需求。对于需要大量并行计算的任务(如深度学习图像分类),GPU 因其在大规模矩阵运算上的优势而被广泛

(a) 环形光源   (b) 条形光源   (c) 开孔面光源

图 8.7 光源

采用。NVIDIA 的 RTX 系列和 Tesla 系列 GPU 因其强大的 CUDA 核心和 AI 加速能力，是目前工业视觉系统中常见的选择。而对于实时性和功耗有更高要求的应用场景，FPGA 和 ASIC 则提供了更高的确定性和效率。FPGA 设备允许用户根据特定应用优化逻辑电路，适用于延迟敏感的视觉任务。硬件选型时，还需考虑散热设计、电源供应和环境适应性（如防尘、防水等级），确保设备在工业现场长期稳定运行。表 8.1 展示了不同计算平台的特点。

表 8.1　不同计算平台对比表

计算平台	优　势	典型应用	代表产品	注意事项
GPU	高并行计算能力	图像分类	NVIDIA RTX 系列	功耗较高
FPGA	可编程逻辑	实时视觉处理	Xilinx 系列	设计复杂
ASIC	可定制化	功耗敏感场景处理	定制化芯片	开发成本高

8.1.3　软件设计与算法实现

1. 概述

在机器视觉检测系统中，软件设计与算法实现是将硬件设备的能力转化为有效检测和分析能力的核心环节。相较于前面的系统集成与硬件选型部分，软件设计专注于如何搭建稳健的系统架构和编程框架，以支持高效的数据处理和图像分析；而算法实现则深入探讨如何利用图像处理、机器学习、深度学习等技术来完成具体的检测任务。两者共同构成了机器视觉系统的软件核心，直接影响到系统的性能、灵活性和可扩展性。

2. 软件设计

软件设计是构建机器视觉检测系统的基础，它决定了系统的模块划分、数据流向、任务调度和交互界面的实现方式。一个良好的软件架构不仅要支持高效的图像处理，还要具备良好的可扩展性和维护性。在实际应用中，机器视觉检测系统的软件设计通常遵循模块化和层次化的原则，分为图像采集模块、数据预处理模块、特征提取模块、结果分析模块以及用户界面模块等。

图像采集模块负责与硬件设备（如相机、传感器等）直接交互，实时获取图像数据。该模块需要实现设备的初始化、参数配置（如曝光时间、增益等）以及数据传输的稳定性保障，确保图像采集的质量和一致性。数据预处理模块则对采集到的图像进行预处理操作，包括图像去噪、增强、缩放、色彩校正等。这些操作有助于改善图像的质量，减少后续处理的计算负担。

在软件设计中，任务调度和数据流管理是非常关键的一环。任务调度主要涉及如何有效利用多核 CPU 和 GPU 资源来并行处理大量的图像数据；采用线程池或任务队列等机制，可以显著提高系统的处理效率。数据流管理则确保不同模块之间的数据传递顺畅；通过设计清晰的接口和数据格式（如 JSON、XML 或自定义二进制格式），可以保证数据在各模块之间的兼容性和可读性。此外，系统还需支持异步处理和消息传递机制，以应对实时性要求较高的场景。

用户界面模块是软件设计的最后一层，也是直接面向操作人员的部分。一个高效的用户界面应具备实时监控、参数配置、结果展示和系统状态报警等功能。基于 C# WPF、Qt 或 Web 前端技术（如 Vue.js、React）开发的 GUI 界面，能够提供更加直观和友好的操作体验。同时，UI 设计应注重响应速度和易用性，避免过多复杂操作，提升用户的操作效率，如图 8.8 所示。

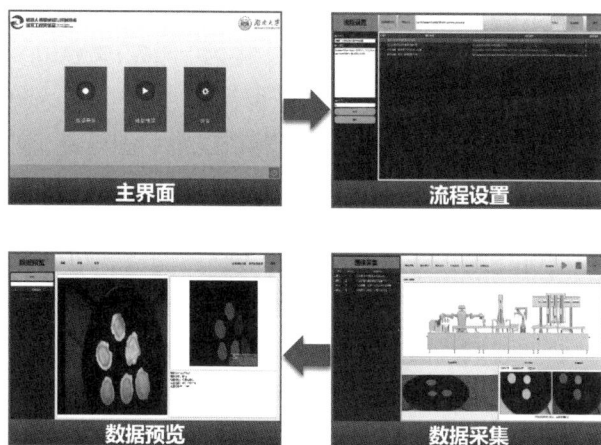

图 8.8　软件设计示意图

3. 算法实现

在机器视觉检测系统中，算法的实现直接影响软件架构的设计需求。不同类型的算法（如图像预处理、特征提取、目标检测、分类和分割等）对计算资源、数据流管理、模块接口设计和硬件加速等方面都有不同的要求。有效的算法实现需要软件架构能够灵活应对这些需求，确保系统的整体性能和稳定性。以下部分将详细讨论如何根据各类算法的特点进行软件设计与集成，如表 8.2 所示。

表 8.2　机器视觉检测系统中不同算法对软件架构设计需求

算 法 类 型	软件设计需求	接 口 设 计	计算资源与任务调度
目标检测与分类	实时处理视频流	灵活 API 接口	支持 GPU 加速推理
	支持深度学习框架		高效数据缓存清理
特征提取	高效模型加载	REST API/RPC 通信	任务调度与负载均衡
	异步非阻塞服务		动态分配资源
异常检测与分割	支持并行计算	可调整的参数接口	多 GPU 节点协同处理
	进度要求		分布式存储系统

目标检测与分类算法通常需要软件架构在数据流处理和硬件加速支持上具备高度优化。目标检测算法如 YOLO（You Only Look Once）和 SSD（Single Shot Multibox Detector）要求系统能实时处理视频流，这意味着软件架构需支持数据的高速流式处理和实时响应能

力。为此,软件设计应引入异步数据管道和零拷贝技术,以减少数据在不同模块间传输时的延迟和内存复制开销。同时,为了支持 GPU 加速推理,软件架构应与深度学习框架(如 TensorFlow、PyTorch)和推理优化引擎(如 TensorRT、ONNX Runtime)紧密集成。目标检测模块的设计应提供灵活的 API 接口,允许用户根据任务需求动态加载不同的检测模型,并支持模型的在线更新和版本管理。此外,考虑到检测任务可能产生大量的中间数据(如特征图和预测结果),软件架构需设计高效的数据缓存和清理机制,防止内存溢出和性能下降。

对于特征提取算法,尤其是基于深度学习的特征提取方法(如卷积神经网络,CNN),软件设计需要支持高效的模型加载、推理和更新机制。深度学习模型通常较大且计算复杂,为此,软件架构需提供一套高效的模型管理系统,能够在系统启动时加载所需的模型,并支持在不同任务间快速切换。这需要模块化的设计,分离特征提取逻辑与数据处理逻辑,通过接口(如 REST API 或 RPC)进行通信。特征提取模块还应设计为异步非阻塞的服务,以避免因模型推理耗时过长而导致数据处理链路的阻塞。此外,考虑到特征提取的计算密集型特点,软件架构还需提供自动负载均衡和任务调度功能,以根据系统负载动态分配计算资源,确保模型推理的高效性和系统的整体稳定性。

在涉及异常检测与图像分割算法的场景中,软件设计需进一步考虑模型的复杂性和对精度的要求。异常检测和分割算法通常需要处理更复杂的图像特征,并在高分辨率的图像上进行像素级运算。因此,软件架构需支持大规模并行计算和多级缓存优化。模块设计时,可以将分割算法的卷积运算和反卷积运算分布到多个 GPU 节点上进行,并通过高速网络连接实现节点间的数据同步。为确保分割结果的精度,软件架构还应支持精细化的参数调整和多模型集成策略(如模型融合和集成学习)。为了应对大规模图像数据处理,软件还需设计高效的分布式存储系统,支持数据的快速读取和写入,确保分割算法的实时性。

8.2 工业视觉系统的测试与优化

工业机器视觉检测系统在实际应用中需要确保其性能稳定、误差可控并具备良好的可靠性。为了实现这些目标,系统的测试和优化至关重要。本节将讨论工业视觉系统性能测试的基本方法,误差分析与系统优化的策略,以及系统稳定性与可靠性的设计方法。

8.2.1 系统性能测试办法

系统性能测试主要从分辨率、精度、重复性、速度及适应性等方面进行,确保其在复杂工业环境中能够稳定、准确地运行。不同的场景可能需要不同的测试方法,以下是几种常用的系统性能测试方法。

1. 分辨率测试

分辨率是衡量工业视觉系统检测精度的重要参数之一,它直接决定了系统对图像中细微特征的识别能力。高分辨率意味着系统能够准确捕捉到更小的细节,从而提高检测的可靠性和准确性。在分辨率测试中,通常采用分辨率测试靶标,这些靶标可以是标准的线条或网格图案,设计用于评估系统在特定条件下分辨最小特征的能力。在测试过程中,首先需要设置适当的图像采集参数,包括分辨率、曝光时间和增益等。分辨率的高低不仅依赖图像传感器的像素数,还受到光学镜头的质量、拍摄距离以及光照条件的影响。测试靶标通常被置于不同的焦距和角度下,系统通过拍摄并分析图像,以判断其对线条、图案的分辨能力是否满足预定要求。具体来说,测试靶标可能包括一系列逐渐缩小的线条或格子,测试系统在不同条件下能够清晰识别的最小线条宽度。系统在多个焦距下拍摄靶标图像,并对比图像中识别到的线条与靶标的实际尺寸,以评估分辨率;在这一过程中,还需特别注意光学镜头的畸变、锐度和对比度等因素,它们都会影响最终图像的清晰度。此外,为确保系统在实际工业环境中的有效性,分辨率测试还需要在不同光照条件下进行,这意味着通过测试系统在不同的照明强度和角度下的表现,确认其在各种光线变化下能否保持足够的图像清晰度。不同的光照条件可能会影响成像质量,导致对细节的识别能力下降,因此,在设计测试方案时应考虑到这一点。

测试结果的分析对于优化系统的光学配置和图像处理算法至关重要。如果分辨率测试显示系统无法有效识别某些细微特征,可以调整光学镜头的设置、改变拍摄距离,或者对图像处理算法进行优化,以提高分辨率并减少图像失真。通过这种全面的分辨率测试,工业视觉系统能够在实际应用中保持高水平的检测精度,从而满足工业生产对质量和效率的严格要求。图 8.9 展示了分辨率测试流程。

图 8.9 分辨率测试流程图

2. 检测精度与重复性测试

检测精度指的是系统在测量物体特征(如位置、大小或形状)时与标准值的偏差,而重复性则表示系统在相同条件下多次测量时的结果一致性。这两个指标共同决定了系统在实际应用中的可靠性和有效性。

在检测精度测试中,通常使用标准尺寸的标定物体。通过将系统的测量值与已知标准值进行比较,可以评估测量误差的大小。这一过程包括在多个角度和距离下对标定物体进行检测,以全面了解系统在不同情况下的表现。系统需要进行多次拍摄和测量,记录下每次的结果,从而提供充分的数据用于分析。测试结果可以帮助识别系统在特定条件下的性能瓶颈,并为后续的优化提供依据。

重复性测试则是在相同环境条件下,对同一目标物体进行多次测量,旨在计算系统测量结果的标准差。通过多次测量相同物体,能够有效评估系统的一致性与稳定性。通常,测试结果需通过统计分析来了解测量结果的离散程度和系统的稳定性。如果系统在多次测量中的结果差异较大,则可能表明系统存在问题,如传感器校准不准确或算法调整不当,在这种情况下,需要对传感器进行重新校准或调整测量算法,以确保系统在长期运行中的稳定性和可靠性。图 8.10 展示了该测试的流程。

图 8.10 检测精度与重复性测试流程图

3. 检测速度测试

检测速度是衡量工业视觉系统处理效率的重要指标之一,尤其在高速生产线或大批量检测任务中,系统的反应速度直接影响生产效率。在实际工业应用中,系统不仅需要高精度的图像处理能力,还需具备极高的处理速度,检测速度测试的目的是评估系统从图像采集到结果输出的响应时间。通常,测试过程中通过模拟生产线的实际运行环境,系统以不同的帧率进行连续图像采集和处理,并记录系统完成整个检测过程所需时间。

此外,负载测试也是检测速度评估的重要组成部分,通过模拟复杂的检测任务,如多目标检测或物体识别,检测系统在高负载条件下的性能变化,负载测试能够反映系统在真实工况下的效率,并为系统的优化提供参考,如图 8.11 所示。

模拟生产线环境 (设定运行速度)	→	连续采集图像 (设定不同帧率)	→	记录处理响应时间 (分析处理效率)	→	负载测试:复杂任务 (多目标/高精度)

图 8.11　检测速度测试流程图

4. 光源与环境光适应测试

光照条件对工业视觉系统的性能有着重要影响,工业环境中的光源可能会随时变化,这就要求系统具备良好的光照适应性。光源与环境光适应性测试的目的是评估系统在不同光照条件下是否能够保持高质量的图像采集能力,以确保在各种实际应用场景中都能实现准确的检测。

在测试过程中,首先需要调节光源的强度、角度和颜色,以模拟各种光照条件;同时,还需考虑外界光源的变化,例如日光、工厂照明以及其他潜在干扰源。通过在不同的光照条件下进行图像采集,系统能够评估其在强光、弱光和复杂光照环境中的表现。例如,在强反射光条件下,图像中可能出现高亮区域,这会导致部分细节丢失,影响系统的检测精度;而在弱光条件下,图像噪声可能增加,导致细节模糊,从而影响目标的识别能力。

通过测试,可以识别系统在不同光照下的弱点,并提出相应的改进措施。例如,如果在强光条件下检测效果不佳,可能需要调整光源的布置或设计更有效的光学配置;而在弱光条件下,可以考虑引入噪声过滤算法或图像增强技术来改善图像质量。通过这些调整,能够提高系统的光照适应性,确保在实际生产环境中,无论是强光还是弱光,系统都能够稳定地完成检测任务,确保生产过程的高效和产品质量的可靠。这样的光照适应性测试不仅能够提升系统的整体性能,还能为不同应用场景下的实际运用提供有效保障。图 8.12 展示了该测试的流程与图像效果。

调整光源强度与角度 (强/中/弱光、直射等)	→	模拟外部光照变化 (工厂灯光、日光等)	→	采集多种光照图像 (不同条件组合)	→	分析图像质量 (识别高亮/噪声等)

(a) 光源与环境光适应测试流程图

(b) 环境光下的图像效果　　　　(c) 专用光源下的图像效果

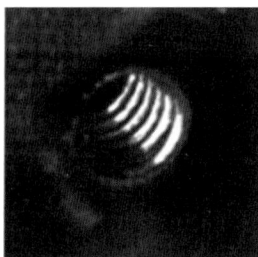

图 8.12　光源与环境光适应测试流程与图像效果

8.2.2 误差分析与系统优化

工业环境复杂多变,系统可能受到各种因素的干扰和限制,导致检测结果出现误差。因此,对这些误差进行深入分析,并通过合理的系统优化来减少或消除这些误差,是确保工业视觉系统在生产应用中达到高精度和高稳定性的重要手段。本节将详细介绍几种常见的误差类型,并探讨相应的优化策略,以提高系统整体性能。

1. 几何误差分析与校正

几何误差是工业视觉系统中最常见的误差之一,通常由系统硬件(如摄像头、镜头和光源)的位置或角度偏差引起。这种误差会导致系统在检测物体尺寸、形状或位置时出现偏差,尤其在多摄像头系统中,不同视角下的图像可能会引发几何失真。几何误差的主要来源包括镜头畸变、视角偏差和标定误差。

镜头畸变是最典型的几何误差,尤其在广角镜头或低成本镜头中尤为明显。这种误差通常表现为图像中的直线出现弯曲变形,从而影响系统的检测精度。为了解决这一问题,可以通过摄像头标定技术对镜头进行校正。标定过程包括拍摄标准的校准靶标(如棋盘格或圆点阵列),然后根据拍摄的图像计算镜头的畸变参数。利用这些参数,可以对图像进行畸变校正,从而减少或消除几何误差,提升系统的准确性和可靠性。通过实施适当的标定和校正措施,可以有效地提高工业视觉系统在实际应用中的性能,确保其在多种环境条件下的稳定运行。这不仅有助于优化检测结果,还能降低由于几何误差引起的潜在风险,进而提高生产效率和产品质量。

2. 图像处理误差分析与优化

图像处理误差主要源于图像采集和处理算法的局限性或不足。这些误差可能对工业视觉系统的性能产生显著影响,常见的图像处理误差包括噪声干扰、边缘检测不准确以及目标识别误差等。这些问题通常会导致系统在物体识别或分类时出现错误,从而降低生产线的检测效率和准确性,给工业应用带来潜在的风险。

噪声干扰是图像处理中的一个重要问题,尤其是在低光照或复杂背景条件下,图像中会产生较多的噪声信号。这些噪声不仅影响图像的清晰度,还可能导致误判。在降低噪声带来的误差方面,常见的优化方法是使用图像预处理技术,如高斯滤波、均值滤波或中值滤波等。这些滤波器的设计目的是在图像中平滑噪声点,同时尽可能保留物体的边缘特征。例如,高斯滤波通过对邻域像素的加权平均,能够有效减轻高频噪声,而中值滤波则通过替换每个像素为其邻域中的中位数,有效去除脉冲噪声,同时保护边缘信息。这些预处理技术的应用显著提升了图像的整体质量,为后续的图像分析和处理打下了良好的基础。在边缘检测和目标识别过程中,选择合适的算法同样至关重要。边缘检测是物体识别的关键步骤,常用的算法包括基于梯度的 Canny 边缘检测器、Sobel 算子和 Laplace 算子等。特别是 Canny 边缘检测器,由于其在不同光照条件下的稳定性和高精度,广泛应用于工业视觉系统中。该算法通过多阶段处理,包括噪声去除、梯度计算和非最大值抑制,有效地提取图像中的边缘轮廓,为后续的目标识别提供了准确的基础。

此外,目标识别的精度与所选算法密切相关。深度学习技术的应用逐渐改变了传统目标识别的方法,卷积神经网络(CNN)因其在特征提取和分类上的优势,已成为现代视觉系统中不可或缺的工具。然而,深度学习模型的训练和部署需要大量的标注数据和计算资源,因此在实际应用中,系统需要根据具体的应用场景选择合适的算法与模型,确保在性能和资源之间取得平衡。

通过有效的噪声处理、精确的边缘检测以及合理的目标识别算法选择,工业视觉系统能够在复杂的操作环境中显著提高检测的准确性和效率,从而满足日益严格的工业生产要求。这些技术的综合应用不仅提高了系统的稳定性,还增强了其在实际应用中的可靠性,确保了生产线的高效运行和产品质量的保障。

3. 采集与传输误差分析与优化

采集与传输误差是指在图像从传感器采集到系统处理期间,数据传输过程中由于信号丢失、延迟或压缩导致的图像质量下降。这类误差在高速生产线或远程数据传输系统中尤为常见。信号传输中的丢包、帧率下降以及图像模糊等问题,都会直接影响工业视觉系统的检测结果,进而降低系统的整体性能和可靠性。

为了优化数据采集与传输,首先,需要确保传感器和数据传输链路的带宽能够满足高帧率图像采集的需求。如果带宽不足,可能会导致数据传输延迟或图像丢失,因此应考虑使用更高规格的传输设备或协议。例如,采用光纤传输能够提供更高的带宽和更快的数据传输速度,而 USB 3.0 和千兆以太网也是常用的高速数据传输标准,它们可以有效减少数据传输过程中的瓶颈。其次,在传输过程中,可以采用错误校正机制和冗余数据传输技术,以降低数据丢失的风险。错误校正机制通过添加冗余信息,使得在数据传输过程中即使部分信息丢失,也能够通过剩余数据进行恢复。此外,使用数据包重传策略可以确保在发生丢包的情况下,重要数据能够被重新发送,从而提高传输的可靠性。另外,优化图像压缩算法也是提高数据传输效率的重要措施,在保持图像质量的同时降低数据传输量,可以显著提高传输效率并减少因压缩造成的误差。例如,采用适合实时应用的压缩格式,如 JPEG2000 或 HEVC(高效视频编码),可以在有效压缩图像数据的同时,保持较高的图像清晰度。

通过上述措施的综合应用,工业视觉系统能够有效减少采集与传输过程中产生的误差,从而提高图像质量,确保系统在实际应用中的稳定性和可靠性。这不仅能提升生产效率,还能保证最终产品的检测精度和质量,满足现代工业生产的高标准要求。

4. 硬件误差分析与优化

硬件误差通常与视觉系统的物理部件有关,包括相机、镜头、机械臂和光源的老化或失调。随着设备使用时间的增加,硬件的精度和性能可能会逐渐下降,导致误差的累积。这种情况在机械臂或运动平台上尤为明显,因为它们的精度下降可能会导致物体定位不准确,进而影响最终的检测结果。

为了减少硬件误差,定期维护和校准设备至关重要。相机和镜头的校准应定期进行,以确保成像的准确性和图像质量;在这一过程中,可以使用标准化的校准靶标,通过拍摄和分析图像来计算并校正镜头的畸变和相机的对焦误差。此外,对于机械臂等运动设备,通过安装高精度的编码器和反馈系统,可以实时监控其位置和姿态;这种监控能够确保在移动过程中保持高精度,并及时进行调整以纠正任何偏差。同时,选择更高质量的光源和传感器也能显著提高系统的鲁棒性和长期稳定性;高品质的光源可以提供均匀的照明,减少因光照不均导致的图像质量下降,而高灵敏度的传感器则能在各种环境条件下捕捉到清晰的图像,从而降低硬件老化带来的影响。

综上所述,通过定期维护、精确校准以及高质量硬件的选择,工业视觉系统能够有效减少因硬件误差引发的问题。这不仅能确保检测过程中的精度和稳定性,还能延长设备的使用寿命,提高整体系统的效率和可靠性。

8.2.3　系统稳定性与可靠性设计

工业视觉系统的稳定性与可靠性直接关系到其在工业环境中的持续工作能力。面对高强度、长时间运行的工业环境,系统必须在不间断的工作状态下保持良好的性能表现。稳定性是指系统在不同操作条件下保持正常工作的能力,而可靠性则指系统在长期运行中发生故障的概率。通过设计合理的冗余架构、容错机制、实时监控和长期测试,可以大幅提高系统的稳定性和可靠性。下面将详细讨论几种具体的设计方法。

1. 硬件冗余设计

硬件冗余是应对工业生产环境中单点故障的常见策略,旨在确保系统在关键设备(如相机和光源)故障时能够继续正常工作,从而提供多级保护。在设计硬件冗余时,可以通过多种方式实现。例如,在一些关键的检测位置部署多台摄像头进行图像采集,正常情况下系统只使用其中一台摄像头,但如果该摄像头出现故障,系统能够自动切换至备用摄像头,确保检测过程不中断。这种冗余配置特别适用于高风险或高要求的生产环境,如电子元器件的检测和高精度装配线。多相机冗余不仅增强了系统的可靠性,还为复杂任务提供了多角度的视觉信息,从而提高检测精度。

光源也是工业视觉系统中不可或缺的部分,其质量对图像采集至关重要,因此配置冗余光源显得尤为重要。通过设置备用光源,当一个光源失效时,系统能够快速启用备用光源,确保图像质量不受影响;此外,更高级的光源冗余系统可以通过智能控制,根据环境光的变化动态调节光源强度和照射角度,从而确保光线始终均匀覆盖目标区域。这种智能切换机制能够提高系统在不稳定光照条件下的适应性,减少光源失效带来的风险。

对于传输链路、图像处理单元等核心部件,可以采用双机备份或热切换技术。这种方式在检测到系统异常时,备用设备能够立即接替工作,显著减少因关键组件故障导致的生产停滞。冗余系统通过硬件设计保障系统在极端情况下的连续性,从而提高系统的整体可用性。通过实施这些冗余策略,工业视觉系统能够在面对潜在故障时保持高水平的可靠性和稳定性,为生产过程提供坚实的支持。

2. 软件容错与恢复机制

在工业环境中,视觉系统常常面临意外的数据丢失、传感器故障或计算错误等问题,如果这些问题不及时处理,可能导致整个系统停止工作。因此,软件层面的容错设计显得尤为重要,它通过捕捉、分析并修复这些异常情况,确保系统在遇到错误时依然能够保持运行。为此,系统可以实施多级数据验证与校正机制,在图像处理过程中,通过多级验证机制来识别错误数据。例如,当某一帧图像由于传输问题或传感器干扰而丢失时,系统能够通过对前后帧图像进行对比,利用插值算法或其他重建技术来补偿丢失的信息。同时,系统还可以通过冗余数据的交叉验证来确保关键检测任务的准确性,这些机制能够有效降低图像处理中的错误率。

在高负载的工业环境中,系统可能会出现暂时性错误或中断,因此,可以使用实时错误监测系统来保证系统的连续性。通过实时监测关键参数(如 CPU 使用率、内存状态和传感器数据流等),系统能够迅速发现并定位错误来源;如果发现故障或异常情况,系统可以通过自动化的故障恢复机制进行重启或切换到备用系统,从而确保系统不会因短暂的故障停机。容错设计与自恢复功能的结合能够极大提高系统的运行时间和连续性。

在复杂的检测任务中,通过使用多种不同的检测算法来交叉验证结果,可以显著提高检测的准确性和鲁棒性。在目标检测过程中,系统可以同时采用传统的边缘检测算法和基于机器学习的分类算法处理同一图像,并对比这两种算法的结果,从而有效规避单一算法可能出现的误判情况。通过这一系列的软件容错与恢复机制的实施,工业视觉系统能够在面对各种突发状况时保持稳定的运行,确保生产过程的高效与安全。

3. 长期稳定性测试与优化

长期稳定性测试是确保工业视觉系统能够在实际生产中长期稳定运行的必要步骤。通过长时间的模拟测试,系统可以在不同的环境条件下接受挑战,以评估其硬件和软件的极限性能。加速老化测试是一种重要的方法,它通过在实验室环境中模拟极端条件(如高温、低温、震动和湿度等),对系统进行全面评估。这类测试能够快速发现系统硬件的耐久性问题,尤其是在需要长时间无间断运行的工业应用中,提前识别可能出现的部件故障对于系统的长期稳定运行至关重要。

在进行长期稳定性测试时,持续性能评估与软件优化也是不可或缺的一部分。通过长时间运行,系统能够积累大量的运行数据,从而揭示可能出现的性能退化或内存泄漏等问题。开发人员可以根据这些数据进行系统软件的优化,减少不必要的资源占用,并定期更新算法,以确保系统的处理能力和响应速度在长时间运行的情况下依然保持高效。此外,监控系统性能指标能够帮助及时发现并解决潜在的问题,从而进一步提升系统的可靠性。

为了确保系统的长期可靠性,周期性维护与校准也是至关重要的。定期对摄像头、光源和传感器等关键组件进行校准,可以确保系统的检测精度不随时间的推移而下降。此外,定期更换或维护这些关键硬件部件,能够有效减少设备故障率,延长系统的使用寿命。通过这些综合措施,工业视觉系统不仅能在各种环境下维持高水平的性能,还能在长期运行中保持稳定性,从而确保生产线的高效和产品质量的可靠。

8.3 工业视觉检测系统的应用案例

8.3.1 应用案例背景分析

在显示屏制造过程中,显示缺陷直接影响到显示效果的质量和用户体验,因此,检测显示屏中的缺陷是保证产品质量的关键环节。本案例将展示如何基于工业视觉检测技术,针对显示屏的多种缺陷,进行有效的检测与分析。

1. 需求分析

显示屏缺陷的种类繁多,包括灰阶或色阶异常、点线缺陷(如亮点、亮线、暗点、暗线)、Mura缺陷(亮度或色彩不均)及像素损伤等。为有效识别这些缺陷,需求分析应从多个方面展开。首先,检测目标需要精确识别缺陷类型,并准确定位它们在屏幕上的具体位置;系统应具备检测亮点、暗点、亮线、暗线和Mura缺陷等多种问题的能力,并能够对缺陷的大小、亮度、形状等特征进行分类。其次,由于最终用户通过目视来观察显示屏效果,系统需确保自动检测结果与人眼观测效果一致,及时发现对人眼感知有影响的缺陷。同时,考虑到显示屏生产线的速度较快,检测系统要求在极短的时间内完成图像采集、处理和结果输出,以实现实时检测。

在系统要求方面,首先,需具备高分辨率成像,以捕捉显示屏上的微小缺陷。因此,选择适当的相机与镜头是关键,确保能够分辨出肉眼可见的最小缺陷。其次,检测系统需具备多样光照适应性,能够在强光、反光或弱光等不同条件下保持成像质量,以确保检测的准确性。最后,高效的处理能力也是必要的,因为系统不仅需要对单个显示屏进行检测,还需对大量显示屏进行连续检测,这要求系统具备高速数据处理能力,以避免生产线因检测而被阻塞。

特殊检测需求中,Mura 缺陷的检测尤为重要,因为它涉及显示屏亮度和颜色的不均匀性,这是一种检测中难度较大的缺陷类型。因此,需要对 Mura 缺陷进行专门的采集和增强处理,以保证检测的准确性。同时,点缺陷应根据显示特征进行详细分类,如亮点、暗点和灰阶点,需根据亮度、对比度、位置和分布密度进行分析。对于线缺陷,如亮线和暗线,也需按位置、长度等特征进行分类描述。通过上述综合需求的分析,工业视觉系统能够更全面地满足显示屏缺陷检测的需求,提高检测精度和效率。

2. 框架设计

本节介绍了一套针对显示缺陷的自动光学检测框架,当前显示屏缺陷检测面临的主要挑战包括物理定位精度不足、Mura 缺陷检测结果与人眼观察效果难以匹配,以及缺陷定量分析缺乏标准化等问题。因此,本方案从图像信息采集、图像处理、参数推荐、缺陷检测算法和可视度定量表达等多个角度出发,提供了完整的流程设计,有效提升了检测效率和准确性。

该系统的架构由信息采集、数据处理、缺陷分析和结果输出等多个环节构成一个完整的闭环。图像采集模块通过精准控制相机、光源和其他硬件设备,灵活适应生产条件,实时捕捉高质量的图像数据,为后续处理提供可靠的基础。为了应对不同生产环境的挑战,系统集成了多种光源配置和相机设置,以确保在各种光照条件下都能获得一致的成像效果。

在参数优化方面,专门设计的模块能够根据实际的生产环境和检测需求动态调整采集参数,如曝光时间、光源强度、焦距等。这种灵活的参数优化功能使得系统能够在面对不同类型显示屏和光照条件时,自动调整以获得最佳的成像效果,确保后续的图像处理和缺陷检测能够有效进行。完成图像采集后,系统进入数据处理与分析模块,对采集到的图像进行特征提取和缺陷识别;该模块采用多种先进的算法,包括图像预处理、特征提取和智能识别,以实现对显示屏上各种缺陷的自动分类与检测。例如,系统能够识别亮度不均、点线缺陷及其他常见缺陷,并通过对这些不同类型缺陷进行统一建模,确保了检测结果的准确性和稳定性。灵活的算法设计允许系统根据具体的检测需求进行调整,保证检测结果在不同产品条件下的一致性与可重复性。结果输出模块负责将检测到的缺陷信息进行标准化的量化描述,并生成易于理解和分析的结果报告;这种标准化输出确保了不同检测设备和生产线之间结果判定的一致性,极大地提高了质量管理的效率。通过规范化的结果,生产线可以迅速对检测结果做出决策,无论在哪条生产线上,检测结果都能以相同的标准进行判定。这种标准化的检测框架不仅提高了显示屏制造过程中的检测精度,还为后续的质量控制和改进提供了数据支持,有助于提升整体生产效率和产品质量。

8.3.2　硬件选型与算法设计

为实现高精度的 Mura 缺陷检测,系统在硬件和算法设计上进行了优化选择,以满足对检测精度、处理速度和实时性的要求。

1. 硬件选型

在硬件选型方面,成像相机的选择至关重要,因为 Mura 缺陷的检测对色彩和亮度的精确捕捉有严格要求。根据显示屏的分辨率和检测目标尺寸,所选相机必须确保高分辨率、良好的色彩还原能力以及灵活的像素比,表 8.3 进行了相应对比。这些相机能够根据不同 Mura 缺陷的大小和显示屏规格进行灵活调整,确保缺陷区域在图像中得到充分曝光和捕捉。光源系统的设计同样重要,为确保在不同灰阶(如高、中、低灰阶)条件下对缺陷的显著性,光源需要具备可调节性,能够通过调节亮度和角度突出缺陷特征。不同亮度的 Mura 缺陷在不同灰阶条件下的可见度各异,因此光源设计需保证在多种灰阶画面(如 W255、W128、W64、W32)成像过程中准确捕捉到缺陷。此外,为了满足大分辨率显示屏和高实时性要求,系统配备了强大的图像处理平台,包括 GPU 和 FPGA。GPU 能够支持需要高并行度计算的图像处理和复杂缺陷检测算法(如深度学习模型),确保快速处理和实时检测;而 FPGA 则在处理延迟敏感的任务时展现出高效、低功耗的优势,并能够实现对部分算法的硬件加速。通过这样的硬件配置,系统能够有效提高 Mura 缺陷检测的准确性和效率。

表 8.3　硬件列表

显示屏分辨率	成像传感器信号	图像分辨率	相 机 型 号
FHD+(2400×1080)	Sony IMX183LQJ	3200×2400	EXO183CGE
2K(1920×1080)	Sony IMX428LQR	3208×2200	EXO428CGE
4K(3840×2160)	Sony IMX542LQA	5320×3032	EXO542CGE
8K(7680×4320)	Sony IMX455ALK-K	9568×6830	VP-61MX-M/C18H

2. 算法设计

Mura 缺陷的检测算法需要在多尺度、不同灰阶画面条件下,对缺陷进行特征提取、识别和分类,以确保高效的检测和准确的结果。在图像预处理与灰阶采集阶段,Mura 缺陷在显示屏不同灰阶画面下的表现各异,因此优化图像质量是关键。预处理的第一步是亮度均匀化,旨在校正显示屏的亮度不均问题,以确保不同灰阶下的对比度差异能够被正确识别。为此,系统会应用直方图均衡化等技术来改善整体图像的亮度分布。此外,针对图像的畸变问题,系统通过仿射变换进行校正,以保持显示区域的标准矩形形状,从而确保检测区域的一致性。

在这一过程中,区域 Mask 与修补是另一个重要环节。由于显示屏上非显示区域(如边缘、孔卡等)可能会干扰检测结果,因此这些区域需要被遮盖(Mask)处理。通过应用修补算法,系统确保检测仅在显示区域进行,减少不必要的干扰。最后,为了更准确地反映人眼的观察效果,预处理过程中将图像从 RGB 色彩空间转换到 CIE-Lab 色彩空间。CIE-Lab 色彩空间更符合人眼对亮度和颜色差异的感知,使得后续的检测更加符合人眼观察的实际效果。

在多尺度特征提取阶段,由于 Mura 缺陷的尺寸和分布差异较大,且人眼对不同大小缺陷的敏感度不同,系统需要对图像进行全面的多尺度特征提取;这种多尺度分析能够确保对图像中不同尺寸缺陷的全面检测。通过对图像进行多尺度背景重建,系统可以提取出亮度对比度和颜色偏差图,从而确保无论缺陷是大面积亮斑还是小尺寸亮点,均能被准确识别。在背景重建时,系统采用基于 Grubbs 准则的导向滤波器,以避免 Mura 缺陷对背景估计的干扰。随后,应用频域视感度(CSF)滤波,根据人眼对亮度和色彩敏感度的不同,将亮度对比度和色差转换为视觉敏感度值。这一过程不仅能放大缺陷的视觉特征,还确保检测结果与人眼观察效果保持一致,从而不遗漏任何对人眼可见的缺陷。

在缺陷检测与分类阶段,完成特征提取后,系统需要对缺陷区域进行检测与分割。在视觉敏感度图中,利用自适应阈值分割算法,系统将缺陷区域从背景中分离。阈值选择基于人眼的最小视觉差(JND),这种方法确保了对亮度 Mura 和色彩 Mura 区域的准确提取。在检测过程中,可能会出现误检和冗余检测,因此系统会对缺陷区域进行过滤,去除噪声或误检区域。此外,通过多尺度特征整合,系统将不同尺度和灰阶画面下检测到的缺陷进行合并,确保每个缺陷在最终结果中被准确描述。

在特征量化与结果输出阶段,Mura 缺陷检测的最终目标是将缺陷信息以可量化的方式进行输出,以便于判断和分析。检测到的缺陷信息包括亮度差异、色差、对比度、位置、面积等特征,这些特征量化指标能够全面描述缺陷的属性和位置;亮度和色彩特征量化涵盖缺陷的亮度差异(Ld)、色差(Ed)和视觉敏感度(SdL、Sdc)等信息的计算;空间特征量化则包括缺陷的形态、面积、长度、宽度等信息,以及它在显示区域中的具体坐标。这些特征量最终整合成一张完整的检测报告,提供对每个缺陷的全方位描述。

通过上述算法设计流程,系统实现了高效的 Mura 缺陷检测,确保在多灰阶、不同尺寸和形态的条件下,缺陷都能被准确定位和分类。同时,算法充分考虑人眼对缺陷的敏感度,使检测结果与目视观察效果保持高度一致,为显示屏质量控制提供了可靠的检测基础。图 8.13、图 8.14 展示了该系统检测结果。

8.3.3　系统集成与结果

1. 系统集成

在显示缺陷自动光学检测(AOI)框架设计完成后,将其部署到小尺寸模组 OLED 显示屏 AOI 自动线中,以验证系统的实际性能。被测试的显示屏样品为 6.55 英寸 FHD+ OLED 柔性显示屏,分辨率 2400×1080,物理尺寸为 $153mm \times 69mm$。总共采集 177 片显示屏样本数据,包括 69 片点线缺陷样品、98 片 Mura 缺陷样品以及 10 片良品样品。系统集成完成后,对所有样品进行了自动检测,确保硬件和软件无缝配合,充分发挥系统检测性能。AOI 系统由图像采集模块、数据处理模块以及缺陷检测与分析模块构成。采集的图像数据通过相机、光源等硬件设备在不同灰阶和显示状态下被收集,随后送入处理模块进行多尺度特征提取、缺陷识别和特征量化。检测算法针对不同类型的缺陷,包括点、线缺陷和 Mura 缺陷,执行独立的处理流程,确保缺陷的精准识别与分类。

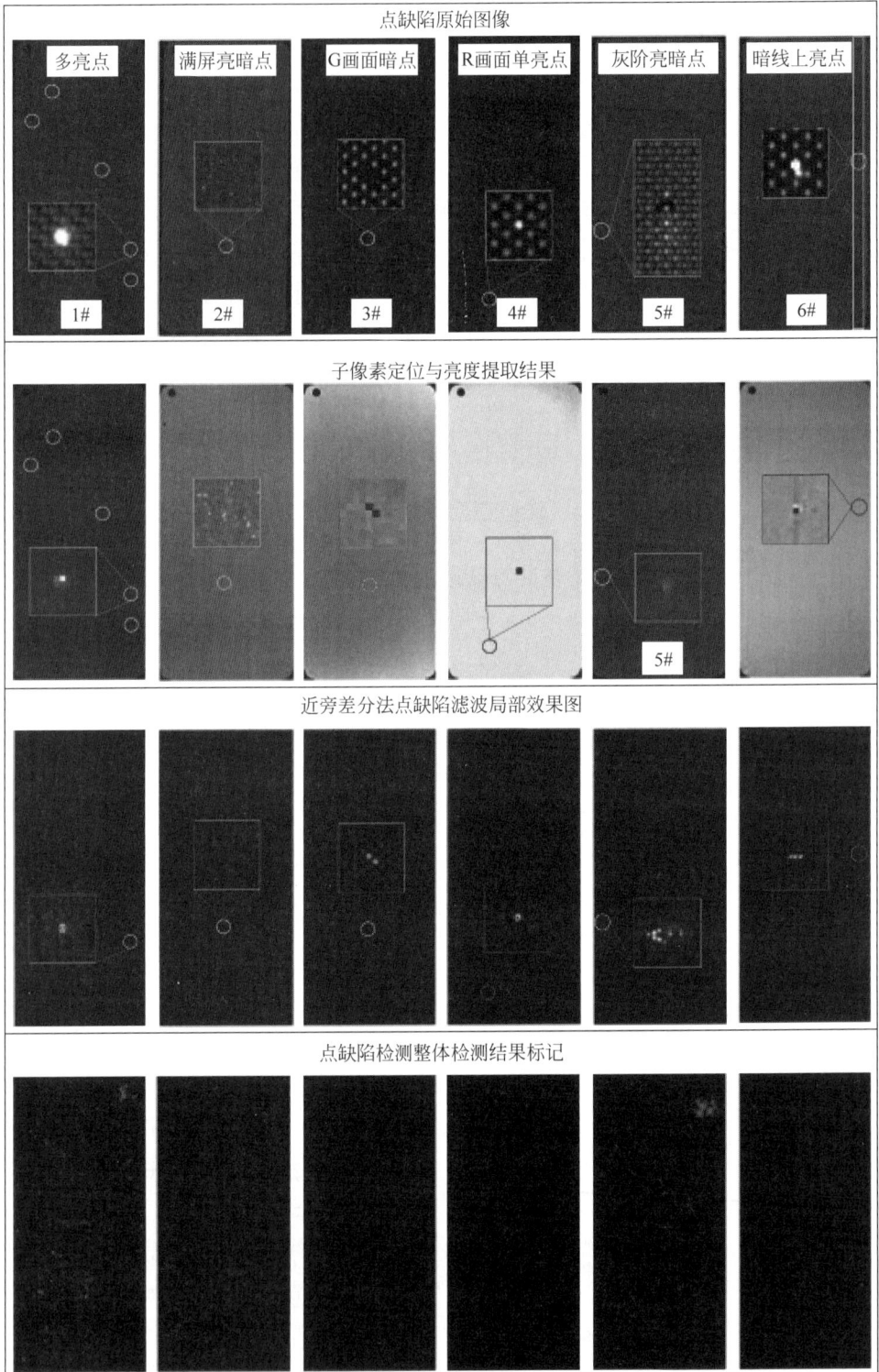

图 8.13　显示屏点线缺陷检测算法框架检测效果示例图（点缺陷）

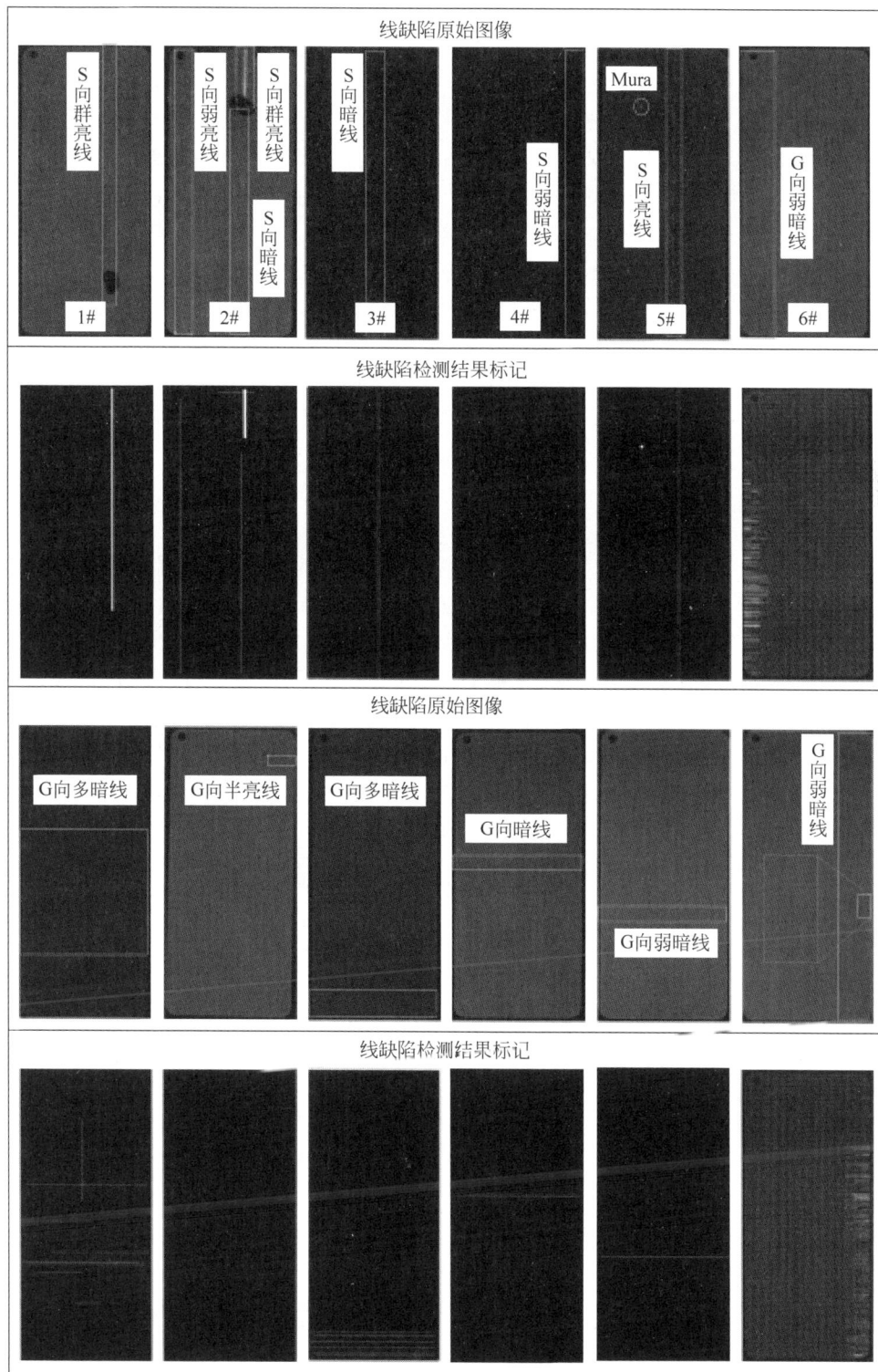

图 8.14　显示屏点线缺陷检测算法框架检测效果示例图（线缺陷）

2. 检测结果

对 177 片显示屏样本进行检测后,系统的检测结果:在良品(OK)中,共检测到 10 片,所有样品均被正确识别,未出现任何误检;而在缺陷样品(NG)中,共有 167 片,其中点线缺陷占 69 片,Mura 缺陷占 98 片。通过对不同类型缺陷的检测结果进行详细分析,结果显示 AOI 系统在样品测试中未发生误检,10 片良品的判别结果均为 OK,167 片缺陷样品的检出率高达 100%。这一结果表明,系统在检测点线缺陷和 Mura 缺陷方面展现出极高的准确率和可靠性。

在具体样本的检测中,点缺陷和线缺陷的特征信息得到了完整且明确的描述,系统对亮度、位置和形态进行了精确的分析与判别。对于 Mura 缺陷的检测,系统充分考虑了不同灰阶下的可视性和形态差异,成功实现了对各种类型 Mura 的全面识别和分类。特别是在多尺度和不同灰阶条件下进行的检测,确保了系统对各类缺陷的高敏感度和高检出率。这种检测能力不仅反映了系统在实际应用中的高效性,还为显示屏的质量控制提供了坚实的基础,确保了在生产过程中对缺陷的及时发现和处理。图 8.13、图 8.14 展示了该系统的检测结果。

8.4　本章小结

本章围绕工业显示屏缺陷检测,探讨了机器视觉检测系统的设计、测试优化流程,并通过具体案例验证其应用效果。8.1 节机器视觉检测系统的设计流程介绍了从需求分析、方案设计、硬件选型到数据处理的完整流程,确保系统能高效识别显示屏缺陷。8.2 节工业视觉系统的测试与优化重点探讨了系统性能测试,包括分辨率、精度、速度等,并通过对光源、算法、实时性等环节的优化,确保系统稳定高效地工作。8.3 节工业视觉检测系统的应用案例验证了上述设计流程在实际 OLED 显示屏检测中的有效性;系统对点、线、Mura 缺陷进行了高检出率检测,结果无误检,准确识别了各类缺陷,充分展示了系统的可靠性和精度。本章结合共性设计流程和实际案例,提供了从理论到实践的完整指导,为工业视觉检测系统的设计和应用提供参考。

8.5　思考与习题

1. 机器视觉检测系统需要在速度和精度之间找到平衡。在设计一个工业显示屏检测系统时,应该如何权衡图像分辨率、检测速度和硬件成本?举例说明在某种特定情况下,你会如何调整这些参数。

2. 不同的缺陷检测算法各有优势和适用场景。针对点缺陷、线缺陷和 Mura 缺陷,设计一个选择与优化算法的方案。思考在何种情况下应该优先考虑算法的准确性,何种情况下应该优先考虑算法的实时性。

3. 如果检测系统在实际使用中出现误检或漏检现象,你会如何分析和排查问题?从硬件、算法、参数配置、环境干扰等方面,列举可能的原因,并提出改进策略。

4. 多尺度检测对不同尺寸的缺陷有不同的敏感性,但处理大尺度图像可能会增加计算负担。如何在多尺度检测中平衡检测效果与计算效率?你会考虑怎样的算法或硬件架构来优化这个过程?

5. 在设计一个工业机器视觉检测系统时,哪些核心原则是必须优先考虑的?从模块化设计、可扩展性、稳定性、实时性等方面进行探讨,哪些原则对哪些类型的检测任务尤为重要?

第 **9** 章

工业机器视觉技术的前沿与展望

本章聚焦工业机器视觉技术的前沿发展,深入探讨了最新的技术趋势和未来展望。随着工业 4.0 的推进,工业机器视觉不仅在制造领域发挥着越来越重要的作用,其在自动化生产线、质量控制、智能检测等应用中已成为不可或缺的核心技术。首先,基于大规模预训练模型和深度学习技术的视觉算法,为工业机器视觉带来了前所未有的智能化和自适应能力,使得更复杂的检测和识别任务变得可能;其次,云边端协同架构正在改变工业机器视觉系统的数据处理方式,通过云端的强大计算能力与边缘端的实时性相结合,提升了视觉系统的响应速度与计算效率;此外,随着技术的进步,工业机器视觉也面临着一些新挑战,如数据隐私与安全问题、实时性要求和复杂场景下的适应性,这些问题为未来技术创新提供了新的机遇。本章将全面分析这些技术进展、关键挑战以及未来的发展方向。

本章分为 3 个主要部分:9.1 大模型与工业机器视觉,探讨了大规模预训练模型如何提升工业机器视觉系统的智能性和准确性;9.2 云边端协同与工业机器视觉,分析了云端和边缘计算的协同作用如何增强视觉系统的实时性和效率;9.3 未来工业机器视觉的挑战与机遇,讨论了工业机器视觉技术当前面临的技术瓶颈与未来的机遇,包括数据隐私、安全性、以及与其他技术的融合发展。

9.1 大模型与工业机器视觉

随着深度学习的不断发展,大规模预训练模型在工业机器视觉中的应用正逐步扩展。大模型(如基于 Transformer 的视觉模型、多模态模型等)具有强大的特征提取与学习能力,能够在海量数据中自动识别复杂模式,显著提升了机器视觉系统的检测、分类和识别精度。在工业领域,这种能力尤其重要,能够处理更加复杂的任务,如检测微小缺陷、实时监控和复杂背景下的目标识别。通过引入大模型,工业机器视觉系统的智能化水平得到了极大的提升,具备了更高的适应性与鲁棒性。然而,大模型在工业环境中的实际应用也面临诸多挑战,如模型训练和推理过程中对计算资源的高需求、模型部署时的实时性与效率问题等。本节将探讨大模型如何推动工业机器视觉技术的发展,以及在这一过程中遇到的技术挑战和应对策略。

9.1.1 多模态大模型的发展

多模态大模型的发展是近年来人工智能领域的重要趋势,尤其在工业机器视觉中,它通过整合多种模态的数据,如语言、视觉、语音等,实现了更高效的感知和认知能力。本节将探讨语言大模型,语言大模型的进步推动了自然语言处理的巨大飞跃,通过大规模预训练和深度学习方法,语言模型具备了强大的语义理解和生成能力。多模态大模型通过融合语言、视觉等不同模态的数据,提升了系统在复杂任务中的整体表现能力,并开辟了跨模态应用的新前景。这些大模型的融合与发展,正为工业机器视觉的智能化进程奠定坚实基础。

1. 大语言模型

大语言模型(Large Language Models,LLMs)是多模态大模型发展的基础之一。其核心理念是通过大规模的文本数据进行预训练,使模型具备理解和生成自然语言的能力。近年来,语言大模型的演变经历了从传统的统计语言模型到基于深度学习的自监督学习模型的重大转变(如图 9.1 所示),尤其是 Transformer 架构的提出,彻底改变了自然语言处理的方式。

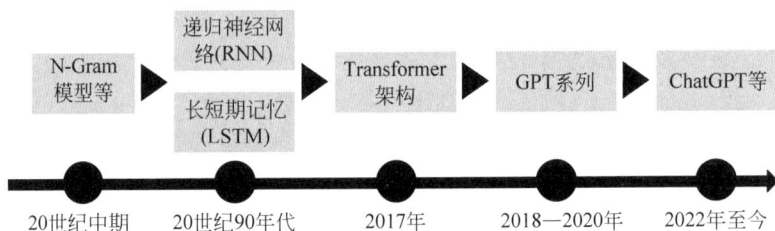

图 9.1　大语言模型发展历程

早期的语言模型主要依赖于统计方法和基于规则的系统,如 N-Gram 模型、隐马尔可夫模型(HMM)和条件随机场(CRF)等。这些模型通过统计词序列的共现概率来预测文本中的词语,但由于需要人工设计特征,且对数据规模的利用较为有限,性能受限。随着神经网络模型的发展,基于递归神经网络(RNN)和长短期记忆网络(LSTM)的模型逐渐成为主流,这些模型通过隐状态捕捉句子中的上下文信息,显著提升了文本生成和理解的能力。然而,受限于 RNN 结构的顺序依赖性和长距离依赖问题,模型在处理长文本时的表现仍存在不足。

2017 年,Vaswani 等提出了 Transformer 架构,为语言模型的发展带来了革命性的进步。Transformer 利用自注意力机制(Self-Attention),打破了序列依赖的限制,使模型能够并行处理整个句子中的每一个词;这一架构使得模型能够捕捉文本中的全局依赖关系,并显著提高了模型的训练效率和性能。在此基础上,大语言模型的预训练方法得到了极大的改进,BERT 和 GPT 系列成为了自然语言理解与生成任务的核心模型。BERT (Bidirectional Encoder Representations from Transformers)通过双向编码器同时从左右两侧捕捉上下文信息,在多个自然语言理解任务中表现优异;BERT 的预训练采用了掩码语言模型(Masked Language Model)和下一句预测(Next Sentence Prediction)任务,使得模型具备深度语义理解能力。GPT(Generative Pretrained Transformer)系列模型通过自回归方式生成文本,尤其是 GPT-3 这样的超大规模语言模型,展示了其强大的语言生成能力。GPT 模型采用预训练—微调(Pretrain-Finetune)策略,预训练阶段利用海量文本进行自监督学习,微调阶段则在特定任务上进行少量数据的训练。

近年来,超大规模语言模型的快速崛起进一步推动了大语言模型的发展。随着模型规模和数据量的迅速扩大，这些模型展现了惊人的自然语言理解和生成能力，甚至能够在少量样本或零样本(Zero-shot)条件下完成复杂任务。ChatGPT 是基于 GPT 系列的大语言模型，专门为对话生成优化。通过对大规模对话数据进行微调，ChatGPT 不仅具备生成高质量自然语言的能力，还可以根据上下文生成连贯的对话，甚至在长对话中维持逻辑一致性；它的发布开启了智能对话应用的新时代，展示了大语言模型在实际应用中的强大潜力。LLaMA(Large Language Model Meta AI)是由 Meta AI 开发的轻量化大语言模型，相比于 GPT 等超大模型，它通过优化模型参数和架构，达到了在较小计算资源下实现接近甚至超过 GPT-3 的性能表现。LLaMA 模型的出现使得大语言模型在学术研究和资源受限的工业应用中具备了更广泛的应用可能。Gemini 是由谷歌推出的下一代多模态大语言模型，具有跨模态处理能力；除了强大的自然语言处理能力外，Gemini 能够处理文本、图像等多种模态数据，为多模态大模型的发展奠定了基础。

2. 多模态大模型

多模态大模型的发展是人工智能领域的一个重要方向，通过融合视觉、语言、语音、传感器数据等多种模态的信息，这类模型在感知和理解复杂场景方面展现了强大的能力。近年来，多个开创性的多模态大模型相继推出，如 Contrastive Language-Image Pre-training (CLIP)、Segment Anything Model(SAM)、SEEM 等，这些模型通过大规模预训练和自监督学习，推动了跨模态学习的发展，并为多个领域的实际应用提供了基础，如图 9.2 所示。

CLIP(Contrastive Language-Image Pretraining)是由 OpenAI 提出的一种多模态预训练模型，它利用图像和文本之间的对比学习，联合训练视觉和语言编码器，从而实现了跨模态的语义对齐。CLIP 的设计初衷是为了让模型可以通过自然语言描述来理解图像，甚至在没有标注数据的情况下完成多种下游任务。CLIP 使用了两个独立的编码器：一个视觉编码器(可以是 ResNet 或 Vision Transformer)，负责将图像映射到特征空间；一个文本编码器(基于 Transformer 架构)，负责将文本描述映射到同一特征空间中。训练的关键是通过对比学习，使得图像和文本的特征在多模态嵌入空间中对齐。训练过程中，CLIP 最大化匹配的图像—文本对的相似度，同时最小化非匹配对的相似度。CLIP 的训练数据集极其庞大，包含了约 4 亿对图像—文本对，使得模型能够从自然图像和语言中学习复杂的视觉和语义关系。CLIP 通过这种对比学习的方式，具备了"零样本"能力，能够在没有专门微调的情况下，使用简单的文本提示完成下游任务。

CLIP 的成功激发了许多基于其架构的变体模型，这些变体旨在扩展 CLIP 的适用场景、提升性能，或优化模型架构。ALIGN(A Larger Image and Language Model)：Google 提出的 ALIGN 模型在架构上类似于 CLIP，但它使用了更多的训练数据，并对模型规模进行了扩展。ALIGN 使用了超过 10 亿对图像—文本对进行预训练，使其在跨模态任务中的表现优于 CLIP，尤其是在处理极为多样化的图像和语言数据时表现出色。VideoCLIP 通过对比时间重叠的正文本—视频样本对和最近邻检索的负文本—视频样本对训练 Transformer，将 CLIP 应用到视频领域来实现 Zero-shot 视频理解任务(包括文本视频检索、视频问答、token 级动作定位和动作分割)。

Segment Anything Model(SAM)是 Meta AI 推出的通用分割模型，旨在为任何图像中的任何物体提供自动分割功能。SAM 突破了传统图像分割的任务局限，允许用户通过各种提示(点、框、文本等)引导分割，具有高度的通用性和灵活性。SAM 的核心架构包括 3 部

大模型产业链图谱

图 9.2 中国大模型产业链图谱

分：视觉编码器、提示引导模块和 Mask Decoder。视觉编码器负责从图像中提取全局特征，提示引导模块根据用户输入的提示生成初步的提示特征，Mask Decoder 则将这些信息结合，生成最终的分割掩码。SAM 支持多种提示形式，包括点、框、文本描述等，使用户能够灵活地指定分割区域。SAM 通过大规模数据集上的多种提示形式进行预训练，使其能够处理各种复杂的分割任务。SAM 在预训练过程中，使用了数百万张图像和数十亿个分割掩码数据，确保模型具备极强的分割能力。SAM 的独特之处在于其无须任务特定的微调，便可以直接应用于不同场景的分割任务，并保持高精度和快速响应。MedSAM 是 SAM 的医学图像分割变体，专门用于分割医学影像中的器官和病灶。通过结合 SAM 的提示引导机制，MedSAM 在处理 CT、MRI 等复杂的医学图像时，能够精准地分割出病灶区域，为临床诊断和医疗研究提供有力支持。Track Anything 使用 SAM 和跟踪器 XMem 来分割和跟踪视频中的任何对象；通过点击视频中一个对象以初始化 SAM 并预测掩码；然后，

XMem 使用 SAM 提供的初始掩码预测在视频中基于时空对应关系跟踪对象。

SEEM(Segment Everything Everywhere Model)是一个新型的多模态分割模型,支持处理复杂场景中的多目标分割任务。SEEM 的核心优势在于结合了视觉、语言、空间提示等多模态输入,从而实现对图像的全面理解和多模态信息融合。SEEM 通过将文本描述、视觉提示(如点、框)和空间提示结合,生成分割结果。模型的核心组件是一个多模态交互模块,能够在视觉和文本特征之间建立紧密的语义关联。SEEM 使用了大规模的多模态数据进行预训练,包括图像、分割标签和文本描述。SEEM 的训练框架允许模型根据文本提示对目标物体进行细粒度分割,使得该模型特别适合复杂场景中的多目标分割任务。例如,SEEM 可以根据"车旁的行人"这一描述,从图像中精确分割出目标对象。

9.1.2 大模型在工业机器视觉中的应用

大模型在工业机器视觉中的应用,正在推动智能制造和工业机器人领域的智能化进程。大模型凭借其在复杂场景下的高效特征提取能力和多模态融合特性,显著提升了工业自动化的水平。以下将分别介绍大模型在智能制造业和工业机器人中的应用,探讨其在质量控制、自动化装配、异常检测等场景中的广泛应用,如图 9.3 所示。

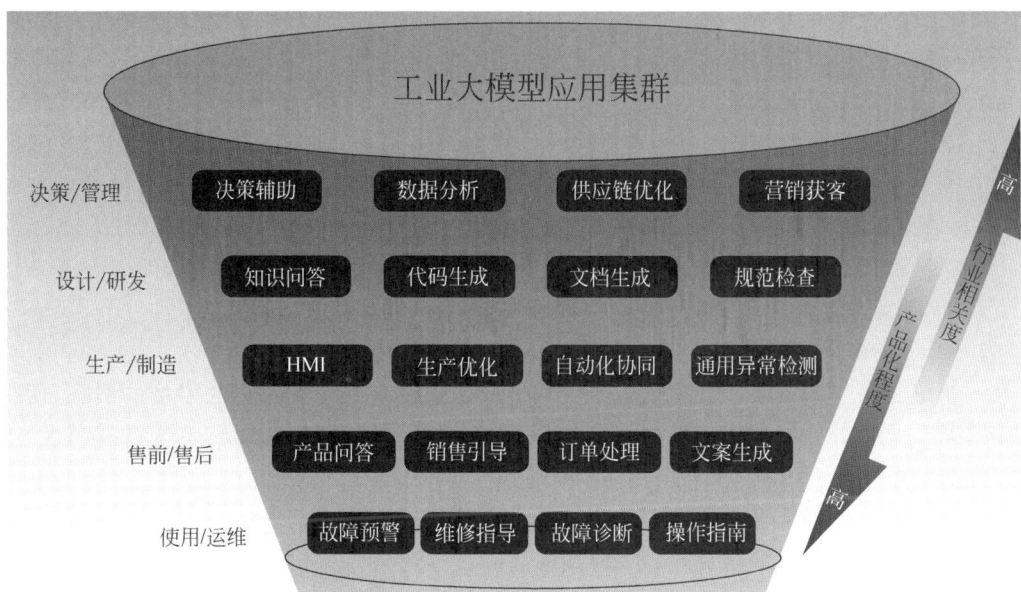

图 9.3 工业大模型的应用场景

1. 智能制造业中的应用

在智能制造领域,工业机器视觉是实现自动化检测、质量控制、生产流程优化的关键技术之一。通过引入大模型,智能制造系统的视觉感知能力得到了显著提升,使得工业生产更加高效、精准,并且减少了对人工干预的依赖。

质量控制与缺陷检测。质量控制是制造业中至关重要的环节,确保产品在生产过程中符合既定的质量标准。传统的视觉检测技术难以应对复杂的表面缺陷和光照条件,而大模型通过大规模预训练,能够更精准地识别复杂场景中的微小缺陷。表面缺陷检测:视觉大模型如 CLIP 和 SAM,通过深度学习捕捉到表面复杂的纹理、光照变化和其他细微特征,从而大幅提升表面缺陷检测的准确性;无论是金属加工中的划痕,还是电子产品生产中的微小瑕疵,SAM 通过自动生成分割掩码,可以实时检测并标记缺陷位置。自动化分级:制造业中的许多产品需要按照不同的质量标准进行分级;大模型通过图像分类和分割技术,不仅能够识别缺陷,还可以根据缺陷的严重程度进行分类和分级,极大地提高了检测的自动化程度。CLIP 通过结合视觉和文本信息,能够根据特定的描述标准对产品进行智能化分级。

自动化检测与生产流程优化。大模型不仅在质量检测中表现卓越,还通过分析生产过程中的数据,对制造流程进行优化。通过大规模视频数据的实时监控和分析,视觉大模型能够在生产线上发现效率瓶颈和潜在的故障点。生产线实时监控与异常检测:SEEM 等多模态大模型能够结合视觉和传感器数据,监控生产线的运行状态,实时检测出潜在的异常操作。例如,SEEM 可以通过分析生产线中的多个传感器数据(如温度、振动等)与视觉数据,发现生产流程中的异常情况,并及时发出预警。智能流程优化:在智能制造环境中,自动化设备的操作步骤可能影响生产效率。大模型通过处理生产过程中的图像数据,可以自动识别流程中的低效步骤,提出优化建议。SEEM 等模型还能够结合文本描述,帮助操作人员理解流程优化的细节,确保高效生产。

智能分拣与物流系统。在物流和制造业的分拣过程中,视觉大模型通过自动化识别、分类和分拣,提升了物流系统的效率。尤其是在动态环境下,自动分拣系统依赖视觉大模型的精准识别和快速反应。自动化分拣:通过 SAM 等大模型,物流系统能够在传送带上快速分割并识别不同类型的产品,并将其准确地分拣到对应的输送路径;大模型通过实时图像分割,快速响应复杂的分拣需求。复杂环境下的目标跟踪:分拣系统经常处理动态目标,尤其是在光照变化或物体遮挡的情况下,传统视觉系统难以保持跟踪的准确性。SEEM 等多模态大模型通过结合视觉和空间提示,能够持续跟踪和识别移动目标,即使在复杂场景下,也能保证高效的分拣和检测。

2. 工业机器人中的应用

工业机器人在制造业和自动化生产中承担着越来越重要的角色。大模型的引入,使得工业机器人具备了更强的感知能力和自主决策能力,能够在复杂的环境中执行高精度、高复杂度的任务。

精密装配与机器人视觉引导。工业机器人广泛应用于精密装配任务中,机器人需要依赖视觉系统进行目标识别和装配。大模型通过深度学习,帮助机器人在复杂场景下进行精确的视觉引导。高精度目标检测与装配:在电子元件装配、汽车制造等需要高精度操作的场景中,视觉大模型通过全局特征提取和目标检测,帮助机器人识别工件的位置、形状和朝向。机器人能够根据视觉大模型提供的反馈,进行精确的抓取和装配任务,从而提高装配效率和精度。多目标装配中的智能决策:工业环境中,机器人需要同时处理多个装配任务。通过 SEEM 等多模态大模型,机器人能够理解不同的操作提示,并结合视觉和文本输入进行装配。例如,机器人可以通过视觉识别零件,并根据文本描述确定其装配位置和顺序,大幅提高了操作的灵活性和自动化程度。

机器人自主导航与环境感知。在自动化仓储和工业生产中,机器人经常需要自主导航和避障。大模型通过多模态输入的融合,提升了机器人的环境感知能力,使其能够在动态环境中进行高效决策。视觉与传感器融合的环境感知:机器人在自主导航过程中,需要融合视觉、激光雷达、超声波传感器等多模态数据。大模型(如 SEEM-Robotics)通过结合这些模态数据,提升了机器人对环境的整体感知能力,使其能够准确识别障碍物,并根据导航需求进行路径规划。动态环境下的目标跟踪与避障:在复杂的工业环境中,机器人不仅需要跟踪目标物体,还要及时避开动态障碍物。大模型通过视觉和多模态感知,能够对环境中的所有物体进行实时分析,并根据任务需求进行智能避障和路径调整,确保操作的安全性和高效性。

预测性维护与机器人状态监控。大模型的预测性维护能力帮助工业机器人在发生故障前识别潜在问题,并通过自动监控系统,确保机器人的长期稳定运行。状态监控与故障预测:大模型通过结合视觉和传感器数据,能够实时监控机器人系统的状态,识别潜在的运行异常。CLIP 等多模态模型能够处理机器人运动过程中的图像数据,并根据传感器信息分析机器人是否存在潜在故障,从而在故障发生前进行维护,避免生产停机。实时调节与智能反馈:在运行过程中,机器人需要根据工作环境的变化进行实时调节。大模型通过深度学习的自适应能力,可以根据机器人操作中的实时视觉反馈,自动调整操作参数,确保高效、安全的作业。

大模型在智能制造业和工业机器人中的应用,通过视觉与多模态数据的深度融合,极大地提升了生产自动化和工业机器人的智能化水平。在质量控制、自动化装配、分拣系统、导航避障等领域,大模型展现了卓越的性能和广泛的适应性,推动了工业 4.0 和智能制造的快速发展。随着大模型的进一步发展与优化,未来其在工业视觉中的应用将更加广泛和深入。

9.1.3 大模型在工业视觉系统中的挑战与优化方向

尽管大模型在工业视觉系统中的应用展现了强大的潜力,但在实际部署和应用中仍面临许多复杂的挑战。这些挑战涵盖了计算资源的高需求、实时性问题、数据获取与标注成本、多模态融合的复杂性等方面。同时,针对这些挑战,优化大模型的性能、提高其适应性、降低部署难度,成为研究的重点。以下将详细探讨大模型在工业视觉系统中的主要挑战及其优化方向。

1. 大模型在工业视觉中的主要挑战

1)高计算资源需求

大模型的一个显著特点是其庞大的参数规模和计算复杂度。在工业应用中,尤其是在需要实时响应的生产环境中,大模型的计算需求常常超出常规硬件设备的处理能力。这种高计算需求带来了多个层面的挑战。

参数规模庞大:许多大模型(如 CLIP、SAM 等)包含数十亿甚至上百亿个参数。这样的模型在训练和推理过程中,需要大量的计算资源,如高性能的 GPU 或 TPU 集群。工业应用场景,尤其是在边缘计算环境下,设备的计算能力往往有限,这使得大模型的直接部署变得困难。

推理效率低:大模型通常需要大量的计算时间来进行推理,尤其是在处理高分辨率图像或实时视频流时。这对工业视觉系统的实时性需求提出了严峻挑战。对于某些工业任务,如流水线检测、机器人导航等,需要毫秒级的响应速度,但大模型的推理过程可能耗时较长,导致系统响应延迟,进而影响生产效率。

高能耗和成本：大模型的高计算需求不仅带来了性能上的瓶颈，还伴随着高能耗和高运营成本。在工业环境中，大规模计算设施的安装与维护需要大量资金投入，而持续运行大模型也会导致显著的能耗上升，这对工厂的成本控制产生负面影响。

2）实时性与边缘部署的挑战

工业环境中的视觉系统通常要求对信息进行实时分析和处理，而大模型的复杂计算导致实时响应能力不足。特别是在需要快速决策的任务（如自动化装配、机器人导航、实时质量检测等）中，延迟可能会直接影响系统的可靠性和安全性。

边缘设备计算能力不足：在智能制造和工业自动化环境中，边缘计算是实现低延迟、高可靠性处理的关键；然而，边缘设备（如嵌入式系统、工业摄像头、传感器设备）通常具有有限的计算能力。大模型在这些设备上运行，常常面临计算资源不足的问题。

低延迟要求与大模型复杂性冲突：工业应用场景下，尤其是在机器人操作或流水线检测中，低延迟是至关重要的；操作系统往往要求视觉模型在毫秒级别完成任务，但大模型的计算复杂性往往使其难以在有限时间内做出反应。即使使用高性能计算设备，大模型的推理延迟也难以满足某些工业任务的需求。

边缘与云端的协同难度：一种解决方案是将大模型的计算任务转移到云端，但这带来了新的挑战，如网络带宽限制、数据传输延迟等。边缘计算和云计算的协同工作是提高计算效率的一个方向，但如何在不影响实时性的前提下，协调云端和边缘设备之间的任务分配和计算处理，仍是一个难题。

3）数据获取与标注成本高

大模型的成功依赖大规模的数据预训练，而在工业视觉应用中，获取高质量的行业特定数据集具有较高的成本。尤其是某些特定的工业场景（如质量检测、异常检测等），需要专业化的知识进行数据采集和标注。

行业特定数据稀缺：工业视觉任务通常涉及特定领域的数据（如生产线上特定部件的表面缺陷、复杂设备的运行状态等），但大模型的预训练数据集往往是通用的，缺乏针对这些特定领域的行业数据。这使得大模型在工业场景中的表现不如传统的领域特定模型，需要额外进行大规模的数据收集和模型微调。

标注难度高，成本高：工业视觉任务中的图像标注（如缺陷分类、设备状态识别、工件分割等）往往需要精确的人工标注，且必须由领域专家完成。这不仅增加了标注难度，还导致了标注成本的急剧上升。例如，在质量检测任务中，需要精细地标注不同类型的缺陷位置和类型，而这些工作通常涉及大量的标注时间和资金投入。

数据偏差与样本不足：在某些工业场景中，某些类型的缺陷或异常事件相对少见，这导致训练数据的不平衡性；大模型在这些样本不平衡或数据偏差的情况下，容易导致过拟合或在实际任务中表现不佳。此外，特定场景中的稀有事件数据（如设备故障、极端操作条件下的行为）往往难以获取，进一步加剧了数据获取的挑战。

4）多模态融合的复杂性

在工业视觉系统中，多模态数据（如视觉数据、传感器数据、文本描述等）共同作用可提高决策的准确率。多模态大模型（如 SEEM）虽然能够融合多种模态，但在实际工业应用中，处理异构数据源的挑战依然存在。

多模态数据的异构性：工业环境中的数据来源多样，视觉图像、激光雷达、温度传感器、压力传感器等提供了不同类型的数据。这些数据的结构、采集频率和处理需求各不相同，如何在大模型中高效地融合这些异构数据，提取出有用的综合特征，是一个复杂的问题。例如，视觉数据和传感器数据之间的信息不对称，可能导致融合过程中的信息丢失或错误。

实时多模态数据处理的复杂性：在工业环境中，多模态数据往往需要实时协同处理，例如，在自动化生产线中，视觉系统需要结合传感器数据（如振动、温度）实时监测设备运行状态，而大模型在多模态处理时需要进行复杂的计算，这使得实时处理的难度显著增加。如何在保证模型高精度的前提下，维持实时多模态信息处理能力，仍是一个亟待解决的难题。

模态间信息的跨域融合：不同模态数据之间的语义关联往往比较隐蔽，如何在大模型中构建有效的跨模态特征关联，充分利用多模态数据的互补性，是另一个技术难点。例如，如何将文本描述与视觉信息结合，并生成适用于工业任务的决策输出，仍需进一步优化模型架构和算法。

2. 大模型在工业视觉中的优化方向

为了应对大模型在工业视觉系统中面临的挑战，研究人员提出了多种优化方法，旨在降低模型的计算成本、提高实时处理能力、减少对大规模标注数据的依赖，并改进多模态信息的融合效果。通过优化大模型的架构和技术，工业视觉系统可以在满足实时性和高效性的同时，充分发挥大模型的强大功能。以下是大模型在工业视觉中的主要优化方向。

1）模型压缩与轻量化

大模型的庞大计算需求是其在工业环境中应用的主要瓶颈之一。为了减少计算负担，使大模型能够适应边缘设备和嵌入式系统，模型压缩和轻量化成为关键的优化策略。

知识蒸馏（Knowledge Distillation）是一种通过将大模型的知识转移到小模型的方法。大模型在大规模数据集上预训练后，其高层次的特征和学习到的知识可以被传递给一个轻量化的小模型。小模型在推理阶段所需的计算资源和内存显著减少，但性能保持接近于大模型。在知识蒸馏中，大模型（称为教师模型）通过指导小模型（学生模型）进行训练，使学生模型能够模仿教师模型的行为。通过这种方式，小模型能够继承大模型的泛化能力和特征表示能力，适用于需要低计算需求的工业场景，如嵌入式视觉设备或边缘计算平台。

模型剪枝（Model Pruning）和量化（Quantization）是另外两种常见的模型压缩方法，旨在减少模型的参数量和计算复杂度，使其更适合部署在资源有限的设备上。模型剪枝：通过删除不重要的神经元连接或权重来简化模型；剪枝后的模型可以保持较高的性能，同时显著减少模型的参数量和计算需求。剪枝方法有多种形式，包括结构化剪枝（去除整个层或神经元）和非结构化剪枝（去除个别权重）。模型量化：通过将模型的浮点权重和激活值转换为低精度（如8位整型）来降低计算复杂度；量化后的模型在不显著降低精度的前提下，可以大幅减少存储空间和计算资源消耗，尤其在嵌入式系统和边缘计算设备上应用广泛。

2）边缘计算与云边协同

为了应对大模型在工业场景中的实时处理需求，边缘计算与云边协同成为重要的优化方向。通过合理分配云端和边缘设备的计算任务，工业视觉系统能够兼顾实时性和处理复杂性的需求。

边缘推理与云端训练。在工业环境中，边缘计算设备（如工业摄像头、嵌入式控制器等）需要进行实时数据处理，但这些设备的计算能力有限。通过在云端进行大模型的预训练和更新,而在边缘设备上进行推理计算,能够实现资源的高效利用。边缘推理:边缘设备主要负责对摄取的数据进行实时推理,而不必执行复杂的模型训练任务;通过在边缘端部署轻量化模型,可以减少数据传输延迟,实现低延迟响应。云端训练:大模型的训练过程通常计算量庞大且需要大量数据,云端环境具有强大的计算能力,适合进行大模型的训练和更新;云端还可以进行全局模型的优化和数据整合,并通过定期同步更新边缘设备上的模型参数,使其保持最新的推理能力。

分布式协同推理是一种通过多个边缘节点共享计算任务的方式来优化大模型的应用。通过将大模型的推理过程分散到多个边缘设备中,整个系统的计算负担得以分摊,从而提高处理效率。协同推理的优势:在复杂的工业环境中,分布式协同推理能够有效减少单个节点的计算压力;多个设备同时处理同一批数据,并通过网络同步推理结果,这种方式既保证了模型推理的高效性,又能在不牺牲精度的前提下实现实时性。

3) 多模态信息的高效融合

工业视觉应用中的多模态数据(如视觉、文本、传感器数据等)能够提供更加丰富的任务信息,但如何有效融合这些异构数据,提升模型的决策能力,是一个重要的优化方向。

跨模态注意力机制能够帮助模型在不同模态的数据之间建立联系,提升模态间信息的互补性。注意力机制通过动态调整不同模态之间的权重,从而在融合时聚焦于最重要的信息。具体方法:在多模态融合过程中,模型可以通过自注意力机制计算视觉、文本、传感器数据之间的相互关系,从而在每一模态中选取最具代表性的特征。这样,模型能够更有效地结合多模态信息,提高决策精度。

模态间的共享表示是一种通过为不同模态生成统一特征表示的方式,提升模型在处理异构数据时的性能。通过设计共享表示或知识共享机制,模型可以在处理多模态数据时减少冗余,提升信息利用率。共享表示的优势:共享表示不仅能够提高模型的泛化能力,还能够减少多模态处理中的信息丢失。通过为多模态数据生成共同的特征空间,模型可以更容易在不同模态之间传递信息,避免模态间的冲突。

大模型在工业视觉系统中展现了强大的潜力,但面临着高计算资源需求、实时性、数据获取成本和多模态融合复杂性等挑战。通过模型压缩、轻量化、边缘计算与云边协同、以及多模态信息高效融合等优化技术,能够有效解决这些问题,提升大模型在工业环境中的应用性能和适应性。未来,随着这些优化方向的深入研究,大模型将在智能制造和自动化领域发挥更重要的作用,推动工业生产效率和智能化水平的全面提升。

9.2 云边端协同与工业机器视觉

随着工业 4.0 和智能制造的快速发展,工业机器视觉系统正成为生产自动化的重要组成部分。工业机器视觉不仅需要处理大量的图像和视频数据,还需要具备实时响应、智能决策、精确控制等能力,以满足复杂工业场景的需求。然而,随着数据规模的不断扩大、算法复杂度的增加以及对实时性要求的提升,传统依赖单一云端或本地计算的架构逐渐暴露出一些局限性。单一的云端计算虽然具有强大的处理能力,但因网络带宽和延迟问题,难以满足工业视觉系统在实时检测和控制方面的需求。而仅依赖本地计算,尤其是边缘设备的计算能力和存储资源相对有限,难以承担大规模复杂模型的训练和推理任务。

在此背景下,云边端协同架构成为解决工业机器视觉系统瓶颈的重要方案。通过将云计算、边缘计算和端设备的优势相结合,云边端协同架构不仅能够合理分配计算任务,充分利用各层次的计算资源,还能够降低系统的延迟、提升实时性,并确保数据处理的高效性。这种协同架构能够在不牺牲系统性能的情况下,满足工业环境中对计算效率、数据传输、安全性和灵活性的多重要求,从而推动工业机器视觉系统的智能化升级。

9.2.1　云边端协同架构的概念与优势

云边端协同架构是一种综合利用云计算、边缘计算和端设备计算能力的分层计算模型,旨在通过合理分配计算任务,优化资源利用率,满足复杂应用场景中对实时性、高效性和灵活性的需求。云边端协同架构特别适合于工业机器视觉等需要处理大量数据、执行复杂计算并要求实时反馈的场景。该架构通过将计算和数据处理任务分布在云端、边缘设备和端设备上,充分发挥各层的独特优势,实现计算效率最大化和系统性能的优化。

1．云边端协同架构的组成

云边端协同架构由 3 个主要计算层次构成:云计算、边缘计算和端设备计算。这 3 个层次通过网络进行协同工作,各自承担不同的计算任务和数据处理职责,如图 9.4 所示。

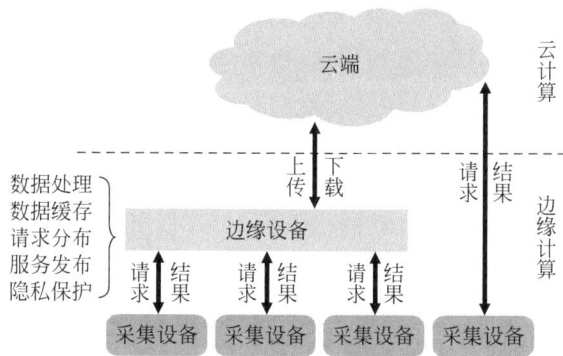

图 9.4　云边端协同架构

云计算层:云端位于架构的最高层,具备极其强大的计算和存储能力,通常用于处理复杂的、资源密集型任务。云计算中心可以存储和处理大规模的图像、视频等数据,并执行深度学习模型的训练与优化;云端还可以进行长期的数据分析、跨区域的协同计算,以及全局性优化调度。由于其资源充足,云端非常适合处理复杂的机器视觉算法,如多模态融合、深度神经网络训练、模型优化等。云端的计算能力几乎没有限制,但它的缺点是高延迟,尤其在需要频繁的数据传输时,容易因带宽瓶颈和传输时间影响系统的响应速度。

边缘计算层:边缘计算层位于数据源的附近,通常在靠近生产设备或传感器的边缘节点(如工业网关、边缘服务器)上运行。边缘计算的主要作用是对靠近数据源的实时数据进行处理,提供低延迟、高效的计算能力;相比云端,边缘计算更加接近终端设备,因此可以快速响应并处理本地的数据,如图像预处理、初步的机器学习推理、数据过滤和实时监控等任务。边缘计算能够在本地完成部分计算任务,减少数据上传至云端的需求,从而降低网络传输延迟;边缘计算还适合处理本地化的任务,如监控设备状态、实时检测异常等,其关键特点是低延迟和高响应性。

端设备层:端设备包括工业生产中的各种传感器、摄像头、机器人等设备,负责直接从物理环境中采集数据。端设备通常具有有限的计算能力,主要用于数据采集和初步的简单处理,如图像压缩、信号处理等。端设备将采集到的数据传递给边缘设备或直接上传到云端进行进一步处理。由于端设备直接与物理环境交互,因此要求具有实时性和高可靠性的处理能力;在某些情况下,端设备还可以进行一些初步的计算操作,例如简单的视觉检测或运动控制,从而减少对更高层次设备的依赖。

2. 云边端协同的工作机制

云边端协同架构的核心工作机制是将计算任务根据其需求的复杂性、实时性和计算资源分配到合适的层次中。在这种分层架构中,数据采集和处理不再依赖单一的中心化计算节点,而是通过各层协同工作,共同完成系统的整体任务。

任务分层处理:云边端协同架构根据任务的特性,将计算任务进行分层处理。实时性要求较高、数据量较小的任务通常交由边缘或端设备处理,而复杂、需要大规模计算的任务则交由云端负责。例如,工业生产线上的实时缺陷检测可以由边缘设备完成,边缘设备通过摄像头或传感器获取图像数据,并进行图像预处理和缺陷检测分析。而云端则可以在非实时的情况下,进行这些数据的聚合分析,优化整体生产流程。

数据流动与反馈:在云边端协同架构中,数据从端设备流向边缘和云端,并根据处理需求在各层间进行交互。端设备首先采集原始数据,进行初步处理后传递给边缘设备。边缘设备可以进一步处理数据,筛选出关键信息,将重要的部分上传至云端进行深度分析。云端在对数据进行复杂处理后,可以将分析结果和优化模型反馈至边缘设备和端设备,使其能够实时调整处理策略和优化生产线流程。

动态任务调度:云边端协同架构允许根据系统的实时状况和任务需求动态调整任务分配。例如,当边缘设备计算压力过大或网络带宽不足时,可以将部分任务转移到云端进行处理。相反,如果云端处理出现延迟或网络故障,边缘设备也可以临时接管部分计算任务,确保系统的正常运行。这种动态调度机制使得云边端协同架构具有高度的灵活性和自适应性,能够有效应对生产环境中的突发情况。

3. 云边端协同架构的优势

提升实时性与降低延迟。在工业机器视觉系统中,实时性是关键要求之一,尤其是在自动化生产、智能制造、实时监控等场景中,系统需要迅速作出反应。云边端协同架构通过将部分计算任务下沉到边缘设备,减少了数据上传到云端处理的延迟,极大提升了系统的响应速度。①边缘计算的低延迟性:边缘计算节点位于靠近数据源的位置,如工业网关或边缘服务器。由于数据无须传输到远程云端,边缘设备可以直接处理和响应终端设备(如摄像头或传感器)采集的数据,从而减少了长距离传输带来的延迟问题。对于需要快速决策的任务(如实时缺陷检测、工业机器人控制等),边缘计算能够保证毫秒级的反应时间。②混合计算模型的优化:通过动态分配计算任务,实时性要求高的任务(如图像预处理、实时监控)由边缘设备处理,而不受网络延迟的影响;较复杂的计算任务(如模型训练、大规模数据分析)则放在云端完成。云边端协同架构使得这些不同复杂度的任务能够以最优的方式分配到合适的计算节点,从而确保实时性与计算效率并行。

优化计算资源的使用与分配。云边端协同架构通过合理分配计算任务,使系统能够充分利用云端、边缘和端设备的资源优势,最大化系统的计算效率。这种架构能够避免单一节点的资源过载,同时提升整体的计算性能。①分层计算的高效性:云端计算的资源充裕,适合处理复杂的模型训练、大规模数据存储和长周期的全局优化任务。然而,将所有任务都放在云端计算会导致延迟问题和计算资源的浪费;通过边缘设备处理实时性要求高的任务,系统能够以更高效的方式分配资源。例如,工业生产线上的缺陷检测、故障预警等任务可以在边缘设备上快速完成,而云端负责后续的数据分析与优化。②灵活的资源调度:云边端协同架构允许动态调整各层次的计算任务分配。例如,在生产高峰期,边缘设备可以分担更多实时任务,减少云端的负担。而在非高峰期,云端可以进行模型优化和全局数据处理;这种动态调度的灵活性,使得系统能够自适应应对不同的负载情况。

缓解带宽压力与降低数据传输成本。工业机器视觉系统通常涉及大量的图像和视频数据传输。将所有数据传输到云端处理不仅需要高带宽支持,还会导致高昂的传输成本。云边端协同架构通过在边缘层进行数据预处理和筛选,减少了上传云端的数据量,从而有效缓解了网络带宽的压力,并降低了数据传输的成本。①数据预处理与本地化处理:在云边端协同架构中,边缘设备能够对数据进行实时预处理,如图像过滤、压缩、降采样等,只上传处理后的关键数据至云端。这显著减少了传输的数据量,同时避免了不必要的数据冗余;对于工业环境中的高分辨率图像或视频监控系统,这种方式不仅降低了对带宽的需求,还提升了数据传输的效率。②减少不必要的数据传输:例如,生产线上的机器视觉系统可以通过边缘设备筛选出具有潜在问题的图像,而将正常的图像数据直接丢弃或仅作本地存储。只有需要进一步分析或长期保存的数据才会上传到云端,这在节省带宽的同时,也减少了对云端存储资源的依赖。

增强系统稳定性与容错性。云边端协同架构通过分布式计算的设计,显著提升了系统的稳定性和容错能力。各计算层之间可以相互补充,当某一层出现问题时,其他层可以临时接管部分计算任务,保证系统的连续运行。①分布式冗余与容错:边缘计算和云端计算之间可以实现冗余配置,当网络连接中断或边缘设备故障时,系统可以将任务重新分配到其他边缘节点或云端处理。这种冗余设计确保了系统的高可用性和鲁棒性。例如,边缘设备在本地运行实时检测任务时,如果出现故障,云端可以临时接管,确保系统的持续运行。②局部故障隔离:当端设备或边缘设备发生故障时,不会影响整个系统的正常运行。云边端协同架构通过任务的分布式调度,可以将计算负载分布在多个节点上,确保某一节点的故障不会造成全局系统的崩溃。这种局部故障的隔离能力对工业生产线的连续性至关重要。

提升数据隐私与安全性。工业场景中,数据隐私和安全性是至关重要的。云边端协同架构通过在边缘设备上处理敏感数据,减少了数据上传到云端的需求,从而增强了数据的隐私保护能力,降低了安全风险。①数据本地化处理:对于涉及高度敏感的工业数据(如生产过程监控、质量检测数据等),云边端协同架构允许在边缘设备上进行本地处理,不必将数据上传至云端。这不仅减少了数据泄露的风险,还提升了系统对隐私数据的控制能力。例如,制造企业可以通过边缘设备对生产数据进行实时分析,而不必担心数据在传输过程中遭到泄露。②数据安全的分层防护:通过分层处理,云边端协同架构可以在不同层次上实施不同的安全策略。边缘层负责实时数据处理,云端则进行数据的长期存储和全局分析,各层之间通过加密通信保证数据传输的安全性。这种分层防护机制确保了数据在各个阶段的安全性和完整性。

云边端协同架构凭借其强大的实时性、灵活性和高效的计算资源管理能力,成为工业机器视觉系统的理想解决方案。通过合理分配计算任务,云边端协同架构不仅提升了系统的响应速度,优化了计算资源的使用,还降低了数据传输的成本,增强了系统的容错性和数据安全性。随着工业生产智能化的发展,云边端协同架构将在工业自动化、智能制造和实时监控等领域发挥越来越重要的作用。

9.2.2 云边端协同下的工业视觉架构设计

在云边端协同架构下,工业视觉系统能够充分利用云计算、边缘计算和端设备的各自优势,实现实时处理、大规模数据分析和任务优化等功能,如图 9.5 所示。通过合理设计各计算层的功能和任务分配,云边端协同架构为工业视觉提供了高效、低延迟、可靠的数据处理和分析能力。这种分层架构的设计不仅解决了单一计算模式的局限性,还大幅提升了工业视觉系统的灵活性、扩展性和性能。工业视觉系统在云边端协同架构下的设计通常由 3 个主要层次组成:端设备层、边缘计算层和云计算层。每个层次分别承担不同的任务,通过合理分工协作,实现系统的优化运行。

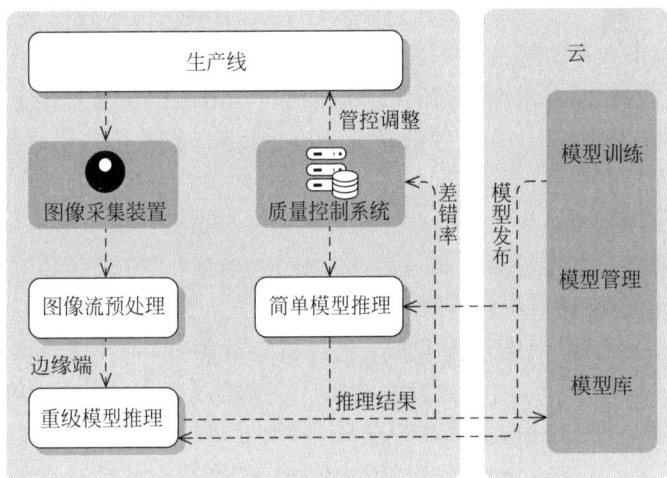

图 9.5 云边端协同下的工业视觉架构设计

1. 端设备层

端设备层是工业视觉系统的最前沿,负责与物理世界进行交互,采集生产环境中的数据并进行初步处理,这些设备不仅需要在严苛的工业环境中保持高效运作,还需具备一定的实时处理能力。

1) 数据采集

端设备的首要任务是实时从工业现场采集数据,通常包括以下硬件:工业摄像头、传感器、机械臂等。这些设备负责持续监控生产环境,捕捉各种数据,如生产线产品的外观图像、设备的运行状态或环境参数,这些数据通常是高分辨率的图像、视频或传感器信息,具有高频率、实时性强等特点,因此端设备需要具备足够的带宽和处理能力来及时收集这些数据。

2) 初步数据处理

端设备层不仅负责数据采集,还承担一定程度的初步数据处理任务。由于端设备通常部署在工业现场,其计算能力相对有限,因此,主要进行低复杂度、快速处理的任务,目的是减少数据传输量、降低延迟,并提高数据质量。常见的处理任务有以下几个。图像压缩与编码：由于图像和视频数据的高带宽需求，端设备通常会在本地对原始图像进行压缩和编码，以减少传输数据量。例如，图像可以被压缩为 JPEG 格式，视频可以被编码为 H. 264，以降低带宽需求。简单过滤与降噪：端设备可以执行图像或传感器数据的降噪、过滤等初步处理，去除数据中的干扰信息。例如，在高噪声环境中运行的传感器可以进行噪声过滤，摄像头可以进行基础的图像修复或对比度增强。快速检测与报警：在某些情况下，端设备还可以直接进行简单的实时检测和判断，通过预设的算法，端设备可以在发现异常（如检测到产品外观上的明显瑕疵或设备超出安全阈值）时触发报警机制，立即反馈给操作人员或系统，以便采取紧急措施。这种本地化处理可以在毫秒级别内完成反应。

3）数据传输

端设备经过初步处理后，采集的数据需要进一步处理和分析。由于端设备的计算能力有限，无法执行复杂的数据分析任务，因此，通常将处理后的数据上传至边缘设备或云端进行深入分析。传输协议与带宽优化：为了保证数据的可靠性与传输效率，端设备通常采用高效的数据传输协议，如 MQTT、CoAP 或 HTTP 协议，这些协议能够在不同的网络条件下保证数据传输的稳定性和低延迟。为了减少带宽的占用，端设备也可以使用边缘计算节点作为中间缓存节点，在本地处理或筛选数据后再上传到云端。数据安全性：数据传输过程中，工业场景中的安全性至关重要。端设备可以对数据进行加密传输，以防止数据在传输过程中被窃取或篡改，确保敏感生产信息的安全性。

2. 边缘计算层

边缘计算层位于端设备和云端之间，是整个云边端协同架构中的中间层，承担着关键的实时计算任务。由于边缘计算节点靠近数据源，能够快速处理和分析数据，因此边缘计算能够有效减少延迟，并为本地化的生产控制提供强大的支持。

1）实时数据处理与分析

边缘计算设备主要负责处理实时性要求高的任务，如图像预处理、目标检测、产品缺陷识别等。边缘计算的优势在于它能够在靠近数据源的地方迅速执行这些任务，确保系统具备快速响应能力。边缘设备可以进一步处理来自端设备的数据，如图像增强、图像分割、降噪、特征提取等。边缘计算节点具有比端设备更强的处理能力，能够执行更复杂的预处理任务，以便为后续的分析和推理做好准备。对于要求快速反应的任务，边缘计算可以直接完成决策并反馈至控制系统。例如，在自动化生产线中，边缘设备可以通过机器视觉算法检测出产品的表面缺陷，如划痕、凹陷、污染等，并立即将缺陷信息反馈给生产设备，调整生产流程。

2）数据缓存与批量上传

边缘计算设备还负责数据缓存和分发，通过将采集的数据进行本地存储、过滤和批量上传，以优化数据传输效率，并降低对网络带宽的需求。边缘设备可以暂时存储处理后的数据，避免将所有数据实时上传到云端，从而减少对网络的依赖。在网络不稳定或带宽不足时，边缘计算设备可以在本地缓存数据，并在合适的时间批量上传到云端进行进一步分析。此外，边缘设备在处理数据时，可以筛选出关键数据或异常数据，去除不必要的数据冗余。例如，正常的生产数据可以不必上传，而异常数据则需要进行深入分析和处理。

3）边缘协同计算

在复杂的工业场景中，边缘层可以由多个节点组成，通过边缘协同计算的方式，多个边缘设备可以同时处理不同的数据,并将结果整合,以分担单个边缘节点的负载压力。每个边缘节点可以处理特定类型的数据或不同区域的数据,并将处理结果进行同步和整合,从而提升系统的整体性能。

3. 云计算层

云计算层是工业视觉系统的全局处理中心,负责资源密集型、复杂的计算任务。云端具有强大的计算能力和大规模存储空间,能够处理海量的工业数据,完成深度学习模型的训练和全局优化任务。

1)模型训练与优化

云计算层的核心任务之一是进行大规模机器学习和深度学习模型的训练与优化。通过处理历史数据和大规模的图像数据集,云端可以训练出适用于工业视觉任务的高精度模型,如目标检测、图像分类、图像分割等。云端可以利用大规模数据进行深度学习模型的训练,并根据任务的需求对模型进行持续优化;模型训练完成后,云端可以将优化好的模型下发到边缘计算节点,供边缘设备执行实时推理任务。随着生产环境的变化和数据的更新,云端可以定期更新和调整深度学习模型,并通过网络将新的模型推送到边缘节点,确保工业视觉系统始终处于最优状态。

2)大规模数据分析与存储

云端不仅负责模型训练,还承担着大规模历史数据的存储和分析工作。工业生产中的所有数据,包括产品质量、设备运行状态、故障记录等,都会被存储在云端,并通过长期分析为生产优化提供依据。云端可以对存储的历史数据进行全局分析,发现潜在的生产问题或趋势。例如,通过分析设备长期运行数据,云端可以预测设备何时可能出现故障,进行预防性维护。此外,由于云端具有大规模存储能力,所有的生产数据和分析结果都可以被安全地存储在云端,供未来的生产分析和优化使用。云端还可以对数据进行分类和管理,确保数据的有效利用。

3)全局任务调度与管理

云计算层还负责全局任务的调度和系统管理。云端通过分析边缘计算和端设备的运行情况,动态调整任务的分配,确保系统在不同负载情况下都能高效运行。云端可以实时监控各边缘节点的运行状况,根据实时的任务负载和网络状况,动态调整任务分配。例如,当某个边缘节点负载过重时,云端可以将部分任务转移到其他边缘节点,或者直接在云端处理,以减轻边缘节点的负担。云端还可以通过对全局数据的分析,优化整个工业视觉系统的运行,包括设备调度、资源分配和生产流程的优化等。

云边端协同架构下的工业视觉系统通过合理的多层架构设计,最大化计算资源的利用,确保了数据处理的高效性和实时性。端设备层负责数据采集与初步处理,边缘计算层承担实时任务处理和数据缓存,云计算层则负责大规模数据分析、模型训练和全局优化。各层次之间的紧密协作,为工业视觉系统提供了高效、灵活、可扩展的解决方案,满足了工业场景中对实时性、稳定性和智能化的高要求。

9.2.3　云边端协同在工业机器视觉中的未来发展

随着工业 4.0 的推进,云边端协同架构逐渐成为工业机器视觉系统的核心支撑架构,推动工业自动化、智能制造以及数字化工厂的快速发展。未来,云边端协同将在计算性能、智能化处理、实时性和扩展性等多个方面实现进一步的技术突破,为工业机器视觉带来新的发展机遇。以下将详细探讨云边端协同在工业机器视觉中的未来发展方向。

1. 边缘智能化与轻量级模型优化

随着工业生产场景的复杂性增加,边缘计算的智能化成为未来发展的关键方向之一。当前的边缘计算节点主要负责数据的预处理、简单的实时分析和过滤工作,但未来的边缘节点将承担更多复杂的任务,包括深度学习推理、智能决策和动态优化。云边端协同架构中边缘计算智能化的发展将极大提升工业机器视觉系统的响应速度和自主能力。

边缘设备智能化与推理能力提升:随着硬件技术(如 AI 芯片、FPGA、TPU 等)的不断发展,边缘设备的计算能力将大幅提升,未来的边缘节点将能够运行轻量级的深度学习模型,实时执行更复杂的视觉任务。例如,边缘节点可以直接在本地完成图像分割、目标检测、异常检测等任务,而无须将数据上传至云端。这不仅减少了传输延迟,还提升了系统的实时性和自主处理能力。未来的边缘计算节点将能够在本地执行深度学习模型的推理任务,并根据云端反馈的模型更新指令,自主调整模型参数或进行模型更新,确保系统始终运行在最优状态。这种模型的本地化推理与动态更新机制,将极大增强边缘节点的自主性,减少对云端的依赖。

轻量级模型与压缩技术的广泛应用:为了使复杂的深度学习模型能够在计算资源有限的边缘设备上高效运行,模型压缩和优化技术将成为未来的关键发展方向。量化、剪枝、蒸馏等轻量化技术将得到广泛应用,使大规模的深度学习模型在边缘设备上以较低的计算成本运行,从而实现更加高效的推理。通过知识蒸馏,将复杂的大模型的知识传递给轻量级的模型,能够在不明显降低模型性能的前提下大幅减少计算需求;此外,模型剪枝和量化技术可以进一步减少模型的参数量和计算量,使其适应边缘计算节点的资源限制。

2. 多模态数据融合与协同计算

工业机器视觉系统不仅依赖于视觉数据,还需要处理其他传感器数据(如激光雷达、压力传感器、温度传感器等),未来云边端协同架构将通过多模态数据的高效融合,进一步提升系统的决策能力和智能化水平。

多模态数据处理能力增强:未来工业机器视觉将不仅限于处理图像或视频数据,而是融合更多类型的数据,如激光雷达、超声波、振动、温度等多模态传感器数据,以增强系统的感知能力。通过边缘设备对多模态数据进行同步处理,系统能够实现更加精准的环境感知和实时决策,提升生产线的智能化水平。边缘设备将承担多模态数据的融合任务,利用机器学习和深度学习技术,将视觉数据与其他传感器数据进行联合处理,形成更加全面的环境理解。例如,在自动化生产线上,通过融合视觉数据与温度、压力传感器的数据,可以更精确地判断设备的运行状态和产品的质量。

多边缘协同计算:随着工业场景的复杂化,单一边缘节点的处理能力可能不足以应对复杂任务。未来的云边端协同架构中,边缘节点之间将通过协同计算机制,共享计算资源与任务负载,实现更高效的数据处理与计算分布。多个边缘节点可以协同处理来自不同设备的数据,并将分析结果进行汇总和反馈。例如,在大规模的生产车间中,多个摄像头的数据可以同时传输到不同的边缘节点进行处理,各节点完成部分数据分析后,将结果整合形成全局视图并传输至云端进行进一步的分析和优化。

3. 低延迟与超高实时性计算

实时性是工业机器视觉系统的核心需求之一,未来云边端协同架构将在降低延迟、提升实时性方面持续优化,以适应更复杂的生产环境和更高的工业要求。通过边缘计算和云端计算的协同处理,未来的工业视觉系统将实现毫秒级响应时间。

5G 与边缘计算的融合:5G 网络具有高速率、低延迟、大容量的特点,将为云边端协同架构的未来发展提供强有力的支持。5G 的广泛应用将进一步降低数据传输的延迟,使工业机器视觉系统能够实现更高的实时性要求。未来的 5G 技术将使得边缘设备与云端之间的数据传输延迟降低到几毫秒的水平,从而确保工业机器视觉系统能够实时响应生产环境中的变化。例如,生产线上的摄像头可以通过 5G 网络将视频流传输到边缘设备,边缘设备实时分析后反馈控制指令到生产线,整个过程能够在极短的时间内完成。未来工业场景中的边缘计算节点可以通过 5G 网络切片技术进行动态资源分配,根据任务的实时需求调整带宽和计算资源,确保实时性任务优先处理。此外,近场计算(Proximity Computing)将实现计算资源的最优分配,进一步降低边缘设备和端设备之间的数据传输延迟,提升整体系统的实时性。

4. 自主学习与边缘智能

随着工业环境的复杂性和不确定性增加,云边端协同架构将在自主学习和智能优化方面取得进一步发展。未来的边缘节点将不仅执行预定任务,还将具备自我学习和适应能力,能够根据环境变化自主优化自身的决策和推理能力。

自主学习与边缘智能优化:边缘设备将具备自主学习能力,通过不断从本地数据中学习和调整,提升自身的决策能力和适应性;这种边缘智能能够帮助设备在无云端支持的情况下,自主应对复杂环境,并作出最优决策。边缘设备可以通过自监督学习和少样本学习技术,自主从数据中挖掘特征并进行学习,从而提高模型的泛化能力,减少对大规模标注数据的依赖。工业视觉系统中的边缘节点将能够快速适应不同的生产场景和变化,提升系统的智能化水平。未来的边缘设备将能够根据环境和任务的变化,自适应调整模型参数和优化推理过程;通过实时监控本地的运行情况,边缘节点能够自动更新模型,以应对工业场景中的动态变化,从而保持系统的高效运行。

云边端协同架构在工业机器视觉中的未来发展,将围绕智能化、实时性、多模态融合和绿色节能展开。边缘设备将变得更加智能和自适应,能够处理复杂的视觉任务并实时响应生产需求;多模态数据融合与协同计算将提升系统的感知和决策能力;5G 和近场计算将进一步降低延迟,实现毫秒级的实时响应;同时,绿色节能的优化将使得系统在节能高效的前提下运行。通过这些技术的不断创新和优化,云边端协同架构将成为工业视觉系统的核心推动力,助力智能制造的进一步发展。

9.3 未来工业机器视觉的挑战与机遇

随着工业 4.0 的快速推进,工业机器视觉技术已经成为智能制造和自动化工厂的核心组成部分。在未来,工业机器视觉将继续推动生产自动化、智能化、灵活化的发展。然而,尽管取得了显著进展,工业机器视觉的未来仍面临诸多挑战和技术瓶颈。这些瓶颈既包括硬件能力的限制,也涉及软件和算法层面的复杂性。与此同时,工业 4.0 时代为机器视觉带来了新的机遇,智能制造的需求不断推动技术的革新,诸如云计算、边缘计算、5G、AI等技术的深度融合为工业机器视觉的未来发展提供了广阔的空间。

9.3.1　工业机器视觉的技术瓶颈

工业机器视觉在智能制造和工业自动化中的应用已经取得显著进展,然而随着工业4.0的发展,当前的工业机器视觉系统仍面临诸多技术瓶颈。这些瓶颈主要集中在硬件性能、算法复杂性与智能化,以及系统集成与扩展性等方面,限制了其在更加复杂和动态环境中的应用潜力。

1. 硬件性能瓶颈

硬件性能的限制是目前工业机器视觉系统面临的主要瓶颈之一。工业视觉任务涉及大量高分辨率图像或视频数据的处理,往往需要实时响应,而硬件设备的处理能力和环境适应性直接影响系统的效率和准确性。

摄像头和传感器性能限制:工业机器视觉系统依赖于摄像头和传感器来捕捉生产环境中的视觉数据,然而现有的摄像头和传感器在分辨率、帧率、环境适应性等方面存在一定的技术瓶颈,比如以下两点。①分辨率与帧率之间的平衡:尽管现代工业摄像头可以提供高分辨率图像,但在高速生产线上同时实现高帧率和高分辨率的需求仍存在困难。高分辨率图像可以捕捉更多细节,但会增加处理和存储的负担;而高帧率则要求摄像头能够快速采集数据,适应快速变化的生产节奏。这种平衡的难以实现限制了机器视觉系统的适用场景,尤其在需要精细检测的高速生产线或微米级缺陷检测中,硬件设备性能成为瓶颈。②复杂工业环境中的适应性:工业机器视觉往往需要在复杂的光照条件下工作,例如强光、阴影、反射和粉尘等环境因素对摄像头和传感器的工作带来巨大挑战。当前的摄像头在适应各种极端光照条件、环境遮挡和噪声抑制方面能力有限,导致图像质量不稳定,进一步影响检测精度和系统的可靠性。

计算能力限制:在处理高分辨率图像、实时视频流以及复杂的视觉算法时,工业机器视觉系统依赖于强大的计算硬件;然而现有的计算设备,尤其是边缘设备,在实时处理方面受到计算资源和功耗的限制,有以下两点表现。①计算负荷过重:深度学习算法、卷积神经网络(CNN)等复杂算法的引入提高了视觉系统的精度和智能化水平,但也显著增加了计算开销。处理高分辨率图像的推理任务往往需要强大的计算能力,而目前的边缘设备和嵌入式系统往往难以满足这些需求。在处理较大数据集和复杂检测任务时,边缘计算的能力不足会导致系统处理延迟,从而影响生产效率。②高功耗与散热问题:执行复杂计算任务的硬件(如GPU、TPU)在工业环境中常常受到功耗和散热能力的限制。计算负荷越大,功耗越高,设备的热量管理问题也更加突出,长时间运行可能导致设备过热,从而影响其长期稳定性。这些因素制约了高性能硬件在严苛工业环境下的使用。

2. 算法复杂度高与智能化不足

工业机器视觉系统依赖于算法进行模式识别、目标检测、图像处理等任务,然而当前的算法在智能化和适应性方面仍存在显著不足。这限制了工业机器视觉系统应对复杂生产场景和多样化任务的能力。

复杂算法的计算开销:现有的机器视觉算法,尤其是深度学习算法,如卷积神经网络(CNN)、目标检测和分割算法,尽管提升了检测精度和识别能力,但其计算复杂度较高,导致实时性不足,尤其是在边缘设备和嵌入式系统上运行时,计算开销成为一大瓶颈。①深度学习的高计算需求:深度学习算法通常需要大量的计算资源来完成推理任务,尤其在处理高分辨率图像或视频流时,计算负担显著增加。例如,卷积神经网络中的卷积操作在高分辨率下计算量巨大,而对象检测算法(如 YOLO、Faster R-CNN)在检测多个目标时,计算复杂度成倍增加,难以在资源有限的边缘设备上高效运行。②模型推理延迟:复杂算法在处理过程中,往往会产生较高的推理延迟,难以满足工业场景中对实时响应的要求。这对需要实时反馈的应用场景(如生产线质量检测、自动化控制)提出了更高的挑战。

适应性与鲁棒性不足:工业环境中存在诸多不确定因素,如光照变化、遮挡、振动等,这些外部干扰因素容易影响机器视觉系统的检测精度。然而,当前的机器视觉算法在应对这些变化时表现出较大的鲁棒性缺陷,模型往往对特定场景过拟合,缺乏泛化能力,有以下两点表现。①环境变化适应性差:工业生产环境中的光照条件、表面反光、粉尘等因素都可能对图像采集质量产生影响,导致检测算法的失效或精度降低。现有的视觉算法在适应这些复杂环境时,表现出适应性和鲁棒性不足,无法在多变的环境中保持高精度的检测性能。②泛化能力有限:当前的机器视觉算法往往在特定训练数据集上表现良好,但在面对不同场景、设备或任务时,模型容易失效。这种缺乏泛化能力的现象意味着工业机器视觉系统无法轻松适应新的生产条件,降低了系统的适应性和灵活性。

3. 系统集成与扩展性瓶颈

随着工业自动化和智能制造的广泛应用,工业机器视觉系统需要与其他系统(如控制系统、机器人、传感器网络等)进行无缝集成。然而,现有的系统在集成和扩展方面仍存在诸多技术障碍,限制了其在不同工业场景中的广泛应用。

系统兼容性与集成难度:工业机器视觉系统通常需要与现有的自动化设备、控制系统、传感器网络进行集成,然而由于不同设备之间通信协议和接口标准的不统一,导致系统集成的复杂性和难度增加。①异构系统的集成难度:不同的工业设备和系统可能使用不同的通信协议(如 Modbus、PROFINET、EtherCAT 等)和接口标准,这使得工业机器视觉系统与其他异构系统集成时面临兼容性问题。缺乏统一的标准化接口,增加了系统集成的复杂性,并且容易导致数据传输和处理的延迟。②标准化程度不足:当前工业机器视觉系统的标准化程度较低,不同厂商的设备和软件系统之间缺乏统一的接口标准,这进一步增加了系统集成的难度。企业在部署工业机器视觉系统时,往往需要定制化的解决方案,增加了时间成本和维护复杂性。

系统扩展性受限:随着生产线的多样化和生产规模的扩大,工业机器视觉系统需要具备灵活的扩展能力,以适应新的生产需求。然而,现有的系统扩展性有限,难以快速升级和部署。①硬件扩展的局限:工业机器视觉系统的硬件通常为特定任务设计,难以快速适应生产线变化。例如,当生产线上的检测任务发生变化时,往往需要更换或升级摄像头、传感器等硬件设备,导致系统扩展受到制约,降低了生产的灵活性和效率。②软件扩展的复杂性:工业视觉系统中的软件模块设计往往缺乏模块化和标准化,系统扩展和升级需要重新进行大量的配置和调整。尤其在需要增加新功能或适应新的生产场景时,系统的更新和维护变得复杂,限制了系统的快速扩展能力。

尽管工业机器视觉系统在推动智能制造和自动化领域取得了显著进展,但硬件性能、算法复杂性和系统集成与扩展性等技术瓶颈仍限制了其广泛应用和进一步发展。硬件设备的性能限制影响了系统的实时性和适应性,复杂的算法虽提高了检测精度,却带来了计算负荷和推理延迟的问题;系统集成和扩展的瓶颈则限制了工业机器视觉系统与其他异构系统的兼容性和灵活性。

9.3.2　工业 4.0 时代机器视觉的未来发展方向

随着工业 4.0 的不断发展,工业机器视觉技术正在变得越来越智能化、自主化,并逐渐从单一的视觉感知走向多模态感知和深度数据融合。工业 4.0 强调设备互联、智能决策和生产过程的自动化,机器视觉在其中发挥着关键作用,作为工业自动化和智能制造的核心技术,其未来的发展方向将围绕智能化与自学习能力的增强、多模态数据融合与协同感知以及可扩展的工业视觉平台与弹性架构等多个方面展开。以下将详细阐述这些发展方向,并分析它们对工业机器视觉未来应用的深远影响。

1. 智能化与自学习能力的增强

在工业 4.0 时代,工业生产的复杂性和动态性要求机器视觉系统不仅具备高精度的检测和识别能力,还能自主学习并适应生产过程中不断变化的环境和任务。当前的机器视觉系统通常依赖于预先训练的模型和固定规则,缺乏在动态环境中的自适应能力。未来,机器视觉的智能化将体现在具备更强的自学习和自适应能力,通过深度学习、自监督学习、在线学习等技术不断优化和提升自身的性能。

自监督学习与少样本学习:未来的机器视觉系统将通过自监督学习和少样本学习技术增强其自主学习能力。这些技术能够减少对大规模标注数据的依赖,并使机器视觉系统能够通过未标注数据自主学习,不断优化模型性能。①自监督学习:自监督学习能够让机器视觉系统从大量未标注的图像数据中自动生成监督信号,利用数据自身的关联性和结构特征进行训练。例如,工业机器视觉系统可以从生产线上的大量未标注产品图像中自动学习到产品的外观特征,并在检测中实现高精度的缺陷识别。自监督学习大大降低了对手工标注数据的依赖,使系统能够持续自我学习和改进。②少样本学习:在工业环境中,新任务或新场景可能只有少量的数据,传统机器视觉系统难以适应。而少样本学习技术能够让系统在仅有少量标注样本的情况下完成模型训练,并保持较高的识别精度。这将显著提高机器视觉系统在处理新任务和应对新环境时的适应性和泛化能力。

在线学习与模型自适应:在工业生产中,环境条件、设备状态和产品类型可能会不断变化,因此,未来的机器视觉系统需要具备在线学习和自适应模型更新的能力。在线学习使系统能够在生产过程中持续更新和优化模型,确保检测精度和响应速度始终处于最优状态。①在线学习与模型更新:通过在线学习技术,机器视觉系统可以根据实时获取的生产数据动态更新模型。例如,随着生产设备的老化或材料的微小变化,视觉系统可以通过实时数据更新模型,确保产品缺陷检测的精度不受影响。这样的模型更新过程可以在不影响生产运行的情况下进行,确保系统的持续高效运作。②自适应模型优化:未来的工业机器视觉系统将能够自主调整模型的参数,以适应不同的生产条件和任务要求。例如,系统可以根据当前生产任务的精度要求或环境的变化,自动选择不同的模型结构或调整超参数,以提高检测效率或降低计算成本。这种灵活的自适应能力将大大增强机器视觉系统的适应性和应用范围。

2. 多模态数据融合与协同感知

随着工业生产过程的复杂化和自动化水平的提高,仅依赖视觉数据已不足以满足生产线对精度和可靠性的要求。多模态数据融合将成为未来机器视觉系统的重要发展方向,通过将视觉数据与其他传感器数据(如激光雷达、温度传感器、压力传感器、振动传感器等)相结合,系统将具备更强的环境感知能力和决策支持能力。

多模态传感器融合:未来的机器视觉系统将通过多模态传感器数据融合,实现更加全面的环境感知和信息处理能力。这种融合不仅提升了视觉系统的鲁棒性,还增强了系统对复杂工业场景的适应性和检测精度。①视觉与非视觉数据的融合:例如,机器视觉系统可以结合激光雷达的数据进行三维建模,实现对复杂工业环境的全方位监测;或者与温度传感器数据结合,检测生产过程中材料的热应力分布。这种多源数据的融合为系统提供了更丰富的信息,使其能够在复杂环境下保持高精度的感知和判断能力。②多模态感知与决策支持:未来的工业机器视觉系统不仅能通过多模态感知系统收集多种类型的数据,还能利用深度学习算法对这些数据进行协同处理,实现更高层次的智能决策。例如,在生产设备的健康监测中,机器视觉系统可以结合振动和声音传感器的数据,实时分析设备状态,预测可能的故障,并自动生成维护建议,减少设备停机时间。

多模态数据协同推理与深度融合:多模态数据的融合不仅是数据层面的整合,还需要在感知和推理层面实现深度协同。未来,工业机器视觉系统将通过协同推理技术,实现视觉与非视觉数据之间的有机结合,从而提升系统的检测精度和决策效率。通过深度学习算法,未来的机器视觉系统将能够从多模态数据中提取高层次的语义信息,并在推理过程中实现跨模态信息的智能融合。例如,在生产过程控制中,视觉数据可以与传感器数据协同推理,通过对设备状态、生产条件的综合分析,系统可以提前识别潜在的风险,并对生产流程进行优化调整。

3. 可扩展的工业视觉平台与弹性架构

随着工业 4.0 对灵活生产和弹性制造的需求增加,机器视觉系统需要具备更强的可扩展性和灵活的架构设计,以适应不断变化的生产需求和多样化的工业场景。未来,工业视觉平台将采用模块化、弹性架构和云边端协同的方式,使得系统能够快速扩展,支持不同的工业任务和场景。

模块化与灵活的系统架构:未来的工业机器视觉平台将采用模块化设计,确保系统在面对不同的任务需求时能够快速扩展或重新配置。模块化的架构设计允许企业根据生产需求,灵活添加或移除视觉功能模块,极大增强了系统的适应性。①模块化组件设计:工业视觉平台将基于模块化组件,用户可以根据具体的生产需求灵活组合不同的视觉模块。例如,生产线上的某些工序可能需要高精度的缺陷检测模块,而其他工序则可能需要目标跟踪或产品分类模块。通过模块化设计,企业可以根据实际需要配置系统,大大提升了设备利用率和灵活性。②按需扩展与弹性部署:未来的工业机器视觉系统将支持按需扩展和弹性部署,无论是增加计算资源还是扩展视觉任务,系统都能通过简单的模块扩展或软件更新来实现。例如,在高峰生产时期,系统可以通过增加计算节点或升级视觉模块,提升检测效率和处理能力,而在生产任务减少时则可以减少节点,以节约资源。

云边端协同与动态资源分配:未来的工业视觉系统将采用云边端协同的弹性架构,系统可以根据任务的实时需求和计算资源状况,动态调整任务的分配和计算资源的使用。通过将复杂计算任务上移至云端,实时性任务下沉至边缘设备,系统能够在保证高性能和低延迟的前提下,实现计算资源的高效利用。①云边端协同架构:通过云端、边缘和端设备的协同工作,未来的机器视觉系统可以在处理复杂任务时动态分配资源。云端负责大规模数据存储和模型训练,边缘负责实时数据处理和推理,端设备负责数据采集和初步处理。通过这种协同架构,系统可以应对复杂的工业场景,确保各类任务的高效执行。②动态任务调度与资源优化:未来的系统还将具备动态任务调度能力,能够根据生产线的实时状况和任务需求,动态调整边缘和云端的计算负载。例如,某些高实时性任务可以优先在边缘计算节点处理,而非实时性任务则可以转移至云端进行深度分析。这种弹性架构不仅提升了系统的计算效率,还减少了网络带宽和数据传输成本。

工业 4.0 时代对工业机器视觉提出了更高的要求,未来的机器视觉系统将通过智能化与自学习能力的增强、多模态数据融合与协同感知以及可扩展的工业视觉平台与弹性架构等技术方向实现突破性发展。智能化与自学习能力的增强将使系统能够自主适应生产变化,不断优化检测精度;多模态数据融合将提升系统的感知能力和决策支持水平;可扩展的弹性架构将保证系统的灵活性和高效性,适应多样化的工业场景和任务需求。通过这些技术的不断进步,工业机器视觉将成为智能制造中的关键技术,推动生产效率、产品质量和自动化水平的全面提升。

9.4　本章小结

本章围绕工业机器视觉技术的前沿与未来发展进行了深入探讨,分析了当前技术的发展现状、挑战及未来可能的发展方向。首先,9.1 节大模型与工业机器视觉部分重点介绍了多模态大模型的发展趋势,以及其在工业机器视觉中的应用前景和面临的挑战;大模型的引入提升了视觉系统的智能化水平,使其能够处理更加复杂的视觉任务,但同时也带来了计算资源消耗、数据标注成本高等问题。本节提出了应对这些挑战的优化方向,如模型压缩、分布式计算和模型蒸馏等技术。接着,9.2 节云边端协同与工业机器视觉部分阐述了云边端协同架构在工业机器视觉中的重要性,尤其是在提升实时性、降低延迟、优化计算资源分配方面;云边端协同架构将成为工业视觉系统的重要发展方向,通过结合云计算的强大处理能力与边缘设备的快速响应能力,能够更好地满足复杂工业环境中的各种需求。同时,本节展望了云边端协同在工业视觉中的未来发展,强调了边缘智能、5G 网络的融合和任务动态调度的重要性。最后,9.3 节未来工业机器视觉的挑战与机遇部分详细探讨了工业机器视觉当前面临的技术瓶颈,特别是在硬件性能、算法复杂性和系统集成方面的限制。同时,针对这些瓶颈,展望了工业 4.0 时代机器视觉的未来发展方向,如增强自学习能力、多模态数据融合、可扩展的工业视觉平台等。这些发展方向为机器视觉在复杂工业环境中的广泛应用提供了新的机遇,并为未来的智能制造、自动化工厂奠定了基础。总体而言,第 9 章通过对大模型、云边端协同及工业 4.0 背景下机器视觉发展的全面分析,描绘了未来工业机器视觉技术的前景,同时为应对技术瓶颈提出了多种可行的优化策略。

9.5　思考与习题

1. 请解释多模态大模型在工业机器视觉中的重要性。结合具体案例,讨论大模型在工业机器视觉中如何处理复杂任务,有哪些优势。

2. 针对大模型在工业视觉系统中面临的计算资源消耗和数据标注高成本问题,你认为有哪些技术可以帮助优化大模型的使用?

3. 结合云边端协同架构的概念,解释这种架构如何提升工业机器视觉系统的实时性和计算效率,有哪些典型的工业应用场景可以受益于云边端协同架构?

4. 在云边端协同的未来发展中,边缘智能和 5G 技术起到了重要作用。请阐述这两者对工业机器视觉的影响,并讨论如何通过动态任务调度优化系统性能。

5. 工业机器视觉系统在硬件性能、算法复杂性与智能化不足、系统集成与扩展性等方面存在技术瓶颈。结合实际案例,分析这些瓶颈对工业视觉系统造成的影响,并提出可行的改进方案。

6. 你认为在未来,随着硬件技术、算法优化和系统集成标准化的进展,哪些方面的突破将最有效地解决工业机器视觉系统的技术瓶颈? 为什么?

7. 工业 4.0 强调智能化、自学习和自适应能力。请结合自监督学习和少样本学习,讨论这些技术如何帮助工业机器视觉系统在复杂生产环境中自主适应新任务和环境变化。

8. 多模态数据融合是机器视觉系统未来发展的重要方向之一。请讨论多模态数据融合在提高工业机器视觉系统感知能力和决策效率方面的应用,举例说明其在实际工业场景中的应用效果。

参 考 文 献

[1] 王珂,杨芳,姜杉. 光学字符识别综述[J]. 计算机应用研究,2020,37(S2): 22-24.

[2] Gonzales R C,Wintz P. Digital image processing[M]. Addison-Wesley Longman Publishing Co. ,Inc. ,1987.

[3] Pratt W K. Digital image processing: PIKS Scientific inside[M]. Hoboken,New Jersey: Wiley-interscience,2007.

[4] Brigham E O. The fast Fourier transform and its applications[M]. Prentice-Hall,Inc. ,1988.

[5] Canny J. A computational approach to edge detection[J]. IEEE Transactions on pattern analysis and machine intelligence,1986(6): 679-698.

[6] Serra J. Image analysis and mathematical morphology[M]. Academic Press,Inc. ,1983.

[7] Kak A C,Slaney M. Principles of computerized tomographic imaging[M]. Society for Industrial and Applied Mathematics,2001.

[8] Jain A K. Fundamentals of digital image processing[M]. Prentice-Hall,Inc. ,1989.

[9] Vapnik V. The nature of statistical learning theory[M]. Springer science & business media,2013.

[10] Mallat S G. A theory for multiresolution signal decomposition: the wavelet representation[J]. IEEE transactions on pattern analysis and machine intelligence,1989,11(7): 674-693.

[11] Hinton G E,Osindero S,Teh Y W. A fast learning algorithm for deep belief nets[J]. Neural computation,2006,18(7): 1527-1554.

[12] Krizhevsky A,Sutskever I,Hinton G E. Imagenet classification with deep convolutional neural networks[J]. Advances in neural information processing systems,2012,25.

[13] Song S,Xiao J. Deep sliding shapes for amodal 3d object detection in rgb-d images[C]//Proceedings of the IEEE conference on computer vision and pattern recognition. 2016: 808-816.

[14] Thrun S,Montemerlo M,Dahlkamp H,et al. Stanley: The robot that won the DARPA Grand Challenge[J]. Journal of field Robotics,2006,23(9): 661-692.

[15] Shi W,Cao J,Zhang Q,et al. Edge computing: Vision and challenges[J]. IEEE internet of things journal,2016,3(5): 637-646.

[16] Silver D,Schrittwieser J,Simonyan K,et al. Mastering the game of go without human knowledge[J]. nature,2017,550(7676): 354-359.

[17] Hassija V,Chamola V,Goyal A,et al. Forthcoming applications of quantum computing: peeking into the future[J]. IET Quantum Communication,2020,1(2): 35-41.

[18] Cortes C. Support-Vector Networks[J]. Machine Learning,1995.

[19] Breiman L. Random forests[J]. Machine learning,2001,45: 5-32.

[20] Hart P E,Stork D G,Duda R O. Pattern classification[M]. Hoboken: Wiley,2000.

[21] Goodfellow I,Pouget-Abadie J,Mirza M,et al. Generative adversarial nets[J]. Advances in neural information processing systems,2014,27.

[22] Haralick R M,Shapiro L G. Image segmentation techniques[J]. Computer vision,graphics,and image processing,1985,29(1): 100-132.

[23] Long J,Shelhamer E,Darrell T. Fully convolutional networks for semantic segmentation[C]//Proceedings of the IEEE conference on computer vision and pattern recognition. 2015: 3431-3440.

[24] Ronneberger O,Fischer P,Brox T. U-net: Convolutional networks for biomedical image segmentation[C]//Medical image computing and computer-assisted intervention-MICCAI 2015: 18th international conference,Munich,Germany,October 5-9,2015,proceedings,part III 18. Springer International Publishing,2015: 234-241.

[25] Dalal N,Triggs B. Histograms of oriented gradients for human detection[C]//2005 IEEE computer society conference on computer vision and pattern recognition (CVPR'05). Ieee,2005,1: 886-893.

[26] Lowe D G. Distinctive image features from scale-invariant keypoints[J]. International journal of computer vision,2004,60: 91-110.

[27] Bay H,Tuytelaars T,Van Gool L. Surf: Speeded up robust features[C]//Computer Vision-ECCV 2006: 9th European Conference on Computer Vision,Graz,Austria,May 7-13,2006. Proceedings, Part I 9. Springer Berlin Heidelberg,2006: 404-417.

[28] Goshtasby A. Template matching in rotated images[J]. IEEE Transactions on Pattern Analysis and Machine Intelligence,1985(3): 338-344.

[29] Ren S,He K,Girshick R,et al. Faster R-CNN: Towards real-time object detection with region proposal networks[J]. IEEE transactions on pattern analysis and machine intelligence,2016,39(6): 1137-1149.

[30] Lucas B D,Kanade T. An iterative image registration technique with an application to stereo vision[C]// IJCAI'81: 7th international joint conference on Artificial intelligence. 1981,2: 674-679.

[31] Comaniciu D,Ramesh V,Meer P. Real-time tracking of non-rigid objects using mean shift[C]// Proceedings IEEE Conference on Computer Vision and Pattern Recognition. CVPR 2000 (Cat. No. PR00662). IEEE,2000,2: 142-149.

[32] Vaswani A. Attention is all you need[J]. Advances in Neural Information Processing Systems,2017.

[33] Touvron H,Lavril T,Izacard G,et al. Llama: Open and efficient foundation language models[J]. arXiv preprint arXiv:2302. 13971,2023.

[34] Jia C,Yang Y,Xia Y,et al. Scaling up visual and vision-language representation learning with noisy text supervision[C]//International conference on machine learning. PMLR,2021: 4904-4916.

[35] Kirillov A,Mintun E,Ravi N,et al. Segment anything [C]//Proceedings of the IEEE/CVF International Conference on Computer Vision. 2023: 4015-4026.

[36] Ma J,He Y,Li F,et al. Segment anything in medical images[J]. Nature Communications,2024, 15(1): 654.

[37] Zou X,Yang J,Zhang H,et al. Segment everything everywhere all at once[J]. Advances in Neural Information Processing Systems,2024,36: 19769-19782.

[38] Pizer S M,Amburn E P,Austin J D,et al. Adaptive histogram equalization and its variations[J]. Computer Vision,Graphics,and Image Processing,1987,39(3): 355-368.

[39] Jain A K. Fundamentals of digital image processing[M]. Englewood Cliffs,NJ: Prentice Hall,1989.

[40] Jobson D J,Rahman Z,Woodell G A. A multiscale retinex for bridging the gap between color images and the human observation of scenes[J]. IEEE Transactions on Image Processing,1997,6(7): 965-976.

[41] Kim J Y,Kim L S,Hwang S H. An advanced contrast enhancement using partially overlapped sub-block histogram equalization[J]. IEEE Transactions on Circuits and Systems for Video Technology, 2001,11(4): 475-484.

[42] Sezgin M,Sankur B. Survey over image thresholding techniques and quantitative performance evaluation[J]. Journal of Electronic Imaging,2004,13(1): 146-165.

[43] Otsu N. A threshold selection method from gray-level histograms [J]. IEEE Transactions on Systems,Man,and Cybernetics,1979,9(1): 62-66.

[44] Niblack W. An introduction to digital image processing [M]. Englewood Cliffs, NJ: Prentice Hall,1986.

[45] Bradley D,Roth G. Adaptive thresholding using the integral image[J]. Journal of Graphics Tools, 2007,12(2): 13-21.

［46］ Sauvola J，Pietikäinen M. Adaptive document image binarization［J］. Pattern Recognition，2000，33(2)：225-236.

［47］ Bernsen J. Dynamic thresholding of grey-level images［C］//Proceedings of the 8th International Conference on Pattern Recognition. Paris，France：IEEE，1986：1251-1255.

［48］ Kittler J，Illingworth J. Minimum error thresholding［J］. Pattern Recognition，1986，19(1)：41-47.

［49］ Zack G W，Rogers W E，Latt S A. Automatic measurement of sister chromatid exchange frequency［J］. Journal of Histochemistry & Cytochemistry，1977，25(7)：741-753.

［50］ Buades A，Coll B，Morel J M. A non-local algorithm for image denoising［C］//Proceedings of the 2005 IEEE Computer Society Conference on Computer Vision and Pattern Recognition. San Diego，CA，USA：IEEE，2005：60-65.

［51］ Liu P，Fang R，Zhao Y，et al. Hyperspectral image denoising based on noise parameter estimation in 3D frequency domain［J］. Remote Sensing，2018，10(2)：225.

［52］ Hore A，Ziou D. Image quality metrics：PSNR vs. SSIM［C］//Proceedings of the 20th International Conference on Pattern Recognition. Istanbul，Turkey：IEEE，2010：2366-2369.

［53］ Huber P J. Robust estimation of a location parameter［J］. The Annals of Mathematical Statistics，1964，35(1)：73-101.

［54］ Huang T S，Yang G J，Tang G Y. A fast two-dimensional median filtering algorithm［J］. IEEE Transactions on Acoustics，Speech，and Signal Processing，1979，27(1)：13-18.

［55］ Deng G，Cahill L W. An adaptive Gaussian filter for noise reduction and edge detection［C］//Proceedings of the 1993 IEEE Conference Record Nuclear Science Symposium and Medical Imaging Conference. San Francisco，CA，USA：IEEE，1993：1615-1619.

［56］ Tomasi C，Manduchi R. Bilateral filtering for gray and color images［C］//Proceedings of the Sixth International Conference on Computer Vision. Bombay，India：IEEE，1998：839-846.

［57］ Paris S，Kornprobst P，Tumblin J，et al. Bilateral filtering：Theory and applications［J］. Foundations and Trends® in Computer Graphics and Vision，2009，4(1)：1-73.
Zhang K，Zuo W，Chen Y，et al. Beyond a gaussian denoiser：Residual learning of deep CNN for image denoising［J］. IEEE Transactions on Image Processing，2017，26(7)：3142-3155.

［58］ Reza A M. Realization of the contrast limited adaptive histogram equalization (CLAHE) for real-time image enhancement［J］. Journal of VLSI Signal Processing Systems for Signal，Image and Video Technology，2004，38(1)：35-44.

［59］ Lim J S. Two-dimensional signal and image processing［M］. Englewood Cliffs，NJ：Prentice Hall，1990.

［60］ Brigham E O. The fast Fourier transform and its applications［M］. Englewood Cliffs，NJ：Prentice Hall，1988.

［61］ Land E H，McCann J J. Lightness and retinex theory［J］. Journal of the Optical Society of America，1971，61(1)：1-11.

［62］ Ziou D，Tabbone S. Edge detection techniques-an overview［J］. Pattern Recognition and Image Analysis，1998，8(4)：537-559.

［63］ 刘韬，葛大伟，张旭，等. 机器视觉及其应用技术［M］. 北京：机械工业出版社，2019.

［64］ 孙学宏，张文聪，唐冬冬. 机器视觉技术及应用［M］. 北京：机械工业出版社，2021.

［65］ 王运哲. OCA 贴合工艺及搬运应用［J］. 机械管理开发，2019，34(6)：243-244，280.

［66］ Rudd R J，Smith J S，Yager P A，et al. A need for standardized rabies-virus diagnostic procedures：Effect of cover-glass mountant on the reliability of antigen detection by the fluorescent antibody test［J］. Virus Research，2005，111(1)：83-88.

［67］ Yuan Z C，Zhang Z T，Su H，et al. Vision-based defect detection for mobile phone cover glass using deep neural networks[J]. International Journal of Precision Engineering and Manufacturing,2018,19：801-810.

[68] Chen Z,Li Q,Li O,et al. A thin cover glass chip for contactless conductivity detection in microchip capillary electrophoresis[J]. Talanta,2007,71(5)：1944-1950.

[69] 毕昕,丁汉,等. TFT-LCD Mura 缺陷机器视觉检测方法[J]. 机械工程学报,2010,46(12)：13-19.

[70] Fan S K S,Chuang Y C. Automatic detection of Mura defect in TFT-LCD based on regression diagnostics[J]. Pattern Recognition Letters,2010,31(15)：2397-2404.

[71] 许祖鑫,毕明德,孙志刚. 基于数学形态学的手机屏缺陷检测算法设计[J]. 电气自动化,2013,35(3)：99-101.

[72] 王新新,徐江伟,邹伟金,等. TFT-LCD 缺陷检测系统的研究[J]. 电子测量与仪器学报,2014,28(3)：278-284.

[73] Hoang N D,Nguyen Q L. Metaheuristic optimized edge detection for recognition of concrete wall cracks：A comparative study on the performances of Roberts,Prewitt,Canny,and Sobel algorithms[J]. Advances in Civil Engineering,2018,2018：1-16.

[74] Shi J,Malik J. Normalized cuts and image segmentation[J]. IEEE Transactions on Pattern Analysis and Machine Intelligence,2000,22(8)：888-905.

[75] Vicente S,Kolmogorov V,Rother C. Graph cut based image segmentation with connectivity priors[C]// 2008 IEEE Conference on Computer Vision and Pattern Recognition. IEEE,2008：1-8.

[76] Osher S,Fedkiw R P. Level set methods：An overview and some recent results[J]. Journal of Computational Physics,2001,169(2)：463-502.

[77] Li S Z. Markov random field modeling in image analysis [M]. Springer Science & Business Media,2009.

[78] He K,Girshick R,Dollár P. Rethinking ImageNet pre-training[C]//Proceedings of the IEEE/CVF International Conference on Computer Vision. 2019：4918-4927.

[79] He K,Gkioxari G,Dollár P, et al. Mask R-CNN[C]//Proceedings of the IEEE International Conference on Computer Vision. 2017：2961-2969.

[80] Chen L C,Papandreou G,Kokkinos I,et al. DeepLab：Semantic image segmentation with deep convolutional nets,atrous convolution,and fully connected CRFs[J]. IEEE Transactions on Pattern Analysis and Machine Intelligence,2017,40(4)：834-848.

[81] Sun K,Xiao B,Liu D,et al. Deep high-resolution representation learning for human pose estimation[C]// Proceedings of the IEEE/CVF Conference on Computer Vision and Pattern Recognition. 2019：5693-5703.

[82] 陶显,侯伟,徐德. 基于深度学习的表面缺陷检测方法综述[J]. 自动化学报,2021,47(5)：1017-1034.

[83] 伍麟,郝鸿宇,宋友. 基于计算机视觉的工业金属表面缺陷检测综述[J]. 自动化学报,2024,50(7)：1-24.

[84] Houssein E H,Emam M M,Ali A A. An efficient multilevel thresholding segmentation method for thermography breast cancer imaging based on improved chimp optimization algorithm[J]. Expert Systems with Applications,2021,185：115651.

[85] Khadidos A,Sanchez V,Li C T. Weighted level set evolution based on local edge features for medical image segmentation[J]. IEEE Transactions on Image Processing,2017,26(4)：1979-1991.

[86] Panagiotakis C,Grinias I,Tziritas G. Natural image segmentation based on tree equipartition, Bayesian flooding,and region merging[J]. IEEE Transactions on Image Processing,2011,20(8)：2276-2287.

[87] Jalba A C,Westenberg M A,Roerdink J B T M. Interactive segmentation and visualization of DTI

data using a hierarchical watershed representation[J]. IEEE Transactions on Image Processing, 2015,24(3): 1025-1035.

[88] Hearst M A,Dumais S T,Osuna E,et al. Support vector machines[J]. IEEE Intelligent Systems and Their Applications,1998,13(4): 18-28.

[89] MacQueen J. Some methods for classification and analysis of multivariate observations[C]// Proceedings of the Fifth Berkeley Symposium on Mathematical Statistics and Probability. 1967, 1(14): 281-297.

[90] Iandola F,Moskewicz M,Karayev S,et al. DenseNet: Implementing efficient convnet descriptor pyramids[J]. arXiv preprint arXiv:1404.1869,2014.

[91] Han K,Wang Y,Chen H,et al. A survey on vision transformer[J]. IEEE Transactions on Pattern Analysis and Machine Intelligence,2022,45(1): 87-110.

[92] Radford A,et al. Learning transferable visual models from natural language supervision[C]// International Conference on Machine Learning. PMLR,2021.

[93] Bergmann P,Fauser M,Sattlegger D,Steger C. MVTec AD: A comprehensive real-world dataset for unsupervised anomaly detection[C]//2019 IEEE/CVF Conference on Computer Vision and Pattern Recognition (CVPR). IEEE,2019: 9584-9592.

[94] Redmon J. You only look once: Unified,real-time object detection[C]. Proceedings of the IEEE conference on computer vision and pattern recognition,2016.

[95] Redmon J,Farhadi A. YOLO9000: better,faster,stronger[C]. Proceedings of the IEEE conference on computer vision and pattern recognition,2017: 7263-7271.

[96] Redmon J. Yolov3: An incremental improvement[J]. arXiv preprint arXiv:1804.02767,2018.

[97] Bochkovskiy A,Wang C,Liao H. Yolov4: Optimal speed and accuracy of object detection[J]. arXiv preprint arXiv:2004.10934,2020.

[98] Wang C Y,Bochkovskiy A,Liao H. YOLOv7: Trainable bag-of-freebies sets new state-of-the-art for real-time object detectors[C]. Proceedings of the IEEE/CVF conference on computer vision and pattern recognition,2023: 7464-7475.

[99] Li C,Li L,Jiang H,et al. YOLOv6: A single-stage object detection framework for industrial applications[J]. arXiv preprint arXiv:2209.02976,2022.

[100] Girshick R,Donahue J,Darrell T,et al. Rich feature hierarchies for accurate object detection and semantic segmentation[C]. Proceedings of the IEEE conference on computer vision and pattern recognition,2014: 580-587.

[101] Cai Z,Vasconcelos N. Cascade R-CNN: Delving into high quality object detection[C]. Proceedings of the IEEE conference on computer vision and pattern recognition,2018: 6154-6162.

[102] Liu W,Anguelov D,Erhan D,et al. SSd: Single shot multibox detector[C]. Computer Vision-ECCV 2016: 14th European Conference,Amsterdam,The Netherlands,October 11-14,2016,Proceedings, Part I 14. Springer International Publishing,2016: 21-37.

[103] Zhu X,Su W,Lu L,et al. Deformable DETR: Deformable Transformers for End-to-End Object Detection[C]. International Conference on Learning Representations.

[104] Liu Z,Lin Y,Cao Y,et al. Swin transformer: Hierarchical vision transformer using shifted windows[C]. Proceedings of the IEEE/CVF international conference on computer vision. 2021: 10012-10022.

[105] Bolme D S,Beveridge J R,Draper B A,et al. Visual object tracking using adaptive correlation filters[C]. 2010 IEEE computer society conference on computer vision and pattern recognition. IEEE,2010: 2544-2550.

[106] Henriques J F,Caseiro R,Martins P,et al. High-speed tracking with kernelized correlation filters[J]. IEEE transactions on pattern analysis and machine intelligence,2014,37(3): 583-596.

[107] Danelljan M，Häger G，Khan F，et al. Discriminative scale space tracking[J]. IEEE transactions on pattern analysis and machine intelligence，2016，39(8)：1561-1575.

[108] Bertinetto L，Valmadre J，Henriques J，et al. Fully-convolutional siamese networks for object tracking[C]. Computer Vision-ECCV 2016 Workshops：Amsterdam，The Netherlands，October 8-10 and 15-16，2016，Proceedings，Part II 14. Springer International Publishing，2016：850-865.

[109] Li B，Yan J，Wu W，et al. High performance visual tracking with siamese region proposal network[C]. Proceedings of the IEEE conference on computer vision and pattern recognition. 2018：8971-8980.

[110] Chen X，Yan B，Zhu J，et al. Transformer tracking[C]. Proceedings of the IEEE/CVF conference on computer vision and pattern recognition，2021：8126-8135.

[111] Lu X，Cao Y，Liu S，et al. Real-time stage-wise object tracking in traffic scenes：an online tracker selection method via deep reinforcement learning[J]. Neural Computing and Applications，2021：1-16.

[112] Z. Liang，H. Zhang，Y. Cao，et al. Few-Shot Transmission Line Foreign Object Detection Based on Transfer Learning[C]. Proceedings of the 7th International Conference on Computer Science and Application Engineering (CSAE)，2023.

[113] 黄志鸿，刘帅，张辉，等. 基于小样本目标检测的配电线路异物识别研究[J]. 科学技术与工程，2023.

[114] 陶岩，张辉，黄志鸿，等.面向配电网典型部件的热故障精准判别方法[J].智能系统学报，2024.

[115] 黄志鸿，肖剑，徐先勇，等.谱残差变换的电力设备热缺陷识别技术研究[J].红外技术，2023.

[116] 卢荣胜，史艳琼，胡海兵.机器人视觉三维成像技术综述[J].激光与光电子学进展，2020，57(4)：7-10.

[117] Huang L，Idir M，Zuo C，et al. Review of phase measuring deflectometry[J]. Optics and Lasers in Engineering，2018，107：247-257.

[118] Zhang X，Li D，Wang R，et al. Speckle pattern shifting deflectometry based on digital image correlation[J]. Optics Express，2019，27(18)：25395-25409.

[119] Zuo C，Huang L，Zhang M，et al. Temporal phase unwrapping algorithms for fringe projection profilometry：A comparative review[J]. Optics and lasers in engineering，2016，85：84-103.

[120] Chen L C，Hoang D C，Chu T T，et al. Development of registration methodology to 3-D point clouds in robot scanning[C]//MATEC Web of Conferences. EDP Sciences，2016，71：04008.

[121] 郭思猛.三维点云的特征点提取与配准技术研究[D].四川：西南科技大学，2018.

[122] 杨玺.三维点云中的目标跟踪算法研究及系统实现[D].四川：电子科技大学，2022.

[123] Ni H，Lin X，Ning X，et al. Edge detection and feature line tracing in 3D-point clouds by analyzing geometric properties of neighborhoods[J]. Remote Sensing，2016，8(9)：710.

[124] Xi X，Wan Y，Wang C. Building boundaries extraction from points cloud using an image edge detection method[C]//2016 IEEE International Geoscience and Remote Sensing Symposium (IGARSS). IEEE，2016：1270-1273.

[125] Fan S，Huang N，Fang P，et al. A 3D point cloud segmentation method based on local convexity and dimension features[C]//2018 Chinese Control And Decision Conference (CCDC). IEEE，2018：5012-5017.

[126] Lin Z，Jin J，Talbot H. Unseeded Region Growing for 3D Image Segmentation[C]//ACM International Conference Proceeding Series. 2000，9：31-37.

[127] 袁天文.复杂三维点云场景中的目标识别方法研究[D].吉林：吉林大学，2017.

[128] Longchar A，Anna M D，Dhumal R. A Comparative Analysis of Deep-Learning-Based YOLO Models (V8n and V8s) for Object Detection Using GSV Images[C]//2023 International Conference on Integration of Computational Intelligent System (ICICIS). IEEE，2023：1-8.

[129] Du R，Zhang H，Huang Z，et al. VSLNet：Multimodal Data Fusion Network for Tree Species Classification in Overhead Transmission Line Corridors[J]. IEEE Transactions on Industrial Informatics，2024：1-10.

[130] Hagen N，Kudenov M W. Review of snapshot spectral imaging technologies[J]. Optical Engineering，2013，52(9)：090901-090901.

[131] Lapray P J，Wang X，Thomas J B，et al. Multispectral filter arrays：Recent advances and practical implementation[J]. Sensors，2014，14(11)：21626-21659.

[132] Miao L，Qi H，Ramanath R，et al. Binary tree-based generic demosaicking algorithm for multispectral filter arrays[J]. IEEE Transactions on Image Processing，2006，15(11)：3550-3558.

[133] Mizutani J，Ogawa S，Shinoda K，et al. Multispectral demosaicking algorithm based on inter-channel correlation[C]. 2014 IEEE Visual Communications and Image Processing Conference. IEEE，2014：474-477.

[134] Mihoubi S，Losson O，Mathon B，et al. Multispectral demosaicing using pseudo-panchromatic image[J]. IEEE Transactions on Computational Imaging，2017，3(4)：982-995.

[135] Tsagkatakis G，Bloemen M，Geelen B，et al. Graph and rank regularized matrix recovery for snapshot spectral image demosaicing[J]. IEEE Transactions on Computational Imaging，2018，5(2)：301-316.

[136] Brauers J，Aach T. A color filter array based multispectral camera[C]. 12. Workshop Farbbildverarbeitung. Ilmenau，2006：5-6.

[137] Feng K，Zhao Y，Chan J C W，et al. Mosaic convolution-attention network for demosaicing multispectral filter array images[J]. IEEE Transactions on Computational Imaging，2021，7：864-878.

[138] Descour M，Dereniak E. Computed-tomography imaging spectrometer：experimental calibration and reconstruction results[J]. Applied optics，1995，34(22)：4817-4826.

[139] Wagadarikar A，John R，Willett R，et al. Single disperser design for coded aperture snapshot spectral imaging[J]. Applied optics，2008，47(10)：B44-B51.

[140] Kittle D，Choi K，Wagadarikar A，et al. Multiframe image estimation for coded aperture snapshot spectral imagers[J]. Applied optics，2010，49(36)：6824-6833.

[141] Yuan X. Generalized alternating projection based total variation minimization for compressive sensing[C]. 2016 IEEE International conference on image processing (ICIP). IEEE，2016：2539-2543.

[142] Liu Y，Yuan X，Suo J，et al. Rank minimization for snapshot compressive imaging[J]. IEEE transactions on pattern analysis and machine intelligence，2018，41(12)：2990-3006.

[143] Xiong Z，Shi Z，Li H，et al. Hscnn：Cnn-based hyperspectral image recovery from spectrally undersampled projections[C]. Proceedings of the IEEE international conference on computer vision workshops. 2017：518-525.

[144] Gedalin D，Oiknine Y，Stern A. DeepCubeNet：reconstruction of spectrally compressive sensed hyperspectral images with deep neural networks[J]. Optics express，2019，27(24)：35811-35822.

[145] Meng Z，Ma J，Yuan X. End-to-end low cost compressive spectral imaging with spatial-spectral self-attention[C]. European conference on computer vision. Cham：Springer International Publishing，2020：187-204.

[146] Meng Z，Yu Z，Xu K，et al. Self-supervised neural networks for spectral snapshot compressive imaging[C]. Proceedings of the IEEE/CVF international conference on computer vision. 2021：2622-2631.

[147] 童庆禧，张兵，张立福. 中国高光谱遥感的前沿进展[J]. 遥感学报，2016，20(5)：689-707.

[148] Goetz A F H，Herring M. The high resolution imaging spectrometer（HIRIS）for EOS[J]. IEEE Transactions on Geoscience and Remote Sensing，1989，27(2)：136-144.

[149] Green R O，Eastwood M L，Sarture C M，et al. Imaging spectroscopy and the airborne visible/infrared imaging spectrometer（AVIRIS）[J]. Remote sensing of environment，1998，65（3）：227-248.

[150] Wang Z，Yu Z. Spectral analysis based on compressive sensing in nanophotonic structures[J]. Optics express，2014，22(21)：25608-25614.

[151] Wang S W，Xia C，Chen X，et al. Concept of a high-resolution miniature spectrometer using an integrated filter array[J]. Optics letters，2007，32(6)：632-634.

[152] Bao J，Bawendi M G. A colloidal quantum dot spectrometer[J]. Nature，2015，523(7558)：67-70.

[153] Dabov K，Foi A，Katkovnik V，et al. Image denoising with block-matching and 3D filtering[C]. Image processing：algorithms and systems，neural networks，and machine learning. SPIE，2006，6064：354-365.

[154] He W，Zhang H，Zhang L，et al. Total-variation-regularized low-rank matrix factorization for hyperspectral image restoration[J]. IEEE transactions on geoscience and remote sensing，2015，54(1)：178-188.

[155] Wei K，Fu Y，Huang H. 3-D quasi-recurrent neural network for hyperspectral image denoising[J]. IEEE transactions on neural networks and learning systems，2020，32(1)：363-375.

[156] Cai Y，Liu X，Cai Z. BS-Nets：An end-to-end framework for band selection of hyperspectral image[J]. IEEE Transactions on Geoscience and Remote Sensing，2019，58(3)：1969-1984.

[157] He K，Sun W，Yang G，et al. A dual global-local attention network for hyperspectral band selection[J]. IEEE Transactions on Geoscience and Remote Sensing，2022，60：1-13.

[158] Feng J，Chen J，Sun Q，et al. Convolutional neural network based on bandwise-independent convolution and hard thresholding for hyperspectral band selection[J]. IEEE Transactions on Cybernetics，2020，51(9)：4414-4428.

[159] Reed I S，Yu X. Adaptive multiple-band CFAR detection of an optical pattern with unknown spectral distribution[J]. IEEE transactions on acoustics，speech，and signal processing，1990，38(10)：1760-1770.

[160] Kwon H，Der S Z，Nasrabadi N M. Adaptive anomaly detection using subspace separation for hyperspectral imagery[J]. Optical Engineering，2003，42(11)：3342-3351.

[161] Wu Z，Zhu W，Chanussot J，et al. Hyperspectral anomaly detection via global and local joint modeling of background[J]. IEEE Transactions on Signal Processing，2019，67(14)：3858-3869.

[162] Li W，Du Q. Collaborative representation for hyperspectral anomaly detection[J]. IEEE Transactions on geoscience and remote sensing，2014，53(3)：1463-1474.

[163] Yin A，Wang Y，Chen Y，et al. SSAPN：Spectral-spatial anomaly perception network for unsupervised vaccine detection[J]. IEEE Transactions on Industrial Informatics，2022，19(4)：6081-6092.